深空探測太空
導引控制技術

王大軼，李驥，黃翔宇，郭敏文 著

目　錄

第1章

緒論

1.1 基本概念

1.1.1 導引、導航與控制

導引、導航與控制技術（Guidance/Navigation and Control，GNC）是對運動體運動過程進行控制的一門綜合學科，常用於汽車、船舶、飛機以及太空船的運動（包括位置、速度、姿態等）控制。導引、導航與控制在運動過程中所造成的作用不同。通俗地講，如果導引、導航與控制的目標是實現運動體從 A 點移動到 B 點，那麼其中「導航」的作用是「確定自身當前位置在哪兒」，「導引」的作用是「應該向哪個方向走才能到達目標位置」，「控制」的作用是「確定方向後具體實施」。以人的行為作類比，「導航」是資訊獲取層面，「導引」是決策層面，「控制」是執行層面。

導引、導航與控制技術對於不同類型的對象，其具體含義不同。本書主要針對的是太空船，因此只從太空船的角度來解釋導引、導航與控制的基本概念[1]。

1.1.1.1 導航

對於太空船來說，導航（navigation）就是指確定或估計太空船運動狀態參數的過程，相應的運動狀態參數包括描述質心運動狀態的位置、速度和描述繞質心轉動的姿態角、角速度等。

從技術角度講，導航就是確定太空船的軌道和姿態。由於姿態確定方法比較成熟，因此太空船的導航通常僅指確定太空船的軌道。為了實現太空船導航，需要由其內部或外部的測量裝置提供測量資訊，連同軌道控制資訊一起，利用軌道動力學模型和估計演算法，獲得太空船當前（或某一時刻）質心運動參數的估計。

對於太空船來說，實現導航的方式種類很多，比較成熟的包括天文導航、圖像導航、無線電導航、衛星導航、慣性導航等，未來還有一些新興的導航方法，例如脈衝星導航等[2]。

1.1.1.2 導引

導引（guidance）是根據導航所得到的飛行軌道和姿態，確定或生成太空船在控制力作用下飛行規律的過程。導引控制技術是指設計與實現導引方式、導引律、導引控制系統所採用的一系列綜合技術。導引控制技術是空間技術和高技術導引武器發展的必然結果。目前導引控制技術已經形成較完善的體系，包括自主式導引、遙控導引、自動導引、複合導引和數據鏈導引等。

導引律是導引控制技術的重要組成部分，包括機動策略和參考軌跡，它是根據系統得到的飛行狀態和預定的飛行目標，以及受控運動的限制條件計算出來的。

1.1.1.3 控制

控制（control）是指確定執行機構指令並操縱其動作的過程。所謂自動控制就是在無人直接參與下，利用控制器和控制裝置使被控對象在某個工作狀態或參數（即被控量）下自動地按照預定的規律運行，以完成特定的任務。

對於太空船來說，在不同軌道階段，必須按任務要求採取不同姿態，或使有關部件指向所要求的方向。為了達到和保持這樣的軌道和姿態指向，就需要進行軌道控制和姿態控制。

軌道控制是指對太空船施以外力，改變其質心運動軌跡的技術。軌道控制律給出推進系統開關機、推力大小和推力方向指令，太空船執行指令以改變飛行速度的大小和方向，沿著導引律要求的軌跡飛行[3,4]。

姿態控制是獲取並保持太空船在空間定向（即相對於某個座標系的姿態）的技術[5,6]，主要包括姿態機動、姿態穩定和姿態追蹤。姿態機動是指太空船從一種姿態轉變到另一種姿態的控制任務，例如變軌時，為了能夠通過軌控引擎在給定方向產生速度增量，需要將太空船從變軌前的姿態變更到滿足變軌要求的點火姿態。姿態穩定是指克服內外干擾力矩，使太空船在本體座標系中保持對某基準座標系定向的控制任務。例如軌控點火時，引擎推力方向始終保持對慣性空間或軌道系穩定。姿態追蹤是指太空船為了實現導引輸出的即時變化目標（推力）方向，不斷改變自身的飛行姿態，使本體特定軸始終與導引目標一致的控制任務。例如登陸和上升過程，姿態控制不斷改變太空船自身姿態，使得固連在太空船上的引擎輸出的推力能夠不斷追蹤即時計算且始終變化的導引指令。

1.1.2 深空探測

前面已經介紹了太空船導引、導航與控制的基本概念，可以感受到導引、導航與控制包含的內容非常廣，涉及的技術非常多。從導引、導航與控制之間的關係看，導航是前提，導引是核心，控制是手段。鑒於導引控制技術的重要性，本書只圍繞導引這一核心問題展開。

導引本身也是一個比較寬泛的概念，針對不同的對象、不同的任務場景有很多不同的具體技術。因此在開展導引控制技術深入講解之前，還需要介紹一下本書的研究對象——深空探測。

在航太領域，從任務功能的角度可以將太空船分為三大類型，即應用衛星、載人航太和深空探測。應用衛星的特點是服務型的，目的是為人類生產、生活或者軍事活動提供支持，包括導航衛星、通訊衛星、氣象衛星、偵察衛星等。載人太空船的特點是為人在地球大氣層外活動提供平台，即有人的大氣層外飛行器。深空探測器則是飛離地球軌道的一類太空船，這類太空船一般肩負著人類探索宇宙，了解太陽系起源、演變和現狀，探索生命演化等科學任務。

中國 2000 年發布的《中國的航天》白皮書指出，深空探測是指對太陽系內除地球外的行星、小行星、彗星的探測，以及太陽系以外的銀河系乃至整個宇宙的探索。因此，按照中國通常的定義，深空探測太空船是指對月球和月球以外的天體與空間進行探測的太空船，包括月球探測器、行星和行星際探測器等。而國際上，按照世界無線電大會的標準，通常將距離地球 2×10^6 km 以上的宇宙空間稱為深空，並在世界航太組織中交流時使用這一標準。

1.2 深空探測典型任務中的導引控制技術

深空探測任務的種類很多，按照對象可以分為月球探測、火星等大行星探測、小行星/彗星等小天體探測；按照探測方式可以分為飛越探測、環繞探測、登陸探測、採樣返回探測；按照任務段可以分為轉移段、接近段、制動段、環繞段、進入下降登陸段（EDL）、天體表面停留段、起飛上升段、交會對接段、返回重返段等。不同的探測對象，不同的探測方式，不同的飛行階段對導引的要求不同，採用的具體導引方式也不同，可謂是五花八門，包羅萬象。本節將通過兩個最具有代表性的探測任務來對深空探測中的導引控制技術進行介紹。這兩個任務覆蓋的飛行階段比較多，很具有代表性。

1.2.1 月球探測中的導引控制技術

從 1950 年代以來，人類開展了多次月球探測，共發射了 50 多個月球探測器或載人飛船，實現了月球飛越探測、環繞探測、登陸探測、採樣返回探測以及載人登月。其中比較有代表性的包括美國的 Ranger 系列（1961～1965）、Surveyor 系列（1966～1968）、Lunar Orbiter 系列（1966～1967）、Apollo 系列（1963～1972）、Clementine（1994）、Lunar Reconnaissance Orbiter（2009）；蘇聯的 Luna 系列（1959～1976）、Zond 系列（1965～1970）；歐空局的 SMART-1（2003）；中國的嫦娥系列（2007 至今）；日本的 SELENE（2007）；印度的 Chandrayaan-1（2008）。

飛越探測是最為簡單的探測模式，探測器只是以雙曲線軌道飛過月球，並不進行軌道控制。環繞探測是最常見的探測模式，探測器長期運行在環繞月球的圓形軌道上，便於對月觀測。其飛行過程中最為關鍵的任務是近月制動，即在雙曲線軌道上煞車制動，進入環繞月球軌道。登陸探測是實現近距離就位探測的必要方式，探測器首先要通過近月制動運行在環月軌道上，之後降低軌道高度，並在近月點實施動力下降，即由引擎降低探測器飛行速度，飛行高度隨之降低，最終軟登陸到月面。採樣返回探測是在登陸探測的基礎上，探測器還要從月面上升，並進入環月軌道，經過交會對接之後加速脫離月球引力場進入月地返回軌道（也有探測器從月面上升後直接進入月地返回軌道），當探測器靠近地球時重返地球大氣，利用空氣阻力實施減速，並登陸到地面或海面，完成回收。而載人登月對於導引、導航與控制來說，與採樣返回探測相近，最大的區別是有人帶來的一些其他問題。因此，從技術難度上看，從低到高的順序為飛越、環繞、登陸、採樣返回和載人登月。而從飛行階段看，從簡單到複雜的順序也同樣是飛越、環繞、登陸、採樣返回和載人登月。通常月球採樣返回探測任務包含了其他類型探測所必須經歷的各種飛行階段。所以，接下來就以採樣返回為代表，看看導引在不同飛行階段所造成的主要作用。

月球採樣返回探測任務中通常可以分為地月轉移段、近月制動段、環月飛行段、登陸下降段、月面工作段、月面上升段、月球軌道交會對接段、環月等待段、月地轉移（含月地加速）、地球重返回收段。在這些飛行段中，需要導引參與的飛行過程包括各種軌道控制、下降登陸、月面上升、月球軌道交會對接和地球大氣重返。但是，對於現在的探測器來說，通常軌道機動和修正時的推力方向是地面設定的，它變成純軌道控制問題，並不需要導引參與其中。而月球軌道交會也不是月球採樣返回必需的飛行階段。所以，下面只介紹動力下降、月面上升和地球大氣重返中的導引問題。

圖 1-1 為月球採樣返回探測飛行示意圖。

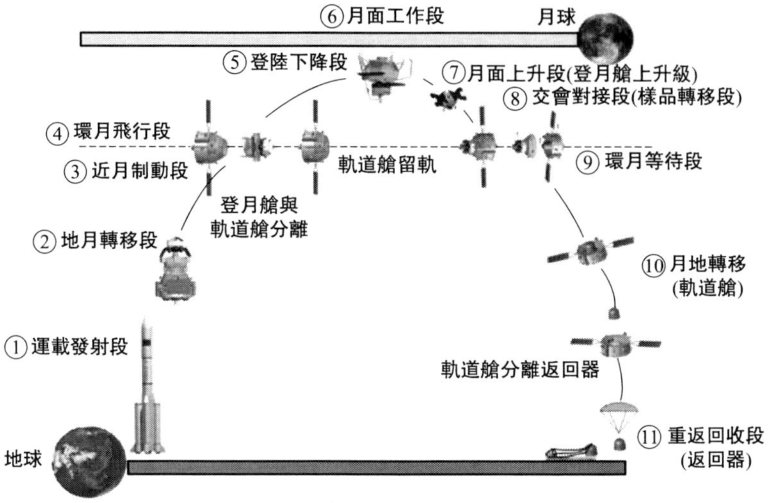

圖 1-1　月球採樣返回探測飛行示意圖

1.2.1.1　登陸下降過程的導引控制技術

(1) 登陸下降的飛行過程 (見圖 1-2)

從月球環繞飛行軌道下降到月球表面，大致可分為 3 個階段進行[7-9]。每一個階段不是獨立的，前一個階段完成的工作，要考慮後幾個階段的技術要求。

① 離軌段　根據所選定的落點座標，確定在停泊軌道上開始下降的位置和時刻。制動引擎工作一個較短的時間，給予登月艙/探測器一個有限的制動衝量，探測器離開原來的運行軌道，開始向月面下降。

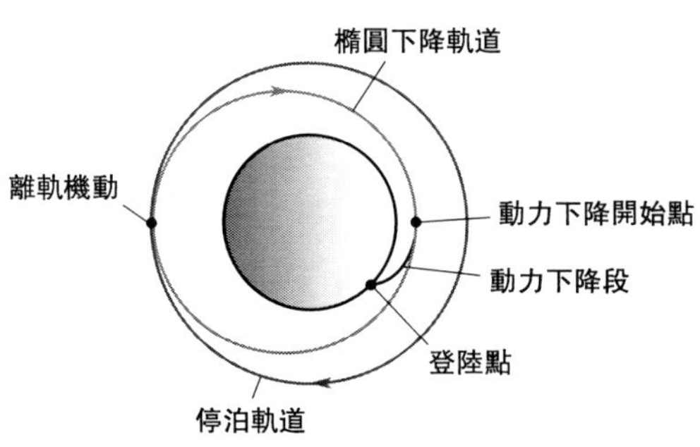

圖 1-2　月球登陸下降過程流程

② 自由下降段（又稱霍曼轉移段） 探測器在制動衝量結束後，脫離原來的運行軌道，轉入過渡軌道。過渡軌道是一條新的橢圓軌道，其近月點在所選定的落點附近。

③ 動力下降段 探測器沿過渡軌道下降到距離月面一定的高度時（通常是霍曼轉移軌道的近月點），制動引擎開機。這一階段引擎推力的作用並不僅僅是減速，其輸出的推力大小和方向均由導引律決定，目標是以零速、零高度、垂直狀態到達月面。

(2) 登陸下降對導引律的要求

一旦開啟動力下降後，由於能量的減少，探測器的高度和速度不再能保證探測器運行在安全穩定的軌道上，所以動力下降過程是不可逆的。這使得動力下降過程成為月球軟登陸中最為關鍵的一個階段，它對導引提出了多方面的要求[10-12]。

① 推進劑消耗最佳或次佳性 軟登陸過程中的制動減速只能依靠制動引擎完成，所攜帶的推進劑的絕大部分也將用於此目的。實現最省推進劑消耗，就意味著減輕登陸器的總質量；降低發射成本，就意味著提高登陸器有效載荷的攜帶能力。

② 魯棒性 對於在具有初始導航誤差、系統環境干擾、敏感器及制動引擎測量和參數誤差的情況下實現軟登陸，導引律的魯棒性就很重要。

③ 自主性 當探測器從離月面十幾公里高度開始制動減速後，探測器下降快、時間短。需要由導航敏感器測量登陸資訊，導引控制電腦根據導航資訊，利用導引律計算控制信號，控制信號作用制動引擎和姿控系統。由於地月之間的距離遙遠，這個過程應在探測器上自主實現。

④ 即時性 整個登陸過程時間很短，器載電腦運算能力有限，因此導引計算的計算量不能太大。

(3) 登陸下降導引律

月球登陸探測發展幾十年來，根據任務目標和約束的不同，不同的探測器使用了不同的導引控制技術，整體來說可以歸結為三種。

① 重力轉彎導引方法 對於早期的月球探測登陸導引過程，探測器是按照擊中軌道飛向月球的。在離月球很遠的地方就需要進行軌道修正，然後調整方向，打開登陸引擎，進行制動減速。這時的導引過程是一種部分開環的方式，導航測量需要依靠深空網來進行[13]。後來的軟登陸過程出現經過環月軌道降落到月面的方式，這時的導引過程基本也是一種半開環半閉環的方式。在主制動段採用開環導引方式抵消速度，然後在接近月面的過程中打開登陸敏感器，進行閉環導引。這期間的登陸過程

大多採用重力轉彎登陸導引方法[14]。

重力轉彎的基本思想是通過姿控系統將制動引擎的推力方向與探測器速度矢量的反方向保持一致，進行制動減速，實現垂直到達月面的軟登陸過程[14]。它是一種簡單實用的導引方法，比較適合於低成本、所用敏感器簡單的無人登陸任務。

在重力轉彎過程中，進行開環導引是一種相對簡單的方法。文獻［14］對開環導引的重力轉彎過程及其在工程中的應用進行了深入分析。在此基礎上，一些學者對重力轉彎導引過程和它的改進方法作了進一步研究[15-20]。J. A. Jungmann（1966）推導出重力轉彎導引過程的解析關係表達式，並對常值推重比情況下的登陸過程進行了分析；S. J. Citron（1964）研究了以同時調節推力大小和推力與速度方向夾角的辦法對重力轉彎過程進行改進，實現落點控制；T. Y. Feng（1968）為提高登陸精度，將比例導航加對數減速（proportional navigation plus logarithmic deceleration）應用於重力轉彎導引過程中；R. K. Cheng（1969）和 Citron 將軌跡追蹤的想法應用到重力轉彎過程中，並設計了線性回饋導引控制律去追蹤預先給定的登陸軌跡，以實現重力轉彎過程的閉環導引；基於同一想法，為追蹤預先給定的登陸軌跡 C. R. McInnes（1995）設計了非線性回饋導引控制律。海盜號探測器（Viking Planetary Lander）軟登陸於火星表面就是應用了對高度-速度進行追蹤的重力轉彎閉環導引方法。

但是，這些研究和應用都沒有考慮燃料最佳問題，對於軌跡追蹤的導引過程也沒有給出穩定性證明，並且它們都是基於推力連續可調的制動引擎進行的。可連續調節的變推力引擎結構複雜，對於一些低成本探測器來說應用受限。

② 多項式導引　這種導引方式假定推力加速度是時間的二次函數，這樣整個運行軌跡（位置）就可以用四次多項式來描述（多項式係數待定）。當給定終端的約束，例如位置、速度、加速度、加加速度（加速度的導數）時，就可以求解出多項式的係數，從而計算出導引指令。阿波羅 11 在月面軟登陸時使用的就是這種導引方法[21,22]，其導引流入如圖 1-3所示。

不過，這種導引律本身並不是能量最佳的軌跡。但是終端約束的選擇，可以改變標稱情況下飛行軌跡的推進劑消耗。在阿波羅任務中，通過終端參數的選擇，使得推進劑消耗接近最佳，並且其飛行軌跡能夠滿足太空人承受的過載限制，以及滿足目視避障的要求。

③ 顯式導引方法　顯式導引方法就是根據登陸器的現時運動參數，

按照控制泛函的顯函數表達式進行即時計算的導引方法[23]。顯式導引不需要追蹤標稱軌跡，它會根據當前即時的速度和位置重新計算導引參數，在大干擾情況下具有較大的優越性。日本的 SELENE 項目[24]、美國的 ALHAT 項目[25]都計劃採用顯式導引完成動力下降，雖然它們所使用的具體演算法存在差異。

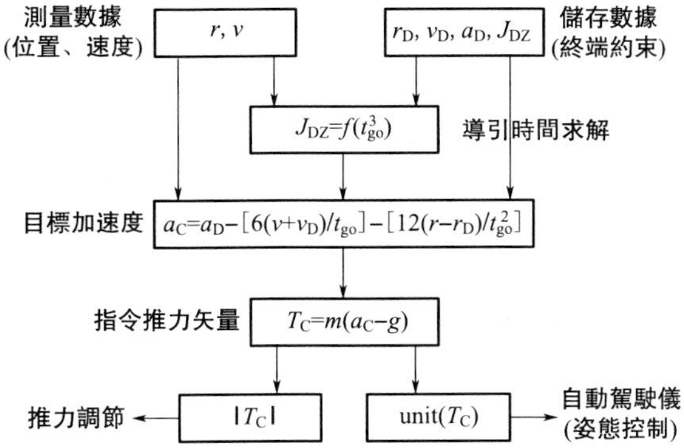

圖 1-3　多項式導引的流程

顯式導引對 GNC 電腦的速度和容量提出了較高的要求。GNC 系統的任務就是要根據敏感器的測量信號，解算出探測器的運動參數，如位置、速度等，再依據導引律計算控制參數，以便導引探測器的運動。過去受到 GNC 電腦體積、容量和速度的限制，不可能即時求取探測器的運動參數，使得顯式導引控制技術應用較為困難。但隨著電子技術的發展，大規模集成電路的出現，GNC 電腦不斷更新換代，目前已經完全能適應顯式導引的計算要求了[23]。

1.2.1.2 月面上升過程的導引控制技術

對於採樣返回任務來說，當月面任務結束之後，必然需要進行月面起飛上升，使得探測器能夠進入月球環繞軌道或者直接進入地月轉移軌道。從某種意義上說，月面上升過程可以看作是月面下降過程的逆過程。

(1) 月面上升的飛行過程

由於沒有大氣，且引力較小，所以月面上升比地球發射火箭要簡單一些，單級即可入軌。整個飛行過程大致可以分為三個階段，如圖 1-4 所示：垂直上升，脫離月面到安全高度；轉彎，向目標飛行方向轉向，同時開始產生水平速度；軌道入射，探測器在某種導引律作用下一邊加速一邊提升飛行高度，直到進入預定的目標軌道。

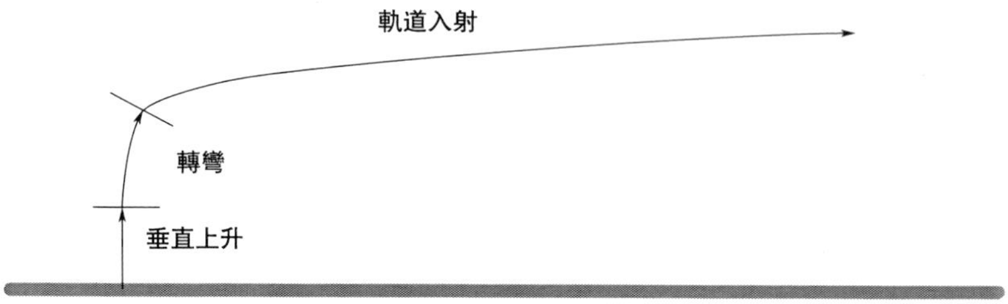

圖 1-4　上升過程飛行示意圖

從飛行過程看，第一個和第二個階段都是程式控制的，用於為第三個階段服務，而第三個階段才真正需要導引律起作用。

（2）月面上升對導引律的要求

月面上升過程是將月球樣品或成員返回地球的第一步，這個過程導引律需要考慮的約束包括以下幾項[26]。

① 推進劑消耗最佳　由於月面上升所需要的推進劑是登陸器運送到月面上的，所以相比登陸過程推進劑更為緊張。計算表明，從月面每帶回 1kg 質量，光登陸和上升過程就要付出 3kg 推進劑質量，其中登陸過程要消耗 2kg 推進劑，上升過程又要消耗 1kg 推進劑。由此可見，上升過程減少推進劑消耗就能增加帶回的樣品或人員/貨物質量，也能成倍減少為完成任務整體推進劑攜帶量，效益非常明顯。

② 最小化探測器與月面臨近區域地形碰撞的風險　月面起飛的位置是科學探測最感興趣的地方，往往地形崎嶇，甚至位於隕石坑或盆地的中央。因此，月面起飛上升階段，導引律或導引參數設計時必須考慮起飛上升過程與地形碰撞的風險。

③ 其他約束　與特定任務相關的約束，比如對於載人任務來說，要求登月艙舷窗向下，便於成員全程觀察月面；或者要求飛行時間盡可能短，以便於後續與留軌飛行器快速交會等。

（3）月面上升導引律

月面上升的任務可以看作是登陸任務的逆過程，對於導引律來說任務相似，均是在滿足推進劑消耗最佳條件下，達到給定的終端位置和速度。

從工程上的使用情況看，月面上升導引律目前只有兩種，即重返月球 Altair 登月艙的動力顯式導引[26]和阿波羅的 E 導引[27,28]，它們均屬於顯式導引這一類別。

從發展方向看，顯式導引是一種比較通用和先進的動力過程導引方法，採用基本相同的導引方程編排，往往只需修改導引終端參數，就可以同時應用到月球登陸和上升過程。因此本書並不單獨拿出章節來介紹月面上升的導引律，讀者可以參看登陸部分的相關內容。

1.2.1.3 地球大氣重返過程的導引控制技術

這裡的地球大氣重返過程是指進行月球科學探索後，為回收各種探測數據，探測器返回地球時高速重返大氣層的過程。該過程的初始速度可達 11km/s，初始動能約為近地軌道太空船重返時的 2 倍，是太空船探月返回地球最後且最艱辛的一程，將接受嚴酷的氣動加熱和過載環境的考驗。該過程導引控制技術主要研究的是小升阻比太空船高速重返地球大氣層所帶來的一系列問題，包括重返軌跡設計、重返導引與控制方法等相關內容。

(1) 地球大氣重返的飛行過程

由於初始重返速度過大，探測器需要更充分地利用地球大氣進行減速。為此，設計人員通過對初始重返角進行約束，以保證探測器經過大氣層初次減速後又重新跳出大氣層，然後在地心引力作用下再次重返地球大氣，並最終登陸地面。這類重返軌跡被稱為跳躍式重返軌跡。典型的跳躍式軌跡如圖 1-5 所示。

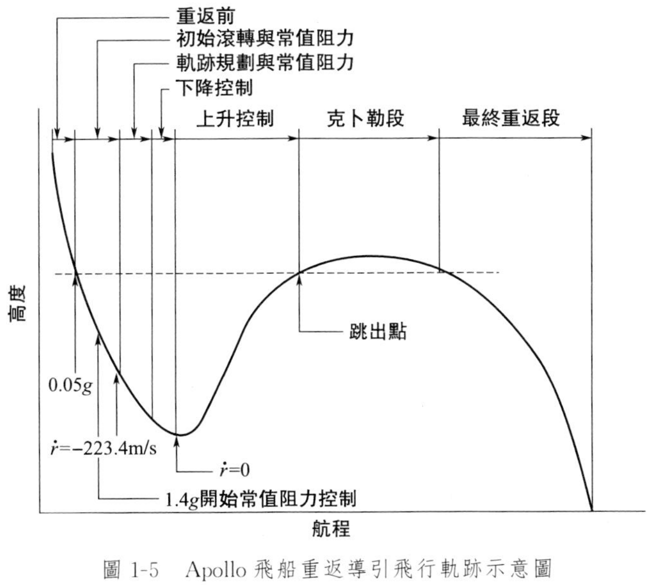

圖 1-5　Apollo 飛船重返導引飛行軌跡示意圖

Apollo 飛船重返導引飛行軌跡可分為七個階段：重返前的姿態保持階

段，初始滾轉與常值阻力階段，軌跡規劃與常值阻力階段，下降控制階段，上升控制階段，克卜勒階段和最終重返階段等。

重返前的姿態保持階段持續到器載加速度計初次檢測到 0.05g 的資訊，開始轉入初始滾轉與常值阻力階段，該階段一直維持到下降速率至 223.4m/s 為止。達到此條件後，導引邏輯轉換到軌跡規劃與常值阻力階段。軌跡規劃的任務是分析後續重返軌跡的基本特性並耗散太空船可能具有的多餘能量，並由器載電腦搜尋能夠滿足飛至登陸點航程要求的常值傾側角值。隨後轉入下降控制階段，飛行至下降速率為零後，轉入上升控制階段和克卜勒階段。當阻力再次增至 0.2g 時，開始最終重返階段飛行，直至到達目標登陸點。

(2) 地球大氣重返對導引律的要求

高速返回的地球大氣重返過程，過載和熱流約束變得十分苛刻。為了保證重返過程的安全，導引律需要嚴格滿足以下約束條件。

① 終端狀態約束　終端狀態約束是表示太空船的末端飛行狀態及其與落點區的相對位置關係。根據需要，終端狀態約束主要考慮在固定終端高度處的經度、緯度等參數，即考慮實際落點較目標落點的偏差需在某一要求的精度約束範圍內。

② 氣動加熱約束　氣動加熱約束包括對熱流峰值的約束和總吸熱量的約束。由於駐點區域是返回器氣動加熱較嚴重的區域，常以駐點熱流來表徵氣動熱環境的參數。駐點氣動加熱的計算發展比較完善[7]，為了減小氣動加熱，要求駐點熱流不超過給定的最大值。

③ 過載約束　重返過程的過載值是氣動減速效率的表現。過載直接或間接地影響著太空船結構安全，所搭載設備的工作性能，甚至對於載人任務，直接危害到太空人的心理和生理機能。因此需要對過載的峰值進行約束，要求瞬時過載小於最大允許過載。

④ 控制量約束　對於小升阻比的返回器，控制變數單一，為傾側角 σ。一般情況下，根據返回器的相關性能和分系統的要求，重返軌跡優化和導引方法設計中，應對傾側角的可用範圍加以約束。

(3) 地球大氣重返導引律

返回式衛星、載人飛船及深空探測器的地球大氣重返過程，一般採用彈道升力式重返（可以看成是彈道式重返的改進）。而彈道升力式重返軌跡又可以分為跳躍式重返軌跡和直接重返軌跡。跳躍式重返一般用於深空探測器高速返回時的重返任務，如阿波羅登月飛船和嫦娥-5 飛行試驗器的重返導引過程。下面介紹幾種典型的跳躍式重返導引方法。

① Apollo重返導引方法　1963年Lickly等在文獻［29］中分析了Apollo飛船重返導引的設計過程，並對Apollo重返各個階段自主獨立的導引系統的設計過程作了詳細的論述。1967年Young等在技術報告［31］中對重返初始狀態變數，太空船自身特性以及過載、熱流密度約束對重返導引性能的影響作了詳細的分析。1969年阿波羅11號成功返回，Graves等和Moseley等分別在NASA技術報告［30］和［32］中對Apollo重返導引過程進行了經驗總結。

Apollo重返演算法通過線上生成參考軌跡，可以更好地利用當前時刻的飛行資訊，制定出更加適當的重返軌跡，從而允許飛行狀態在一定範圍內偏離預期狀態，具有較好的魯棒性。從實際工程應用的角度看，Apollo導引演算法只有一個控制變數，並採用縱程、橫程獨立設計的方法和追蹤參考軌跡的控制方式，簡單易行，解決了阿波羅太空船及其他艙式太空船的探月返回重返問題，並且後續也得到廣泛的應用和發展。在文獻［33］中Carman等在對Apollo導引演算法總結的基礎上，將其修改為適用於火星大氣進入的導引律，並給出了詳細的導引律方程和增益的計算方法。

實際上阿波羅太空船因重返的縱程較小，並未採用跳出大氣層的跳躍式重返方式。因此，阿波羅式跳躍重返導引並沒有經過實際應用的檢驗。Bairstow在文獻［34］對Apollo演算法的侷限性進行了總結，並在此基礎上提出了基於PredGuid思想的導引演算法。下面列出文獻中提到的阿波羅演算法的侷限和弱點。

a. 由於當時電腦的計算能力有限，對重返方程作出了大量近似，假設條件也採用了許多經驗公式及參數，有些近似甚至不可兼容，這些處理都嚴重影響其精度。

b. 該演算法只在軌跡規劃和常值阻力階段生成重返軌跡，並將生成的軌跡作為參考軌跡，而在向上飛行控制階段對已制定的軌跡並沒有進行偏差校正處理，即重返參考軌跡自身的精度有限且不能線上更新，這是軌跡的欠規劃問題。

c. 有限升力導致了太空船有限的控制能力，進而導致實際飛行狀態與參考狀態之間的偏差無法得到有效的校正，這是欠追蹤問題。

d. 複雜的導引演算法和切換邏輯。

e. 演算法完全忽略了Kepler階段的大氣阻力影響，對於長縱程的重返過程，實際克卜勒階段大氣阻力的影響會很大。

Apollo導引演算法的這些缺點嚴重制約了該演算法在大航程條件下的精度。

② PredGuid及PredGuid-EMT重返導引方法　美國Draper實驗室

為 1980 年大氣層內飛行實驗設計了一種預測-校正導引演算法，噴氣推進實驗室（JPL）的 Sarah 等人根據美國重返月球計劃，將這種導引演算法與阿波羅重返飛行導引方案結合，形成一種稱為 PredGuid[35] 的跳躍式返回導引方案，S. H. Bairstow[36,37] 將其用於獵戶座太空船的導引律設計。

PredGuid 導引方案可分為 5 個階段，分別是初始滾轉控制段、能量控制段、向上控制段、大氣層外飛行段和二次重返段。其中能量控制段繼承了阿波羅返回導引方案的軌跡規劃段，利用解析方法預估剩餘航程，確定太空船飛行軌跡；大氣層外飛行段太空船處於無控狀態；二次重返段仍採用標準軌道法導引。

與 Apollo 導引方法相比，PredGuid 對向上控制段的改進體現在以下兩個方面：a. 向上控制段的導引目標用二次重返初始點處的飛行狀態取代跳出點飛行狀態，這樣可以避免大氣邊界處較大不確定性對二次重返段飛行的影響；b. 向上控制段導引律由原來的標準軌跡導引改為預測校正導引，這樣可以減少在軌跡規劃段解析預測航程時由於假設條件和模型簡化產生的誤差；另外，PredGuid 的二次重返標準軌道不是預先儲存在船載電腦，而是在軌跡規劃段根據實際飛行狀態所設計的。

PredGuid-EMT 的導引方法是由美國學者 Mille 在 PredGuid 導引方法的基礎上進行改進提出的，其側重於從能量的角度進行導引律設計。

PredGuid-EMT 主要從以下幾方面對 PredGuid 進行改進：a. 初始重返段升力模式有全升力向上和向下兩種情況，改為優化滾動角以逼近重返走廊的中心區域；b. PredGuid 的能量控制段中包括常值阻力導引，經過大量仿真和優化分析，阻力值確定為 $4g$，而 PredGuid-EMT 的常值阻力則根據當前航程情況即時計算得到；c. PredGuid-EMT 從初始進入段就開始判斷飛行航程，確定是否採用直接重返模式，並且為直接重返方式設計專門導引程式，改善直接返回的飛行性能。

③ NSEG 導引方法　NSEG（Numerical Skip Entry Guidance）[35] 方法是 NASA 下屬單位 Johnson 空間中心開發的一套適用於月球返回長航程重返任務的演算法。該導引演算法最早在 1992 年提出，可以分為四個階段，下面針對各階段的特點進行簡要介紹。

數值預測-校正導引段：該段開始於重返點，在每個導引週期內通過疊代計算來獲得常值傾側角幅值，以保證由當前點至第二次重返點的航程能夠收斂到期望值。疊代過程中，航程預報僅考慮縱向平面運動，側向運動通過橫程走廊加以控制，因此航程差是傾側角的單變數函數，採用有界試位法求解。

混合導引段：該段採用混合傾側角指令來實現數值演算法解與Apollo導引演算法解之間的過渡。

二次重返段：該段與Apollo的二次重返段演算法相同，大約持續到相對速度降至487m/s為止。

終端比例導引段：該段中傾側角指令與航向偏差成比例，最終將太空船導引到期望的降落傘開傘區域。

除了第四段外，NSEG的側向導引都是通過傾側角的符號翻轉來實現。

④ NPC導引方法　學者陸平和Brunner[38-40]提出了一種全程採用數值預測-校正進行導引的演算法。其核心在於採用「線性加常值」的傾側角剖面進行預測，校正過程僅需調整一個變數，採用割線法進行求解，具體實現過程在第4章論述。側向運動通過調整傾側角符號以保證橫程偏差在閾值範圍內。

1.2.2 火星探測中的導引控制技術

火星登陸探測過程中，進入、降落與登陸段（Entry，Descent，and Landing，簡稱EDL）是火星探測器近億公里旅途的最後6～7min，是火星表面探測任務的關鍵階段，也是最困難的階段，如圖1-6所示。EDL過程的導航、導引與控制技術是登陸火星表面探測任務的關鍵技術。從火星探測器以2萬公里每小時的速度進入火星大氣開始，經歷大氣減速、降落傘拖拽、動力減速等一系列的階段，最終安全精確地降落在火星表面。

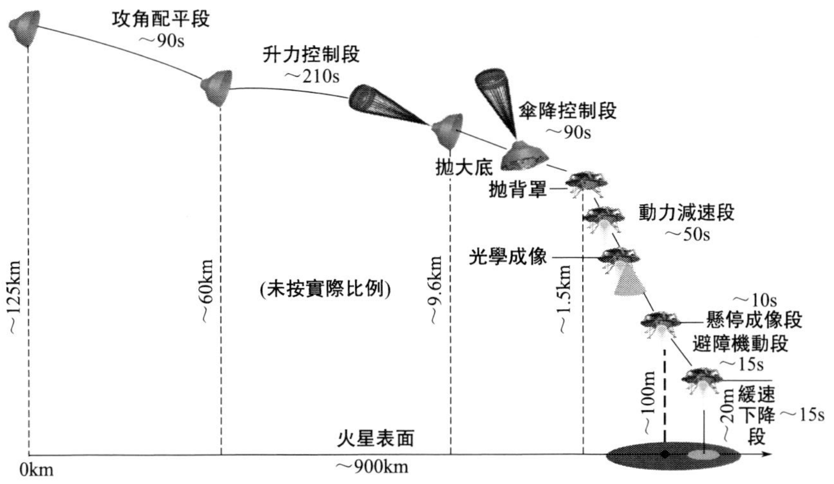

圖1-7　進入、下降及登陸過程示意圖

四十多年來，先後開展的火星探測任務中，失敗案例近 50%，均是由於火星登陸器在下降登陸過程中出現意外，導致整個探測任務的失敗。蘇聯的火星-6 於 1973 年 8 月 5 日發射，登陸器在下降期間出現故障，與地球失去連繫；美國 1999 年 1 月 3 日發射的火星極地登陸器，在登陸下降期間通訊功能喪失，登陸器墜毀；歐空局在 2003 年 6 月 2 日發射的火星快車/獵兔犬-2 的火星登陸器也在登陸過程中墜毀。

與中國現有的返回式衛星、神舟飛船相比，火星探測器的進入、降落與登陸過程有一定的相似性，但是由於火星大氣層的成分、物理性質與地球的大氣存在較大的差別，火星大氣具有較大的不確定性，並時常有狂風、沙塵暴，火星探測器在如此稀薄的大氣裡運動，使得整個 EDL 過程歷經時間短、狀態變化快，對減速性能的要求非常高。

已經成功登陸火星表面的火星探測器減速登陸系統的技術特點，如表 1-1 所示。

表 1-1　火星探測減速登陸系統特點

項目名稱	海盜 1 號	海盜 2 號	火星探路者	勇氣號	機遇號	鳳凰號	火星科學實驗室
進入速度/(km/s)	4.7	4.7	7.26	5.4	5.5	5.6	7.6
彈道係數/(kg/m^2)	64	64	63	94	94	94	115
進入質量/kg	992	992	584	827	832	600	2800
升力控制	有	有	無	無	無	無	有
升阻比	0.18	0.18	0	0	0	0.06	0.24

通過分析比較各火星探測減速登陸系統可知，目前成功的火星進入器進入方式，除「海盜」號和「火星科學實驗室」的構型採用了升力體設計外，其他任務均採用的是無升力的彈道式進入。但「海盜」號任務採用的是無閉環的導引控制系統，即不對重返軌跡進行任何控制，而只有「火星科學實驗室」採用了先進的升力式導引控制技術。

「火星科學實驗室」採用升力式構型設計，進入前通過彈出配平質量，使質心偏離中心軸線，在進入過程以配平攻角狀態飛行，進而通過控制滾轉角改變升力方向以達到控制飛行軌跡的目的。這樣不但可以增加軌跡控制能力，提高登陸精度，而且可以使進入軌跡更加平緩，提高氣動減速性能，降低對熱防護系統的要求。

由於登陸過程的導引控制技術與月球類似，這裡只介紹火星大氣進入過程的導引控制技術。

(1) 火星大氣進入的飛行過程

火星大氣進入過程是從進入距離火星表面約 120km 處的火星大氣層的上邊界開始，至開傘點的一段大氣減速飛行過程，飛行時間一般持續 4～5min。根據現有火星探測器的數據，從進入火星大氣開始，至降落傘開傘，探測器的速度由幾公里每秒迅速減小到幾百公尺每秒，這個階段主要是依靠探測器自身的氣動阻力進行減速。由於火星大氣非常稀薄，相比地球上的減速登陸，同樣的有效載荷需要更大直徑的外形結構和更好的防熱材料，如圖 1-7 所示，圖中右圖為美國火星進入探測器氣動外形方案。

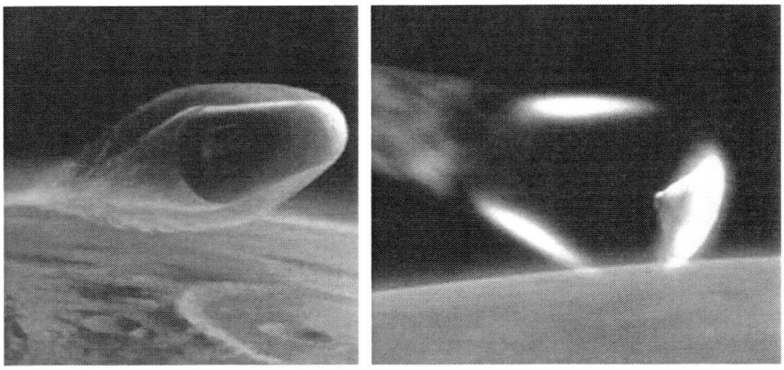

圖 1-7　不同氣動外形大氣進入過程

(2) 火星大氣進入對導引律的要求

火星大氣進入導引的目的是使探測器在理想的開傘高度處滿足開傘點各項約束，同時保證整個進入過程滿足過載和熱流密度的約束。然而火星大氣進入過程，開傘點處各項約束具有非一致性。最主要的表現為提高開傘點航程精度和保證滿足開傘條件之間的非一致性，以及多個開傘條件自身之間的非一致性。開傘的多個約束條件包括開傘高度、動壓和馬赫數約束，而這些變數之間本身相互關聯，如速度相同時，高度越高則動壓會越小。當開傘需要保證較高的高度時，動壓就容易偏小，而當需要保證充分的開傘動壓時，高度又易過低而不滿足開傘條件。

因此需要強調的是，航程精度約束和開傘條件約束相比，開傘條件約束更強，需要在先滿足開傘條件約束時，再考慮精度問題。如果開傘條件已經滿足，此時可以不考慮航程偏差進行開傘操作，前提是開傘條件都得到滿足。但如果動壓和馬赫數滿足約束而此時高度太高，開傘時間需要被延遲以等待到達必要的開傘高度。

由於航程約束以及過載和熱流的約束與地球大氣重返過程類似，這裡主要描述導引律需要滿足的開傘點狀態的約束。

① 開傘點高度　由於降落傘減速後探測器採用動力減速系統，需要給操作預留足夠的時間以確保安全登陸（soft landing），所以這裡提出最小的開傘高度。對 MSL 登陸系統，最小高度定為 4.0km[41]、3.5km[42]，文獻［33］中還給出了開傘點的最大高度為 13.5km。

② 馬赫數　開傘點處的馬赫數直接影響兩個物理量：氣動熱流和膨脹動力（inflation dynamics）。馬赫數不宜過高或過低，過高則駐點熱流過高或導致激烈的膨脹，使得降落傘無法承受。對 MSL 登陸系統，馬赫數限制為 1.4～2.2。

③ 動壓　充分的動壓確保開傘膨脹。對 MSL 登陸系統，動壓限制為 250～850Pa。

(3) 火星大氣進入導引律

目前為止，大氣進入段導引與控制方法相關研究內容很多。其中包括解析預測校正演算法[43-46]、能量控制演算法、數值預測校正演算法[47,48]和終端點控制器[49]。這些演算法均以傾側角的調整為控制量。文獻［50］將這些方法分為 EDL 理論導引、解析預測校正導引、數值預測校正導引三類。在文獻［51］中 Hamel 將這些演算法主要分為三類：解析演算法、數值演算法和預先設計標稱軌跡法。解析預測校正演算法和能量控制演算法屬於第一類，這類演算法主要通過某些假設來得到解析導引律；數值預測校正演算法，根據當前狀態積分剩餘軌跡來預測目標點的狀態，從而利用偏差來即時地校正傾側角指令值，因此它屬於第二類——數值演算法；第三類又稱為標稱軌跡方法，通過離線設計最佳參考軌跡並進行儲存，導引過程中試圖在每個時刻都保持這種最佳性能，使進入器按標稱軌跡飛行。也有文獻將火星 EDL 軌跡導引與控制方法大體上分為兩類[52-58]：一類是追蹤參考軌跡，即根據預先已知的數據設計一條參考軌跡，然後控制探測器追蹤參考軌跡；另一類是基於狀態預測的軌跡修正[59]，即根據當前狀態和動力學模型預測終端的狀態值，並與終端狀態的期望值比較作差，從而修正當前軌跡。參考軌跡追蹤的優點是簡單、容易實現，缺點在於它是基於線性化的方法，在真實軌跡與參考軌跡相差較大時，線性化假設不成立，從而導致導引控制誤差增大。另外，參考軌跡追蹤方法只有一條固定的參考軌跡，在空氣動力學和大氣密度參數有較大變化時控制系統無法達到有效控制的目的。基於狀態預測的軌跡修正方法的優點在於當探測器狀態、大氣參數變化時，它可以改變原有預定軌跡進而減小誤差，對控制系統要求低，具有一定的環境適應能力，但它的缺點也很明顯，必須要依靠準確的動力學模型和大氣模型來預測探測器終端的狀態。由於目前我們對火星大氣密度建模很不全面，基於這點，參考軌跡導引是更優的選擇。同時就目前對火星地理環境的了解狀況以及探測器上的數據處理能力，第一類方法更適合短期內的火星 EDL 任務，但第二種方法更有發展潛力，是下一代火星 EDL 任務中進入軌跡導引與控制的首選方案[60]。

1.3 本書的主要內容

本書主要是針對深空探測這一大背景，圍繞導引這一核心問題展開。本書開篇首先對導引控制技術的理論基礎進行了簡單的回顧；之後以深空探測轉移接近捕獲、月球下降登陸、火星進入過程以及地球返回重返過程為代表，詳細介紹在這四個階段中所使用的具體的導引控制技術和方法；接下來對導引控制技術的地面試驗方法進行概述；最後對未來深空導引控制技術的發展趨勢進行歸納和總結。具體章節安排如下。

第 2 章介紹深空探測導引控制技術的動力學基礎，描述主要的座標系統、時間系統，之後在天體引力模型的基礎上給出深空探測器的軌道動力學模型。

第 3 章簡單介紹最佳控制理論。利用化學能推進系統的深空探測器，在使用自身引擎完成軌道控制過程以及下降、上升過程時，必須考慮推進劑消耗最佳或時間最短，以盡量減少工程設計的難度和延長探測器的任務週期。最佳控制理論是很多導引方法推導的基礎。

第 4 章是星際轉移和捕獲中的導引和控制技術。對於轉移過程，介紹了轉移過程的 B 平面導引基礎，給出了脈衝推力和連續推力軌道修正方法，以及引擎推力的在軌標定方法。對於捕獲過程，介紹了大推力的制動捕獲方法，利用目標天體大氣摩擦的氣動捕獲方法，以及自主實施捕獲軌道控制策略規劃的方法。

第 5 章是月球軟登陸的導引和控制技術。在這一章，遵照月球軟登陸導引控制技術發展的歷程，將登陸導引按照不含燃料約束的導引方法、燃料最佳的導引方法以及定點登陸任務的導引方法這三個層次展開。分別對應月球登陸探測的早期狀態、當前水平以及未來的發展方向。

第 6 章是火星進入過程的導引和控制技術。本章主要根據火星大氣進入階段的任務特點，針對導引設計所面臨的難點問題，詳細地描述了兩類導引方法的設計過程，分別為基於標稱軌跡設計的解析預測校正導引方法和基於阻力剖面追蹤的魯棒導引方法。

第 7 章是高速返回地球重返過程的導引和控制技術。本章分析了高速返回重返任務的特點和軌跡特性，概述了標準軌道重返導引方法和預測校正重返導引方法在針對高速返回任務時的設計難點，同時針對難點問題逐個給出了可行的設計方法和應用實例。

第 8 章介紹的是深空探測導引控制技術的地面試驗情況。深空探測所涉及的導引控制技術在地面驗證的最大困難就是動力學環境不一樣，為此需要在地面搭建大型試驗設施甚至直接進行飛行驗證。在具體內容上，本章將以月球登陸和地球返回為例介紹地面試驗的開展情況。

第 9 章是對深空探測太空船導引控制技術發展的展望。在這一章中對深空探測導引控制技術的發展歷程進行了簡單的回顧，在分析未來深空探測任務需要的基礎上，結合相關理論技術的進展，提出深空探測導引控制技術四個發展趨勢。

參考文獻

[1] 王大軼，黃翔宇，魏春嶺．基於光學成像測量的深空探測自主控制原理與技術．北京：中國宇航出版社，2012.

[2] 吳偉仁，王大軼，寧曉琳．深空探測器自主導航原理與技術．北京：中國宇航出版社，2011.

[3] 楊嘉墀，等．航天器軌道動力學與控制．北京：宇航出版社，1995.

[4] David A V. Fundamentals of Astrodynamics and Applications. 3rd ed. Hawthorne，CA，Microcosm Press，2007.

[5] 屠善澄．衛星姿態動力學與控制．北京：宇航出版社，1999.

[6] Hughs P C. Spacecraft Attitude Control. Toronto：John Wiley and Sons，1986.

[7] 王希季．航天器進入與返回技術（上）．北京：宇航出版社，1991.

[8] Tsutomu Iwata，Kazumi Okuda，Yutaka Kaneko. Lunar orbiting and landing missions. Proceedings of the AAS/NASA International Symposium on Orbital Mechanics and Mission Design，USA，Advances in the Astronautical Sciences. 1989：513-523.

[9] Itagaki H，Sasaki S. Design Summary of SELENE-Japanese Lunar Exploration Project//3rd ICEUM. Moscow：[s. n.]，1998.

[10] Seiya Ueno，Yoshitake Yamaguchi. Near-minimum fuel guidance law of a lunar landing module[C]//14th IFAC Symposium on Automatic Control in Aerospace. Seoul：IFAC，1998.

[11] Maxwell Mason，Samuel M Brainin. Descent trajectory optimization for soft lunar landings：IAS Paper No. 62-11.

[12] Shohei Niwa，Masayuki Suzuki，Jun Zhou，et al. Guidance and Control for

Lunar Landing System//18th International Symposium on Space Technology and Science. Kagoshima, Japan, 1992: 1073-1980.

[13] Cheng R K, Meredith C M, Conrad D A. Design Considerations for Surveyor Guidance. Journal of Spacecraft and Rockets, 1966, 3 (11): 1569-1576.

[14] Richard K. Cheng. Lunar terminal guidance, lunar missions and exploration. New York: Wiley, 1964: 305-355.

[15] Jungmann J A. The Exact Analytic Solution of the Lunar Landing Problem. AAS Spaceflight Mechanics Specialist Conference, USA, 1966. AAS Sciences and Technology Series, 1967, II: 381-397.

[16] Citron S J. A terminal guidance technique for lunar landing. AIAA Journal, 1964, 2 (3): 503-509.

[17] Feng T Y, Wasynczuk C A. Terminal guidance for soft and accurate lunar landing for unmanned spacecraft. Journal of Spacecraft and Rockets, 1968, 5 (6): 644-648.

[18] Mcinnes C R. Nonlinear transformation methods for gravity-turn descent. Journal of Guidance, Control and Dynamics. 1995, 19 (1): 247.

[19] Robert N Ingoldby. Guidance and control system design of the viking planetary lander. Journal of Guidance and Control, 1978, 1 (3): 189-196.

[20] Kenneth D Mease, Jean-Paul Kremer. Shuttle entry guidance revisited using nonlinear geometric methods. Journal of Guidance, Control and Dynamics, 1994, 17 (6): 1350-1356.

[21] Floyd V Bennett. Lunar descent and ascent trajectories//AIAA 8th Aerospace Sciences Meeting. New York: AIAA, 1970.

[22] Ronald L Berry. Launch window and translunar, lunar orbit, and transearth trajectory planning and control for the Apollo 11 lunar landing mission//AIAA 8th Aerospace Sciences Meeting. New York: AIAA, 1970.

[23] 徐延萬．控制系統（上）．北京：宇航出版社，1989.

[24] Seiya Ueno, Haruaki Itagaki, Yoshitake Yamaguchi. Near-minimum fuel guidance and control system for a lunar landing module. 21st International Symposium of Space Technology and Sciences, Japan, Omiya, 1998.

[25] Thomas Fill. Lunar landing and ascent trajectory guidance design for the autonomous landing and hazard avoidance technology (ALHAT) program: AAS 10-257.

[26] Allan Y Lee, Todd Ely, Ronald Sostaric, et al. Preliminary design of the guidance, navigation, and control system of the altair lunar lander//AIAA Guidance, Navigation, and Control Conference. Toronto, Ontario Canada, 2010.

[27] Trageser M B. Apollo guidance and navigation. AIAA R-446, 1964: 284-306.

[28] 李鑫，劉瑩瑩，周軍．載人登月艙上升入軌段的制導律設計．系統工程與電子技術，2011，33 (11): 2480-2484.

[29] Lickly D J, Morth H R, Crawford B S. Apollo reentry guidance[R]. 1963.

[30] Graves C A, Harpold J C. Apollo experience report-mission planning for Apollo entry[R]. 1972.

[31] Young J W, Smith J R E. Trajectory optimization for an Apollo-type vehicle under entry conditions encountered during lunar return[R]. 1967.

[32] Moseley P E. The Apollo entry guidance: a review of the mathematical development and its operational characteristics: TRW Note No. 69-FMT-791. Houston, TX Dec, 1969.

[33] Carman G L, Ives D G, Geller D K. Apollo-derived Mars precision lander guidance[R]. 1998.

[34] Bairstow S H. Reentry guidance with extended range capability for low L/D spacecraft [D]. Cambridge: Massachusetts Institute of Technology, 2006.

[35] Rea J R, Putnam Z R. A comparison of two orion skip entry guidance algorithms [C]//AIAA Guidance, Navigation and Control Conference and Exhibit. Hilton Head, South Carolina: AIAA, 2007.

[36] Bairstow S H. Reentry guidance with extended range capability for low L/D spacecraft [D]. Cambridge: Massachusetts Institute of Technology, 2006.

[37] Bairstow S H, Barton G H. Orion reentry guidance with extended range capability using predGuid[C]//AIAA Guidance, Navigation and Control Conference and Exhibit. Hilton Head, South Carolina: AIAA, 2007.

[38] Brunner C W, Lu P. Skip Entry Trajectory Planning and Guidance[J]. Journal of Guidance, Control, and Dynamics, 2008, 31 (5): 1210-1219.

[39] Brunner C W. Skip Entry Trajectory Planning and Guidance[D]. Ames, Iowa: Iowa State University, 2008.

[40] Brunner C W, Lu P. Comparison of numerical predictor-corrector and apollo skip entry guidance algorithms [C]// AIAA Guidance, Navigation, and Control Conference. Toronto, Ontario Canada: AIAA, 2010.

[41] Mendeck G F, Craig L. Mars Science Laboratory Entry Guidance. JSC-CN-22651. NASA Johnson Space Center, 2011.

[42] Mendeck G F, Carman G L. Guidance design for Mars Smart Landers using the entry terminal point controller [C]// AIAA Atmospheric Flight Mechanics Conference and Exhibit. Monterey, California: AIAA, 2002.

[43] Bryant L E, Tigges M A, Ives D G. Analytic drag control for precision landing and aerocapture [C]//AIAA Atmospheric Flight Mechanics Conference. Boston, MA: AIAA, 1998.

[44] Mease K D, Mccreary F A. Atmospheric guidance law for planar skip trajectories [C]//Atmospheric Flight Mechanics Conference. Snowmass, CO, 1985.

[45] Gamble J D, et al. Atmospheric guidance concepts for an aeroassist flight experiment[J]. Journal of the Astronautical Sciences, 1988, 36 (1/2): 45-71.

[46] Thorp N A, Pierson B L. Robust roll modulation guidance for aeroassisted Mars mission [J]. Journal of Guidance, Control and Dynamics, 1995, 18 (2): 298-305.

[47] Powell R W. Numerical roll reversal predictor corrector aerocapture and precision landing guidance algorithms for the Mars surveyor program 2001 missions [R]: AIAA Paper 98-4574. 1998.

[48] Dierlam T A. Entry Vehicle performance analysis and atmospheric guidance algorithm for precision landing on Mars[D].

Cambridge: Massachusetts Institute of Technology, 1990.

[49] Ro T U, Queen E M. Study of Martian aerocapture terminal point guidance [C]//AIAA, Atmospheric Flight Mechanics Conference and Exhibit. Boston, MA: AIAA, 1998.

[50] Davis J L, Cianciolo A D. Guidance and control algorithms for the Mars entry, descent and landing systems analysis. pdf[C]//AIAA/AAS Astrodynamics Specialist Conference. Toronto, Ontario Canada: AIAA, 2010.

[51] Hamel J F, Lafontaine J d. Improvement to the analytical predictor-corrector guidance algorithm applied to Mars aerocapture[J]. Journal of Guidance, Control and Dynamics, 2006, 29 (4): 1019-1022.

[52] Kozynchenko A I. Predictive guidance algorithms for maximal downrange maneuvrability with application to low-lift re-entry[J]. Acta Astronautica, 2009, 64 (7-8): 770-777.

[53] Lu P. Predictor-corrector entry guidance for low-lifting vehicles[J]. Journal of Guidance, Control, and Dynamics, 2008, 31 (4): 1068-1075.

[54] Joshi A, Sivan K, Amma S S. Predictor-corrector reentry guidance algorithm with path constraints for atomospheric entry vehicles[J]. Journal of Guidance, Control, and Dynamics, 2007, 30 (5): 1307-1318.

[55] Saraf A, et al. Design and evaluation of an acceleration guidance algorithm for entry[J]. Journal of Spacecraft and Rockets, 2004, 41 (6): 986-996.

[56] Leavitt J A, Mease K D. Feasible trajectory generation for atmospheric entry guidance[J]. Journal of Guidance, Control and Dynamics, 2007, 30 (2): 473-481.

[57] Tu K Y, et al. Drag-based predictive tracking guidance for Mars precision landing[J]. Journal of Guidance, Control and Dynamics, 2000, 23 (4): 620-628.

[58] Kluever C A. Entry guidance performance for Mars precision landing[J]. Journal of Guidance, Control and Dynamics, 2008, 31 (6): 1537-1544.

[59] Powell R W, Braun R D. Six-degree-of-freedom guidance and control analysis of Mars aerocapture[J]. Journal of Guidance, Control and Dynamics, 1993, 16 (6): 1038-1044.

[60] 李爽，彭玉明，陸宇平．火星 EDL 導航、制導與控制技術綜述與展望[J]. 宇航學報，2010，31 (3)：621-627.

第2章

天體力學基礎

2.1 參考座標系及座標變換

2.1.1 參考曆元系的定義

為了描述參考座標系，需要給出座標原點的位置、基準平面（即 X-Y 平面）的方位以及主方向（即 X 軸的方向和 Z 軸的方向）。由於 Z 軸必須垂直於基準平面，故只需說明其正方向。一般選擇 Y 軸方向使座標系成為右手系。

（1）日心黃道座標系（$O_s X_{si} Y_{si} Z_{si}$）

原點定義在日心，X-Y 平面與黃道面（黃道面是地球繞太陽運行的軌道平面）一致，如圖 2-1 所示。黃道面與地球赤道面的交線確定了 X 軸的方向，此方向稱為春分點方向，Z 軸垂直於黃道面，與地球公轉角速度矢量一致。由於地球自旋軸的方向有緩慢的漂移，導致黃赤交線的緩慢漂移，因此，日心黃道座標系實際上並不是一個慣性參考座標系。為了建立慣性參考系，需要註明所用的座標系是根據哪一特定時刻（曆元）的春分點方向建立的。採用 J2000.0 日心黃道座標系，其基本平面和主方向分別為 J2000.0 的平黃道和平春分點。

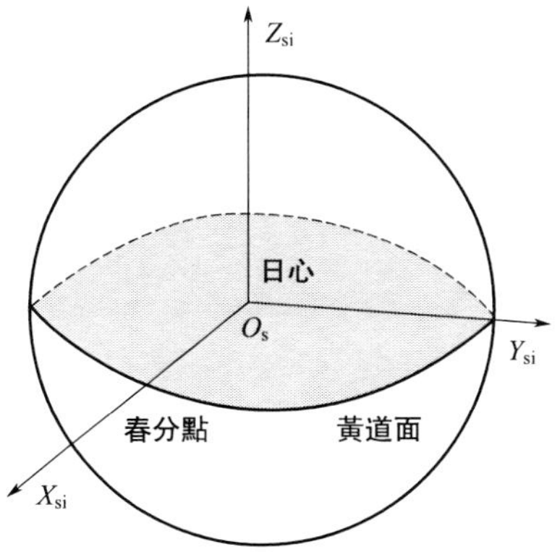

圖 2-1　日心黃道座標系

（2）地心座標系

① 地心赤道座標系（$O_e X_{ei} Y_{ei} Z_{ei}$）　原點定義在地心，基準平面是

地球赤道平面，X 軸方向指向春分點，Z 軸指向北極，如圖 2-2 所示。需要說明的是，地心赤道座標系並不是固定在地球上同地球一起轉動的。採用 J2000.0 地心赤道座標系，其主方向為 J2000.0 的平春分點，基準面為平赤道面。

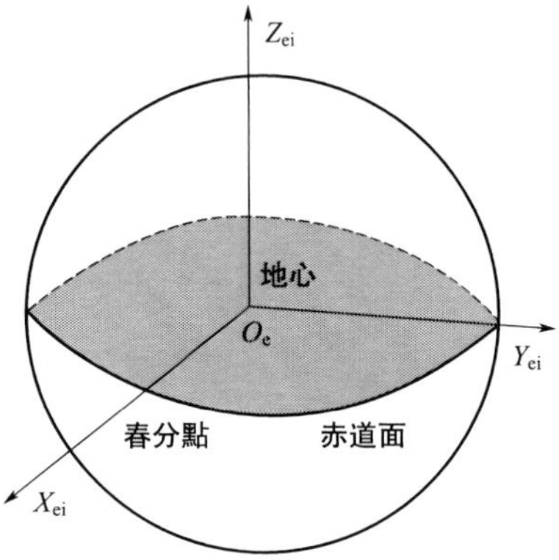

圖 2-2　地心赤道座標系

② 地心黃道座標系（$O_eX_{si}Y_{si}Z_{si}$）　原點定義在地心，基準平面是黃道平面，X 軸方向指向春分點，Z 軸指向北極，即日心黃道座標系原點平移到地心形成的座標系。

（3）目標天體座標系

① 目標天體慣性座標系（$O_tX_{ei}Y_{ei}Z_{ei}$）　原點定義在目標天體中心，X、Y、Z 軸分別與 J2000.0 地心赤道座標系的 X、Y、Z 軸方向一致。

② 目標天體固聯座標系（$O_tX_{tf}Y_{tf}Z_{tf}$）　原點定義在目標天體中心，Z 軸取目標天體的自轉軸，X 軸在目標天體赤道面指向某一定義點，選擇 Y 軸構成右手座標系。

（4）軌道座標系（$O_cX_oY_oZ_o$）

以探測器標稱質心或某特殊點為原點（主要考慮到飛行過程中探測器實際質心可能是變化的），Z 軸沿探測器指向中心天體的中心方向；X 軸在瞬時軌道平面內垂直於 Z 軸，並指向探測器速度方向；Y 軸與瞬時軌道平面的法線平行，構成右手座標系。

（5）近焦點座標系（$O_{gc}X_\omega Y_\omega Z_\omega$）

原點定義在主引力場中心，基準平面是探測器的軌道平面，X 軸指向近拱點，在軌道面內按運動方向從 X 軸轉過 90°就是 Y 軸，Z 軸為軌道面法線且構成右手座標系。

(6) 探測器本體座標系 ($O_cX_bY_bZ_b$)

本體座標系以探測器標稱質心或某特殊點為原點，座標軸的指向一般會考慮探測器的結構，通常可分如下幾種。

① 特徵軸座標系　X 軸沿探測器某一特徵軸方向，Y 軸和 Z 軸也沿著探測器另外兩個特徵軸方向，且 X 軸、Y 軸、Z 軸構成右手直角座標系。

② 慣性主軸座標系　X 軸沿探測器某一慣性主軸方向，Y 軸和 Z 軸也沿著探測器另外兩個慣性主軸方向，且 X 軸、Y 軸、Z 軸構成右手直角座標系。

③ 速度座標系　X 軸沿探測器速度方向；Y 軸在探測器縱向對稱平面內，垂直於 X 軸，指向上方；Z 軸與 X 軸、Y 軸構成右手直角座標系。

2.1.2 座標系之間的變換

座標變換必然涉及到座標旋轉，為此，首先定義用旋轉變換矩陣表示座標旋轉的方法。若原座標系中的某一矢量用 $\boldsymbol{r}$ 表示，在旋轉後的新座標系中用 $\boldsymbol{r}'$表示，那麼當 YZ 平面、ZX 平面和 XY 平面分別繞 X 軸、Y 軸和 Z 軸轉動 θ 角（逆時針為正）後，有

$$\begin{aligned}\boldsymbol{r}'&=\boldsymbol{R}_X(\theta)\boldsymbol{r}\\ \boldsymbol{r}'&=\boldsymbol{R}_Y(\theta)\boldsymbol{r}\\ \boldsymbol{r}'&=\boldsymbol{R}_Z(\theta)\boldsymbol{r}\end{aligned} \tag{2-1}$$

式中

$$\boldsymbol{R}_X(\theta)=\begin{bmatrix}1 & 0 & 0\\ 0 & \cos\theta & \sin\theta\\ 0 & -\sin\theta & \cos\theta\end{bmatrix}$$

$$\boldsymbol{R}_Y(\theta)=\begin{bmatrix}\cos\theta & 0 & -\sin\theta\\ 0 & 1 & 0\\ \sin\theta & 0 & \cos\theta\end{bmatrix}$$

$$\boldsymbol{R}_Z(\theta)=\begin{bmatrix}\cos\theta & \sin\theta & 0\\ -\sin\theta & \cos\theta & 0\\ 0 & 0 & 1\end{bmatrix}$$

且旋轉矩陣 $\boldsymbol{R}(\theta)$ 有如下性質：

$$\boldsymbol{R}^{-1}(\theta)=\boldsymbol{R}^{\mathrm{T}}(\theta)=\boldsymbol{R}(-\theta) \tag{2-2}$$

式中，$\boldsymbol{R}^{-1}$和 $\boldsymbol{R}^{\mathrm{T}}$分別表示矩陣 $\boldsymbol{R}$ 的逆和轉置。

(1) 日心黃道系→地心黃道系→地心赤道系

曆元日心黃道座標系和曆元地心赤道座標系之間的轉換過程為平移

和旋轉，其中平移對應一個過渡性的曆元地心黃道座標系。記曆元地心赤道座標系、曆元地心黃道座標系和曆元日心黃道座標系的位置矢量分別為 $\boldsymbol{r}_{ei}$、$\boldsymbol{r}_{e,si}$ 和 $\boldsymbol{r}_{si}$，則有

$$\begin{aligned} \boldsymbol{r}_{e,si} &= \boldsymbol{r}_{si} + \boldsymbol{r}_{se,si} \\ \boldsymbol{r}_{ei} &= \boldsymbol{R}_X(-\bar{\varepsilon})\boldsymbol{r}_{e,si} \end{aligned} \tag{2-3}$$

式中，$\boldsymbol{r}_{se,si}$ 為太陽（日心）在地心黃道座標系中的位置矢量；$\bar{\varepsilon} = \varepsilon - \Delta\varepsilon$，為平黃赤交角，$\Delta\varepsilon$ 表示交角章動，$\varepsilon = 23°26'21''.448 - 46''.8150t - 0''.00059t^2 + 0''.001813t^3$，$t = \dfrac{JD(t) - JD(\text{J}2000.0)}{36525.0}$，$JD(t)$ 表示計算時刻 t 對應的儒略日，$JD(\text{J}2000.0)$ 是曆元 J2000.0 對應的儒略日。

（2）目標天體慣性系→目標天體固連繫

如圖 2-3 所示，可以利用三個角 φ、ψ、θ 來描述目標天體固聯座標系相對目標天體慣性座標系的指向，記目標天體慣性座標系和目標天體固聯座標系的位置矢量分別為 $\boldsymbol{r}_{ti}$ 和 $\boldsymbol{r}_{tf}$，則有

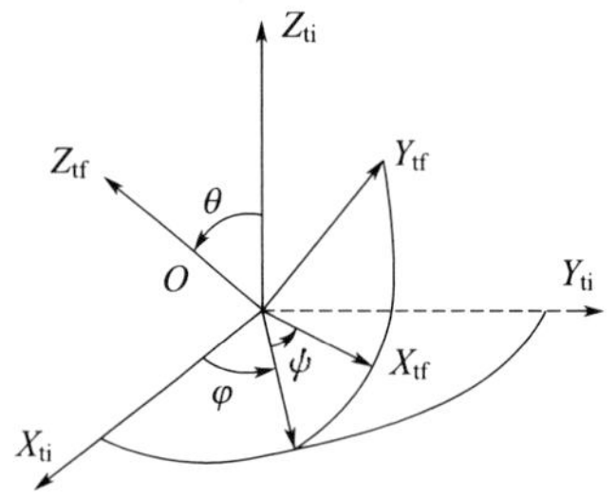

圖 2-3 目標天體慣性座標系與固連座標系

$$\boldsymbol{r}_{tf} = \boldsymbol{R}_Z(\psi)\boldsymbol{R}_X(\theta)\boldsymbol{R}_Z(\varphi)\boldsymbol{r}_{ti} \tag{2-4}$$

（3）日心黃道系→日心軌道座標系

$$\boldsymbol{r}_{o} = \boldsymbol{R}_Z(\omega)\boldsymbol{R}_X(i)\boldsymbol{R}_Z(\Omega)\boldsymbol{r}_{si} \tag{2-5}$$

式中，Ω 為升交點經度；i 為軌道傾角；ω 為近日點幅角；$\boldsymbol{r}_o$ 為探測器在日心軌道座標系的位置；$\boldsymbol{r}_{si}$ 為探測器在日心黃道座標系的位置。

2.2 時間系統

時間系統是由時間計算的起點和單位時間間隔的長度來定義的。由於探測器必須測量其相對地球、太陽、行星、恆星或小行星等天體的指向和位置，需要用到天文時間尺度。行星際的星曆資訊同樣會涉及到時間系統。在本節中將給出本書所涉及的時間系統。

2.2.1 時間系統的定義

現行的時間系統[1-3]基本上分為五種：恆星時 ST、世界時 UT、曆書時 ET、原子時 TAI 和動力學時。恆星時和世界時都是根據地球自轉

測定的，曆書時則根據地球、月球和行星的運動來測定，而原子時是以原子的電磁振盪作為標準的。

① 恆星時 ST　以春分點作為參考點，由它的週日視運動所確定的時間稱為恆星時，春分點連續兩次上中天的時間間隔稱為一個恆星日。每一個恆星日等分成 24 個恆星小時，每一個恆星時再等分為 60 個恆星分，每一個恆星分又等分為 60 個恆星秒，所有這些單位稱為計量時間的恆星時單位。

② 太陽時和世界時 UT　以真太陽視圓面中心作為參考點，由它的週日視運動所確定的時間稱為真太陽時，其視圓面中心連續兩次上中天的時間間隔稱為真太陽日。由於真太陽日的長度不是一個固定量，所以不宜作為計量時間的單位。為此，引入了假想的參考點——赤道平太陽，它是一個作勻速運動的點，與它對應的是平太陽時和平太陽日。事實上，太陽時和恆星時並不是互相獨立的時間計量單位，通常是由天文觀測得到恆星時，然後再換算成平太陽時，它們都是以地球自轉作為基準的。而世界時 UT 就是在平太陽時基礎上建立的，有 UT0、UT1 和 UT2 之分。UT0：格林威治的平太陽時即稱為世界時 UT0，它是直接由天文觀測測定的，對應瞬時極的子午圈。UT1：UT0 加上極移修正後的世界時。UT2：UT1 加上地球自轉速度季節性變化的修正。

③ 曆書時 ET　這是由於恆星時、太陽時不能作為均勻的時間測量基準，而從 1960 年起引入的一種以太陽系內天體公轉為基準的時間系統，是太陽系質心框架下的一種均勻時間尺度。由於實際測定曆書時的精度不高，且提供結果比較遲緩，從 1984 年開始，它完全被原子時所代替。

④ 原子時 TAI　是位於海平面上 C_s^{133} 原子基態的兩個超精細能級在零磁場中躍遷輻射振盪為 9192631770 周所經歷的時間。由這種時間單位確定的時間系統稱為國際原子時，取 1958 年 1 月 1 日世界時零時為其起算點。為了兼顧對世界時時刻和原子時秒長的需要，國際上規定以協調世界時 UTC 作為標準時間和頻率發布的基礎。協調世界時的秒長與原子時秒長一致，在時刻上要求盡量與世界時接近。

⑤ 動力學時　因原子時是在地心參考系中定義的具有國際單位制秒長的座標時間基準，它就可以作為動力學中所要求的均勻的時間尺度。由此引入一種地球動力學時 TDT，它與原子時 TAI 的關係為

$$TDT = TAI + 32.184s \tag{2-6}$$

此外，還引入了太陽系質心動力學時 TDB（簡稱質心動力學時），TDT 是地心時空座標架的座標時，而 TDB 是太陽系質心時空座標架的

座標時，兩種動力學時的差別 TDT－TDB 是由相對論效應引起的，兩者之間只存在微小的週期性變化。

在軌道計算時，時間是獨立變數，但是，在計算不同的物理量時卻要使用不同的時間系統。例如，在計算探測器星下點軌跡時使用世界時 UT；在計算日、月和行星及小行星的座標時使用曆書時 ET；各種觀測量的採樣時間是協調世界時 UTC 等。

2.2.2 儒略日的定義及轉換

在航太活動中，除了用上述時間尺度外，還常用儒略日（Julian Date）表示時間。

儒略年定義為 365 個平太陽日，每四年有一閏年（366 日），因此儒略年的平均長度為 365.25 平太陽日，相應的儒略世紀（100 年）的長度為 36525 平太陽日。計算相隔若干年的兩個日期之間的天數用的是儒略日 JD，這是天文上採用的一種長期紀日法。它以倒退到公元前 4713 年 1 月 1 日格林威治平午（即世界時 12^k）為起算日期，例如 1992 年 2 月 1 日 0^k UT 的儒略日為 2448653.5。

從 1984 年起採用的新標準曆元（在天文學研究中常常需要標出數據所對應的時刻，稱為曆元）J2000.0 是 2000 年 1 月 1.5 日 TDB，對應的儒略日為 2451545.0。而每年的儒略年首與標準曆元的間隔為儒略年 365.25 的倍數，例如 1992 年儒略年首在 1 月 1.5 日，記作 J1992.0，而 1993 年儒略年首在 1 月 0.25 日，記作 J1993.0。

在航太活動中，使用儒略日表示時間是非常方便的，因為儒略日不需要任何複雜的邏輯，就像年和日一樣。但是，為了得到高精度的時間就需要較多的數位，精確到天需要 7 位數，精確到毫秒需要另加 9 位數，所以常用約化儒略日 MJD（Modified Julian Date）代替儒略日。

由於儒略日的數位較大，一般應用中前二位都不變，而且以正午為起算點，與日常的習慣不符，因而常用約化儒略日 MJD（Modified Julian Date）定義為

$$MJD = JD - 2400000.5 \tag{2-7}$$

這樣儒略曆元就是指真正的年初，例如 J2000.0，即 2000 年 1 月 1 日 0 時。

軌道計算中經常用到公曆日期與儒略日的轉換，這裡給出如下。

（1）公曆日期轉換成儒略日

設給出公曆日期的年、月、日（含天的小數部分）分別為 Y、M、D，則對應的儒略日為

$$
\begin{aligned}
\mathrm{JD}=D-32075+&\left[1461\times\left(Y+4800+\left[\frac{M-14}{12}\right]\right)\div 4\right]\\
&+\left[367\times\left(M-2-\left[\frac{M-14}{12}\right]\times 12\right)\div 12\right]\\
&-\left[3\times\left[Y+4900+\left[\frac{M-14}{12}\right]\div 100\right]\div 4\right]-0.5
\end{aligned}
\tag{2-8}
$$

式中，$[X]$ 表示取 X 的整數部分，小數點後的位數省略。

（2）儒略日轉換成公曆日期

設某時刻的儒略日為 JD（含天的小數部分），對應的公曆日期的年、月、日分別為 Y、M、D（含天的小數部分），則有

$$
\begin{aligned}
&J=[\mathrm{JD}+0.5],N=\left[\frac{4(J+68569)}{146097}\right],L_1=J+68569-\left[\frac{N\times 146097+3}{4}\right]\\
&Y_1=\left[\frac{4000(L_1+1)}{1461001}\right],L_2=L_1-\left[\frac{1461\times Y_1}{4}\right]+31,M_1=\left[\frac{80\times L_2}{2447}\right],L_3=\left[\frac{M_1}{11}\right]\\
&Y=100(N-49)+Y_1+L_3,M=M_1+2-12L_3,D=L_2-\left[\frac{2447\times M_1}{80}\right]
\end{aligned}
\tag{2-9}
$$

2.3 太空船動力學模型

探測器除了受到中心天體引力和軌道控制力外，在飛行過程中還會受到空間環境中各種攝動力的作用，這些攝動力主要包括：中心天體形狀非球形和質量不均勻產生的附加引力、其他天體引力、太陽光壓和可能的大氣阻力以及姿態控制可能產生的干擾力等。

2.3.1 中心體引力及形狀攝動勢函數

在分析天體對探測器的引力作用時，常使用引力勢函數，即引力場在空間任意一點的勢函數 U，處在該點上單位質量探測器受到的引力為

$$F=\mathrm{grad}\,U \tag{2-10}$$

式中，grad 表示函數的梯度。此勢函數與座標系的選擇無關，應用較方便。如假設天體的質量 M 集中於一點時，它的勢函數是

$$U_0=\frac{GM}{r}=\frac{\mu}{r} \tag{2-11}$$

式中，G 為萬有引力常數，M 為天體質量，$\mu=GM$ 為天體引力常數；

r 是集中質點到空間某點的距離。均勻質量的圓球天體對外部各點的勢函數與整個球體質量集中於中心時的勢函數相同，它的梯度方向總是指向球體中心，這就是二體問題的基礎。探測器二體軌道動力學方程為

$$\ddot{\boldsymbol{r}} = -\frac{\mu}{r^3}\boldsymbol{r} \tag{2-12}$$

式中，$\boldsymbol{r}$ 為探測器相對天體中心的位置矢量。考慮天體形狀攝動時，勢函數包括兩部分：

$$U=U_0+R \tag{2-13}$$

式中，R 為攝動力的勢函數，稱為攝動函數。

考慮天體形狀攝動時，對於大行星、月球等形狀接近球體的天體，一般可用球諧項展開表示其引力勢函數；而對於小行星、彗星等一些橢球形天體，一般可用橢球諧項展開表示其引力勢函數；對於一些形狀極其特別的天體，可以採用多面體組合方法計算其引力勢函數。

採用球諧項展開的引力勢函數為

$$U=\frac{GM}{r}\sum_{n=0}^{\infty}\sum_{m=0}^{n}\left(\frac{r_0}{r}\right)^n\overline{P}_{nm}(\sin\phi)\times[\overline{C}_{nm}\cos(m\lambda)+\overline{S}_{nm}\sin(m\lambda)] \tag{2-14}$$

式中，$\overline{P}_{nm}$ 為勒讓德多項式函數；n 和 m 分別是多項式的次數和階數；r_0 為天體的參考半徑；r 為探測器到天體中心的距離；ϕ 和 λ 分別為天體的緯度和經度；$\overline{C}_{nm}$ 和 $\overline{S}_{nm}$ 為歸一化的係數。

歸一化的係數與無歸一化係數之間的轉換關係可用下式表示：

$$(\overline{C}_{nm};\overline{S}_{nm})=\left[\frac{(n+m)!}{(2-\delta_{0m})(2n+1)(n-m)!}\right]^{\frac{1}{2}}(C_{nm};S_{nm}) \tag{2-15}$$

式中，δ_{0m} 為克羅內克符號函數。

勒讓德多項式函數

$$\overline{P}_{nm}(x)=(1-x^2)^{m/2}\frac{\mathrm{d}^m}{\mathrm{d}x^m}\overline{P}_n(x) \tag{2-16}$$

勒讓德多項式

$$\overline{P}_n(x)=\frac{1}{2^n n!}\cdot\frac{\mathrm{d}^n}{\mathrm{d}x^n}(x^2-1)^n \tag{2-17}$$

採用橢球諧項展開的引力勢函數[4]為

$$U=GM\sum_{n=0}^{N_{\max}}\sum_{p=0}^{2n=1}\overline{\alpha}_n^p\frac{F_n^p(\lambda_1)}{F_n^p(a)}\overline{E}_n^p(\lambda_2)\overline{E}_n^p(\lambda_3) \tag{2-18}$$

式中，$\overline{\alpha}_n^p$ 為規範化的橢球諧項係數，考慮天體形狀和密度變化，其滿足

$$\overline{\alpha}_n^p=\int_0^h\int_h^k\frac{U(\lambda_1=a,\lambda_2,\lambda_3)}{GM}\overline{E}_n^p(\lambda_2)\overline{E}_n^p(\lambda_3)\mathrm{d}S \tag{2-19}$$

這個面積分利用了天體對應的布里淵橢球體產生的勢函數，圖 2-4 給出了布里淵球體與布里淵橢球體的示意圖，其中，$\overline{E}_n^p(\lambda_2)$ $\overline{E}_n^p(\lambda_3)$ 滿足如下關係：

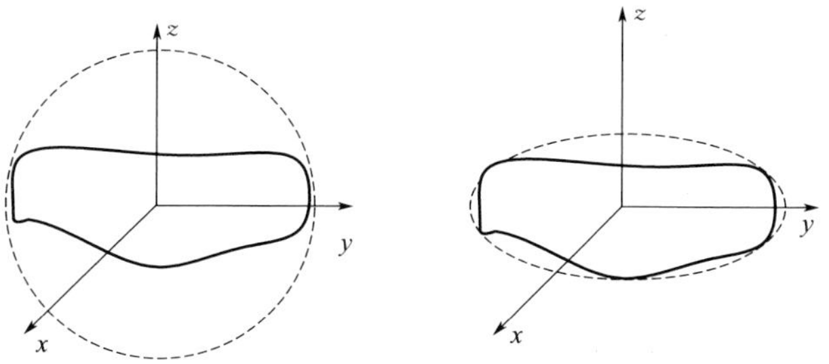

圖 2-4　布里淵球體與布里淵橢球體

$$\overline{E}_n^p(\lambda_2)\overline{E}_n^p(\lambda_3)=\frac{E_n^p(\lambda_2)E_n^p(\lambda_3)}{\sqrt{\gamma_n^p}} \tag{2-20}$$

E_n^p 表示第一類 Lamé 函數（可為 K_n^p、L_n^p、M_n^p、N_n^p），n 為函數的維數，p 為特徵值。$\overline{F}_n^p$ (λ_1) 和 E_n^p 滿足如下關係：

$$\overline{F}_n^p(\lambda_1)=(2n+1)\overline{E}_n^p(\lambda_1)\int_{\lambda_1}^{\infty}\frac{\mathrm{d}s}{(E_n^p)^2(s)\sqrt{(s^2-h^2)(s^2-k^2)}} \tag{2-21}$$

式中，s、h 和 k 為橢球方程的參數，橢球方程如下：

$$\frac{x^2}{s^2}+\frac{y^2}{s^2-h^2}+\frac{z^2}{s^2-k^2}=1 \tag{2-22}$$

對於給定的 x、y 和 z，方程（2-22）關於 s^2 有三個實數根$(\lambda_i)_{i=1,2,3}$，其滿足如下約束：

$$\lambda_1^2\in[k^2,+\infty),\lambda_2^2\in[h^2,k^2],\lambda_3^2\in[0,h^2] \tag{2-23}$$

引力勢函數中的橢球諧項參數計算方法見參考文獻［4,5］。

採用多面體組合方法計算的引力勢[6,7]為

$$U=\sum_{i\in\text{cubes}}\left(\frac{G\rho_i}{2}\sum_{e\in\text{edges}}\boldsymbol{r}_e^{\mathrm{T}}\boldsymbol{E}_e\boldsymbol{r}_e\cdot\boldsymbol{L}_e-\frac{G\rho_i}{2}\sum_{f\in\text{faces}}\boldsymbol{r}_f^{\mathrm{T}}\boldsymbol{F}_f\boldsymbol{r}_f\cdot\boldsymbol{\omega}_f\right) \tag{2-24}$$

式中，$\boldsymbol{r}_e$為由引力計算點指向每個邊緣任意點的矢量；$\boldsymbol{E}_e$為由與每個邊緣相關的面與邊緣法線向量組成的並矢量；$\boldsymbol{L}_e$為表達一維直線勢的對數項；$\boldsymbol{r}_f$為由引力計算點指向每個面上任意點的矢量；$\boldsymbol{F}_f$為面法線向

量的外積；$\boldsymbol{\omega}_f$ 為從引力計算點出發的每個面所對的立體角。多面體組合引力勢的具體計算方法見參考文獻［6］和［7］。

2.3.2 其他攝動模型

2.3.2.1 其他天體引力攝動

第 i 個攝動天體對探測器產生的攝動加速度為

$$\boldsymbol{a}_i=\mu_i\left(\frac{\boldsymbol{r}_{\mathrm{r}i}}{r_{\mathrm{r}i}^3}-\frac{\boldsymbol{r}_{\mathrm{p}i}}{r_{\mathrm{p}i}^3}\right) \tag{2-25}$$

式中，μ_i 為第 i 個攝動天體的引力常數；$\boldsymbol{r}_{\mathrm{p}i}$ 為第 i 個攝動天體相對中心天體的位置，且 $r_{\mathrm{p}i}=\|\boldsymbol{r}_{\mathrm{p}i}\|$；$\boldsymbol{r}_{\mathrm{r}i}$ 為第 i 個攝動天體相對探測器的位置，即 $\boldsymbol{r}_{ii}=\boldsymbol{r}_{\mathrm{p}i}-\boldsymbol{r}$，$\boldsymbol{r}$ 為探測器相對天體中心的位置，且 $r_{\mathrm{r}i}=\|\boldsymbol{r}_{\mathrm{r}i}\|$。

2.3.2.2 太陽光壓攝動

探測器受到太陽光照射時，太陽輻射能量的一部分被吸收，另一部分被反射，這種能量轉換會使探測器受到力的作用，稱為太陽輻射壓力，簡稱光壓。探測器表面對太陽光的反射比較複雜，有鏡面反射和漫反射。在研究太陽光壓對探測器軌道的影響時，可以認為光壓的方向和太陽光的入射方向一致，作用在探測器單位質量上的光壓可以表示為

$$\boldsymbol{a}_{\mathrm{s}}=-\frac{AG}{mr_{\mathrm{rs}}^3}\boldsymbol{r}_{\mathrm{rs}} \tag{2-26}$$

式中，A 為垂直於太陽光方向的探測器截面積；m 為探測器質量；G 為太陽通量常數，有 $G=k'p_0\Delta_0^2$，k' 為綜合吸收係數，Δ_0 為太陽到地球表面的距離，p_0 為地球表面的太陽光壓強度；$\boldsymbol{r}_{\mathrm{rs}}$ 為太陽相對探測器的位置矢量，即 $\boldsymbol{r}_{\mathrm{rs}}=\boldsymbol{r}_{\mathrm{ps}}-\boldsymbol{r}$，$\boldsymbol{r}$ 為探測器相對天體中心的位置，且 $r_{\mathrm{rs}}=\|\boldsymbol{r}_{\mathrm{rs}}\|$；$\boldsymbol{r}_{\mathrm{ps}}$ 為太陽相對天體中心的位置。

2.3.2.3 大氣阻力攝動

大氣對探測器所產生的阻力加速度 $\boldsymbol{a}_{\mathrm{d}}$ 為

$$\boldsymbol{a}_{\mathrm{d}}=-\frac{1}{2}c_{\mathrm{d}}\rho\frac{A}{m}v_{\mathrm{a}}\boldsymbol{v}_{\mathrm{a}} \tag{2-27}$$

式中，c_{d} 為阻力係數；ρ 為大氣密度；A 為迎風面積，即探測器沿速度方向的投影面積；m 為探測器的質量；$\boldsymbol{v}_{\mathrm{a}}$ 為探測器相對旋轉大氣的速度，$v_{\mathrm{a}}=\|\boldsymbol{v}_{\mathrm{a}}\|$。

2.3.3 太空船動力學模型

針對所研究的問題，探測器軌道動力學方程可以選擇不同的表達形

式[8,9]，比如軌道參數可以用球座標、直角座標或克卜勒要素表示，攝動項可以直接用攝動力表示，也可以用攝動函數表示。

(1) 用球座標表達的軌道動力學方程

用球座標表示天體形狀和質量的不均勻性比較方便、直觀。研究天體引力的攝動函數及其對探測器運動的影響，常用球座標表示探測器的軌道動力學方程。

$$
\begin{aligned}
&\ddot{r} - r\dot{\alpha}^2\cos^2\varphi - r\dot{\varphi}^2 = a_r \\
&r\ddot{\alpha}\cos\varphi + 2(\dot{r}\cos\varphi - r\dot{\varphi}\sin\varphi)\dot{\alpha} = a_\alpha \\
&r\ddot{\varphi} + 2\dot{r}\dot{\varphi} + r\dot{\alpha}^2\sin\varphi\cos\varphi = a_\varphi
\end{aligned}
\tag{2-28}
$$

式中，(r,α,φ) 為探測器的球座標，r 是探測器相對天體中心的距離，(α,φ) 是探測器位置對應的經、緯度；a_r、a_α、a_φ是沿球面座標軸方向作用在探測器上的加速度。如只考慮天體引力加速度，則它們等於引力勢函數$U(r,\alpha,\varphi)$ 沿著三個方向的導數。

(2) 用克卜勒要素表達的軌道動力學方程

利用克卜勒要素表達軌道，便於分析攝動力對探測器軌道要素的影響。

① 拉格朗日行星攝動方程　拉格朗日行星攝動方程是天體力學中常用的方程，其表達式為

$$
\begin{aligned}
&\frac{\mathrm{d}a}{\mathrm{d}t} = \frac{2}{na}\cdot\frac{\partial R}{\partial M} \\
&\frac{\mathrm{d}e}{\mathrm{d}t} = \frac{1-e^2}{na^2e}\cdot\frac{\partial R}{\partial M} - \frac{\sqrt{1-e^2}}{na^2e}\cdot\frac{\partial R}{\partial \omega} \\
&\frac{\mathrm{d}i}{\mathrm{d}t} = \frac{\cot i}{na^2\sqrt{1-e^2}}\cdot\frac{\partial R}{\partial \omega} - \frac{\csc i}{na^2\sqrt{1-e^2}}\cdot\frac{\partial R}{\partial \Omega} \\
&\frac{\mathrm{d}\Omega}{\mathrm{d}t} = \frac{1}{na^2\sqrt{1-e^2}\sin i}\cdot\frac{\partial R}{\partial i} \\
&\frac{\mathrm{d}\omega}{\mathrm{d}t} = \frac{\sqrt{1-e^2}}{na^2e}\cdot\frac{\partial R}{\partial e} - \frac{\cot i}{na^2\sqrt{1-e^2}}\cdot\frac{\partial R}{\partial i} \\
&\frac{\mathrm{d}M}{\mathrm{d}t} = n - \frac{2}{na}\cdot\frac{\partial R}{\partial a} - \frac{1-e^2}{na^2e}\cdot\frac{\partial R}{\partial e}
\end{aligned}
\tag{2-29}
$$

如果確定了攝動勢函數的具體表達式，就可以利用方程求解任意時刻的密切軌道要素，並根據二體問題的關係求出探測器的位置和速度。攝動方程的上述形式只適合用於攝動力可以用攝動勢函數來表示的場合。更一般形式的軌道動力學方程是高斯型攝動方程。

② 高斯型攝動方程　用軌道要素表示的軌道動力學方程為

$$
\begin{aligned}
\frac{\mathrm{d}a}{\mathrm{d}t}&=\frac{2}{n\sqrt{1-e^2}}[F_r e\sin f+F_t(1+e\cos f)]\\
\frac{\mathrm{d}e}{\mathrm{d}t}&=\frac{\sqrt{1-e^2}}{na}[F_r\sin f+F_t(\cos E+\cos f)]\\
\frac{\mathrm{d}i}{\mathrm{d}t}&=\frac{r\cos(\omega+f)}{na^2\sqrt{1-e^2}\sin i}F_n\\
\frac{\mathrm{d}\Omega}{\mathrm{d}t}&=\frac{r\sin(\omega+f)}{na^2\sqrt{1-e^2}\sin i}F_n\\
\frac{\mathrm{d}\omega}{\mathrm{d}t}&=\frac{\sqrt{1-e^2}}{nae}\left(-F_r\cos f+F_t\frac{2+e\cos f}{1+e\cos f}\sin f\right)-\cos i\frac{\mathrm{d}\Omega}{\mathrm{d}t}\\
\frac{\mathrm{d}M}{\mathrm{d}t}&=n-\frac{1-e^2}{nae}\left[F_r\left(\frac{2er}{p}-\cos f\right)+F_t\left(1+\frac{r}{p}\right)\sin f\right]
\end{aligned}
\tag{2-30}
$$

式中，a 為半長軸；e 為離心率；i 為軌道傾角；Ω 為升交點赤經；ω 為近天體角距；M 為平近點角；E 為偏近點角；f 為真近點角；t 為時間；$p=a(1-e^2)$ 為半通徑；n 為平均軌道角速度大小；F_r、F_t、F_n 分別為攝動加速度在徑向、橫向和軌道面法向上的分量。對於二體運動，$F_r=F_t=F_n=0$，$\frac{\mathrm{d}M}{\mathrm{d}t}=n$，其餘五個軌道要素都為常值。

(3) 用直角座標表達的軌道動力學方程

用直角座標表達的軌道動力學方程為

$$
\begin{aligned}
\dot{\boldsymbol{r}}&=\boldsymbol{v}\\
\dot{\boldsymbol{v}}&=-\frac{Gm}{r^3}\boldsymbol{r}+\mathrm{grad}\boldsymbol{R}+\boldsymbol{a}
\end{aligned}
\tag{2-31}
$$

式中，$\boldsymbol{r}$ 和 $\boldsymbol{v}$ 分別為探測器的位置和速度；$\boldsymbol{a}$ 為其他無法用攝動勢函數表達的攝動力。

2.4 小結

探測器的導引問題離不開對象的動力學特性。描述探測器動力學模型需要三個要素，即參考系、時間和動力學模型。本章從這三個基本要素出發，首先介紹了深空探測使用的主要座標系系統及不同座標系之間的轉換方法，接著介紹了常用的時間系統及不同時間系統之間的轉換，最後是包含各種攝動影響在內的探測器的質心動力學方程。這三部分內容構成了深空探測導引問題的力學基礎。

參考文獻

[1] 劉林．航天器軌道理論．北京：國防工業出版社，2000.

[2] 李濟生．航天器軌道確定．北京：國防工業出版社，2003.

[3] 胡小平．自主導航理論與應用．長沙：國防科技大學出版社，2002.

[4] Garmier Roman, Barriot Jean-Pierre. Ellipsoidal harmonic expansions of the gravitational potential: theory and application. Celestial Mechanics and Dynamical Astronomy, 2001, 79: 235-275.

[5] Stefano Casotto, Susanna Musotto. Methods for computing the potential of an irregular, homogeneous, solid body and its gradient [C]//Astro dynamics Specialist Conference. Dever, CO: AIAA, 2000.

[6] Werner R. On the Gravity Field of Irregularly Shaped Celestial Bodies (D). Austin, TX The University of Texas at Austin: 1996.

[7] Ryan S Park, Robert A Werner, Shyam Bhaskaran. Estimating small-body gravity field from shape model and navigation data. Journal of Guidance, Control, and Dynamics, 2010, 33 (1).

[8] 楊嘉墀．航天器軌道動力學與控制．北京：宇航出版社，2001.

[9] 章仁為．衛星軌道姿態動力學與控制．北京：北京航空航天大學出版社，1998.

第3章

最佳控制基礎

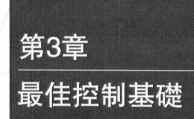

3.1 最佳控制問題的提出[1]

在生產過程、軍事行動、經濟活動以及人類的其他有目的的活動中，常需要對被控系統或被控過程施加某種控制作用以使某個性能指標達到最佳，這種控制作用稱為最佳控制。下面，結合本書的應用對象，列舉一個簡單的最佳控制例子。

例 3-1 對於月球軟登陸，假設飛行軌跡垂直向下，並且登陸器接觸月面時的速度為 0，要求尋找登陸過程中引擎推力的最佳控制規律，使得燃料消耗最少。設登陸器的質量為 $m(t)$，離月球表面的高度為 $h(t)$，登陸器的垂直速度為 $v(t)$，引擎推力為 $u(t)$，月球表面的重力加速度為 g。設登陸器干質量為 M（不含推進劑），初始燃料的質量為 F，則登陸器的運動方程可表示為（如圖 3-1 所示）

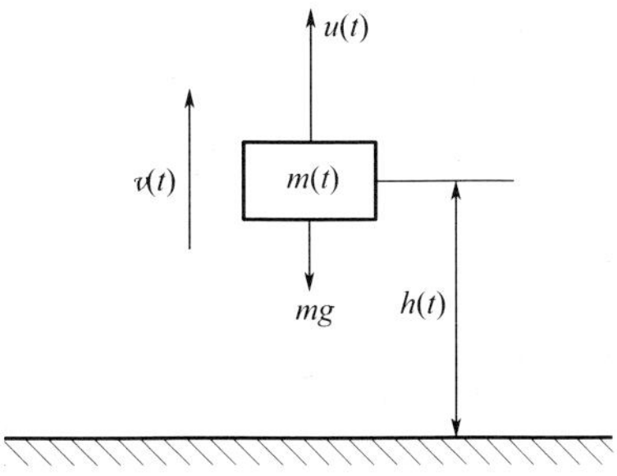

圖 3-1 月球軟登陸最佳控制問題

$$\dot{h}(t)=v(t)$$
$$\dot{v}(t)=-g+\frac{u(t)}{m(t)} \qquad (3\text{-}1)$$
$$\dot{m}(t)=-\frac{u(t)}{I_{sp}}$$

式中，I_{sp}是引擎的比衝。

初始條件

$$h(t_0)=h_0, v(t_0)=v_0, m(t_0)=M+F \qquad (3\text{-}2)$$

終端條件

$$h(t_f)=0, v(t_f)=0 \qquad (3\text{-}3)$$

容許控制

$$0\leqslant u(t)\leqslant \alpha \qquad (3\text{-}4)$$

控制的目的是使燃料消耗量最小，即登陸器在登陸時的質量保持最大，即式(3-5) 為最大。

$$J(u)=m(t_f) \qquad (3\text{-}5)$$

由這個例子可見，求解最佳控制問題時要給定系統的狀態方程、狀態變數所滿足的初始條件和終端條件、性能指標的形式以及控制作用的容許範圍等。

用數學語言來詳細地表達最佳控制問題所包含的內容如下。

（1）建立被控系統的狀態方程

$$\dot{\boldsymbol{X}}=\boldsymbol{f}[\boldsymbol{X}(t),\boldsymbol{U}(t),t] \tag{3-6}$$

式中，$\boldsymbol{X}(t)$ 為 n 維狀態向量，$\boldsymbol{U}(t)$ 為 m 維控制向量，$\boldsymbol{f}[\boldsymbol{X}(t),\boldsymbol{U}(t),t]$ 為 n 維向量函數，它可以是非線性時變向量函數，也可以是線性定常的向量函數。狀態方程必須精確已知。

（2）確定狀態方程的邊界條件

一個動態過程對應於 n 維狀態空間中從一個狀態到另一個狀態的轉移，也就是狀態空間中的一條軌跡。在最佳控制中初態通常是已知的，即

$$\boldsymbol{X}(t_0)=\boldsymbol{X}_0 \tag{3-7}$$

而到達終端的時刻 t_f 和狀態 $\boldsymbol{X}(t_f)$ 則因問題而異。在有些問題中 t_f 是固定的，有些問題中 t_f 是自由的；而終端狀態 $\boldsymbol{X}(t_f)$ 一般屬於一個目標集 $\boldsymbol{S}$，即

$$\boldsymbol{X}(t_f)\in\boldsymbol{S} \tag{3-8}$$

當終端狀態固定時，即 $\boldsymbol{X}(t_f)=\boldsymbol{X}_f$，則目標集退化為 n 維狀態空間中的一個點。而當終端狀態滿足有些約束條件，即

$$\boldsymbol{G}[\boldsymbol{X}(t_f),t_f]=\boldsymbol{0} \tag{3-9}$$

這時 $\boldsymbol{X}(t_f)$ 處在 n 維狀態空間中某個超曲面上。若終態不受約束，則目標集便擴展到整個 n 維空間，或稱終端狀態自由。

（3）選定性能指標 J

性能指標一般有下面的形式：

$$J=\Phi[\boldsymbol{X}(t_f),t_f]+\int_{t_0}^{t_f}L[\boldsymbol{X}(t),\boldsymbol{U}(t),t]\mathrm{d}t \tag{3-10}$$

上述性能指標包括兩個部分，即積分指標 $\int_{t_0}^{t_f}L[\boldsymbol{X}(t),\boldsymbol{U}(t),t]\mathrm{d}t$ 和終端指標 $\Phi[\boldsymbol{X}(t_f),t_f]$，這種綜合性能指標所對應的最佳控制問題稱為波爾扎（Bolza）問題。當只有終端指標時，稱為邁耶爾（Mayer）問題；當只有積分指標時，稱為拉格朗日（Lagrange）問題。性能指標 J 是控制作用 $\boldsymbol{U}(t)$ 的函數，所以 J 又稱為性能泛函，也有文獻中將其稱為代價函數、目標函數等。

（4）確定控制作用的容許範圍

$$U(t)\in\Omega \tag{3-11}$$

Ω 是 m 維控制空間 R^m 中的一個集合。如果控制量是有界的，例如例 3-1 中的引擎推力，則控制作用屬於一個閉集。當 $\boldsymbol{U}(t)$ 不受任何限制時，它屬於一個開集。這兩類問題的處理方法不同。Ω 可稱為容許集合，屬於 Ω 的控制稱為容許控制。

(5) 按一定的方法計算出容許控制

將計算出的容許控制 $\boldsymbol{U}(t)[\boldsymbol{U}(t)\in\Omega]$ 施加於用狀態方程描述的系統，使狀態從初態 $\boldsymbol{X}_0$ 轉移到目標集 $\boldsymbol{S}$ 中某一個終態 $\boldsymbol{X}_{\mathrm{f}}$，並使性能指標達到最大或最小，即達到某種意義下的最佳。

3.2 變分法[2]

最佳控制問題的本質是一個變分學問題，然而經典變分學只能解決控制作用不受限制的情況，與工程實際問題有差異。本節只對該方法進行簡單的介紹，它有利於後續對極小（極大）值原理的理解。

假定初始時刻 t_0 和初始狀態 $\boldsymbol{X}(t_0)=\boldsymbol{X}_0$ 是給定的，終端則有幾種情況。下面將就常見的兩種情況來進行討論，即 t_{f} 給定和 t_{f} 自由。

3.2.1 終端時刻 t_{f} 給定

將狀態方程 (3-6) 寫成等式約束方程的形式：

$$\boldsymbol{f}[\boldsymbol{X}(t),\boldsymbol{U}(t),t]-\dot{\boldsymbol{X}}(t)=\boldsymbol{0} \tag{3-12}$$

引入待定的 n 維拉格朗日乘子向量函數

$$\boldsymbol{\lambda}^{\mathrm{T}}(t)=[\lambda_1(t)\quad \lambda_2(t)\quad \cdots\quad \lambda_n(t)]^{\mathrm{T}} \tag{3-13}$$

最佳控制中經常將 $\boldsymbol{\lambda}(t)$ 稱為伴隨變數、協態（協狀態向量）或共軛狀態。在引入 $\boldsymbol{\lambda}(t)$ 後可以作出下面的增廣泛函：

$$\begin{aligned} J_{\mathrm{a}}&=\Phi[\boldsymbol{X}(t_{\mathrm{f}}),t_{\mathrm{f}}]\\ &\quad+\int_{t_0}^{t_{\mathrm{f}}}(L[\boldsymbol{X}(t),\boldsymbol{U}(t),t]+\boldsymbol{\lambda}^{\mathrm{T}}(t)\{\boldsymbol{f}[\boldsymbol{X}(t),\boldsymbol{U}(t),t]-\dot{X}(t)\})\mathrm{d}t \end{aligned} \tag{3-14}$$

這樣，可將有約束條件的泛函 J 的極值問題轉化為無約束條件的增廣泛函 J_{a} 的極值問題。

再引入一個標量函數（省略了時變變數的 t）

$$H(\boldsymbol{X},\boldsymbol{U},\boldsymbol{\lambda},t)=L[\boldsymbol{X}(t),\boldsymbol{U}(t),t]+\boldsymbol{\lambda}^{\mathrm{T}}(t)\boldsymbol{f}[\boldsymbol{X}(t),\boldsymbol{U}(t),t] \tag{3-15}$$

式(3-15) 稱為哈密頓 (Hamilton) 函數。於是 J_a 可寫成

$$J_a = \Phi[\boldsymbol{X}(t_f), t_f] + \int_{t_0}^{t_f} [H(\boldsymbol{X}, \boldsymbol{U}, \boldsymbol{\lambda}, t) - \boldsymbol{\lambda}^T \dot{\boldsymbol{X}}] dt \tag{3-16}$$

對上式積分號內第二項作分部積分後可得

$$J_a = \Phi[\boldsymbol{X}(t_f), t_f] - \boldsymbol{\lambda}^T(t_f)\boldsymbol{X}(t_f) + \boldsymbol{\lambda}^T(t_0)\boldsymbol{X}(t_0) + \int_{t_0}^{t_f} [H(\boldsymbol{X}, \boldsymbol{U}, \boldsymbol{\lambda}, t) + \dot{\boldsymbol{\lambda}}^T \boldsymbol{X}] dt \tag{3-17}$$

設 $\boldsymbol{X}(t)$、$\boldsymbol{U}(t)$ 相對於最佳值 $\boldsymbol{X}^*(t)$、$\boldsymbol{U}^*(t)$ 的變分分別為 $\delta\boldsymbol{X}(t)$、$\delta\boldsymbol{U}(t)$。如果 $\boldsymbol{X}(t_f)$ 自由，則還需要考慮變分 $\delta\boldsymbol{X}(t_f)$。於是可以計算出這些變分引起的泛函 J_a 的變分 δJ_a

$$\delta J_a = \delta\boldsymbol{X}^T(t_f) \frac{\partial \Phi}{\partial \boldsymbol{X}(t_f)} - \delta\boldsymbol{X}^T(t_f)\boldsymbol{\lambda}(t_f) + \int_{t_0}^{t_f} \left[\delta\boldsymbol{X}^T\left(\frac{\partial H}{\delta \boldsymbol{X}} + \dot{\boldsymbol{\lambda}}\right) + \delta\boldsymbol{U}^T \frac{\partial H}{\delta \boldsymbol{U}}\right] dt \tag{3-18}$$

J_a 為極小的必要條件是：對任意的 $\delta\boldsymbol{X}(t)$、$\delta\boldsymbol{U}(t)$、$\delta\boldsymbol{X}(t_f)$，變分 δJ_a 等於 0。那麼由式(3-15) 和式(3-18) 可以得到下面的一組關係式：

$$\dot{\boldsymbol{\lambda}} = -\frac{\partial H}{\delta \boldsymbol{X}} \text{（協態方程）} \tag{3-19}$$

$$\dot{\boldsymbol{X}} = \frac{\partial H}{\delta \boldsymbol{\lambda}} \text{（狀態方程）} \tag{3-20}$$

$$\frac{\partial H}{\delta \boldsymbol{U}} = 0 \text{（控制方程）} \tag{3-21}$$

$$\boldsymbol{\lambda}(t_f) = \frac{\partial \Phi}{\partial \boldsymbol{X}(t_f)} \text{（橫截條件）} \tag{3-22}$$

式(3-19)～式(3-22) 即為 J_a 取極值的必要條件，由此可以求得最佳值 $\boldsymbol{X}^*(t)$、$\boldsymbol{U}^*(t)$、$\boldsymbol{\lambda}^*(t)$。式(3-20) 即為狀態方程，這可以由 H 的定義式(3-15)看出。實際求解時無需要解$\frac{\partial H}{\delta \boldsymbol{\lambda}}$，只要直接使用狀態方程 (3-6) 即可，這麼寫只是為了形式上對稱。式(3-19) 和式(3-20) 一起稱為哈密頓正則方程。式(3-21) 是控制方程，它表示 H 在最佳控制處取極值。需要注意的是，這是在 $\delta\boldsymbol{U}(t)$ 為任意時得出的方程，當 $\boldsymbol{U}(t)$ 有界且在邊界上取得最佳值時，就不能用這個方程，而需要使用下一節的極小值原理求解。式(3-22) 是在 t_f 固定、$\boldsymbol{X}(t_f)$ 自由時得出的橫截條件。當 $\boldsymbol{X}(t_f)$固定時，$\delta\boldsymbol{X}(t_f)=\boldsymbol{0}$，就不需要這個橫截條件了。橫截條件表示協態終端所滿足的條件。

在求解式(3-19)～式(3-22) 時，只知道初值 $\boldsymbol{X}(t_0)$ 和由橫截條件[式(3-22)] 求得的協態終端值 $\boldsymbol{\lambda}(t_f)$，這種問題稱為兩點邊值問題，一

般情況下是很難求解的。因為，當 $\boldsymbol{\lambda}(t_0)$ 未知時，若猜測一個 $\boldsymbol{\lambda}(t_0)$，然後正向積分式(3-19)～式(3-21)，則在 $t=t_f$ 時獲得 $\boldsymbol{\lambda}$ 一般與式(3-22)給出的 $\boldsymbol{\lambda}(t_f)$ 是不同的。這樣需要反覆修正 $\boldsymbol{\lambda}(t_0)$，直到橫截條件終端滿足。

3.2.2 終端時刻 t_f 自由

設終端狀態 $\boldsymbol{X}(t_f)$ 滿足下面的約束方程：

$$\boldsymbol{G}[\boldsymbol{X}(t_f),t_f]=\boldsymbol{0} \tag{3-23}$$

其中

$$\boldsymbol{G}[\boldsymbol{X}(t_f),t_f]=\begin{bmatrix} G_1[\boldsymbol{X}(t_f),t_f] \\ G_2[\boldsymbol{X}(t_f),t_f] \\ \vdots \\ G_q[\boldsymbol{X}(t_f),t_f] \end{bmatrix} \tag{3-24}$$

性能指標為

$$J=\Phi[\boldsymbol{X}(t_f),t_f]+\int_{t_0}^{t_f} L[\boldsymbol{X}(t),\boldsymbol{U}(t),t]\mathrm{d}t \tag{3-25}$$

引入 n 維拉格朗日乘子向量函數 $\boldsymbol{\lambda}(t)$ 和 q 維拉格朗日乘子向量 $\boldsymbol{\gamma}(t)$，作出增廣性能泛函

$$\begin{aligned} \mathrm{J}_a=&\Phi[\boldsymbol{X}(t_f),t_f]+\boldsymbol{\gamma}^{\mathrm{T}}\boldsymbol{G}[\boldsymbol{X}(t_f),t_f] \\ &+\int_{t_0}^{t_f}\{L(\boldsymbol{X},\boldsymbol{U},t)+\boldsymbol{\lambda}^{\mathrm{T}}[\boldsymbol{f}(\boldsymbol{X},\boldsymbol{U},t)-\dot{\boldsymbol{X}}(t)]\}\mathrm{d}t \end{aligned} \tag{3-26}$$

引入哈密頓函數

$$\mathrm{H}(\boldsymbol{X},\boldsymbol{U},\boldsymbol{\lambda},t)=L(\boldsymbol{X},\boldsymbol{U},t)+\boldsymbol{\lambda}^{\mathrm{T}}\boldsymbol{f}(\boldsymbol{X},\boldsymbol{U},t) \tag{3-27}$$

則式(3-26)可以變為

$$\begin{aligned} J_{\mathrm{a}}=&\Phi[\boldsymbol{X}(t_f),t_f]+\boldsymbol{\gamma}^{\mathrm{T}}\boldsymbol{G}[\boldsymbol{X}(t_f),t_f] \\ &+\int_{t_0}^{t_f}[H(\boldsymbol{X},\boldsymbol{U},\boldsymbol{\lambda},t)-\boldsymbol{\lambda}^{\mathrm{T}}\dot{\boldsymbol{X}}]\mathrm{d}t \end{aligned} \tag{3-28}$$

令

$$\theta[\boldsymbol{X}(t_f),t_f]=\Phi[\boldsymbol{X}(t_f),t_f]+\boldsymbol{\gamma}^{\mathrm{T}}\boldsymbol{G}[\boldsymbol{X}(t_f),t_f] \tag{3-29}$$

則

$$J_{\mathrm{a}}=\theta[\boldsymbol{X}(t_f),t_f]+\int_{t_0}^{t_f}[H(\boldsymbol{X},\boldsymbol{U},\boldsymbol{\lambda},t)-\boldsymbol{\lambda}^{\mathrm{T}}\dot{\boldsymbol{X}}]\mathrm{d}t \tag{3-30}$$

由於 t_f 自由，所以泛函 J_{a} 的變分 δJ_{a} 由 $\delta\boldsymbol{X}(t)$、$\delta\boldsymbol{U}(t)$、$\delta\boldsymbol{X}(t_f)$ 和 δt_f 所引起。令 $t_f=t_f^*+\delta t_f$，則

$$\delta\boldsymbol{X}(t_f)=\boldsymbol{X}(t_f)-\boldsymbol{X}^*(t_f^*)=\boldsymbol{X}(t_f^*+\delta t_f)+\delta\boldsymbol{X}(t_f^*)-\boldsymbol{X}(t_f^*)$$

$$\approx \delta \boldsymbol{X}(t_f^*) + \dot{\boldsymbol{X}}(t_f^*)\delta t_f \tag{3-31}$$

上式表明 $\delta\boldsymbol{X}(t_f)$ 由兩部分組成：一是在 t_f^* 時函數 $\boldsymbol{X}(t)$ 相對 $\boldsymbol{X}^*(t)$ 的變化 $\delta\boldsymbol{X}(t_f^*)$；二是因 t_f 變化所引起的函數值變化量 $\boldsymbol{X}(t_f^*+\delta t_f)-\boldsymbol{X}(t_f^*)$。後者可以用它的線性主部 $\dot{\boldsymbol{X}}(t_f^*)\delta t_f$ 來近似。

各種變分的表示，如圖 3-2 所示。

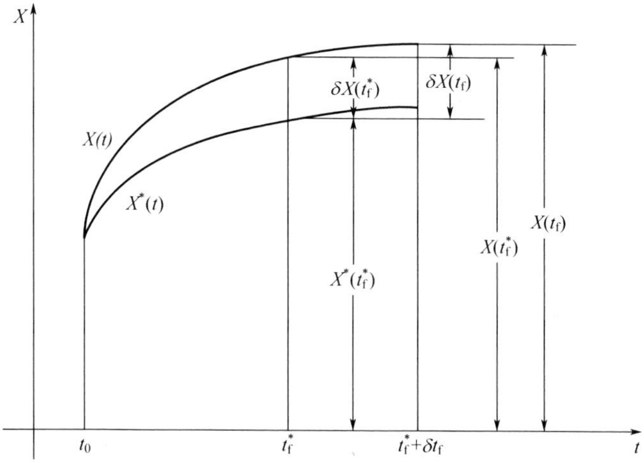

圖 3-2　各種變分的表示

之後可以計算泛函 J_a 的變分 δJ_a。

$$\Delta J_a = \theta[\boldsymbol{X}(t_f)+\delta\boldsymbol{X}(t_f), t_f+\delta t_f]_* + \int_{t_0}^{t_f^*+\delta t_f}[H(\boldsymbol{X}+\delta\boldsymbol{X}, \boldsymbol{U}+\delta\boldsymbol{U}, \boldsymbol{\lambda}, t) - \boldsymbol{\lambda}^{\mathrm{T}}(\dot{\boldsymbol{X}}+\delta\dot{\boldsymbol{X}})]_* \mathrm{d}t - \theta[\boldsymbol{X}(t_f), t_f] - \int_{t_0}^{t_f}[H(\boldsymbol{X}, \boldsymbol{U}, \boldsymbol{\lambda}, t) - \boldsymbol{\lambda}^{\mathrm{T}}\dot{\boldsymbol{X}}]\mathrm{d}t \tag{3-32}$$

式(3-32) 中方括號外的下標「$*$」表示的是 $\boldsymbol{X}$、$\boldsymbol{U}$、t_f 的最佳值 $\boldsymbol{X}^*$、$\boldsymbol{U}^*$、t_f^*。δJ_a 是 ΔJ_a 的線性主部，則

$$\delta J_a = \left[\frac{\partial\theta}{\partial\boldsymbol{X}(t_f)}\right]_*^{\mathrm{T}}\delta\boldsymbol{X}(t_f) + \left[\frac{\partial\theta}{\partial t_f}\right]_*\partial t_f + \int_{t_0}^{t_f^*}\left[\left(\frac{\partial H}{\delta\boldsymbol{X}}\right)^{\mathrm{T}}\delta\boldsymbol{X} + \left(\frac{\partial H}{\delta\boldsymbol{U}}\right)^{\mathrm{T}}\delta\boldsymbol{U} - \boldsymbol{\lambda}^{\mathrm{T}}\delta\dot{\boldsymbol{X}}\right]_*\mathrm{d}t + \int_{t_f^*}^{t_f^*+\delta t_f}[H(\boldsymbol{X}+\delta\boldsymbol{X}, \boldsymbol{U}+\delta\boldsymbol{U}, \boldsymbol{\lambda}, t) - \boldsymbol{\lambda}^{\mathrm{T}}(\dot{\boldsymbol{X}}+\delta\dot{\boldsymbol{X}})]_*\mathrm{d}t \tag{3-33}$$

對上式右邊第三項進行分部積分，可得

$$\int_{t_0}^{t_f^*}\left[\left(\frac{\partial H}{\delta \boldsymbol{X}}\right)^{\mathrm{T}}\delta \boldsymbol{X}+\left(\frac{\partial H}{\delta \boldsymbol{U}}\right)^{\mathrm{T}}\delta \boldsymbol{U}-\boldsymbol{\lambda}^{\mathrm{T}}\delta \dot{\boldsymbol{X}}\right]_* \mathrm{d}t$$

$$=\int_{t_0}^{t_f^*}\left[\left(\frac{\partial H}{\delta \boldsymbol{X}}+\dot{\boldsymbol{\lambda}}\right)^{\mathrm{T}}\delta \boldsymbol{X}+\left(\frac{\partial H}{\delta \boldsymbol{U}}\right)^{\mathrm{T}}\delta \boldsymbol{U}\right]_* \mathrm{d}t-\boldsymbol{\lambda}^{\mathrm{T}}(t_f^*)\delta \boldsymbol{X}(t_f^*) \tag{3-34}$$

第四項可以表示為（忽略二階小量）

$$\int_{t_f^*}^{t_f^*+\delta t_f}[H(\boldsymbol{X}+\delta \boldsymbol{X},\boldsymbol{U}+\delta \boldsymbol{U},\boldsymbol{\lambda},t)-\boldsymbol{\lambda}^{\mathrm{T}}(\dot{\boldsymbol{X}}+\delta \dot{\boldsymbol{X}})]_* \mathrm{d}t$$

$$\approx\int_{t_f^*}^{t_f^*+\delta t_f}\left[H(\boldsymbol{X},\boldsymbol{U},\boldsymbol{\lambda},t)+\left(\frac{\partial H}{\partial \boldsymbol{X}}\right)^{\mathrm{T}}\partial \boldsymbol{X}+\left(\frac{\partial H}{\partial \boldsymbol{U}}\right)^{\mathrm{T}}\partial \boldsymbol{U}-\boldsymbol{\lambda}^{\mathrm{T}}\dot{\boldsymbol{X}}-\boldsymbol{\lambda}^{\mathrm{T}}\delta \dot{\boldsymbol{X}}\right]_* \mathrm{d}t$$

$$\approx[H(\boldsymbol{X},\boldsymbol{U},\boldsymbol{\lambda},t)]_*\delta t_f-\boldsymbol{\lambda}^{\mathrm{T}}(t_f^*)\dot{\boldsymbol{X}}(t_f^*)\delta t_f$$

$$=[H(\boldsymbol{X},\boldsymbol{U},\boldsymbol{\lambda},t)]_*\delta t_f-\boldsymbol{\lambda}^{\mathrm{T}}(t_f^*)[\delta \boldsymbol{X}(t_f)-\delta \boldsymbol{X}(t_f^*)] \tag{3-35}$$

由此可得

$$\begin{aligned}\delta J_a=&\left[\frac{\partial \theta}{\partial \boldsymbol{X}(t_f)}\right]_*^{\mathrm{T}}\delta \boldsymbol{X}(t_f)+\left[\frac{\partial \theta}{\partial t_f}\right]_*\partial t_f\\&+\int_{t_0}^{t_f^*}\left[\left(\frac{\partial H}{\delta \boldsymbol{X}}+\dot{\boldsymbol{\lambda}}\right)^{\mathrm{T}}\delta \boldsymbol{X}+\left(\frac{\partial H}{\delta \boldsymbol{U}}\right)^{\mathrm{T}}\delta \boldsymbol{U}\right]_* \mathrm{d}t\\&+[H(\boldsymbol{X},\boldsymbol{U},\boldsymbol{\lambda},t)]_*\delta t_f-\boldsymbol{\lambda}^{\mathrm{T}}(t_f^*)\delta \boldsymbol{X}(t_f)\end{aligned} \tag{3-36}$$

J_a 為極小的必要條件是：對任意的 $\delta\boldsymbol{X}(t)$、$\delta\boldsymbol{U}(t)$、$\delta\boldsymbol{X}(t_f)$、$\delta t_f$，變分 δJ_a 等於 0，於是有（省略 *）：

$$\dot{\boldsymbol{\lambda}}=-\frac{\partial H}{\delta \boldsymbol{X}}\text{（協態方程）} \tag{3-37}$$

$$\dot{\boldsymbol{X}}=\frac{\partial H}{\delta \boldsymbol{\lambda}}\text{（狀態方程）} \tag{3-38}$$

$$\frac{\partial H}{\delta \boldsymbol{U}}=\mathbf{0}\text{（控制方程）} \tag{3-39}$$

$$\boldsymbol{\lambda}(t_f)=\frac{\partial \theta}{\partial \boldsymbol{X}(t_f)}=\frac{\partial \Phi}{\partial \boldsymbol{X}(t_f)}+\frac{\partial \boldsymbol{G}^{\mathrm{T}}}{\partial \boldsymbol{X}(t_f)}\boldsymbol{\gamma}\text{（橫截條件）} \tag{3-40}$$

$$H[\boldsymbol{X}(t_f),\boldsymbol{U}(t_f),\boldsymbol{\lambda}(t_f),t]=-\frac{\partial \theta}{\partial t_f} \tag{3-41}$$

與終端時間固定的情況相比，這裡多了一個條件，即式(3-41)，用它可以求出最佳終端時間。

3.3 極小值原理

在用經典變分法求解最佳控制問題時，得到了最佳性的必要條件之一：

$$\frac{\partial H}{\delta \boldsymbol{U}}=\mathbf{0}$$

它隱含著兩個假設：①$\delta \boldsymbol{U}$ 任意，即 $\boldsymbol{U}$ 不受限，它遍及整個向量空間，是一個開集；②$\frac{\partial H}{\delta \boldsymbol{U}}$是存在的。實際工程中，控制作用一般是有界的，$\frac{\partial H}{\delta \boldsymbol{U}}$也不一定存在。如此一來經典變分法無法處理上述問題。

1956 年，龐特里亞金提出並證明了極小值原理，其結論與經典變分法的結論有許多相似之處，能夠應用於控制變數受邊界限制的情況，並且不要求哈密頓函數對控制向量連續可微，因此獲得了廣泛應用。龐特里亞金提出這一原理時把它稱為極大值原理，目前多採用極小值原理這一名字。本書不加證明給出極小值原理的定理如下。

定理（極小值原理）：

系統狀態方程

$$\dot{\boldsymbol{X}}=\boldsymbol{f}[\boldsymbol{X}(t),\boldsymbol{U}(t),t] \qquad \boldsymbol{X}(t)\in R^n \tag{3-42}$$

初始條件

$$\boldsymbol{X}(t_0)=\boldsymbol{X}_0 \tag{3-43}$$

控制向量 $\boldsymbol{U}(t)\in R^m$，並受如下約束：

$$\boldsymbol{U}(t)\in \Omega \tag{3-44}$$

終端約束

$$\boldsymbol{G}[\boldsymbol{X}(t_f),t_f]=\mathbf{0} \tag{3-45}$$

指標函數

$$J=\Phi[\boldsymbol{X}(t_f),t_f]+\int_{t_0}^{t_f} L[\boldsymbol{X}(t),\boldsymbol{U}(t),t]\mathrm{d}t \tag{3-46}$$

要求選擇最佳控制 $\boldsymbol{U}^*(t)$，使 J 取極小值。

J 取極小值的必要條件是 $\boldsymbol{X}(t)$、$\boldsymbol{U}(t)$、$\boldsymbol{\lambda}(t)$、t_f 滿足下面一組方程。

① 正則方程

$$\dot{\boldsymbol{\lambda}}=-\frac{\partial H}{\delta \boldsymbol{X}}\text{（協態方程）} \tag{3-47}$$

$$\dot{\boldsymbol{X}}=\frac{\partial H}{\delta \boldsymbol{\lambda}}（狀態方程） \tag{3-48}$$

其中，哈密頓函數為

$$H(\boldsymbol{X},\boldsymbol{U},\boldsymbol{\lambda},t)=L(\boldsymbol{X},\boldsymbol{U},t)+\boldsymbol{\lambda}^{\mathrm{T}}f(\boldsymbol{X},\boldsymbol{U},t) \tag{3-49}$$

② 邊界條件

$$\boldsymbol{X}(t_0)=\boldsymbol{X}_0 \tag{3-50}$$

$$\boldsymbol{G}[\boldsymbol{X}(t_{\mathrm{f}}),t_{\mathrm{f}}]=\boldsymbol{0} \tag{3-51}$$

③ 橫截條件

$$\boldsymbol{\lambda}(t_{\mathrm{f}})=\frac{\partial \Phi}{\partial \boldsymbol{X}(t_{\mathrm{f}})}+\frac{\partial \boldsymbol{G}^{\mathrm{T}}}{\partial \boldsymbol{X}(t_{\mathrm{f}})}\boldsymbol{\gamma} \tag{3-52}$$

④ 最佳終端時刻條件

$$H(t_{\mathrm{f}})=-\frac{\partial \Phi}{\partial t_{\mathrm{f}}}-\frac{\partial \boldsymbol{G}^{\mathrm{T}}}{\partial t_{\mathrm{f}}}\boldsymbol{\gamma} \tag{3-53}$$

⑤ 極小值條件

$$H(\boldsymbol{X}^*,\boldsymbol{U}^*,\boldsymbol{\lambda},t)=\min_{U\in\Omega}H(\boldsymbol{X}^*,\boldsymbol{U},\boldsymbol{\lambda},t) \tag{3-54}$$

將上面的結果與古典變分法所得結果相比對，可以看到，只是將$\frac{\partial H}{\delta \boldsymbol{U}}=\boldsymbol{0}$這個條件用式(3-54)替代，其他沒有變化。

3.4 最佳控制的應用

3.4.1 最佳控制的應用類型

最佳控制在航空、航太及工業過程控制等領域得到了廣泛的應用，因此難以詳盡歸納最佳控制在工程實踐中的應用類型。考慮到最佳控制的應用類型與性能指標的形式密切相關，因而可以根據性能指標的數學形式進行大致的區分。性能指標按其數學形式有如下三類。

(1) 積分型性能指標

數學描述為

$$J=\int_{t_0}^{t_{\mathrm{f}}}L[\boldsymbol{X}(t),\boldsymbol{U}(t),t]\mathrm{d}t \tag{3-55}$$

對比式(3-10)可見，這種性能指標不包括終端性能。積分型性能指標表示在整個控制過程中，系統的狀態及控制應滿足的要求。採用積分型性能指標的最佳控制系統，又可以分為以下幾種應用類型。

① 最小時間控制

$$J=\int_{t_0}^{t_f}\mathrm{d}t=t_f-t_0 \tag{3-56}$$

最小時間控制是最佳控制中常見的應用類型之一。它表示要求設計一個快速控制律，使系統在最短時間內由已知初態 $\boldsymbol{X}(t_0)$ 轉移到要求的末態 $\boldsymbol{X}(t_f)$。例如，導彈攔截的軌道轉移過程就屬於此類問題。

② 最少燃耗控制

$$J=\int_{t_0}^{t_f}\sum_{j=1}^{m}|u_j(t)|\,\mathrm{d}t \tag{3-57}$$

式中，$\sum_{j=1}^{m}|u_j(t)|$ 表示燃料消耗。這是航空太空工程中常遇到的重要問題之一。由於太空船所能攜帶的燃料有限，希望太空船在軌道轉移時所消耗的燃料盡可能少。例如，月球軟登陸控制就屬於此類問題。

③ 最少能量控制

$$J=\int_{t_0}^{t_f}\boldsymbol{U}^{\mathrm{T}}(t)\boldsymbol{U}(t)\,\mathrm{d}t \tag{3-58}$$

式中，$\boldsymbol{U}^{\mathrm{T}}(t)\boldsymbol{U}(t)$ 表示與消耗的功率成正比的控制能量。它表示物理系統能量有限，必須對控制過程中消耗的能量進行約束。

(2) 末值型性能指標

數學描述為

$$J=\Phi[\boldsymbol{X}(t_f),t_f] \tag{3-59}$$

對比式(3-10) 可見，這種性能指標不包括積分指標。末值型性能指標表示在控制過程結束後對系統末態 $\boldsymbol{X}(t_f)$ 的要求，而對控制過程中的系統狀態和控制不作任何要求。

(3) 複合型性能指標

數學表達式見式(3-10)。複合型性能指標是最一般的性能指標形式，表示對整個控制過程和末端狀態都有要求。

3.4.2 應用實例

回到 3.1 節的例 3-1，為了滿足登陸過程消耗的推進劑最少，或者剩餘質量最大這一目標，目標函數可以寫成不同的形式，得到的解法也有所區別，但最終的結論是一致的。

(1) 解法一

將目標函數變為

$$J(u) = -m(t_f) \tag{3-60}$$

最佳控制的目標是使得 J 最小。

這是一個時變系統、末值型性能指標、t_f 自由、末端約束、控制受限的最佳控制問題。可以構造哈密頓函數

$$H = \lambda_1 v + \lambda_2 \left(\frac{u}{m} - g\right) - \lambda_3 \frac{u}{I_{sp}}$$

式中，$\lambda_1(t)$、$\lambda_2(t)$ 和 $\lambda_3(t)$ 是待定的拉格朗日乘子。

於是協態方程為

$$\dot{\lambda}_1(t) = -\frac{\partial H}{\partial h} = 0$$

$$\dot{\lambda}_2(t) = -\frac{\partial H}{\partial v} = -\lambda_1(t)$$

$$\dot{\lambda}_3(t) = -\frac{\partial H}{\partial m} = \frac{\lambda_2(t)u(t)}{m^2(t)}$$

根據題設不難得出

$$\Phi[\boldsymbol{X}(t_f), t_f] = -m(t_f)$$

$$\boldsymbol{G}[\boldsymbol{X}(t_f), t_f] = \begin{bmatrix} h(t_f) \\ v(t_f) \end{bmatrix}$$

可以算出

$$\frac{\partial \Phi}{\partial \boldsymbol{X}(t_f)} = \begin{bmatrix} 0 \\ 0 \\ -1 \end{bmatrix}$$

$$\frac{\partial \boldsymbol{G}^{\mathrm{T}}}{\partial \boldsymbol{X}(t_f)} = \begin{bmatrix} 1 & 0 \\ 0 & 1 \\ 0 & 0 \end{bmatrix}$$

那麼橫截條件為

$$\lambda_1(t_f) = \gamma_1$$

$$\lambda_2(t_f) = \gamma_2$$

$$\lambda_3(t_f) = -1$$

其中，$\gamma_1(t)$、$\gamma_2(t)$ 是待定的拉格朗日乘子。

哈密頓函數可以整理為

$$H = (\lambda_1 v - \lambda_2 g) + \left(\frac{\lambda_2}{m} - \frac{\lambda_3}{I_{sp}}\right)u$$

根據哈密頓函數的極小值條件，可以得到最佳控制律為

$$u=\begin{cases}\alpha, & \dfrac{\lambda_2}{m}-\dfrac{\lambda_3}{I_{sp}}<0\\ 0, & \dfrac{\lambda_2}{m}-\dfrac{\lambda_3}{I_{sp}}>0\\ \text{任意}, & \dfrac{\lambda_2}{m}-\dfrac{\lambda_3}{I_{sp}}=0\end{cases}$$

上述結果表明，只有當登陸器引擎推力在其最大值和零值之間進行開關控制，才有可能在軟登陸的同時，保證燃料消耗最少。

這裡只得出了最佳控制解的形式，但拉格朗日乘子的具體數值並沒有確定。由於該系統是非線性的，所以只能用數值計算方法進行求解。

(2) 解法二

考慮到 $\dot{m}(t)=-\dfrac{u(t)}{I_{sp}}$，那麼目標函數也可以寫成

$$J(u)=\int_{t_0}^{t_f}\frac{u(t)}{I_{sp}}\mathrm{d}t \tag{3-61}$$

最佳控制的目標是使得 J 最小。

由於 $0\leqslant u(t)\leqslant\alpha$，$I_{sp}$是常數，所以這個目標函數等價於

$$J(u)=\int_{t_0}^{t_f}|u(t)|\mathrm{d}t \tag{3-62}$$

那麼這種最佳控制就變為積分型的最少燃料控制問題。

構造哈密頓函數

$$H=u+\lambda_1 v+\lambda_2\left(\frac{u}{m}-g\right)-\lambda_3\frac{u}{I_{sp}}$$

式中，$\lambda_1(t)$、$\lambda_2(t)$ 和 $\lambda_3(t)$ 是待定的拉格朗日乘子。

於是協態方程為

$$\dot{\lambda}_1(t)=-\frac{\partial H}{\partial h}=0$$

$$\dot{\lambda}_2(t)=-\frac{\partial H}{\partial v}=-\lambda_1(t)$$

$$\dot{\lambda}_3(t)=-\frac{\partial H}{\partial m}=\frac{\lambda_2(t)u(t)}{m^2(t)}$$

根據題設不難得出

$$\boldsymbol{G}[\boldsymbol{X}(t_f),t_f]=\begin{bmatrix}h(t_f)\\ v(t_f)\end{bmatrix}$$

可以算出

$$\frac{\partial \boldsymbol{G}^{\mathrm{T}}}{\partial \boldsymbol{X}(t_{\mathrm{f}})}=\begin{bmatrix}1 & 0\\0 & 1\\0 & 0\end{bmatrix}$$

那麼橫截條件 $\boldsymbol{\lambda}(t_{\mathrm{f}})=\frac{\partial \boldsymbol{G}^{\mathrm{T}}}{\partial \boldsymbol{X}(t_{\mathrm{f}})}\boldsymbol{\gamma}$ 為

$$\lambda_1(t_{\mathrm{f}})=\gamma_1$$
$$\lambda_2(t_{\mathrm{f}})=\gamma_2$$
$$\lambda_3(t_{\mathrm{f}})=-1$$

其中，$\gamma_1(t)$、$\gamma_2(t)$ 是待定的拉格朗日乘子。

哈密頓函數可以整理為

$$H=(\lambda_1 v-\lambda_2 g)+\left(1+\frac{\lambda_2}{m}-\frac{\lambda_3}{I_{\mathrm{sp}}}\right)u$$

根據哈密頓函數的極小值條件，可以得到最佳控制律為

$$u=\begin{cases}\alpha, 1+\dfrac{\lambda_2}{m}-\dfrac{\lambda_3}{I_{\mathrm{sp}}}<0\\[2ex] 0, 1+\dfrac{\lambda_2}{m}-\dfrac{\lambda_3}{I_{\mathrm{sp}}}>0\\[2ex] \text{任意}, 1+\dfrac{\lambda_2}{m}-\dfrac{\lambda_3}{I_{\mathrm{sp}}}=0\end{cases}$$

對比解法一和解法二，可以看到兩者的哈密頓函數有所區別，但最佳控制解的形式一樣，都是 Bang-Bang 控制。雖然 Bang-Bang 控制的推力切換的條件看上去有差別，但閾值實際是一樣的，因為兩種解法算出的拉格朗日乘子的初值不一樣。

3.5 小結

深空探測器飛行距離遙遠，攜帶的推進劑有限，所以深空探測器在導引解算時通常都需要考慮推進劑消耗問題。盡量節省推進劑消耗，可以延長探測器飛行壽命。為保證推進劑消耗最少進行的導引或軌道控制，通常都可以歸結為最佳控制問題，因此最佳控制是深空探測器導引設計的一個重要理論基礎。本章簡要介紹了最佳控制的理論方法：首先是最佳控制問題的提出，然後從控制不受限角度出發介紹了變分法，在此基礎上引出了考慮控制受限的極小值原理，最後通過一個實例，介紹了最佳控制的應用方法。

參考文獻

[1] 胡壽松．自動控制原理．第 5 版．北京：科學出版社，2007.

[2] 張洪鉞，王青．最佳控制理論與應用．北京：高等教育出版社，2006.

第4章

星際轉移和捕獲中的導引和控制技術

4.1 軌道動力學

4.1.1 轉移段

轉移軌道段一般有一個天體作為中心天體，其他天體引力起攝動作用。例如，對於日心轉移軌道段，太陽引力為中心引力，在無軌道控制力作用時對探測器的運動起主要作用，主要攝動力包括大行星引力和太陽光壓。在 J2000.0 日心黃道慣性座標系上，建立探測器軌道動力學方程為

$$\begin{cases} \dot{\boldsymbol{r}} = \boldsymbol{v} \\ \dot{\boldsymbol{v}} = -\dfrac{\mu_{\mathrm{s}}}{r^3}\boldsymbol{r} + \sum\limits_{i=1}^{n_{\mathrm{p}}} \mu_i \left(\dfrac{\boldsymbol{r}_{\mathrm{r}i}}{r_{\mathrm{r}i}^3} - \dfrac{\boldsymbol{r}_{\mathrm{p}i}}{r_{\mathrm{p}i}^3} \right) - \dfrac{AG}{mr^3}\boldsymbol{r} + \dfrac{\boldsymbol{T}}{m} + \boldsymbol{a} \end{cases} \tag{4-1}$$

式中，$\boldsymbol{r}$ 和 $\boldsymbol{v}$ 分別為探測器在日心黃道座標系的位置和速度矢量，且 $r = \|\boldsymbol{r}\|$；$\boldsymbol{r}_{\mathrm{p}i}$ 為第 i 個攝動天體在日心黃道慣性座標系的位置矢量，且 $r_{\mathrm{p}i} = \|\boldsymbol{r}_{\mathrm{p}i}\|$；$\boldsymbol{r}_{\mathrm{r}i}$ 為第 i 個攝動天體相對探測器的位置矢量，即 $\boldsymbol{r}_{\mathrm{r}i} = \boldsymbol{r}_{\mathrm{p}i} - \boldsymbol{r}$，且 $r_{\mathrm{r}i} = \|\boldsymbol{r}_{\mathrm{r}i}\|$；$\mu_{\mathrm{s}}$ 為太陽引力常數，μ_i 為第 i 個攝動天體的引力常數；n_{p} 為攝動天體的個數；$\boldsymbol{T}$ 為推力矢量；$\boldsymbol{a}$ 為各種其他攝動加速度矢量；A 為垂直於太陽光方向的太空船截面積；G 為太陽通量常數；m 為探測器質量。

而對於地月轉移軌道段，中心天體是地球，攝動天體一般只考慮月球和太陽，即

$$\begin{cases} \dot{\boldsymbol{r}} = \boldsymbol{v} \\ \dot{\boldsymbol{v}} = -\dfrac{\mu_{\mathrm{e}}}{r^3}\boldsymbol{r} + \mu_{\mathrm{m}} \left[\dfrac{\boldsymbol{r}_{\mathrm{rm}}}{r_{\mathrm{rm}}^3} - \dfrac{\boldsymbol{r}_{\mathrm{pm}}}{r_{\mathrm{pm}}^3} \right] + \mu_{\mathrm{s}} \left[\dfrac{\boldsymbol{r}_{\mathrm{rs}}}{r_{\mathrm{rs}}^3} - \dfrac{\boldsymbol{r}_{\mathrm{ps}}}{r_{\mathrm{ps}}^3} \right] - \dfrac{AG}{mr^3}\boldsymbol{r} + \dfrac{\boldsymbol{T}}{m} + \boldsymbol{a} \end{cases} \tag{4-2}$$

其中，$\boldsymbol{r}$ 和 $\boldsymbol{v}$ 分別為探測器在地心赤道慣性座標系的位置和速度矢量，且 $r = \|\boldsymbol{r}\|$；$\boldsymbol{r}_{\mathrm{pm}}$ 為月球在地心赤道慣性座標系的位置矢量，且 $r_{\mathrm{pm}} = \|\boldsymbol{r}_{\mathrm{pm}}\|$；$\boldsymbol{r}_{\mathrm{rm}}$ 為月球相對探測器的位置矢量，即 $\boldsymbol{r}_{\mathrm{rm}} = \boldsymbol{r}_{\mathrm{pm}} - \boldsymbol{r}$，且 $r_{\mathrm{rm}} = \|\boldsymbol{r}_{\mathrm{rm}}\|$；$\boldsymbol{r}_{\mathrm{ps}}$ 為太陽在地心赤道慣性座標系的位置矢量，且 $r_{\mathrm{ps}} = \|\boldsymbol{r}_{\mathrm{ps}}\|$；$\boldsymbol{r}_{\mathrm{rs}}$ 為太陽相對探測器的位置矢量，即 $\boldsymbol{r}_{\mathrm{rs}} = \boldsymbol{r}_{\mathrm{ps}} - \boldsymbol{r}$，且 $r_{\mathrm{rs}} = \|\boldsymbol{r}_{\mathrm{rs}}\|$；$\mu_{\mathrm{s}}$ 為太陽引力常數，μ_{m} 為月球的引力常數，μ_{e} 為地球的引力常數。

軌道運動學方程對於導引的作用在於預報與目標天體交會時的狀態，並用於計算軌道修正的控制參數。

4.1.2 接近和捕獲段

接近和捕獲段時，探測器已進入目標天體的引力場範圍，對探測器的作用力將以目標天體引力為主。

由於探測器距離天體近，天體引力將對探測器的運動起主要作用。考慮到天體形狀不規則攝動和太陽引力及光壓攝動，在目標天體慣性座標系建立探測器軌道動力學方程如下：

$$\begin{cases} \dot{\boldsymbol{r}}=\boldsymbol{v} \\ \dot{\boldsymbol{v}}=\dfrac{\partial V(\boldsymbol{r})}{\partial \boldsymbol{r}}+\boldsymbol{a} \end{cases} \tag{4-3}$$

式中，$\boldsymbol{r}$ 和 $\boldsymbol{v}$ 分別為探測器的位置和速度矢量；$\boldsymbol{a}$ 為其他未考慮攝動力加速度；V 為勢函數。具體表達式如下：

$$V(\boldsymbol{r})=U(\boldsymbol{r}_{\mathrm{tf}})+\frac{\beta \boldsymbol{d}\cdot\boldsymbol{r}}{|\boldsymbol{d}|^3}-\frac{\mu_s}{2|\boldsymbol{d}|^3}\left[\boldsymbol{r}\cdot\boldsymbol{r}-3\left(\frac{\boldsymbol{d}\cdot\boldsymbol{r}}{|\boldsymbol{d}|}\right)^2\right] \tag{4-4}$$

式中，第一項 $U(\boldsymbol{r}_{\mathrm{tf}})$ 為天體引力勢函數，其中 $\boldsymbol{r}_{\mathrm{tf}}$ 為在固連繫中表達的深空探測器相對天體中心的位置矢量；第二項為太陽光壓攝動勢函數，其中 β 為太陽光壓參數；第三項為太陽引力攝動勢函數，其中 $\boldsymbol{d}$ 為天體相對太陽的位置矢量，可以由天體的星曆計算得到。

當深空探測器進入目標天體附近時，在以目標天體質心為中心描述的運動學方程中，其軌道表現為雙曲線軌道[1-3]。

4.2 轉移段導引控制方法

4.2.1 基於 B 平面的脈衝式軌道修正方法

4.2.1.1 B 平面基礎

（1）B 平面參數定義

B 平面一般定義為過目標天體中心並垂直於進入軌道的雙曲線漸近線方向的平面。漸近線方向又可以視為距離目標天體無窮遠時的速度，可以近似為探測器進入目標天體影響球時速度。進入軌道的漸近線方向的單位矢量記為 $\boldsymbol{S}$。若目標天體引力影響可以忽略，漸近線方向矢量 $\boldsymbol{S}$ 可以取為探測器的相對速度方向。

B 平面座標系定義如下：以目標天體中心為原點，記某參考方向的

單位矢量為 $\boldsymbol{N}$，$\boldsymbol{S}$ 與 $\boldsymbol{N}$ 的叉乘作為 $\boldsymbol{T}$ 軸，$\boldsymbol{R}$ 軸為由 $\boldsymbol{S}$ 軸和 $\boldsymbol{T}$ 軸按右手螺旋法則確定。參考方向 $\boldsymbol{N}$ 理論上可以取任何方向，具體應用時根據探測任務特點確定，通常原則是方便於建立目標軌道參數與 B 平面參數之間的解析關係，例如可取目標天體赤道面法向、目標天體軌道面法向、黃道面法向或地球赤道面法向。

$\boldsymbol{B}$ 矢量定義為由 B 平面原點指向軌道與 B 平面交點的矢量，記為 $\boldsymbol{B}$。對雙曲線軌道有如下計算公式：

$$r_{\mathrm{p}}=a-c \tag{4-5}$$

$$c^2=a^2+b^2 \tag{4-6}$$

$$a=-\frac{\mu}{v_\infty^2} \tag{4-7}$$

則 $\boldsymbol{B}$ 矢量大小為

$$b=\sqrt{r_{\mathrm{p}}^2-2ar_{\mathrm{p}}}=\sqrt{r_{\mathrm{p}}^2+\frac{2r_{\mathrm{p}}\mu}{v_\infty^2}} \tag{4-8}$$

其中，a、b 和 c 分別是雙曲線軌道的半實軸、半虛軸和半焦距；r_{p} 是近心距；μ 為目標天體引力常數；v_∞ 為相對目標天體無窮遠速度。注意，在接近段的探測器動力學中 a 為負值，因而 c 取負值。

B 平面參數定義為 $\boldsymbol{B}$ 在 $\boldsymbol{T}$ 軸的分量 BT 和在 $\boldsymbol{R}$ 軸的分量 BR，則 BT 和 BR 為

$$BT=\boldsymbol{B}\cdot\boldsymbol{T} \tag{4-9}$$

$$BR=\boldsymbol{B}\cdot\boldsymbol{R} \tag{4-10}$$

上述定義如圖 4-1 所示。

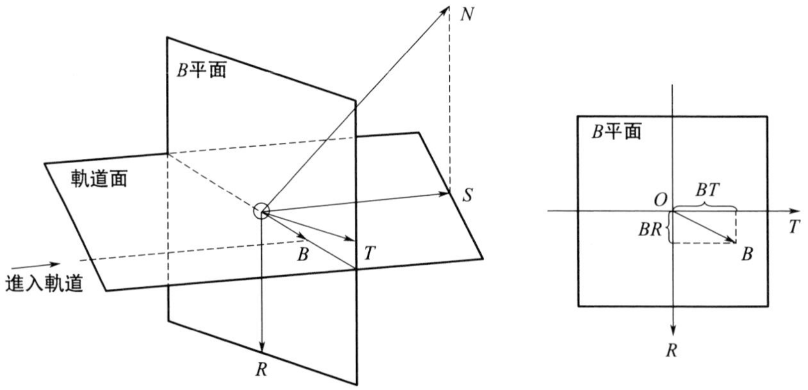

圖 4-1　B 平面定義立體和平面示意圖

以 B 平面參數作為終端參數，二維情況下 $\boldsymbol{Q}$ 可表示為

$$\boldsymbol{Q}=[BR \quad BT]^{\mathrm{T}} \tag{4-11}$$

若限定到達時間 TOF，則 $\boldsymbol{Q}$ 可表示為

$$\boldsymbol{Q}=[BR \quad BT \quad TOF]^{\mathrm{T}} \tag{4-12}$$

(2) B 平面參數與目標軌道參數的關係

若探測器的最終目標是進入環繞某天體的軌道，則不妨取參考方向 $\boldsymbol{N}$ 為該天體赤道的法向。設 $\boldsymbol{N}_{\mathrm{s}}$ 為目標環繞軌道的法向，則 $\boldsymbol{B}$ 的方向為

$$\frac{\boldsymbol{B}}{\|\boldsymbol{B}\|}=\boldsymbol{S}\times\boldsymbol{N}_{\mathrm{s}} \tag{4-13}$$

根據雙曲線的幾何特性，$\boldsymbol{B}$ 的大小 $\|\boldsymbol{B}\|$ 等於雙曲線的半虛軸 b。

以 B 平面參數作為目標參數，首先需建立目標軌道參數與 B 平面參數的關係，計算出要求的目標軌道參數所對應的 B 平面參數。在目標天體中心近焦點座標系中，B 平面參數滿足如下關係：

$$\boldsymbol{B}=b\begin{bmatrix}\sin\theta\\ -\cos\theta\\ 0\end{bmatrix} \tag{4-14}$$

$$\boldsymbol{S}=\begin{bmatrix}\cos\theta\\ \sin\theta\\ 0\end{bmatrix} \tag{4-15}$$

$$\boldsymbol{N}=\begin{bmatrix}\sin\omega\sin i\\ \cos\omega\sin i\\ \cos i\end{bmatrix} \tag{4-16}$$

$$\boldsymbol{T}=\frac{\boldsymbol{S}\times\boldsymbol{N}}{\|\boldsymbol{S}\times\boldsymbol{N}\|}=\frac{1}{\sqrt{\cos^2 i+\sin^2 i\cos^2(\omega+\theta)}}\begin{bmatrix}\cos i\sin\theta\\ -\cos i\cos\theta\\ \sin i\cos(\omega+\theta)\end{bmatrix} \tag{4-17}$$

$$\boldsymbol{R}=\frac{\boldsymbol{S}\times\boldsymbol{T}}{\|\boldsymbol{S}\times\boldsymbol{T}\|}=\frac{1}{\sqrt{\cos^2 i+\sin^2 i\cos^2(\omega+\theta)}}\begin{bmatrix}\sin i\sin\theta\cos(\omega+\theta)\\ -\sin i\cos\theta\cos(\omega+\theta)\\ -\cos i\end{bmatrix} \tag{4-18}$$

$$BT=\frac{b\cos i}{\sqrt{\cos^2 i+\sin^2 i\cos^2(\omega+\theta)}} \tag{4-19}$$

$$BR=\frac{b\sin i\cos(\omega+\theta)}{\sqrt{\cos^2 i+\sin^2 i\cos^2(\omega+\theta)}} \tag{4-20}$$

其中，i 和 ω 分別為深空探測器軌道相對於天體赤道的軌道傾角和近心點幅角；θ 為雙曲線軌道漸近線與天體中心近焦點座標系 X_{ω} 軸之間的夾角，如圖 4-2 所示。

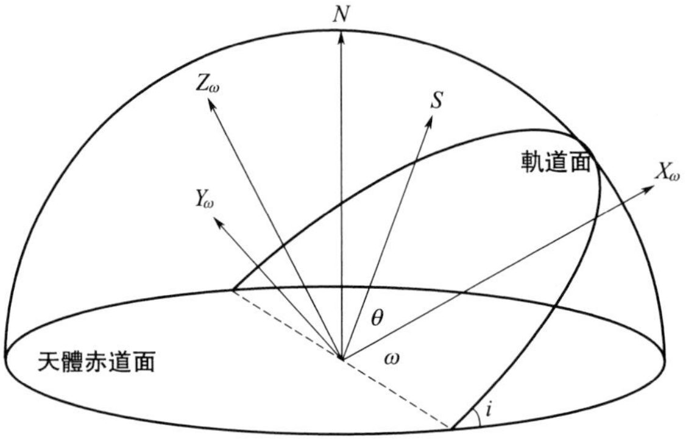

圖 4-2 天體中心近焦點座標系示意圖

對於約束條件為近心距和軌道傾角的極軌探測器，由於軌道傾角為 90°，$\boldsymbol{T}$ 軸即為環繞天體軌道平面的法向，則 $\boldsymbol{B}$ 在 $\boldsymbol{T}$ 軸的分量 BT 為 0，在 $\boldsymbol{R}$ 軸的分量 BR 為 $\pm b$。於是近心距為 r_{p} 的極軌轉換到 B 平面參數為

$$BT=0 \tag{4-21}$$

$$BR=\pm b \tag{4-22}$$

(3) 以 *B* 平面參數為終端參數的導引方法

B 平面參數的誤差定義如下：

$$\Delta BR=BR-BR_{\mathrm{nom}} \tag{4-23}$$

$$\Delta BT=BT-BT_{\mathrm{nom}} \tag{4-24}$$

$$\Delta TOF=TOF-TOF_{\mathrm{nom}} \tag{4-25}$$

其中，BR_{nom}、BT_{nom} 和 TOF_{nom} 為標準軌道的終端參數。

以 B 平面參數作為終端參數，只考慮 BR 和 BT 的誤差 ΔBR 和 ΔBT 時，殘餘誤差向量為

$$\Delta \boldsymbol{Q}=[\Delta BR \quad \Delta BT] \tag{4-26}$$

若限定到達時間 TOF，則殘餘誤差向量為

$$\Delta \boldsymbol{Q}=[\Delta BR \quad \Delta BT \quad \Delta TOF] \tag{4-27}$$

由於修正時刻選定後位置不可以改變，可改變的是速度 $\boldsymbol{v}$，因此控制變數 $\Delta \boldsymbol{P}=\Delta \boldsymbol{v}$。設狀態變數為 $\boldsymbol{X}=[\boldsymbol{r} \quad \boldsymbol{v}]^{\mathrm{T}}$，則有

$$\Delta \boldsymbol{Q}=\frac{\partial \boldsymbol{Q}}{\partial \boldsymbol{P}^{\mathrm{T}}}\Delta \boldsymbol{P}=\frac{\partial \boldsymbol{Q}}{\partial \boldsymbol{X}_i^{\mathrm{T}}}\cdot\frac{\partial \boldsymbol{X}_i}{\partial \boldsymbol{P}^{\mathrm{T}}}\Delta \boldsymbol{P}=\frac{\partial \boldsymbol{Q}}{\partial \boldsymbol{X}_{\mathrm{f}}^{\mathrm{T}}}\cdot\frac{\partial \boldsymbol{X}_{\mathrm{f}}}{\partial \boldsymbol{X}_i^{\mathrm{T}}}\cdot\frac{\partial \boldsymbol{X}_i}{\partial \boldsymbol{P}}\Delta \boldsymbol{P}=\frac{\partial \boldsymbol{Q}}{\partial \boldsymbol{X}_{\mathrm{f}}^{\mathrm{T}}}\boldsymbol{\Phi}_{\mathrm{f}}\frac{\partial \boldsymbol{X}_i}{\partial \boldsymbol{P}^{\mathrm{T}}}\Delta \boldsymbol{P} \tag{4-28}$$

即

$$\Delta \boldsymbol{Q}=\boldsymbol{K}\Delta \boldsymbol{P} \tag{4-29}$$

式中，$\boldsymbol{K}$ 稱為敏感矩陣，且

$$\boldsymbol{K}=\frac{\partial \boldsymbol{Q}}{\partial \boldsymbol{X}_{\mathrm{f}}^{\mathrm{T}}}\boldsymbol{\Phi}_{\mathrm{f}}\frac{\partial \boldsymbol{X}_i}{\partial \boldsymbol{P}^{\mathrm{T}}} \tag{4-30}$$

其中，$\boldsymbol{\Phi}_{\mathrm{f}}$ 為終端軌道狀態相對初始狀態的狀態轉移矩陣。除 $\boldsymbol{\Phi}_{\mathrm{f}}$ 外，其他兩個偏導矩陣具有確定的表達式。而 $\boldsymbol{\Phi}_{\mathrm{f}}$ 則需要對軌道運動矩陣微分方程（詳見 4.1 節）進行數值積分才能計算出來。

導引目標包括三個終端參數時，導引所需要的最小速度脈衝計算公式為

$$\Delta \boldsymbol{v}=-\boldsymbol{K}^{-1}\Delta \boldsymbol{Q} \tag{4-31}$$

導引目標包括兩個終端參數時，導引所需要的最小速度脈衝計算公式為

$$\Delta \boldsymbol{v}=-\boldsymbol{K}^{\mathrm{T}}(\boldsymbol{K}\boldsymbol{K}^{\mathrm{T}})^{-1}\Delta \boldsymbol{Q} \tag{4-32}$$

用這個修正量來修正初始狀態，然後再重新遞推殘餘誤差矢量和計算速度脈衝。如此反覆疊代，直到末端狀態滿足一定的精度要求為止。用疊代後狀態減去疊代前狀態就是實際要執行的速度脈衝。

這種導引方法的關鍵在於計算敏感矩陣 $\boldsymbol{K}$，可行方法有狀態轉移矩陣法和數值微分法兩種。

① 利用狀態轉移矩陣計算敏感矩陣　B 平面中 $\boldsymbol{B}$ 與轉移軌道終端狀態有如下關係：

$$\boldsymbol{B}=\boldsymbol{r}_{\mathrm{f}}-\boldsymbol{r}_{\mathrm{ref}} \tag{4-33}$$

其中，$\boldsymbol{r}_{\mathrm{f}}$ 是靶點的位置矢量；$\boldsymbol{r}_{\mathrm{ref}}$ 是目標天體中心的位置矢量。

首先分析不限定到達時間 TOF 的情況。B 平面參數 $\boldsymbol{Q}=[BR\quad BT]^{\mathrm{T}}$ 與轉移軌道終端狀態 $\boldsymbol{X}_{\mathrm{f}}$ 的解析表達式如下：

$$\boldsymbol{Q}=\begin{bmatrix}BR\\BT\end{bmatrix}=\begin{bmatrix}\boldsymbol{B}\cdot\boldsymbol{R}\\\boldsymbol{B}\cdot\boldsymbol{T}\end{bmatrix}=\begin{bmatrix}(\boldsymbol{r}_{\mathrm{f}}-\boldsymbol{r}_{\mathrm{ref}})\cdot\boldsymbol{R}\\(\boldsymbol{r}_{\mathrm{f}}-\boldsymbol{r}_{\mathrm{ref}})\cdot\boldsymbol{T}\end{bmatrix}=\begin{bmatrix}\boldsymbol{r}_{\mathrm{f}}^{\mathrm{T}}\boldsymbol{R}-\boldsymbol{r}_{\mathrm{ref}}^{\mathrm{T}}\boldsymbol{R}\\\boldsymbol{r}_{\mathrm{f}}^{\mathrm{T}}\boldsymbol{T}-\boldsymbol{r}_{\mathrm{ref}}^{\mathrm{T}}\boldsymbol{T}\end{bmatrix} \tag{4-34}$$

則

$$\frac{\partial \boldsymbol{Q}}{\partial \boldsymbol{X}_{\mathrm{f}}^{\mathrm{T}}}=\begin{bmatrix}\dfrac{\partial BR}{\partial \boldsymbol{r}_{\mathrm{f}}^{\mathrm{T}}} & \dfrac{\partial BR}{\partial \boldsymbol{v}_{\mathrm{f}}^{\mathrm{T}}}\\[2ex]\dfrac{\partial BT}{\partial \boldsymbol{r}_{\mathrm{f}}^{\mathrm{T}}} & \dfrac{\partial BT}{\partial \boldsymbol{v}_{\mathrm{f}}^{\mathrm{T}}}\end{bmatrix}=\begin{bmatrix}\dfrac{\partial BR}{\partial \boldsymbol{r}_{\mathrm{f}}^{\mathrm{T}}} & \boldsymbol{O}_{1\times 3}\\[2ex]\dfrac{\partial BT}{\partial \boldsymbol{r}_{\mathrm{f}}^{\mathrm{T}}} & \boldsymbol{O}_{1\times 3}\end{bmatrix}=\begin{bmatrix}\boldsymbol{R}^{\mathrm{T}} & \boldsymbol{O}_{1\times 3}\\\boldsymbol{T}^{\mathrm{T}} & \boldsymbol{O}_{1\times 3}\end{bmatrix} \tag{4-35}$$

修正時刻狀態對控制變數的導數為

$$\frac{\partial \boldsymbol{X}_i}{\partial \boldsymbol{P}^{\mathrm{T}}}=\frac{\partial \boldsymbol{X}_i}{\partial \boldsymbol{v}^{\mathrm{T}}}=\begin{bmatrix}\dfrac{\partial \boldsymbol{r}}{\partial \boldsymbol{v}^{\mathrm{T}}}\\ \dfrac{\partial \boldsymbol{v}}{\partial \boldsymbol{v}^{\mathrm{T}}}\end{bmatrix}=\begin{bmatrix}\boldsymbol{O}_3\\ \boldsymbol{I}_3\end{bmatrix} \tag{4-36}$$

將式(4-35)、式(4-36) 代入式(4-30)，就可以求出敏感矩陣 $\boldsymbol{K}$。

其次分析限定到達時間 TOF 的情況。

$$TOF=TOF_{\mathrm{nom}}+\Delta TOF \tag{4-37}$$

到達時間誤差 ΔTOF 是在標準值附近的小偏差量，因此可以利用二體問題的公式近似表示。已知 t 時刻深空探測器在直角座標系中位置 $\boldsymbol{r}$ 和速度 $\boldsymbol{v}$，則半長軸 a 為

$$a=\frac{\mu r}{2\mu-rv^2} \tag{4-38}$$

其中，$r=\|\boldsymbol{r}\|$；$v=\|\boldsymbol{v}\|$。

離心率 e 和 t 時刻的偏近點角 E 計算公式如下：

$$e\sin E=\frac{\boldsymbol{r}^{\mathrm{T}}\cdot\boldsymbol{v}}{\sqrt{\mu a}} \tag{4-39}$$

$$e\cos E=1-\frac{r}{a} \tag{4-40}$$

由克卜勒方程可得

$$t=\tau+\sqrt{\frac{a^3}{\mu}}(E-e\sin E) \tag{4-41}$$

式中，τ 是過近拱點時刻。

已知軌道上兩點的狀態 $(\boldsymbol{r}_0,\boldsymbol{v}_0)$ 和 $(\boldsymbol{r}_1,\boldsymbol{v}_1)$ 就可由上述公式求出轉移時間

$$\Delta TOF=t_1-t_0 \tag{4-42}$$

最終可以建立終端狀態和到達時間解析關係，繼而求到達時間對終端狀態導數得

$$\begin{aligned}\boldsymbol{M}&=\frac{\partial TOF}{\partial \boldsymbol{x}_{\mathrm{f}}^{\mathrm{T}}}=\frac{ar}{\mu(a-r)}\cdot\frac{\partial}{\partial \boldsymbol{x}_{\mathrm{f}}^{\mathrm{T}}}(\boldsymbol{r}^{\mathrm{T}}\boldsymbol{v})\\&=\frac{ar}{\mu(a-r)}[\boldsymbol{v}^{\mathrm{T}}\quad \boldsymbol{r}^{\mathrm{T}}]\end{aligned} \tag{4-43}$$

最後，B 平面參數 $\boldsymbol{Bp}=[BR\quad BT\quad TOF]^{\mathrm{T}}$ 與轉移軌道終端狀態 $\boldsymbol{X}_{\mathrm{f}}$ 的解析表達式如下：

$$\frac{\partial \boldsymbol{Q}}{\partial \boldsymbol{X}_{\mathrm{f}}^{\mathrm{T}}}=\begin{bmatrix}\dfrac{\partial BR}{\partial \boldsymbol{X}_{\mathrm{f}}^{\mathrm{T}}}\\ \dfrac{\partial BT}{\partial \boldsymbol{X}_{\mathrm{f}}^{\mathrm{T}}}\\ \dfrac{\partial TOF}{\partial \boldsymbol{X}_{\mathrm{f}}^{\mathrm{T}}}\end{bmatrix}=\begin{bmatrix}\boldsymbol{R}^{\mathrm{T}} & \boldsymbol{0}_{1\times 3}\\ \boldsymbol{T}^{\mathrm{T}} & \boldsymbol{0}_{1\times 3}\\ \multicolumn{2}{c}{\boldsymbol{M}}\end{bmatrix} \tag{4-44}$$

② 利用數值微分計算敏感矩陣　由於動力學模型的強非線性，為避免計算狀態轉移矩陣的誤差和大量積分，敏感矩陣還可以利用數值微分方法求取。

$$\boldsymbol{K}=\begin{bmatrix}\dfrac{\partial BR}{\partial \boldsymbol{v}_{i}^{\mathrm{T}}}\\ \dfrac{\partial BT}{\partial \boldsymbol{v}_{i}^{\mathrm{T}}}\\ \dfrac{\partial TOF}{\partial \boldsymbol{v}_{i}^{\mathrm{T}}}\end{bmatrix}=\begin{bmatrix}\dfrac{\partial BR}{\partial v_1} & \dfrac{\partial BR}{\partial v_2} & \dfrac{\partial BR}{\partial v_3}\\ \dfrac{\partial BT}{\partial v_1} & \dfrac{\partial BT}{\partial v_2} & \dfrac{\partial BT}{\partial v_3}\\ \dfrac{\partial TOF}{\partial v_1} & \dfrac{\partial TOF}{\partial v_2} & \dfrac{\partial TOF}{\partial v_3}\end{bmatrix} \tag{4-45}$$

以式中矩陣中第一個元素為例，給出偏導的數值計算公式如下：

$$\frac{\partial BR}{\partial v_1}=\frac{BR(v_1,v_2,v_3)\big|_{v_1+\varepsilon}-BR(v_1,v_2,v_3)\big|_{v_1}}{\varepsilon} \tag{4-46}$$

其中，ε 是小幅值攝動量，即速度增量 Δv，也是差分運算的步長。或者也可採用如下中心差分公式：

$$\frac{\partial BT}{\partial v_1}=\frac{BT(v_1,v_2,v_3)\big|_{v_1+\varepsilon}-BT(v_1,v_2,v_3)\big|_{v_1-\varepsilon}}{2\varepsilon} \tag{4-47}$$

4.2.1.2 自主修正脈衝計算方法

目前絕大多數深空探測器的轉移段軌道中途修正採用速度脈衝控制方法實現，並且完全依賴於地面測控。地面站通過巨型天線發射和接收無線電波對探測器進行測量，確定探測器軌道並估計軌道的終端偏差，在適當的時機發送變軌指令。變軌指令內容包括引擎開機時刻、速度增量大小、變軌期間探測器相對慣性空間姿態等。中途修正執行的次數和時間是軌道設計的重要內容，需要事先做好計劃。只要不出現意外，實際飛行中只需依據軌道確定結果具體確定軌道修正的速度增量大小和方向。如果實際軌道的終端偏差較小，也會取消某次中途修正[4]。採用速度脈衝控制的中途修正原理見圖 4-3。

採用自主速度脈衝控制的中途修正方法是將前述的由地面完成的工作，即外推軌道終端偏差與計算速度增量和大小，搬到探測器上完成。受星載電腦性能限制，地面的中途修正演算法和軟體不能直接照搬使用，要作簡化和修改，並增加依據判斷條件向地面警報引入地面介入的功能。例如，發現軌道的終端偏差過大時就需要由地面來接管修正，否則一旦星上有較大計算誤差，導致軌道嚴重偏離或是推進劑大量消耗，後期是無法彌補的。

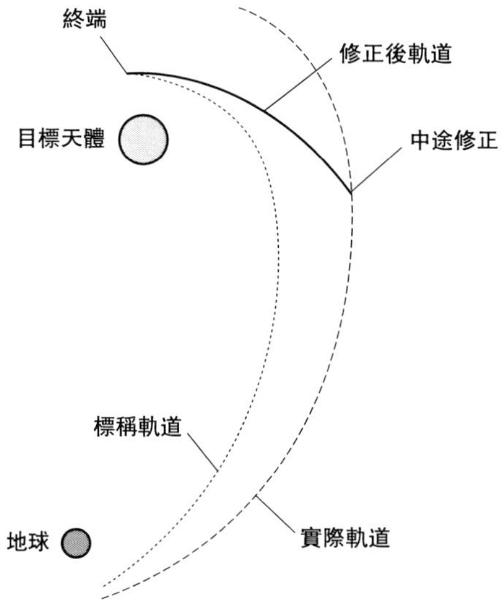

圖 4-3　採用速度脈衝控制的中途修正原理

採用速度脈衝控制的自主中途修正流程如下：首先由自主導航系統確定軌道，即估計探測器當前的位置和速度；然後利用龍格庫塔演算法外推軌道至 B 平面，計算出當前軌道的終端 B 平面誤差，即 ΔBR、ΔBT 和 ΔTOF；判斷 B 平面誤差是否過大，如是則向地面警報等待地面處理，否則繼續下一步；利用敏感矩陣和 B 平面誤差計算修正所需速度增量 $\Delta \boldsymbol{v}$ 的大小和方向；判斷速度增量 $\Delta \boldsymbol{v}$ 是否過大，如是則向地面警報等待地面處理，否則繼續下一步；根據速度增量 $\Delta \boldsymbol{v}$ 的方向要求調整探測器在慣性空間的姿態，使引擎噴氣方向對準 $\Delta \boldsymbol{v}$ 的反向；軌控引擎開機；根據加速度計測量估計探測器的速度增量；當估計的速度增量達到指令值後關閉軌控引擎，結束本次中途修正，見圖 4-4。

軌道偏差的來源主要是入軌誤差、定軌誤差以及執行誤差等。入軌誤差在探測器發射後不久的第一次中途修正中要盡量消除。其後漫長的轉移飛行中軌道偏差主要是受定軌誤差和執行誤差的影響。

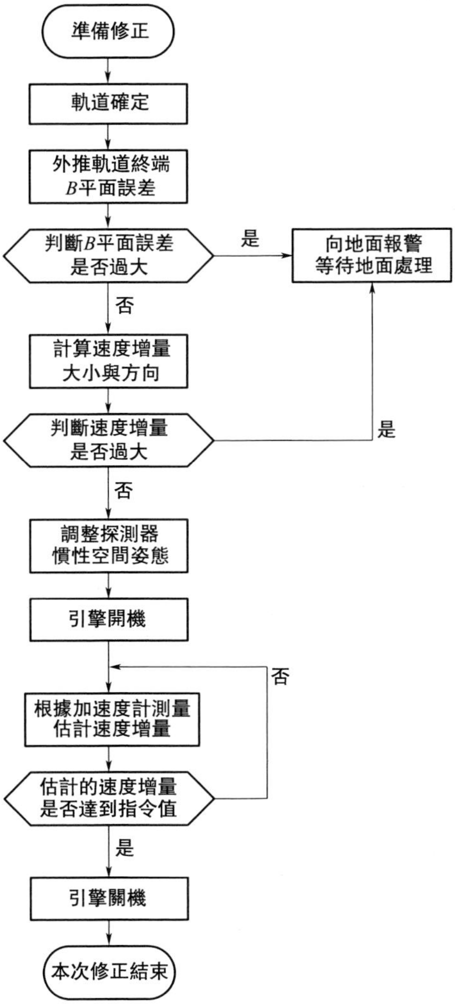

圖 4-4　採用速度脈衝控制的自主中途修正流程

4.2.2　連續推力軌道控制方法

採用電推進等小推力引擎對探測器進行軌道修正時必須讓引擎連續長期開機才可以顯著地影響探測器的飛行軌道，造成軌道修正的作用。小推力引擎的額定推力很小，一般不會採用變推力控制，因此利用小推力引擎進行軌道修正控制參數只有開機時間、時長和推力方向。採用積分方法求解動力學方程固然可以獲得小推力連續控制問題的最佳解，但是尋優過程計算量巨大，不適合星上應用。

深空一號任務採用了一種將小推力連續控制分割成為眾多分段脈衝控制的工程實用方法。此方法以 7 天為一段控制區間，在每個控制區間內推力器的作用方向固定，這樣其控制過程就可以近似為衝量控制。將每個控制區間中的推力方向和最後一個控制週期的開機時長作為控制參數，利用線性導引律公式和疊代方法求解，就能以較小的計算量解決軌道修正問題。推力方向和末端開機時長每 7 天更新一次，存入星上電腦，作為推力器的工作文件。

記轉移軌道段的終端狀態為

$$\boldsymbol{X}_{\mathrm{e}}=\begin{bmatrix} BR \\ BT \\ TOF \end{bmatrix} \tag{4-48}$$

則轉移段終端狀態的偏差為

$$\Delta\boldsymbol{X}_{\mathrm{e}}=\begin{bmatrix} \Delta BR \\ \Delta BT \\ \Delta TOF \end{bmatrix} \tag{4-49}$$

軌道中途修正的控制參數為

$$\Delta\boldsymbol{s}=\begin{bmatrix} \Delta\alpha_1 \\ \Delta\delta_1 \\ \Delta\alpha_2 \\ \Delta\delta_2 \\ \vdots \\ \alpha_k \\ \delta_k \\ \tau_k \end{bmatrix} \tag{4-50}$$

其中，α_i 和 δ_i 是第 i 個控制區間推力器噴氣方向的赤經赤緯。

敏感矩陣的計算公式如下：

$$\boldsymbol{K}^{\mathrm{T}}=\begin{bmatrix} \partial X_{\mathrm{e}}/\partial\alpha_1 \\ \partial X_{\mathrm{e}}/\partial\delta_1 \\ \partial X_{\mathrm{e}}/\partial\alpha_2 \\ \partial X_{\mathrm{e}}/\partial\delta_2 \\ \vdots \\ \partial X_{\mathrm{e}}/\partial\alpha_k \\ \partial X_{\mathrm{e}}/\partial\delta_k \\ \partial X_{\mathrm{e}}/\partial\tau_k \end{bmatrix} \tag{4-51}$$

則推力器的修正量計算公式如下：

$$\Delta \boldsymbol{s}=\boldsymbol{K}^{\mathrm{T}}(\boldsymbol{K}\boldsymbol{K}^{\mathrm{T}})^{-1}\Delta \boldsymbol{X}_{\mathrm{e}}$$

將上式結果與當前狀態相加並重新外推 B 平面誤差，反覆疊代多次後得到收斂解。

圖 4-5 所示為通過改變噴氣方向和末端開機時間修正軌道的原理。

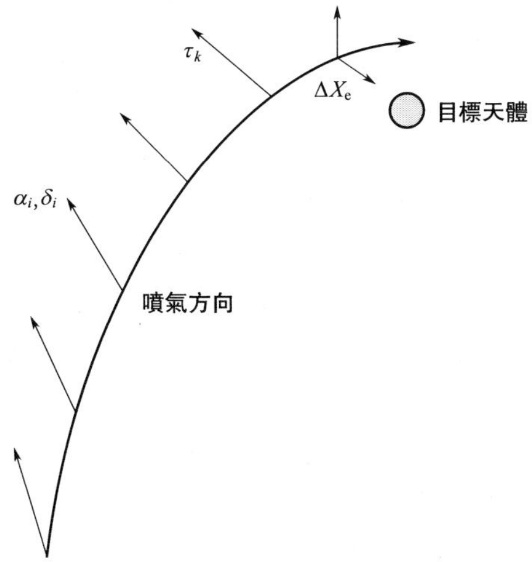

圖 4-5　通過改變噴氣方向和末端開機時間修正軌道的原理

控制區間的數量也是由深空探測器自主確定的。初始，星上置一最小控制區間數，然後每次增加一個控制區間，直至計算修正量的疊代演算法收斂。

4.2.3 推力在軌標定技術

引擎推力大小是制定軌控策略和導引的一個重要參數。探測器經過漫長的深空飛行後，隨著環境、壓力的變化，推力輸出也會變化，需要定期對引擎推力進行標定。在軌推力標定在點火期間完成，利用的測量數據為加速度計。

假設點火過程中，加速度計獲得 $[t_{k-1}, t_k]$ 時間段內的速度增量 $\Delta v_{\mathrm{acc}}(t_k)$，主引擎輸出推力為常數，用 F_{main} 表示，忽略姿控引擎的推進劑消耗，那麼近似有

$$\frac{\Delta v_{\mathrm{acc}}(t_k)}{\Delta t}=\frac{F_{\mathrm{main}}}{m_k} \tag{4-52}$$

點火初始時刻探測器的質量為 m_0，那麼根據齊奧爾科夫斯基公式有

$$m_k = m_0 - \frac{F_{\text{main}}}{I_{\text{spmain}}}(t_k - t_0) \tag{4-53}$$

將式(4-53) 代入式(4-52)，有

$$\frac{\Delta t}{\Delta v_{\text{acc}}(t_k)} = \frac{m_0}{F_{\text{main}}} - \frac{t_k - t_0}{I_{\text{spmain}}} \tag{4-54}$$

令 $\tau = \frac{I_{\text{spmain}} m}{F_{\text{main}}}$，表示將探測器所有質量（包括干質量）全部消耗掉的剩餘點火時間，那麼式(4-54) 可以轉換為

$$\frac{\Delta t}{\Delta v_{\text{acc}}(t_k)} = \frac{\tau_0}{I_{\text{spmain}}} - \frac{t_k - t_0}{I_{\text{spmain}}} \tag{4-55}$$

令 $X_1 = \frac{\tau_0}{I_{\text{spmain}}}$，$X_2 = -\frac{1}{I_{\text{spmain}}}$，$Z_k = \frac{\Delta t}{\Delta v_{\text{acc}}(t_k)}$，則式(4-55) 可以轉換為線性方程

$$Z_k = X_1 + (t_k - t_0) X_2 \tag{4-56}$$

獲得不同時刻的測量值 Z_k 就可以用最小二乘方法解算出狀態量 X_1 和 X_2。

由此可以求解出引擎參數：

$$\begin{cases} F_{\text{main}} = \dfrac{m_0}{X_1} \\ I_{\text{spmain}} = -\dfrac{1}{X_2} \end{cases} \tag{4-57}$$

4.3 接近和捕獲過程的導引控制方法

4.3.1 B 平面導引方法

對於火星等大天體來說，探測器在接近段的軌道是雙曲線軌道，B 平面參數的選取，以及導引律的計算與轉移段中途修正沒有太大差異，區別只是修正時刻狀態與終端狀態之間的轉移矩陣 $\boldsymbol{\Phi}_{\mathrm{f}}$ 並不相同，但計算方法仍然是一致的。

對於小天體來說，目標天體的引力場雖然較弱，但是探測器仍然運行在一個雙曲線軌道上。特殊情況下，如果目標天體引力非常微弱，可以忽略，則雙曲線軌道接近一條直線。因此定義 B 平面參數時，$\boldsymbol{S}$ 矢量可選為探測器相對目標天體的速度方向。取 $\boldsymbol{N}_{\mathrm{s}}$ 為探測器軌道平面的法線，則 B 的方向可以由 $\boldsymbol{S}$ 與 $\boldsymbol{N}_{\mathrm{s}}$ 的叉積計算而來，它的大小近似為探測

器到目標天體中心的最小距離，即近心距 r_p。由此可以得到 B 平面參數為

$$(BR)_{NOM}=r_p \tag{4-58}$$

$$(BT)_{NOM}=0 \tag{4-59}$$

式中，下標 NOM 表示相應於標準軌道的值。

設探測器的狀態為位置和速度，即 $\boldsymbol{X}=[\boldsymbol{r} \quad \boldsymbol{v}]^T$，那麼根據探測器軌道近似直線運動的特點，終端軌道狀態（用下標 f 表示）相對初始狀態（用下標 i 表示）的狀態轉移矩陣 $\boldsymbol{\Phi}_f$ 為

$$\boldsymbol{\Phi}_f=\frac{\partial \boldsymbol{X}_f}{\partial \boldsymbol{X}_i^T}=\begin{bmatrix} \boldsymbol{I}_{3\times3} & (t_f-t_i)\boldsymbol{I}_{3\times3} \\ 0 & \boldsymbol{I}_{3\times3} \end{bmatrix} \tag{4-60}$$

而

$$\frac{\partial \boldsymbol{B}}{\partial \boldsymbol{X}_f^T}=\begin{bmatrix} \frac{\partial BR}{\partial \boldsymbol{r}_f^T} & \frac{\partial BR}{\partial \boldsymbol{v}_f^T} \\ \frac{\partial BT}{\partial \boldsymbol{r}_f^T} & \frac{\partial BT}{\partial \boldsymbol{v}_f^T} \end{bmatrix}=\begin{bmatrix} \boldsymbol{R}^T & \boldsymbol{0}_{1\times3} \\ \boldsymbol{T}^T & \boldsymbol{0}_{1\times3} \end{bmatrix} \tag{4-61}$$

$$\frac{\partial \boldsymbol{X}_i}{\partial \boldsymbol{v}_i^T}=\begin{bmatrix} \frac{\partial \boldsymbol{r}_i}{\partial \boldsymbol{v}_i^T} \\ \frac{\partial \boldsymbol{v}_i}{\partial \boldsymbol{v}_i^T} \end{bmatrix}=\begin{bmatrix} \boldsymbol{0}_{3\times3} \\ \boldsymbol{I}_{3\times3} \end{bmatrix} \tag{4-62}$$

則

$$\boldsymbol{K}=\frac{\partial \boldsymbol{B}}{\partial \boldsymbol{X}_f^T}\boldsymbol{\Phi}_f\frac{\partial \boldsymbol{X}_i}{\partial v_i^T} \tag{4-63}$$

修正時刻需要施加的速度增量脈衝計算公式如下：

$$\Delta \boldsymbol{v}=-\boldsymbol{K}^T(\boldsymbol{K}\boldsymbol{K}^T)^{-1}\Delta \boldsymbol{B} \tag{4-64}$$

在進行基於 B 平面的導引時，探測器電腦根據自主導航給出的探測器當前位置和速度，依靠軌道動力學預報實施軌道修正時刻 t_i 的位置和速度（記為 $[\boldsymbol{r}_i \quad \boldsymbol{v}_i]$）和終端時刻 t_f（距離小天體最近）的位置和速度（記為 $[\boldsymbol{r}_f \quad \boldsymbol{v}_f]$）。將 $\boldsymbol{r}_f$ 變換為 B 平面參數 $[BR, BT]$，並與目標參數 $[(BR)_{NOM}, (BT)_{NOM}]$ 相比較，獲得脫靶量，即

$$\Delta \boldsymbol{B}=\begin{bmatrix} \Delta BR \\ \Delta BT \end{bmatrix}=\begin{bmatrix} BR-(BR)_{NOM} \\ BT-(BT)_{NOM} \end{bmatrix} \tag{4-65}$$

然後就可以根據式(4-65) 算變軌速度增量。由於在導引過程中狀態轉移方程（4-60）按照勻速直線運動近似，因此導引的結果會存在誤差。這可以通過在一定的精度約束下多次實施變軌操作來修正。

4.3.2 自主軌道規劃方法

傳統的軌道規劃方法分為間接法和直接法[5]。前者利用經典的龐特里亞金最小值原理，通過推導出最佳解的必要條件，進而通過協狀態變數來尋求最佳解；後者利用非線性規劃等數值尋優方法直接在解空間進行搜尋來獲得最佳解。對於第一種方法，只有在某些特殊條件和假設下才能獲得最佳解的解析形式，不適合深空探測任務。因此，深空自主軌道規劃只能採用第二種方法，但相比已有的規劃演算法，需要提高運算速度，以適應星載電腦的能力。

對於深空天體軌道規劃問題，可以採用多脈衝大範圍軌道機動的方法和以雙脈衝為基礎的多脈衝軌道調整方法。前者需要以遺傳演算法等全空間搜尋演算法為基礎對脈衝數量、大小、時間等進行全局優化；後者進行搜尋時，限制脈衝個數為 2 個，通過尋優方法確定變軌脈衝的大小和時間，然後根據軌道調整的情況進行多次雙脈衝變軌。由於第一種方法的搜尋空間大，尋優演算法計算量太大不適合星上進行，因此一般選擇以雙脈衝為基礎的多脈衝調整方法。

該方法的基本思想是：對於固定時間的軌道交會問題，可以用蘭伯特方法求解出兩次變軌脈衝的時間、大小和方向；深空軌道轉移變軌時間是自由的，因此可以調整兩次變軌的時間，對每一對固定的脈衝時間用蘭伯特方法計算出對應的變軌速度增量大小；用兩層搜尋演算法分別對兩次變軌的時間進行尋優，通過比較各種不同組合下的速度增量大小來獲得最佳的兩次變軌時間。對於搜尋演算法，為了平衡快速性和最佳性，選擇了「變尺度搜尋」方法。在完成一次雙脈衝變軌之後，再根據變軌的效果自主判斷是否還需要進行下一次軌道調整。

以雙脈衝軌道規劃為基礎進行多次軌道修正的方法比起直接進行多脈衝軌道規劃在搜尋範圍、計算速度上要小得多。在處理雙脈衝軌道規劃問題時，本方法採用的雙層搜尋結構，相比常用的遺傳演算法，能夠將二維搜尋分解為兩個一維搜尋，降低了自變數的個數，有利於簡化問題。對於每一維的搜尋，採用了變尺度的方法，相比常用的 Fibonacci 法、0.618 法等「一維搜尋法」，具有對「多峰」函數更強的適應性，不容易陷入局部最佳值。

4.3.2.1 軌道規劃演算法基礎

這裡提出的自主軌道規劃方法包含有兩個基本的演算法，一個是解決固定時刻交會的蘭伯特方法，另一個是變尺度搜尋演算法。

(1) 蘭伯特軌道交會方法

蘭伯特（Lambert）軌道交會問題[6-8]的定義如下：給定位置矢量 $\boldsymbol{r}_1$ 和 $\boldsymbol{r}_2$，以及從 $\boldsymbol{r}_1$ 到 $\boldsymbol{r}_2$ 的飛行時間 t 和運動方向，求端點速度矢量 $\boldsymbol{v}_1$ 和 $\boldsymbol{v}_2$。所謂「運動方向」是指探測器以「短程」（即通過小於 π 弧度的角度改變數 $\Delta\theta$ 實現的）還是以「長程」（即通過大於 π 弧度的角度改變數實現的）從 $\boldsymbol{r}_1$ 到達 $\boldsymbol{r}_2$ 的。

顯然，從 $\boldsymbol{r}_1$ 到達 $\boldsymbol{r}_2$ 存在著無數條軌道，但其中只有兩條滿足所要求的飛行時間，而且這兩條中只有一條符合所要求的運動方向。兩個位置矢量 $\boldsymbol{r}_1$ 和 $\boldsymbol{r}_2$ 唯一地定義了轉移軌道平面。若 $\boldsymbol{r}_1$，$\boldsymbol{r}_2$ 共線，且方向相反（$\Delta\theta=\pi$），則轉移軌道平面是不確定的。速度矢量 $\boldsymbol{v}_1$ 和 $\boldsymbol{v}_2$ 就不可能有唯一解。若兩個位置矢量共線且方向相同，則軌道是一退化的圓錐曲線，$\boldsymbol{v}_1$ 和 $\boldsymbol{v}_2$ 可以有唯一解。

四個矢量 $\boldsymbol{r}_1$、$\boldsymbol{r}_2$、$\boldsymbol{v}_1$ 和 $\boldsymbol{v}_2$ 之間的關係包含在 f 和 g 的表達式中，具體為

$$\boldsymbol{r}_2=f\boldsymbol{r}_1+g\boldsymbol{v}_1 \tag{4-66}$$

$$\boldsymbol{v}_2=\dot{f}\boldsymbol{r}_1+\dot{g}\boldsymbol{v}_1 \tag{4-67}$$

其中，f、g、$\dot{f}$、$\dot{g}$ 分別為

$$f=1-\frac{r_2}{p}(1-\cos\Delta\theta)=1-\frac{a}{r_1}(1-\cos\Delta E) \tag{4-68}$$

$$g=\frac{r_1 r_2\sin\Delta\theta}{\sqrt{\mu p}}=t-\sqrt{\frac{a^3}{\mu}}(\Delta E-\sin\Delta E) \tag{4-69}$$

$$\dot{f}=\sqrt{\frac{\mu}{p}}\tan\frac{\Delta\theta}{2}\left(\frac{1-\cos\Delta\theta}{p}-\frac{1}{r_1}-\frac{1}{r_2}\right)=\frac{-\sqrt{\mu a}}{r_1 r_2}\sin\Delta E \tag{4-70}$$

$$\dot{g}=1-\frac{r_1}{p}(1-\cos\Delta\theta)=1-\frac{a}{r_2}(1-\cos\Delta E) \tag{4-71}$$

式中，μ、p、a、e、$\Delta\theta$、ΔE、r_1、r_2 分別為中心天體引力常數、軌道半正焦弦、半長軸、離心率、始末位置真近點角差、始末位置真偏近點角差、初始和末端位置矢量，即 $\boldsymbol{r}_1$ 和 $\boldsymbol{r}_2$ 的模。

由式(4-60) 可知

$$\boldsymbol{v}_1=\frac{\boldsymbol{r}_2-f\boldsymbol{r}_1}{g} \tag{4-72}$$

因此，在已知位置矢量 $\boldsymbol{r}_1$ 和 $\boldsymbol{r}_2$ 的情況下，Lambert 問題可以轉化為求 f、g、$\dot{f}$、$\dot{g}$ 的問題。

事實上，真近點角差 $\Delta\theta$ 可以直接求出，只要知道初始真近點角 θ_1，

那麼末端真近點角為

$$\theta_2=\theta_1+\Delta\theta \tag{4-73}$$

從而始末端偏近點角為

$$\tan\frac{E_1}{2}==\sqrt{\frac{1-e}{1+e}}\tan\frac{\theta_1}{2} \tag{4-74}$$

$$\tan\frac{E_2}{2}==\sqrt{\frac{1-e}{1+e}}\tan\frac{\theta_1+\Delta\theta}{2} \tag{4-75}$$

於是，可得

$$\Delta E=E_2-E_1 \tag{4-76}$$

對於具體的接近和捕獲問題，真近點角差可以直接求出，深空探測轉移軌道不可能採用逆行軌道，即傾角不會大於 $\pi/2$，可以通過判斷矢量 $\boldsymbol{r}_1\times\boldsymbol{r}_2$ 與黃北極的夾角來確定真近點角差 $\Delta\theta$ 的取值。

$$\Delta\theta=\begin{cases}\arccos\left(\dfrac{\boldsymbol{r}_1\cdot\boldsymbol{r}_2}{r_1r_2}\right),\text{若 }\boldsymbol{r}_1\times\boldsymbol{r}_2\text{ 與黃北極成銳角}\\ 2\pi-\arccos\left(\dfrac{\boldsymbol{r}_1\cdot\boldsymbol{r}_2}{r_1r_2}\right),\text{若 }\boldsymbol{r}_1\times\boldsymbol{r}_2\text{ 與黃北極成鈍角}\end{cases} \tag{4-77}$$

Lambert 方程組中初始速度是未知的，但是末端位置是已知的，這就構成一個簡單的兩點邊值問題。實際上有三個方程三個未知數，唯一的困難是這些方程屬於超越方程，所以必須用逐次疊代的方法求解。求解步驟如下。

① 先假定 $\boldsymbol{v}_1$ 的初值為 $\boldsymbol{v}_1^0$（上標表示疊代次數），再由此算出 p、a、e、θ_1。

② 計算變數 f、g、$\dot{f}$、$\dot{g}$。

③ 解出 $\boldsymbol{r}_2$，並與給定的值相比較，得到殘差。

④ 計算 $\boldsymbol{r}_2$ 對疊代初值 $\boldsymbol{v}_1$ 的梯度矩陣 $\dfrac{\partial\boldsymbol{r}_2}{\partial\boldsymbol{v}_1}=g\boldsymbol{I}_{3\times3}$。

⑤ 計算初值 $\boldsymbol{v}_1$ 的修正值，$\Delta\boldsymbol{v}_1=-\left(\dfrac{\partial\boldsymbol{r}_2}{\partial\boldsymbol{v}_1}\right)^{-1}\Delta\boldsymbol{r}_2$，$\boldsymbol{v}_1^1=\boldsymbol{v}_1^0+\Delta\boldsymbol{v}_1$。

⑥ 若末端位置精度沒有達到要求，則修正疊代變數，重複上述步驟，直到精度符合要求為止。

(2) 變尺度搜尋演算法

變尺度搜尋演算法基於以下前提假設。

① 探測器的移動是連續的，因此當開始時間 t_s 確定，結束時間 t_f 變化的情況下，在存在可行軌道的範圍之內，燃料值的變化是連續的。

② 若當 $t=t_s^*$ 時，取得全局最佳值，則當 t 在 t_s^* 附近變化時，對應

每個 t 的燃料最佳值也應該在全局最佳值的附近。

在存在以上兩種連續性的條件下，可以得到針對 t_s 的變尺度搜尋方法。這種方法的核心是逐漸縮小搜尋步長和搜尋區域：首先以較大的步長在允許的總時間長度段內搜尋使得目標函數最小的 t_s；然後以這個初步的搜尋結果為中心，在上一步搜尋步長為半徑的小區域內以比上一次更小的步長再次進行搜尋；反覆進行直到找到最佳值。具體如下。

疊代過程的第一步：t_s 以步長 step_i 在可行域 $[a_i, b_i]$ 中變化，得到一系列的 J_i^k，其中 $k=1,\cdots,[(b_i-a_i)/\mathrm{step}_i]$，選取 J_i^k 中最小值所對應的 T_i 為下一輪搜尋的中心點。

疊代過程的第二步：更新 t_s 的變化範圍 $a_{i+1}=T_i-\mathrm{step}_i$，$b_{i+1}=T_i+\mathrm{step}_i$，縮短步長 $\mathrm{step}_{i+1}=[\mathrm{step}_i/m]$，$i=i+1$，再次進行搜尋。

重複疊代過程直到 step_{i+1} 達到預設門限。

搜尋演算法的流程如圖 4-6 所示。

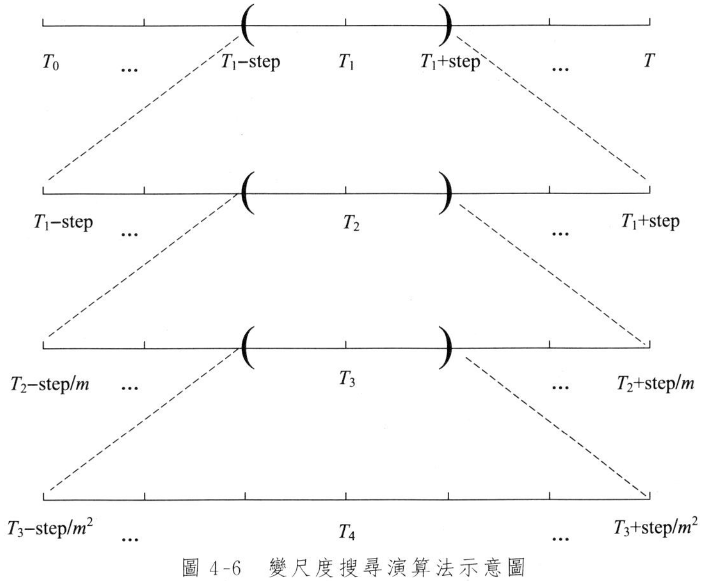

圖 4-6　變尺度搜尋演算法示意圖

4.3.2.2 自主軌道規劃的演算法

（1）多脈衝軌道調整

① 注入目標軌道根數、變軌能力限制和交會時間限制　目標環繞或撞擊軌道可以由六根數表示：半長軸 a_t、離心率 e_t、軌道傾角 i_t、升交點赤經 Ω_t、近點幅角 ω_t 和近點時間 t_{pt}。變軌能力限制可以是最長點火

時間 $T_{\max}$、最大點火次數 $n_{\max}$ 等。如果需要，還可以增加最晚交會完成時間 $t_{\max}$ 等限制條件。這些數據由地面根據任務安排預先設定，在發射前裝訂或者在轉移段注入探測器星載電腦。

② 獲得當前軌道參數　通過星上自主導航手段獲得當前軌道的六根數：半長軸 a_c、離心率 e_c、軌道傾角 i_c、升交點赤經 Ω_c、近點幅角 ω_c 和近點時間 t_{pc}。

③ 評價與目標軌道的偏差　比較目標軌道根數和當前軌道根數的差異，如果該差異滿足預設的判斷條件，例如 $|a_c - a_t| < a_{threshold}$、$|e_c - e_t| < e_{threshold}$、$|i_c - i_t| < i_{threshold}$、$|\Omega_c - \Omega_t| < \Omega_{threshold}$、$|\omega_c - \omega_t| < \omega_{threshold}$、$|t_{pc} - t_{pt}| < t_{pthreshold}$ 同時成立，則說明軌道偏差滿足要求，軌道調整結束。如果上述條件不滿足，則進行軌道調整。

多脈衝軌道調整的實施策略如圖 4-7 所示。

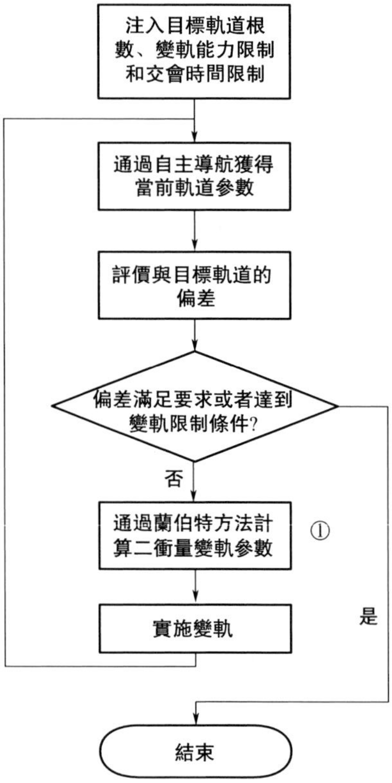

圖 4-7　多脈衝軌道調整的實施策略

④ 二衝量變軌參數計算　軌道調整採用雙脈衝變軌，變軌參數的計

算以蘭伯特方法為基礎，通過兩層變尺度搜尋方法優化兩次變軌脈衝的實施時間 t_s 和 t_f，使得變軌速度增量 $\|\Delta \boldsymbol{v}_1\|+\|\Delta \boldsymbol{v}_2\|$ 最小。具體的演算法見圖 4-8，詳細計算步驟將在下面描述。

⑤ 實施變軌　按照計算好的兩次變軌脈衝實施時間 t_s 和 t_f 和需要的速度增量矢量 $\Delta \boldsymbol{v}_1$ 和 $\Delta \boldsymbol{v}_2$，實施變軌。速度增量的方向通過姿態控制系統調整軌控引擎推力方向保證，速度增量的大小由星上加速度計測量保證。變軌控制的具體方法與一般探測器軌控方法一致。

實施完變軌之後，重新返回步驟 2，在探測器滑行過程中利用自主導航獲得軌道參數，並根據軌道誤差判斷是否需要進行下一次軌道調整。

(2) 二衝量變軌參數計算

二衝量變軌參數計算的流程如圖 4-8 所示。該演算法包含內外兩層的變尺度搜尋，以確定合適的 t_s 和 t_f。

① 外層搜尋　外層搜尋的主要目的是獲得最佳的第一次變軌衝量的作用時刻 t_s。採用變尺度的搜尋方法，演算法如下。

a. 確定第一次變軌脈衝時間的搜尋範圍，即 $t_s \in [t_{s\_min}, t_{s\_max}]$，該範圍應當滿足 $t \leqslant t_{s\_min} \leqslant t_{s\_max} \leqslant t_{max}$。實際實施時還可以根據不同任務軌道的特點進一步縮小搜尋範圍。

b. 確定搜尋的初始步長。

$$\text{Step\_ts} = \frac{t_{s\_max} - t_{s\_min}}{n} \tag{4-78}$$

式中，n 表示搜尋空間的等分數量，為了平衡計算量和精度，可以取 $n=100$。

c. t_s 按照步長 Step _ ts 在空間 $[t_{s\_min},\ t_{s\_max}]$ 內依次取值。對每一個 t_s 取值，根據當前軌道六根數計算 t_s 時刻探測器相對目標天體的慣性位置 $\boldsymbol{r}_1$ 和速度 $\boldsymbol{v}_c(t_s)$。由軌道六根數和當前時間解算位置、速度的方法在相關軌道計算書籍中均有描述，這裡不再詳細列出。需要注意的是深空探測接近段的軌道是雙曲線軌道。

對每一個 t_s 通過內層變尺度搜尋獲得當前 t_s 下最佳的二次變軌時間 t_f（內層搜尋的演算法在後面詳細列出）。在以 Step _ ts 遍歷 t_s 的搜尋空間 $[t_{s\_min},\ t_{s\_max}]$ 後，選擇使得變軌速度增量 Δv 最小的 t_s（記為 t_{s_best}）作為下一輪搜尋的基礎，並記錄對應的二次脈衝時間（記為 t_{f_best}）和速度增量需要（記為 Min _ deltaV _ ts）

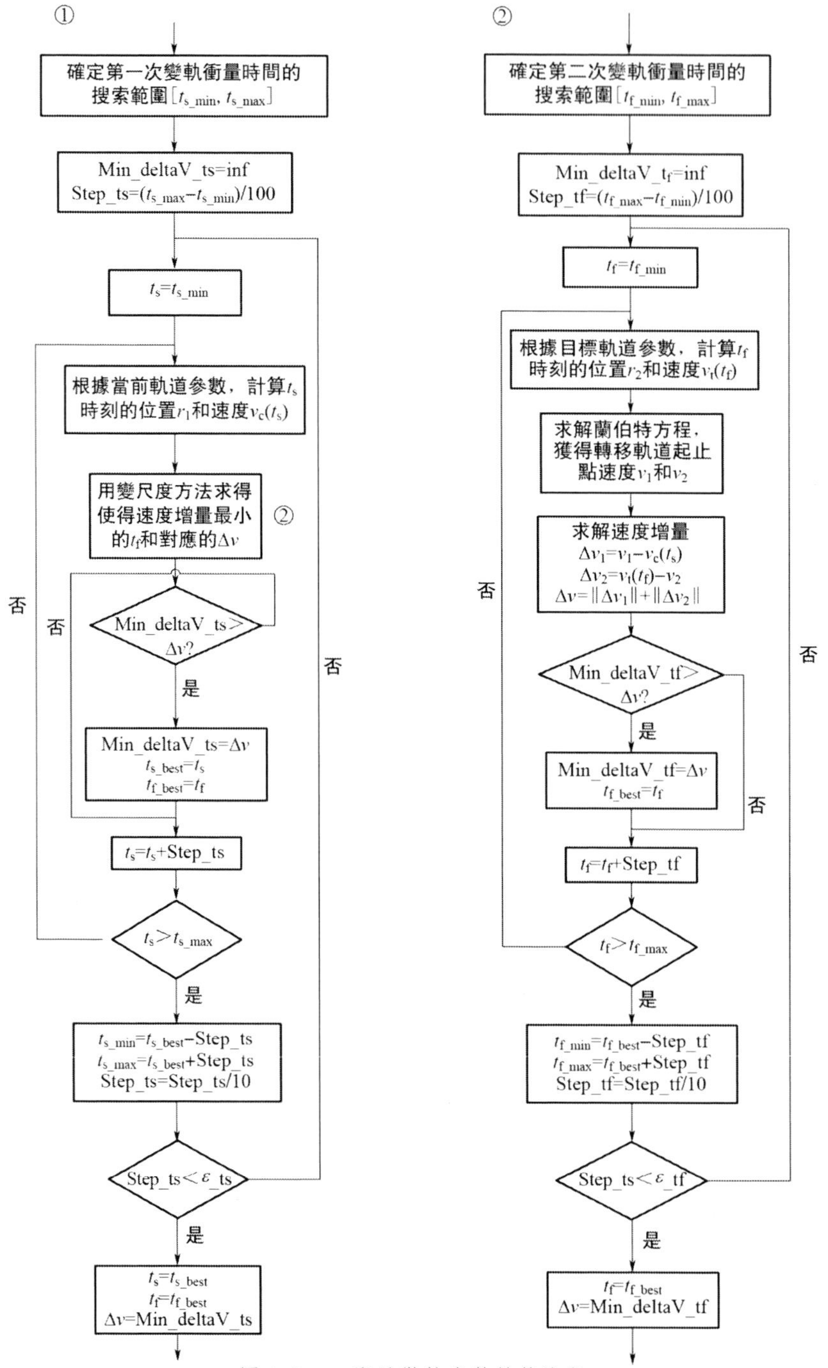

圖 4-8　二衝量變軌參數計算流程

d. 將搜尋空間縮小到 $[t_{s\_best}-Step\_ts,\ t_{s\_best}+Step\_ts]$，即

$$t_{s\_min}=t_{s\_best}-Step\_ts \tag{4-79}$$
$$t_{s\_max}=t_{s\_best}+Step\_ts$$

並將搜尋步長壓縮為原來的 $1/m$，即

$$Step\_ts=Step\_ts/m \tag{4-80}$$

e. 如果新的搜尋步長 Step _ ts 沒有達到預先設定的最小值 ε _ ts，則回到步驟 c 進行下一輪搜尋，否則演算法結束，並返回優化結果。

$$\begin{cases} t_s=t_{s\_best} \\ t_f=t_{f\_best} \\ \Delta v=Min\_deltaV\_ts \end{cases} \tag{4-81}$$

外層搜尋的程式流程詳見圖 4-8 中標號①的部分。

② 內層搜尋　內層搜尋的主要目的是獲得給定 t_s 下的最佳二次變軌衝量作用時刻 t_f，同樣採用變尺度的搜尋方法，演算法如下。

a. 確定第二次變軌脈衝時間的搜尋範圍，即 $t_f\in[t_{f\_min},t_{f\_max}]$，該範圍應當滿足 $t_s\leqslant t_{f\_min}\leqslant t_{f\_max}\leqslant t_{max}$。實際實施時還可以根據不同任務軌道的特點進一步縮小搜尋範圍。

b. 確定搜尋的初始步長。

$$Step\_tf=\frac{t_{f\_max}-t_{f\_min}}{n} \tag{4-82}$$

式中，n 表示搜尋空間的等分數量，與外層搜尋一樣，n 可以取為 100。

c. t_f 按照步長 Step _ tf 在空間 $[t_{f\_min},t_{f\_max}]$ 內依次取值。對每一個 t_f 取值，根據目標軌道六根數計算 t_f 時刻探測器相對目標天體的慣性位置 $\boldsymbol{r}_2$ 和速度 $\boldsymbol{v}_t(t_f)$。具體計算方法這裡不再詳細列出。需要說明的是，不同於接近段，環繞段的軌道是橢圓軌道。

對內層搜尋的每一步，由於 t_s 和 t_f 固定，則探測器在第一次脈衝前的位置 $\boldsymbol{r}_1$ 速度 $\boldsymbol{v}_c(t_s)$ 和探測器在第二次脈衝後的位置 $\boldsymbol{r}_2$ 和速度 $\boldsymbol{v}_t(t_f)$ 就可以確定出來。由此可以應用蘭伯特定理根據時間方程用疊代法求解轉移軌道的各個參數，並獲得第一次脈衝後的速度 $\boldsymbol{v}_1$ 和第二次脈衝前的速度 $\boldsymbol{v}_2$（具體的計算方法可以參考相關軌道控制書籍和文獻）。由此可以算出雙脈衝軌道轉移所需要的速度增量。

$$\Delta\boldsymbol{v}_1=\boldsymbol{v}_1-\boldsymbol{v}_c(t_s)$$
$$\Delta\boldsymbol{v}_2=\boldsymbol{v}_t(t_f)-\boldsymbol{v}_2$$
$$\Delta\boldsymbol{v}=\|\Delta\boldsymbol{v}_1\|+\|\Delta\boldsymbol{v}_2\| \tag{4-83}$$

在以 Step _ tf 遍歷 t_f 的搜尋空間 $[t_{f\_min},t_{f\_max}]$ 後，選擇使得在

給定 t_s 條件下，變軌速度增量 Δv 最小的 t_f（記為 t_{f_best}）作為下一輪搜尋的基礎，並記錄對應的速度增量需要（記為 Min _ deltaV _ tf)。

d. 將搜尋空間縮小到 $[t_{f\_best}-\text{Step\_tf},\ t_{f\_best}+\text{Step\_tf}]$，即

$$\begin{aligned} t_{f\_min} &= t_{f\_best}-\text{Step\_tf} \\ t_{f\_max} &= t_{f\_best}+\text{Step\_tf} \end{aligned} \tag{4-84}$$

並將搜尋步長壓縮為原來的 $1/m$，即

$$\text{Step\_tf}=\text{Step\_tf}/m \tag{4-85}$$

e. 如果新的搜尋步長 Step _ tf 沒有達到預先設定的最小值 ε _ tf，則回到步驟 c 進行下一輪搜尋，否則返回優化後的 t_f 和速度增量需要。

$$\begin{cases} t_f = t_{f\_best} \\ \Delta v = \text{Min\_deltaV\_tf} \end{cases} \tag{4-86}$$

內層搜尋的程式流程詳見圖 4-8 中標號②的部分。

4.3.3 氣動捕獲技術

除了利用傳統的化學推進實現被目標天體捕獲以外，對於有大氣天體，還可以採用氣動捕獲技術。氣動捕獲是一種利用目標天體大氣進行減速的技術。這種技術的核心是將探測器的近心點高度設置在目標天體大氣層內，利用探測器穿入和穿出大氣層時大氣阻力的作用降低探測器遠心點高度。這樣做的好處是不使用推進劑，對於深空探測器來說非常有價值。NASA 的火星全球勘探者（Mars Global Surveyor）[9]、火星奧德賽探測器（Mars Odyssey）[10]均使用了該項技術。

圖 4-9 所示為氣動捕獲過程。

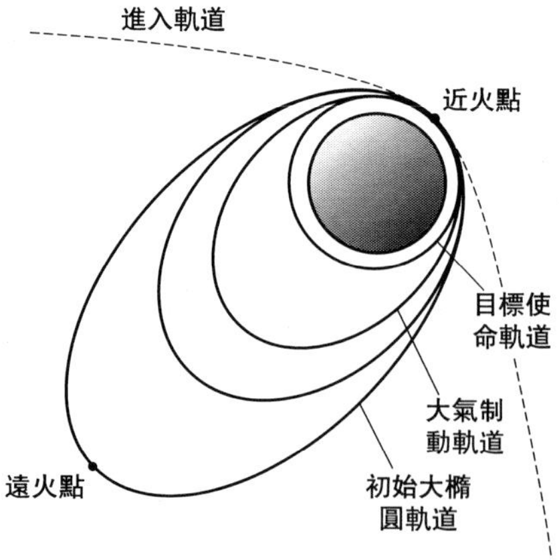

圖 4-9 氣動捕獲過程

探測器利用自身化學能推力器實施軌道捕獲機動後會進入環繞火星的大橢圓軌道。但是探測器目標使命軌道應是近似圓形的環火軌道。所以探測器必須經歷一系列大氣制動過程。制動原理是：探測器近火點處於火星上層大氣中，當探測器經過此處時，就可以利用這裡的大氣與探測器的摩擦阻力作用來減緩其運行速度。根據軌道運動規律，探測器在近火點的速度越小，則運動到遠火點時離火星的高度就越低。通過一系列這樣的制動過程，就可以實現探測器至預定軌道的運行。氣動捕獲過程可以分為 3 個階段，如圖 4-10 所示。

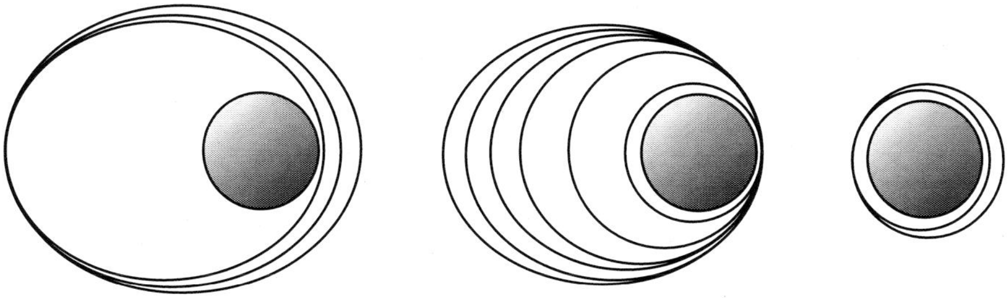

圖 4-10　氣動捕獲的三個階段

第 1 階段為「制動開始（walk-in）」。通過在遠火點進行幾次有間斷的推力點火過程，使得探測器的近火點逐漸降低到預定高度，以獲取合適的阻力準備制動。由於行星大氣的複雜性，比如大氣密度的不確定性、大氣干擾的存在以及重力場的波動，使得探測器在進行這一過程時存在一定的困難。

第 2 階段為「制動主階段（main phase）」。這個階段持續時間較長，探測器將多次通過行星大氣，利用大氣的阻力作用進行制動，最後使遠火點降低到預定高度。此階段近火點高度需要維持在一個特定的範圍內，除了保證探測器有足夠的大氣阻力進行制動外，還需要保證探測器的最大熱流量和動壓不超過設計值。因此，在此階段，探測器需要通過自身的推進系統作用來調整其姿態，以控制其運行高度。

第 3 階段為「制動結束（end-game）」。通過第 2 階段的作用，遠火點達到了預定高度，最後，通過推進系統工作將近火點提升到預定的高度，從而達到探測器的預定探測軌道（使命軌道）。

4.3.3.1　火星大氣密度模型

大氣密度模型是氣動捕獲設計時的一個重要依據。火星的大氣層很

稀薄，平均大氣密度僅相當於地球的 1%。NASA Glenn 研究中心公布的火星大氣密度指數模型為

$$\rho=\frac{p}{0.1921(T+273.1)}$$
$$p=0.699e^{-9\times10^{-5}h} \qquad (4\text{-}87)$$
$$T=\begin{cases}-31-0.000998h, & h<7000\\ -23.4-0.00222h, & h>7000\end{cases}$$

其中，ρ 為密度，kg/m^3；T 為溫度，℃；p 為壓強，kPa。經過合理的擬合可以得到密度隨高度的變化情況如圖 4-11 所示。

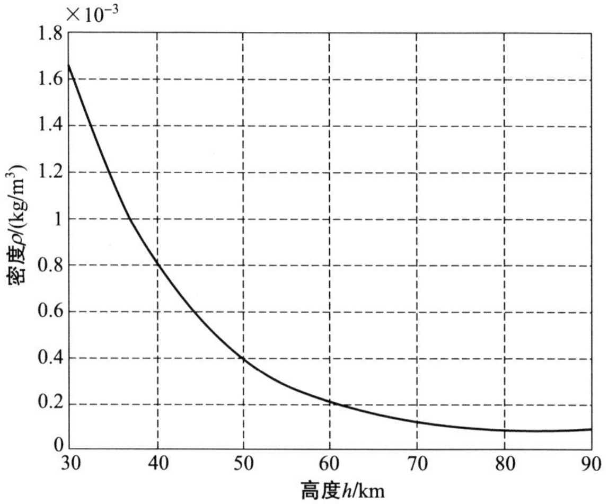

圖 4-11　火星大氣密度隨高度變化曲線

4.3.3.2 減速策略

根據火星大氣的特點，高度高於 100km 時大氣極其稀薄，對探測器的減速效果不明顯。故而一般情況下，需要將近火點調到足夠低的高度，充分利用大氣的作用，將探測器的能量消耗到一定程度，再將近火點提高到需要的高度。

火星大氣對探測器產生的阻力為

$$\boldsymbol{F}_{\mathrm{d}}=-\frac{1}{2}C_{\mathrm{d}}\frac{A}{m}\rho v\cdot\boldsymbol{v} \qquad (4\text{-}88)$$

式中，C_{d} 為阻力係數；A 為探測器沿速度方向的投影面積（特徵面積）；m 為探測器質量，兩者合成面質比；ρ 為該處的大氣密度；$\boldsymbol{v}$ 為探測器相對大氣的速度。

假設某探測器的面質比為 0.01，初始軌道遠火點高度為 50000km。取近火點高度為 90km 時，大氣減速過程的探測器運行軌跡如圖 4-12 所示。遠火點高度下降到目標遠火點高度所需要的時間為 118.55 天。

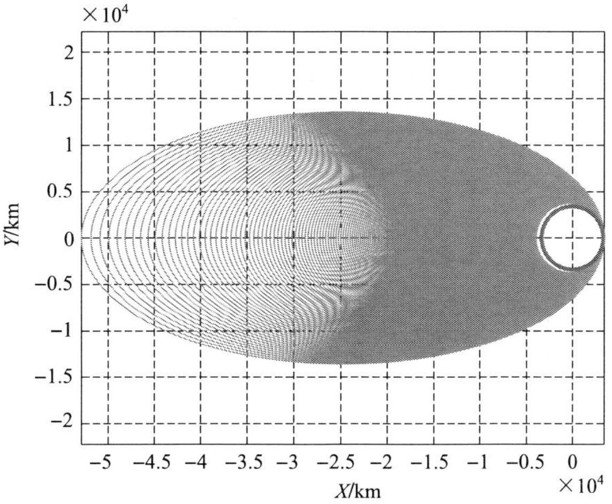

圖 4-12　90km 時大氣減速過程中探測器的運行軌跡

如果初始近火點高度取為 75km，大氣減速過程的探測器運行軌跡如圖 4-13 所示。遠火點高度下降到目標遠火點高度所需要的時間為 15.18 天。

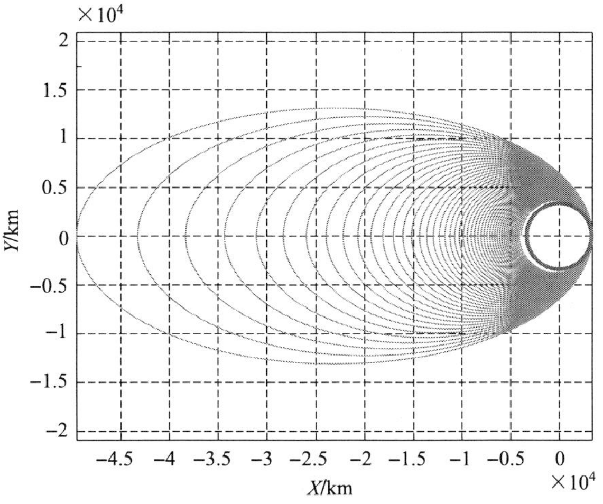

圖 4-13　75km 時大氣減速過程中探測器的運行軌跡

減速時間與近火點高度的變化關係如圖 4-14 所示。可以看到，如果火星氣動減速的近火點高度在 90～95km，氣動減速的時間需要 100～

200 天（d）。高於這個高度，火星大氣的減速時間太長，不能滿足實際任務的需要。所以，合理的大氣制動近火點高度應設定在 70～95km 之間。奧德賽任務所選擇的近火點高度就在這一範圍內。

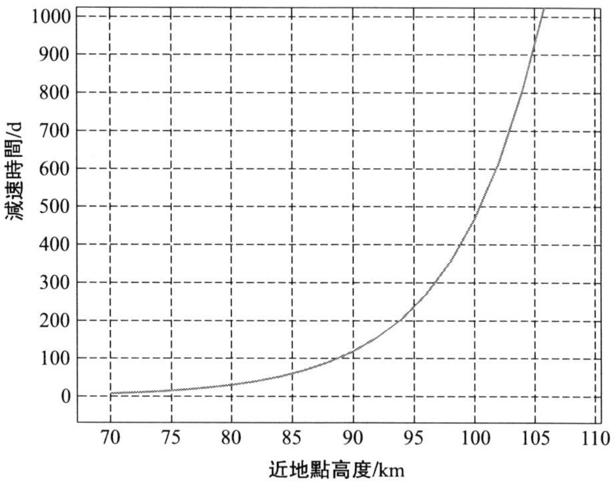

圖 4-14　大氣減速能力隨近火點高度變化情況

當然近火點的選擇還需要考慮如下因素：

① 為了確保探測器不會撞擊火星表面，要求近火點高度不低於臨界值；

② 氣動捕獲過程中的過載必須保證在探測器可承受的範圍；

③ 滿足熱控的需要，減速過程的熱流密度和加熱量必須在探測器可承受的範圍內；

④ 若探測器可產生升力，則必須保證近火點速度不能太大，導致探測器跳出大氣層。

4.4 應用實例

本節將通過兩個仿真實例對深空探測轉移和接近過程的導引技術進行說明。第一個範例使用連續推力完成轉移軌道控制；第二個範例使用大推力引擎完成接近過程的自主軌道調整。

4.4.1 轉移段軌道修正

假設探測器交會某目標天體前 100 天，自主導航系統預估探測器位置和速度與標稱值相比有 10km(3σ) 和 0.01m/s(3σ) 的偏差，則星上外推得到的 B 平面誤差結果見圖 4-15。

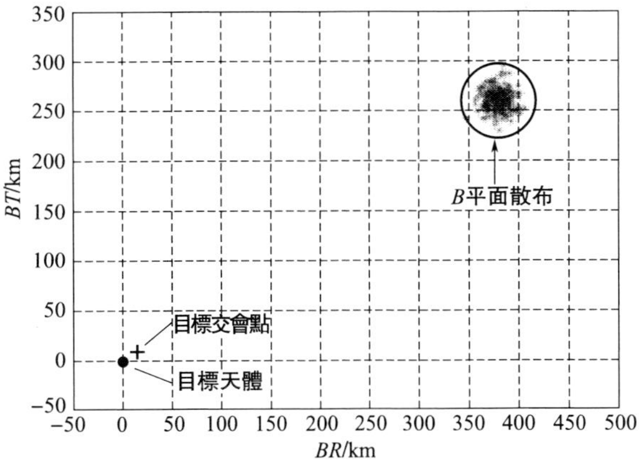

圖 4-15 中途修正前的 B 平面打靶誤差

按照 4.2.2 節介紹的小推力連續控制的中途軌道修正方法，將上面 B 平面誤差代入修正量計算公式，經反覆疊代後得到中途修正所需的每個控制區間噴氣方向赤經赤緯和末端控制區間開機時間，結果見圖 4-16。

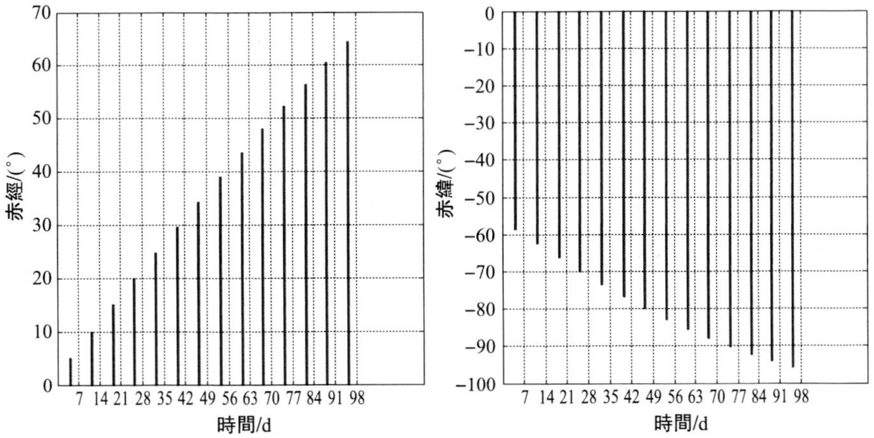

圖 4-16 中途修正過程推力器噴氣方向的赤經赤緯

在初始定軌誤差的基礎上進行蒙地卡羅仿真，仿真結果見圖 4-17。

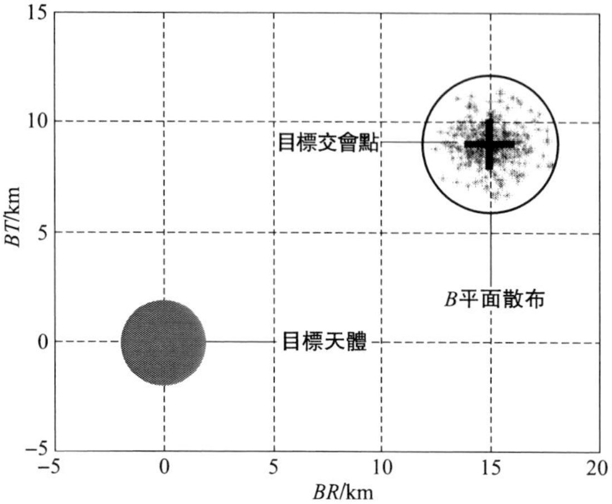

圖 4-17 中途修正後的 B 平面打靶誤差

經中途修正後交會小天體時的 B 平面打靶誤差散布 ΔBR 為 3.02km (3σ)，ΔBT 為 2.91km (3σ)，ΔTOF 為 0.58s (3σ)，此結果表明採用小推力連續控制的中途軌道修正方法有效。

4.4.2 接近段自主軌道規劃

設探測器當前軌道為接近火星的雙曲線軌道（近火點高度為 1000km，軌道傾角 80°），目標軌道為環繞火星的圓軌道（高度 500km，軌道傾角 90°），具體的軌道參數如表 4-1 所示。

表 4-1 當前軌道和目標軌道參數

參數	a/km	e	i/(°)	Ω/(°)	ω/(°)	t_p/s
當前(c)	-1.09925×10^4	1.4	80	0	0	0
目標(t)	3897	0	90	0	0	0

取第一次變軌脈衝時間 t_s 的搜尋範圍為 [−1800s 1000s]，第二次變軌脈衝時間 t_f 的搜尋範圍為 [t_s+200s，t_s+3200s]，則搜尋結果如表 4-2所示。

表 4-2 自主軌道規劃結果

t_s	t_f	Δv_1	Δv_2	Δv	搜尋次數
−1296	356	514.696	1503.916	2018.612	14884

變軌時間搜尋的範圍需要根據任務特點由地面預先裝訂在星上軟體中。

經過規劃後的探測器軌道運動如圖 4-18 所示。其中實線表示當前軌道，點畫線為轉移軌道，虛線為目標軌道。

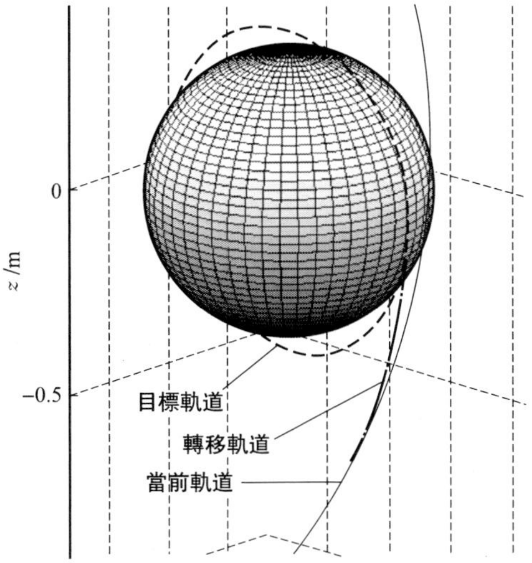

圖 4-18　自主軌道規劃的實施效果

4.5 小結

本章介紹了深空轉移和捕獲過程的導引控制技術。對於轉移段來說，導引的目標是使探測器能夠到達目標天體附近，為了便於描述，通常都採用 B 平面來表示位置、速度誤差，然後根據誤差大小計算導引修正量。具體的導引計算方法與探測器所使用的引擎相關。對於裝備化學推進引擎的探測器，引擎點火時間較短，可以等效為脈衝；對於採用電推進的探測器，引擎推力非常小，需要長時間連續工作，最好的方法是數值連續積分，但為了減輕計算量也可以使用分段等效脈衝的方法。對於接近和捕獲段來說，導引的目標是通過必要的機動使得探測器能夠被目標天體引力捕獲，進入它的環繞軌道。軌道控制或導引的參數仍可以使用 B 平面描述。捕獲過程的速度增量通常比較大，所以多採用化學推進，通過規劃在必要的時刻使用等效脈衝的方式進行軌道控制。另外，對於有大氣行星來說，也可以利用大氣阻力，使用氣動煞車技術完成捕獲，這種技術可以大量節省推進劑。本章的最後，通過兩個計算實例，對轉移段和接近段的導引控制技術和計算過程分別進行了介紹。

參考文獻

[1] 劉林．天體力學方法．南京：南京大學出版社，1998.

[2] 劉林，胡松杰，王歆．航天器動力學引論．南京：南京大學出版社，2006.

[3] 劉林，王歆．深空探測器的雙曲線軌道及其變化規律．中國科學（A 輯），2002，32（12）：1127-1133.

[4] 張曉文，王大軼，黃翔宇．深空探測轉移軌道自主中途修正方法研究[J]．空間控制技術與應用，2009，4.

[5] Betts J. Survey of numerical methods for trajectory optimization. Journal of Guidance, Control and Dynamics, 1998, 21: 193-207.

[6] Maxwell Noton. Spacecraft navigation and guidance. London: Springer-Verlag London Limited, 1998.

[7] Bate R R. Fundamentals of astrodynamics（航天動力學基礎）．吳鶴鳴，李肇杰譯．北京：北京航空航天大學出版社，1990.

[8] David A Vallado. Fundamentals of astrodynamics and applications. 3rd ed. Berkshire, UK: Microcosm Press & Springer, 2007.

[9] Joseph B, Robert B, Pasquale E, et al. Aerobraking at Mars: the MGS mission: AIAA 96-0334. 1996.

[10] Spencer D, Gibbs R, Mase R, et al. 2001 Mars odyssey project report: 53rd International Astronautical Congress, The World Space Congress-2002. Houston, Texas, 2002.

第5章

月球軟登陸的導引和控制技術

5.1 月球軟登陸任務特點分析

月球是地球的天然衛星，是離地球最近的自然天體。人類首次實現的地外天體登陸就發生在月球。月球登陸分為硬登陸和軟登陸兩類。硬登陸時探測器對觸月的速度不加控制，探測器直接砸向月面，一般來說其結果就是探測器撞毀。從科學意義上說硬登陸的價值很低。硬登陸只出現在人類早期的月球探測任務中。與之相對應，軟登陸是指探測器以結構和設備可以承受的較低速度平穩接觸月面。這種方式能夠保證探測器及其攜帶的載荷能夠在月面繼續工作，更具有科學價值。人類現今發射的月球登陸探測器均是軟登陸探測器。

從地球發射探測器到月球表面軟登陸，根據飛行軌道的不同，有以下兩種方式[1]。

第一種是直接登陸法。探測器沿擊中軌道飛向月球，在登陸之前，利用制動引擎進行減速。在探測器距離目標很遠時，就需要選定登陸點，並進行軌道修正。登陸點只限於月球表面上擊中軌道能夠覆蓋的區域，因此月面上有相當大的區域不能供登陸使用。

第二種飛行方式是先經過繞月的停泊軌道，然後再下降到月面，如圖 5-1 所示。探測器沿地月轉移軌道飛向月球，在接近月球時，探測器上的動力系統實施近月制動，使之轉入一條繞月運行的停泊軌道；然後伺機脫離停泊軌道，轉入一條橢圓下降軌道，其近月點選在預定登陸點附近，作為動力下降的開始點。

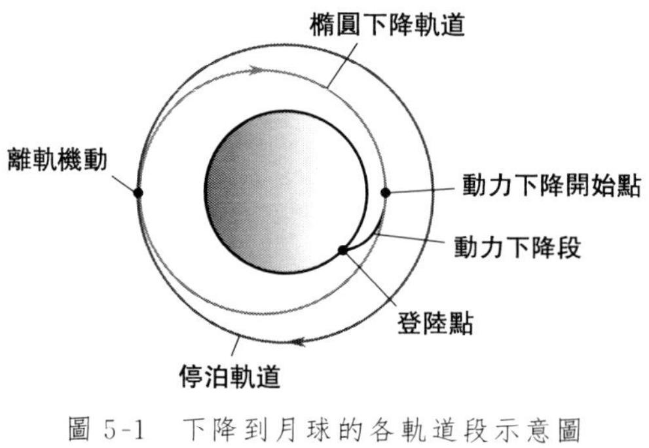

圖 5-1　下降到月球的各軌道段示意圖

① 停泊軌道：通常是一個圓形環月軌道，軌道高度為 100km 或 200km。探測器一般需要在停泊軌道上等待一段時間，主要目的是等待合適的下

降窗口，使得登陸器能夠登陸到目標區域。

② 離軌機動：根據選定的落點座標，確定在停泊軌道上開始下降的位置和時機。探測器上的制動引擎點火很短一段時間，給探測器一個有限的制動衝量，探測器離開原來的停泊軌道，開始月面下降。

③ 橢圓下降軌道：探測器在離軌機動完成後，脫離原來的運行軌道，轉入這條過渡軌道。過渡軌道是一條橢圓軌道，其近月點在所選落點附近。

④ 動力下降段：探測器到達橢圓下降軌道近月點附近時制動引擎點火開始實施動力下降，這個開始點稱為動力下降開始點。動力下降過程，探測器按照導引律設計不斷降低飛行高度和速度，直到探測器以垂直方式到達月面幾米高度時，引擎關機，實施軟登陸。

動力下降段是月球軟登陸最為關鍵的一個飛行階段。當探測器進入這一階段後，受到推進劑、引擎等的約束，下降過程往往可逆，必須依靠探測器自身的導引、導航和控制系統完全自主運行。本章的研究主要針對這一階段展開。

總體上說，動力下降過程的任務目標是降低探測器的高度和速度，最終使得探測器以垂直姿態降落到月面。但是根據附加條件的不同，其難度從低到高分為三個等級，每個等級的要求不一樣，所涉及的導引方法也不一樣。

第一級，也是基本級，指的是登陸狀態安全，包括探測器接觸月面時的垂直速度足夠小，能夠滿足結構衝擊要求；水平速度足夠小，不會引起探測器翻倒；接觸月面時盡可能保證姿態垂直。一般說來，只要能夠保證這三項要求，那麼基本的軟登陸就可以完成了。

第二級，在第一級的基礎上增加了推進劑安全，主要是指任務和導引律設計時主動地考慮探測器的推進劑攜帶量。伴隨最佳控制理論的發展，在設計時就在導引方程中考慮推進劑的最佳性。

第三級，就是在第二級基礎上增加了落點位置安全。其特點是考慮地形的影響，探測器必須精確控制登陸在月球的具體位置，減小未知地形對登陸安全的威脅。在這一類任務中，導引律必須實現終端位置、速度六個狀態的全面控制，並且具備線上修改目標登陸點的能力。

隨著任務難度的提升，動力下降過程所使用的導引技術和方案也不斷完善和複雜化。通常來說，由於動力下降過程對終端條件的限制很多，包括高度、速度、姿態、推進劑，甚至還有水平位置，使用單一導引律很難同時滿足各項約束，所以動力下降過程一般會劃分為幾個階段，每個階段使用不同的導引律。

粗略地看，動力下降過程一般可以分為兩個大的階段（如圖 5-2 所示），制動段和最終登陸段。

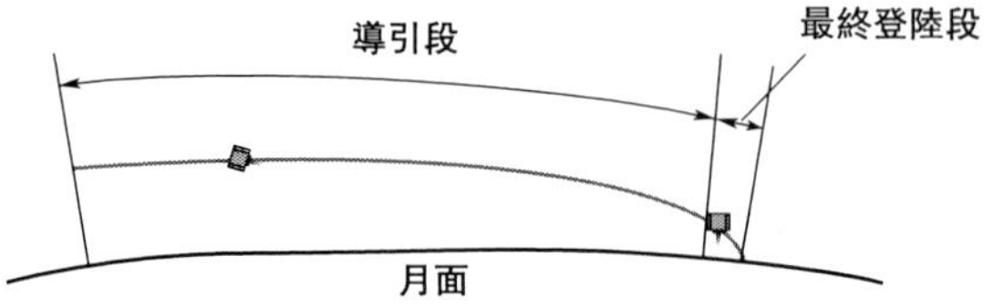

圖 5-2　動力下降過程階段劃分

制動段：制動段是動力下降過程時間最長、航程最大和推進劑消耗最多的階段。它是一個全力制動過程。這個階段的主要任務在於消除探測器速度的水平分量，所以飛行姿態接近水平。根據任務要求不同，這一階段可供選擇的導引律包括重力轉彎、多項式導引、顯式導引等。

最終登陸段：當探測器下降到距月面只有幾公里高度時，引擎會轉為變推力工作或者開關工作狀態，飛行姿態轉為接近或完全垂直。這一階段的主要任務是使得探測器以垂直姿態、零速到達月面；除此以外，有些探測器在這一階段還增加了避障和重新選擇登陸點功能，例如美國的阿波羅登月飛船和中國的嫦娥三號月球登陸器。為了實現這些功能，最終登陸段的飛行軌跡設計多樣，包括傾斜下降或垂直下降，也可以進一步細分為若干子飛行階段。例如中國的嫦娥三號最終登陸段可以分解為姿態快速調整、接近、懸停、避障和緩速下降幾個階段[2]。最終登陸段可供選擇的導引方式也比較多，包括重力轉彎、多項式導引等。

上面提到了幾種具體的導引方法。在本章的後續內容中，我們將根據導引律終端約束的種類，按照不含燃料約束的導引方法和燃料最佳導引方法兩大類分別展開；之後，還將針對未來的定點登陸問題進行簡單的介紹。

5.2 月球登陸動力學

5.2.1 座標系統

月球軟登陸過程中常用到的座標系包括月心 J2000 慣性座標系、月球固聯座標系、月理座標系。

（1）月心 J2000 慣性座標系

在介紹月心 J2000 慣性座標系之前，先介紹地心 J2000 平赤道慣性座標系，它是月心 J2000 慣性座標系定義的基礎。

地心 J2000 平赤道慣性座標系原點 O_{ECI} 在地球質心，基本平面為 J2000.0 地球平赤道面，$O_{ECI}X_{ECI}$ 軸在基本平面內指向 J2000.0 平春分點，$O_{ECI}Z_{ECI}$ 軸垂直基本平面指向北極方向，$O_{ECI}Y_{ECI}$ 軸與 $O_{ECI}Z_{ECI}$ 軸、$O_{ECI}X_{ECI}$ 軸垂直並構成右手直角座標系，如圖 5-3 所示。

而 J2000 月心慣性座標系的三個座標軸指向平行於 J2000.0 地心平赤道慣性座標系，只是將座標原點 O_{MCI} 由地心平移至月心，如圖 5-4 所示。

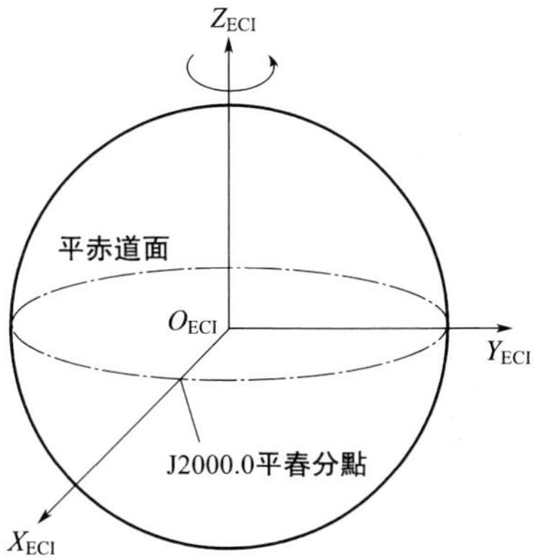

圖 5-3　J2000.0 地心平赤道座標系 O_{ECI}-$X_{ECI}Y_{ECI}Z_{ECI}$ 示意圖

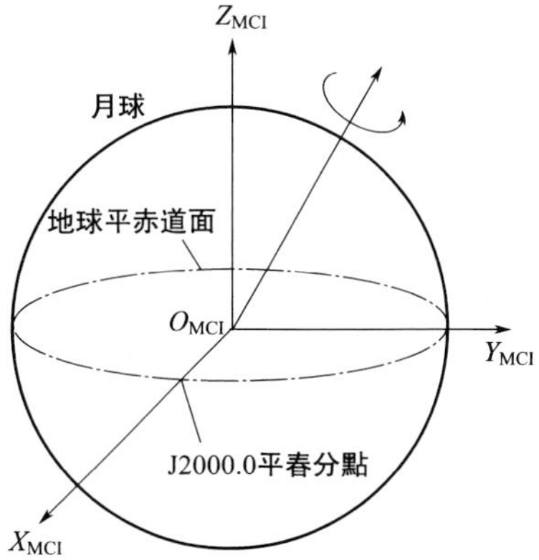

圖 5-4　J2000.0 月心慣性座標系 O_{MCI}-$X_{MCI}Y_{MCI}Z_{MCI}$ 示意圖

J2000 月心慣性座標系在月球登陸過程中通常用於描述探測器的運動，可供導航系統和導引方程編排使用。使用這一座標系統的好處是座標系固定，動力學描述簡單，便於和地面測控進行銜接。但由於這種座標系不含有月球的自轉資訊，因此通常在飛行高度較高時使用，這時不需要考慮月球自轉引發的地速。

（2）月球固聯座標系

座標原點 O_{MCF} 為月球質心，$O_{MCF}Z_{MCF}$ 軸指向月球北天極方向（即月球自轉軸方向）；$O_{MCF}X_{MCF}$ 軸指向經度零點方向（定義為在月球赤道面內，並指向平均地球方向）；$O_{MCF}Y_{MCF}$ 軸與 $O_{MCF}Z_{MCF}$ 軸、$O_{MCF}X_{MCF}$ 軸構成右手直角座標系，如圖 5-5 所示。

與慣性系不同，月固系是隨著月球自身轉動的。該座標系對於登陸過程描述探測器的位置資訊比較有用。

(3) 月理座標系

與地理座標系類似，月理座標系是月球表面某一位置的相對座標系。通常，該座標系的原點位於月面上，三個座標軸中某一個軸垂直於當地水平面，另外兩個軸在當地水平面內並指向特定的方向。具體座標軸的指向選擇與任務相關。下面給出一種月理天東北座標系的定義：座標系原點 O_M 為探測器的星下點（即探測器在月球表面的投影）；$O_M X_M$ 軸垂直於當地水平面，指向天；$O_M Y_M$ 軸在過 O_M 的當地水平面內，指向正東；$O_M Z_M$ 軸垂直於 $O_M X_M$、$O_M Y_M$ 軸，三軸構成右手直角座標系，如圖 5-6 所示。

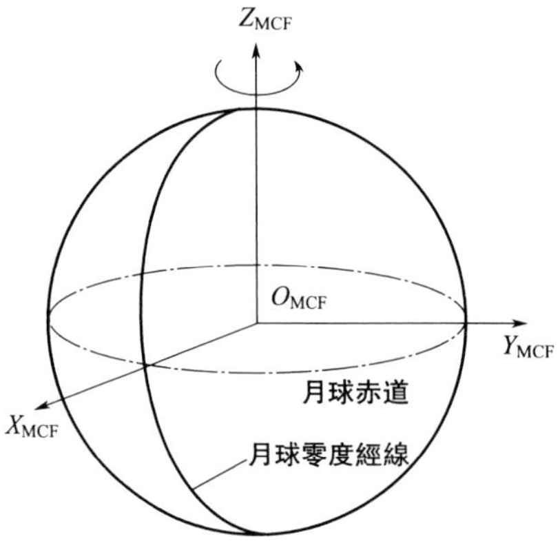

圖 5-5 月心固聯座標系 O_{MCF}-$X_{MCF}Y_{MCF}Z_{MCF}$ 示意圖

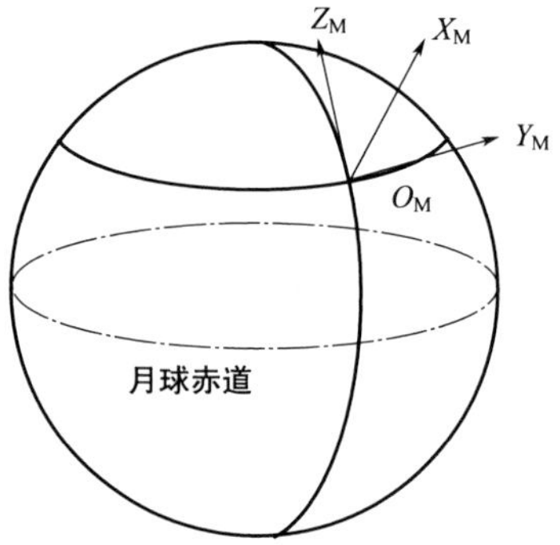

圖 5-6 月理座標系 O_M-$X_M Y_M Z_M$ 示意圖

月理座標系對於描述探測器軟登陸最後階段相對月面的速度和姿態非常有用。

(4) 導引座標系

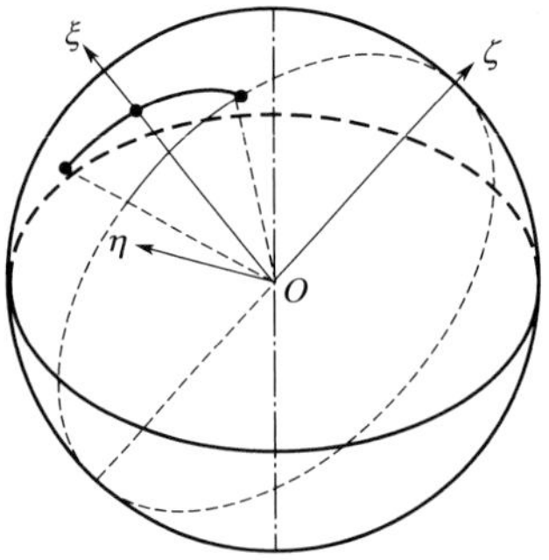

圖 5-7 導引座標系定義

導引座標系是導引律所使用的一種座標系，它通常與下降軌道平面有關。圖 5-7 給出了一種導引座標系的定義。原點 O 位於月球中心，ξ 軸由月心指向探測器，η 軸平行於軌道法線方向，ζ 指向飛行方向。應該說，不同的導引律採用的導引座標系並不相同，但它們大多可以視為是這個導引座標系的變化。

5.2.2 引力場和重力場

5.2.2.1 月球引力場模型

月球並不是一個均勻球體，所以月球的引力場受到月球的形狀和內部質量分布影響。與地球情況類似，月球引力場的數學模型同樣只能用一個球諧展開式來表達。在月心固聯座標系中，這一形式如下[3]：

$$V=\frac{GM}{r}\left\{1+\sum_{l=2}^{\infty}\sum_{m=0}^{l}\left(\frac{R_e}{r}\right)^l\overline{P}_{lm}(\sin\varphi)\left[\overline{C}_{lm}\cos(m\lambda)+\overline{S}_{lm}\sin(m\lambda)\right]\right\} \tag{5-1}$$

其中，G 是引力常數；M 是月球質量；GM 稱為月心引力常數；R_e 是月球參考橢球體的赤道半徑；r、λ、φ 為探測器在月固系中的球座標分量：月心距、月心經度和月心緯度。

$\overline{P}_{lm}(\sin\varphi)$ 是 $\sin\varphi$ 的締合勒讓德（Legendre）多項式，當 $m=0$ 時退化為一般的勒讓德多項式 $\overline{P}_l(\sin\varphi)$。這裡 $\overline{P}_{lm}(\sin\varphi)$ 是歸一化形式，相應的球諧展開式係數 $\overline{C}_{lm}$ 和 $\overline{S}_{lm}$ 為歸一化係數，它們是月球形狀和質量分布的函數，其值的大小反映月球形狀不規則和質量不均勻的程度。$\overline{P}_{lm}(\sin\varphi)$、$\overline{C}_{lm}$ 和 $\overline{S}_{lm}$ 與相應的非歸一化的 $P_{lm}(\sin\varphi)$、C_{lm} 和 S_{lm} 有如下關係：

$$\begin{cases}\overline{P}_{lm}(\sin\varphi)=P_{lm}(\sin\varphi)/N_{lm}\\ \overline{C}_{lm}=C_{lm}N_{lm}\\ \overline{S}_{lm}=S_{lm}N_{lm}\end{cases} \tag{5-2}$$

其中

$$\begin{cases}N_{lm}=\{[(l+m)!]/[(1+\delta)(2l+1)(l-m)!]\}^{\frac{1}{2}}\\ \delta=\begin{cases}0, m=0\\ 1, m\neq 0\end{cases}\end{cases} \tag{5-3}$$

非歸一化的勒讓德多項式 P_{lm} 形式如下：

$$\begin{cases}P_l(z)=\dfrac{1}{2^l l!}\dfrac{\mathrm{d}^l}{\mathrm{d}z^l}(z^2-1)^l\\ P_{lm}(z)=(1-z^2)^{\frac{m}{2}}\dfrac{\mathrm{d}^m}{\mathrm{d}z^m}P_l(z)\end{cases} \tag{5-4}$$

式(5-1) 表達的是一個非球形引力位。它有兩大部分，其中第一部分 GM/r 表達了一個球形引力位，相當於質量 M 全部集中在月球的質心；而第二部分球諧函數展開式表達的是對球形引力位的「修正」，即非球形引力場的表徵。

月球引力場模型中的球諧展開式係數需要測定得到，其測定方法是通過對繞月飛行器的追蹤測量，在精密定軌的同時來實現的。美國和蘇聯先後得到過不同的月球引力場模型，例如美國哥達德月球引力場模型（Goddard Lunar Gravity Model）GLGM 系列：GLGM-1，GLGM-2；噴氣推進實驗室（JPL）的 LP 系列月球引力場模型：LP75D，LP75G，LP100J，LP100K，LP165 等。表 5-1 列出在 LP165 模型下的部分參數取值。

$GM = 4902.801056\text{km}^3/\text{s}^2$

$R_e = 1738.0\text{km}$

表 5-1　LP165 模型的球諧展開式係數取值

l	m	$\overline{C}_{lm}$	$\overline{S}_{lm}$
2	0	−0.9089018075060000e−04	0.0000000000000000e+00
2	1	−0.2722032361590000e−08	−0.7575182920830000e−09
2	2	0.3463549937220000e−04	0.1672949053830000e−07
3	0	−0.3203591400300000e−05	0.0000000000000000e+00
3	1	0.2632744012180000e−04	0.5464363089820000e−05
3	2	0.1418817932940000e−04	0.4892036500480000e−05
3	3	0.1228605894470000e−04	−0.1785448081640000e−05
4	0	0.3197309571720000e−05	0.0000000000000000e+00
4	1	−0.5996601830150000e−05	0.1661934519470000e−05
4	2	−0.7081806926970000e−05	0.6783627172690000e−05
4	3	−0.1362298338130000e−05	−0.134434722871000e−04
4	4	−0.6025778735830000e−05	0.3939637195380000e−05

由表中數據可見，$\overline{C}_{20}$的量級是 10^{-4}，它比地球的 J_2 項係數小一個量級，這說明月球更接近球形，非球引力攝動更小，短時應用條件下只需要考慮中心引力項。這就為下降過程導引律的設計提供了方便。

5.2.2.2 月球重力場模型

當研究探測器在登陸前（相對月表高度很低）的動力學或導引方程時，會用到月球重力場這一概念。月球的重力來源於引力，但它與引力有所區別。假設有一個物體放置在月球的表面，它隨月球一起運動。這時這個物體受兩個力作用，一是月球的引力，二是月表對該物體的支撐力。這兩個力並不是大小相等，方向相反，而是它們的合力構成了該物體繞月球自轉軸旋轉的向心力。這裡將引力扣除向心力的部分作為重力，它與月面的支撐力正好構成反作用力。

如圖 5-8 所示，設月心引力加速度矢量為 $\boldsymbol{g}$，月心矢量為 $\boldsymbol{r}$，月球自轉角速度矢量為 $\boldsymbol{\omega}_{im}$，那麼停留在月面的物體所受到的重力加速度矢量 $\boldsymbol{g}_m$ 為

$$\boldsymbol{g}_m=\boldsymbol{g}-\boldsymbol{\omega}_{im}\times(\boldsymbol{\omega}_{im}\times\boldsymbol{r}) \tag{5-5}$$

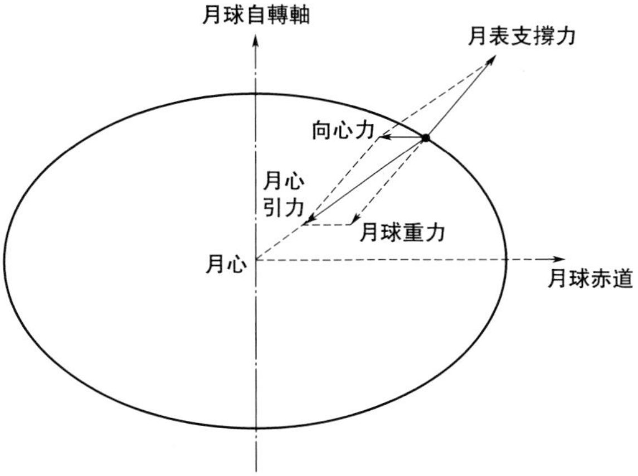

圖 5-8 月球引力與月球重力

由此可知，引力加速度與重力加速度大小和方向均不完全相等。月球自轉角速度的大小 $\omega_{im}=1.525\times10^{-4}(°)/\mathrm{s}$，月球半徑為 1738km，可以計算出向心加速度最大（赤道上）為 $1.2313\times10^{-5}\,\mathrm{m/s^2}$，相比月心引力來說占比不到 1×10^{-5}，所以在導引律設計時往往忽略月球引力加速度和月球重力加速度的不同。

5.2.3 動力學方程

假設探測器安裝有一臺制動引擎用於下降過程軌跡控制（導引），且不考慮姿態控制的因素，則在月心 J2000 慣性座標系（本章後續部分將它簡稱為慣性系）下描述的探測器動力學模型為

$$\begin{cases}\dot{\boldsymbol{r}}_i=\boldsymbol{v}_i\\ \dot{\boldsymbol{v}}_i=\dfrac{\partial V(\boldsymbol{r}_i)}{\partial \boldsymbol{r}_i}+\dfrac{\boldsymbol{F}_i}{m}+\boldsymbol{a}_i\\ \dot{m}=-\dfrac{|\boldsymbol{F}_i|}{I_{\mathrm{sp}}}\end{cases} \tag{5-6}$$

式中 $\boldsymbol{r}_i,\boldsymbol{v}_i$——探測器在慣性系下的位置和速度；

$V(\boldsymbol{r}_i)$——慣性系下的引力勢函數；

$\boldsymbol{F}_i$——慣性系下的推力矢量；

$\boldsymbol{a}_i$——其他攝動加速度，含其他天體引力攝動、太陽光壓等；

m——探測器的質量；

I_{sp}——制動引擎的比衝。

對於月球登陸任務來說，月球引力場的影響遠遠大於地球、太陽的引力攝動，再加上月球並無大氣，太陽光壓也很小，所以 $\boldsymbol{a}_i \approx 0$。而月球引力場中，非球引力攝動相比中心引力來說也相當小，所以引力模型可以用二體引力場替代，即

$$\boldsymbol{g}_i = \frac{\partial V(\boldsymbol{r}_i)}{\partial \boldsymbol{r}_i} = -\frac{GM}{|\boldsymbol{r}_i|^3}\boldsymbol{r}_i \tag{5-7}$$

這樣一來，月球登陸過程的動力學方程可以簡化為

$$\begin{cases} \dot{\boldsymbol{r}}_i = \boldsymbol{v}_i \\ \dot{\boldsymbol{v}}_i = \dfrac{\boldsymbol{F}_i}{m} + \boldsymbol{g}_i \\ \dot{m} = -\dfrac{|\boldsymbol{F}_i|}{I_{sp}} \end{cases} \tag{5-8}$$

此方程是後續導引律推導的基礎。

5.3 不含燃料約束的導引方法

早期的月球探測任務中，工程師在設計導引律時，更多的是關注下降後期的狀態安全，包括垂直速度、水平速度、高度等，推進劑約束並沒有直接出現在導引律方程中。重力轉彎和多項式導引就是這類導引方程中兩種比較典型的代表。它們出現於 1960 至 1970 年代，前者應用到美國的無人月球登陸器 surveyor 任務中[4]，後者應用到載人登月計劃「阿波羅」中[5]，均取得了成功。這兩種導引方法的共同特點是均不含有推進劑約束、引擎使用變推力。

5.3.1 重力轉彎閉環追蹤導引

重力轉彎軟登陸是指在登陸過程中通過姿控系統使制動加速度方向與速度矢量的反方向始終保持一致。它的主要優點如下。[6]。

① 僅僅需要測控速度方向並使其在本體系中的誤差角為零，降低了姿態確定和控制的難度。

② 在末段導引過程中為保證登陸安全，一般先要求將水平速度減

小，然後再減小鉛垂速度，而重力轉彎方法是直接控制速度矢量的大小。

③ 當登陸器到達月面，速度減小為零時，推力方向為垂直向上，可保證登陸姿態正確。

重力轉彎導引推導的前提是兩個假設條件：第一，重力轉彎飛行軌跡下的月球表面是平面；第二，重力轉彎飛行軌跡下的月面是均勻引力場，引力加速度大小為 g。根據重力轉彎的原理，設探測器的速度大小為 v，引擎輸出的推重比為 u，速度方向與重力方向的夾角為 ψ，轉彎過程推力方向始終與速度方向嚴格相反，如圖 5-9 所示。

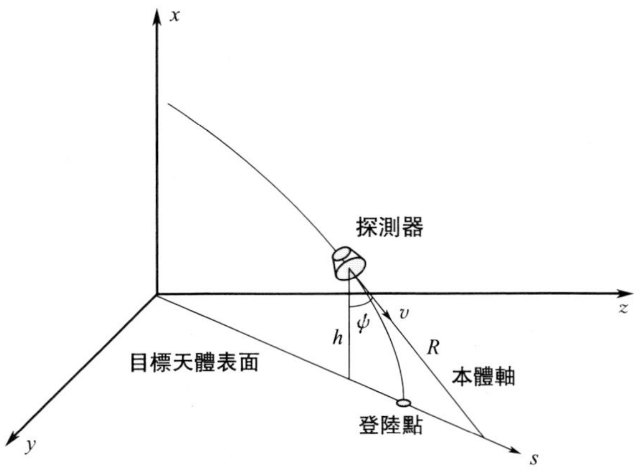

圖 5-9　重力轉彎登陸過程示意圖

不難發現，這樣一種下降軌跡理論上是在一個平面內的，於是可以得到轉彎過程的登陸器質心動力學方程為

$$\begin{cases}\dot{v}=-gu+g\cos\psi\\ v\dot{\psi}=-g\sin\psi\\ \dot{h}=-v\cos\psi\\ \dot{s}=v\sin\psi\end{cases}\tag{5-9}$$

其中，h 是高度，s 是航程。另外，定義沿速度方向探測器到月面的斜距為 R。

可以證明，只要 u 大於 0，那麼隨著時間的推移 ψ 趨近於零，那麼登陸器的姿態自然就轉為垂直。這就是重力轉彎的基本原理，也是重力轉彎最大的特點，即在減速過程中自然就能夠將探測器調整為垂直狀態。

但是，導引律還需要滿足高度 h 和速度大小 v 的控制要求，這是依靠調整控制量 u 來實現的，從而構成閉環重力轉彎導引。通常控制量 u

的計算需要追蹤一條標稱軌跡，這個軌跡的選取有很多種，包括速度-高度曲線、速度-斜距曲線、時間-高度曲線等。

(1) 速度-高度追蹤

假設期望的高度 $\tilde{h}$ 是探測器速度 v 的函數：

$$\tilde{h}=f(v) \tag{5-10}$$

於是，可以得到如下偽控制律：

$$n=h-f(v) \tag{5-11}$$

對這種偽控制律求導：

$$\dot{n}=\dot{h}-f'(v)\dot{v} \tag{5-12}$$

其中，$f'(v)$ 是指函數 f 對速度 v 求導。為了確保期望的下降包線的收斂性，確定如下恆等式：

$$\dot{n}=-\kappa n \tag{5-13}$$

κ 是個常數，其取值用於保證能夠獲得一個合適的阻尼。將式(5-9)中的 $\dot{h}$ 和 $\dot{v}$ 代入式(5-12)，可以得到要求的控制輸入：

$$\tilde{u}=\cos\psi+\frac{1}{g}\left[\frac{v\cos\psi+\dot{n}}{f'(v)}\right] \tag{5-14}$$

再結合式(5-11) 和式(5-13)，最終可以得到控制輸入為

$$\tilde{u}=\cos\psi+\frac{1}{g}\left[\frac{v\cos\psi-\kappa(h-\tilde{h})}{f'(v)}\right] \tag{5-15}$$

速度-高度追蹤方法已經用於維京（Viking，也稱為海盜）的火星登陸任務中[7]。

(2) 速度-斜距追蹤[8]

速度-高度追蹤方法需要用雷達高度計獲取高度資訊。通常登陸器上安裝的是測距和測速雷達，它直接獲得的是斜距資訊，因此採用速度-斜距追蹤更為直接。

與之前一樣，定義如下偽控制律：

$$n=v-\tilde{v}(R) \tag{5-16}$$

其中，$\tilde{v}(R)$ 是需要的速度，它是斜距的給定函數。

對這種偽控制律求導：

$$\dot{n}=\dot{v}-\tilde{v}'(R)\dot{R} \tag{5-17}$$

其中，$\tilde{v}'(R)$ 是指函數 $\tilde{v}$ 對斜距 R 求導。為了確保期望的下降包線的收斂性，確定如下恆等式：

$$\dot{n}=-\kappa n \tag{5-18}$$

κ 是個常數。將式(5-9) 中的 $\dot{v}$ 代入式(5-17)，再結合式(5-16) 和式(5-18)，可以得到控制輸入為

$$\widetilde{u}=\cos\psi+\frac{1}{g}\{-\widetilde{v}'(R)\dot{R}+\kappa[v-\widetilde{v}(R)]\} \tag{5-19}$$

該控制律中斜距 R 和斜距的變化率 $\dot{R}$ 均可以通過都卜勒雷達獲得。

(3) 時間-高度追蹤[9]

將式(5-9) 寫成狀態空間表達式，並取狀態 $x_1=v-v_f$，$x_2=\psi$，$x_3=h$，v_f 是終端目標速度，那麼可以建立控制對象模型為

$$\begin{bmatrix}\dot{x}_1\\ \dot{x}_2\\ \dot{x}_3\end{bmatrix}=\begin{bmatrix}g\cos x_2-gu\\ -\dfrac{g\sin x_2}{x_1+v_f}\\ -x_1\cos x_2\end{bmatrix} \tag{5-20}$$

$$y=x_3$$

對輸出方程求二階導數，可以得到

$$\ddot{y}=\ddot{x}_3=-g\left(1-\frac{v_f\sin^2 x_2}{x_1+v_f}\right)+g\cos x_2\cdot u \tag{5-21}$$

若選擇控制輸入滿足如下形式：

$$u=\frac{1}{g\cos x_2}\left[g\left(1-\frac{v_f\sin^2 x_2}{x_1+v_f}\right)+n\right] \tag{5-22}$$

其中，n 是偽控制律。那麼可以得到輸出與偽控制量之間簡單的二重積分關係：

$$\ddot{y}=n \tag{5-23}$$

選擇偽控制律

$$n=\ddot{h}_d-c_2(\dot{y}-\dot{h}_d)-c_1(y-h_d) \tag{5-24}$$

其中，c_1 和 c_2 是正常數，表示系統的阻尼；h_d 是期望的高度變化軌跡。於是輸出方程變為

$$\ddot{y}=\ddot{h}_d-c_2(\dot{y}-\dot{h}_d)-c_1(y-h_d) \tag{5-25}$$

通過選擇 c_1 和 c_2 的值，可以使得追蹤誤差穩定。

最終重力轉彎時間-高度追蹤導引律為

$$u=\frac{1}{g\cos x_2}\left[g\left(1-\frac{v_f\sin^2 x_2}{x_1+v_f}\right)+\ddot{h}_d-c_2(\dot{y}-\dot{h}_d)-c_1(y-h_d)\right] \tag{5-26}$$

從上述控制過程可以看出，無論是哪種追蹤方式，目標軌跡都是連續的，所以一般 u 的輸出也是連續的，這意味著要求引擎能夠連續變推力。

下面以速度-高度追蹤為例，對重力轉彎導引進行說明。設初始高度 $h_0=2000$m，初始速度 $v_0=20$m/s，速度方向與重力方向的夾角的初值 $\psi_0=60°$，初始質量為 1400kg，終端高度為 $h_f=100$m，終端速度為 $v_f=0.2$m/s。引擎推力範圍限制在 1500～7500N 之間，比衝為 310s。

參考高度對速度的函數為 $\tilde{h}=f(v)=h_f+\frac{1}{\beta}(v-v_f)$，其中，$\beta=0.15$。那麼該函數的導數為 $f'(v)=\frac{1}{\beta}$。取控制器參數 $\kappa=20$，得到的下降過程導引仿真結果如下。

重力轉彎導引全過程的速度-高度平面軌跡如圖 5-10 所示，參考軌跡高度是速度的線性函數，而初始狀態 (v_0, h_0) 離這條線性軌跡比較遠，所以開始一段時間導引實際形成的軌跡是逐漸接近該目標軌跡的，當速度達到 38m/s 時，實際高度與參考高度重合，從這時起，實際下降軌跡追蹤上了參考軌跡。形成的時間-高度曲線和時間-速度曲線見圖 5-11 和圖 5-12。可以看到高度單調下降，但速度大小是先增大再減小，其中速度增大的一段就是探測器向參考軌跡靠攏的過程。引擎輸出的推力如圖 5-13 所示。初始階段為了增大速度追上參考軌跡，引擎輸出推力保持在最小狀態，直到追上標稱軌跡後，引擎輸出推力增大，並實施針對參考軌跡的連續控制。整個重力轉彎過程速度與重力方向的夾角如圖 5-14 所示，很明顯探測器縱軸逐漸轉為垂直。下降過程探測器的質量變化如圖 5-15 所示，消耗推進劑 71.45kg。

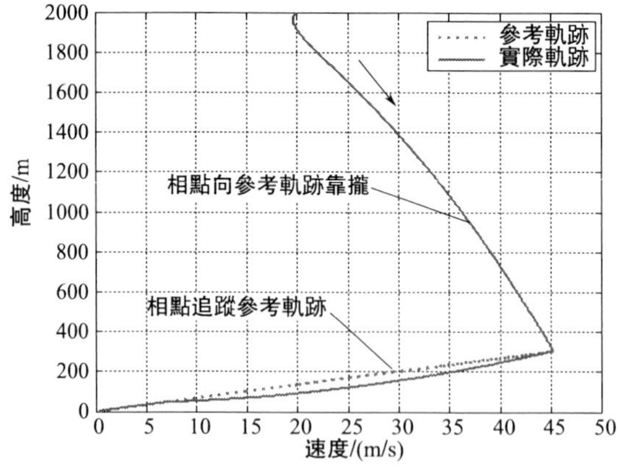

圖 5-10　重力轉彎速度-高度平面軌跡

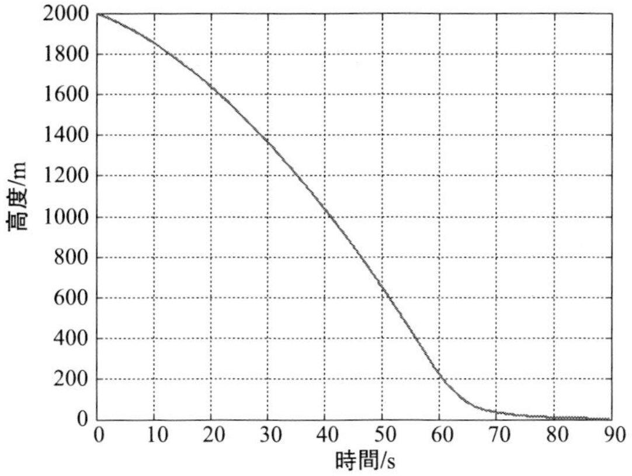

圖 5-11 重力轉彎時間-高度曲線

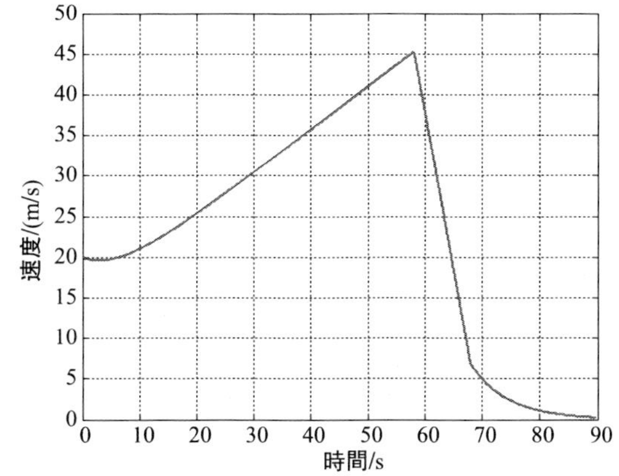

圖 5-12 重力轉彎時間-速度曲線

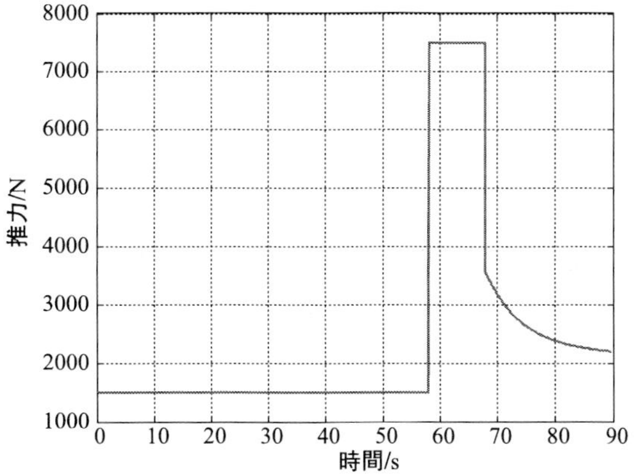

圖 5-13 重力轉彎時間-推力曲線

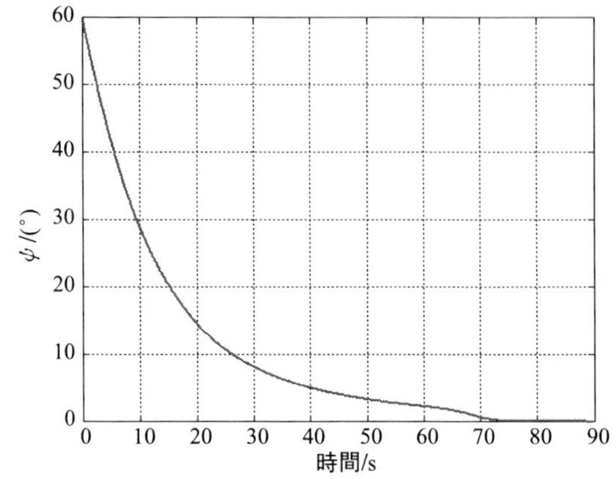

圖 5-14　重力轉彎過程速度與重力方向的夾角

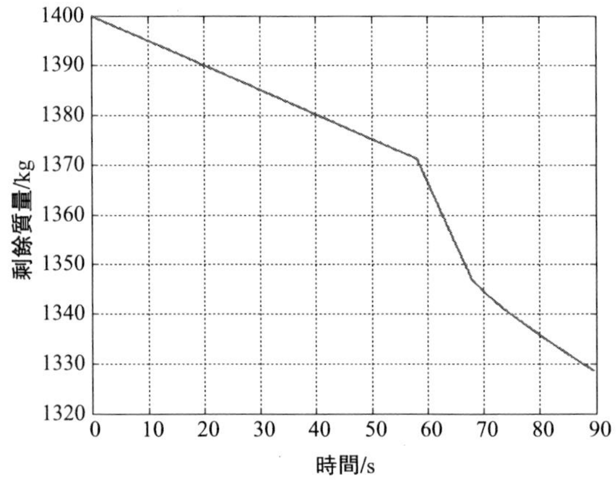

圖 5-15　重力轉彎過程探測器質量變化曲線

5.3.2 多項式導引

多項式導引是一種應用廣泛的導引方法。它首先出現在美國的阿波羅登月任務中，並用於主減速和接近段。中國的無人月球登陸器也使用了這種方法[10-12]。此外，在最近比較流行的火星、月球定點登陸任務研究中，該方法仍然受到關注，並進一步改進[13]。

多項式導引方法的原理是將引擎輸出的推力加速渡假定為時間的二次函數，然後根據當前位置、速度以及設定的目標位置、速度解算出滿足終端條件的加速度函數的參數，最後根據該參數計算出推力加速度指令。

(1) 導引方程

導引座標系定義如圖 5-16 所示。O_G 位於目標終端位置；Z_G 指向天；X_G 在水平面內由探測器指向飛行方向；Y_G 與另外兩軸垂直構成直角座標系。

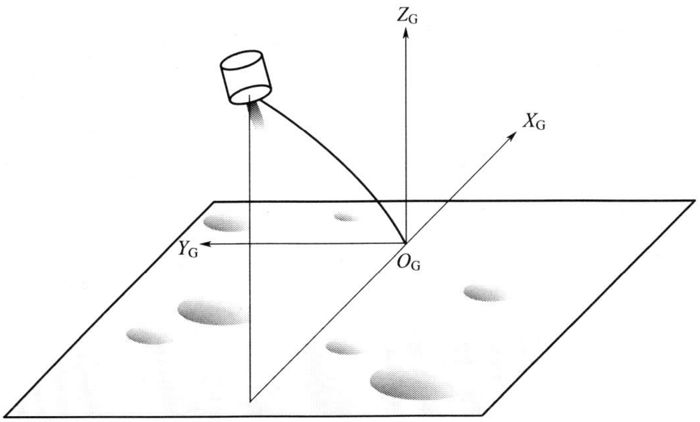

圖 5-16　導引座標系定義

導引律解算中首先假設導引系下有一條參考飛行軌跡，其推力加速度 $\boldsymbol{a}_{\text{ref}}$ 為時間的二次函數，即

$$\boldsymbol{a}_{\text{ref}}(t)=\boldsymbol{c}_0+\boldsymbol{c}_1(t-t_0)+\boldsymbol{c}_2(t-t_0)^2 \tag{5-27}$$

其中，t 是當前時刻，t_0 是初始時刻（它是導引參數更新的時刻），$\boldsymbol{c}_0$、$\boldsymbol{c}_1$、$\boldsymbol{c}_2$ 是三個待定的導引參數矢量。

對式(5-27) 兩次積分後得到速度和位置參考曲線

$$\boldsymbol{v}_{\text{ref}}(t)=\boldsymbol{v}_0+\boldsymbol{c}_0(t-t_0)+\boldsymbol{c}_1(t-t_0)^2/2+\boldsymbol{c}_2(t-t_0)^3/3 \tag{5-28}$$

$$\boldsymbol{r}_{\text{ref}}(t)=\boldsymbol{r}_0+\boldsymbol{v}_0(t-t_0)+\boldsymbol{c}_0(t-t_0)^2/2+\boldsymbol{c}_1(t-t_0)^3/6+\boldsymbol{c}_2(t-t_0)^4/12 \tag{5-29}$$

其中，$\boldsymbol{r}_0$ 是對應 t_0 時刻的初始位置，$\boldsymbol{v}_0$ 是初始速度。

假設終端時間是 t_f，且定義 $t_{go}=t_f-t_0$，它表示剩餘導引時間，那麼式(5-27)～式(5-29) 可以轉化為

$$\boldsymbol{a}_{\text{ref}}(t_f)=\boldsymbol{c}_0+\boldsymbol{c}_1 t_{go}+\boldsymbol{c}_2 t_{go}^2 \tag{5-30}$$

$$\boldsymbol{v}_{\text{ref}}(t_f)=\boldsymbol{v}_0+\boldsymbol{c}_0 t_{go}+\frac{1}{2}\boldsymbol{c}_1 t_{go}^2+\frac{1}{3}\boldsymbol{c}_2 t_{go}^3 \tag{5-31}$$

$$\boldsymbol{r}_{\text{ref}}(t_f)=\boldsymbol{r}_0+\boldsymbol{v}_0 t_{go}+\frac{1}{2}\boldsymbol{c}_0 t_{go}^2+\frac{1}{6}\boldsymbol{c}_1 t_{go}^3+\frac{1}{12}\boldsymbol{c}_2 t_{go}^4 \tag{5-32}$$

參考軌跡終端的加速度、速度和位置實際就是終端目標，分別用 $\boldsymbol{a}_t$、

$\boldsymbol{v}_t$、$\boldsymbol{r}_t$ 表示，即 $\boldsymbol{a}_t=\boldsymbol{a}_{\mathrm{ref}}(t_{\mathrm{f}})$，$\boldsymbol{v}_t=\boldsymbol{v}_{\mathrm{ref}}(t_{\mathrm{f}})$，$\boldsymbol{r}_t=\boldsymbol{r}_{\mathrm{ref}}(t_{\mathrm{f}})$，則可以將式(5-30)～式(5-32) 寫成矩陣形式

$$\begin{bmatrix}\boldsymbol{a}_t^{\mathrm{T}}\\(\boldsymbol{v}_t-\boldsymbol{v}_0)^{\mathrm{T}}\\(\boldsymbol{r}_t-\boldsymbol{r}_0-\boldsymbol{v}_0 t_{\mathrm{go}})^{\mathrm{T}}\end{bmatrix}=\begin{bmatrix}1 & t_{\mathrm{go}} & t_{\mathrm{go}}^2\\ t_{\mathrm{go}} & t_{\mathrm{go}}^2/2 & t_{\mathrm{go}}^3/3\\ t_{\mathrm{go}}^2/2 & t_{\mathrm{go}}^3/6 & t_{\mathrm{go}}^4/12\end{bmatrix}\begin{bmatrix}\boldsymbol{c}_0^{\mathrm{T}}\\ \boldsymbol{c}_1^{\mathrm{T}}\\ \boldsymbol{c}_2^{\mathrm{T}}\end{bmatrix} \tag{5-33}$$

於是可以求出 $\boldsymbol{c}_0$、$\boldsymbol{c}_1$、$\boldsymbol{c}_2$ 這三個參數：

$$\begin{bmatrix}\boldsymbol{c}_0^{\mathrm{T}}\\ \boldsymbol{c}_1^{\mathrm{T}}\\ \boldsymbol{c}_2^{\mathrm{T}}\end{bmatrix}=\begin{bmatrix}1 & -6/t_{\mathrm{go}} & 12/t_{\mathrm{go}}^2\\ -6/t_{\mathrm{go}} & 30/t_{\mathrm{go}}^2 & -48/t_{\mathrm{go}}^3\\ 6/t_{\mathrm{go}}^2 & -24/t_{\mathrm{go}}^3 & 36/t_{\mathrm{go}}^4\end{bmatrix}\begin{bmatrix}\boldsymbol{a}_t^{\mathrm{T}}\\(\boldsymbol{v}_t-\boldsymbol{v}_0)^{\mathrm{T}}\\(\boldsymbol{r}_t-\boldsymbol{r}_0-\boldsymbol{v}_0 t_{\mathrm{go}})^{\mathrm{T}}\end{bmatrix} \tag{5-34}$$

簡化為

$$\boldsymbol{c}_0=\boldsymbol{a}_t-6\frac{\boldsymbol{v}_t+\boldsymbol{v}_0}{t_{\mathrm{go}}}+12\frac{\boldsymbol{r}_t-\boldsymbol{r}_0}{t_{\mathrm{go}}^2} \tag{5-35}$$

$$\boldsymbol{c}_1=-6\frac{\boldsymbol{a}_t}{t_{\mathrm{go}}}+6\frac{5\boldsymbol{v}_t+3\boldsymbol{v}_0}{t_{\mathrm{go}}^2}-48\frac{\boldsymbol{r}_t-\boldsymbol{r}_0}{t_{\mathrm{go}}^3} \tag{5-36}$$

$$\boldsymbol{c}_2=6\frac{\boldsymbol{a}_t}{t_{\mathrm{go}}^2}-12\frac{2\boldsymbol{v}_t+\boldsymbol{v}_0}{t_{\mathrm{go}}^3}+36\frac{\boldsymbol{r}_t-\boldsymbol{r}_0}{t_{\mathrm{go}}^4} \tag{5-37}$$

於是導引座標系下的指令加速度可如下計算：

$$\boldsymbol{a}_{\mathrm{cmd}}(t)=\boldsymbol{c}_0+\boldsymbol{c}_1(t-t_0)+\boldsymbol{c}_2(t-t_0)^2 \tag{5-38}$$

式(5-38) 適用於導引參數更新週期低於導引週期的應用場合。例如，取導引週期為 0.1s，而導引解算週期為 1s。這種情況下，每 1s 才按照式(5-35)～式(5-37) 更新一次導引參數 $\boldsymbol{c}_0$、$\boldsymbol{c}_1$、$\boldsymbol{c}_2$。而在兩次導引參數更新週期中間，則用式(5-38) 以 0.1s 為週期解算導引加速度指令，其中 t_0 是最近一次更新導引參數的時刻，t 是當前時刻。

特殊的，如果每一個導引解算週期都進行導引參數 $\boldsymbol{c}_0$、$\boldsymbol{c}_1$、$\boldsymbol{c}_2$ 的求解，那麼式(5-38) 中的 $t-t_0=0$，導引律簡化為

$$\boldsymbol{a}_{\mathrm{cmd}}(t)=\boldsymbol{a}_t-6\frac{\boldsymbol{v}_t+\boldsymbol{v}_0}{t_{\mathrm{go}}}+12\frac{\boldsymbol{r}_t-\boldsymbol{r}_0}{t_{\mathrm{go}}^2} \tag{5-39}$$

實際輸出的推力指令還要補償重力影響，即

$$\boldsymbol{F}(t)=m[\boldsymbol{a}_{\mathrm{cmd}}(t)-\boldsymbol{g}(t)] \tag{5-40}$$

其中，$\boldsymbol{F}(t)$ 是導引系下的推力指令，m 是探測器質量，$\boldsymbol{g}(t)$ 是導引系下的重力加速度。

(2) 導引時間計算

式(5-38) 中 t_{go} 是唯一的待定參數。t_{go} 的取值方法有很多種。通常是將某一通道（水平或垂直）的加速渡假設為時間的某種多項式函數，

並根據約束的數量進行求解。

① 將某通道的加速渡假設為時間的一次函數。

以垂直通道為例，假設垂直通道的加速度是時間的線性函數[14]，那麼有

$$a_{tz}=c_{0z}+c_{1z}t_{go} \tag{5-41}$$

$$v_{tz}=v_{0z}+c_{0z}t_{go}+\frac{1}{2}c_{1z}t_{go}^2 \tag{5-42}$$

$$r_{tz}=r_{0z}+v_{0z}t_{go}+\frac{1}{2}c_{0z}t_{go}^2+\frac{1}{6}c_{1z}t_{go}^3 \tag{5-43}$$

其中，下標 z 表示垂直通道。這是三個方程組，在給定終端高度、垂向速度和垂向加速度的前提下可以解三個未知數 t_{go}、c_{0z} 和 c_{1z}，其中 t_{go}的計算式為

$$t_{go}=\begin{cases}\dfrac{2v_{tz}+v_{0z}}{a_{tz}}+\sqrt{\left(\dfrac{2v_{tz}+v_{0z}}{a_{tz}}\right)^2+\dfrac{6(r_{0z}-r_{tz})}{a_{tz}}}, a_{tz}\neq 0\\ \dfrac{3(r_{0z}-r_{tz})}{2v_{tz}+v_{0z}}, a_{tz}=0\end{cases} \tag{5-44}$$

② 將某通道的加速渡假設為時間的二次函數。

由式(5-30) 可知，多項式導引中終端加速度滿足方程

$$\boldsymbol{a}_t=\boldsymbol{c}_0+\boldsymbol{c}_1t_{go}+\boldsymbol{c}_2t_{go}^2 \tag{5-45}$$

當按照某一通道求解 t_{go}時，實際需要求解出 4 個未知參數，即 c_0、c_1、c_2 和 t_{go}，因此，除了終端位置、速度和加速度以外，還需要增加新的約束。

令終端，即目標的加速度一階導數為 $\boldsymbol{j}_t$，加速度二階導數為 $\boldsymbol{s}_t$，有

$$\boldsymbol{j}_t=\boldsymbol{c}_1+2\boldsymbol{c}_2t_{go} \tag{5-46}$$

$$\boldsymbol{s}_t=2\boldsymbol{c}_2 \tag{5-47}$$

於是，$\boldsymbol{c}_0$、$\boldsymbol{c}_1$、$\boldsymbol{c}_2$ 可以轉換為 $\boldsymbol{a}_t$、$\boldsymbol{j}_t$、$\boldsymbol{s}_t$：

$$\boldsymbol{c}_0=\boldsymbol{a}_t-\boldsymbol{j}_tt_{go}+\frac{1}{2}\boldsymbol{s}_tt_{go}^2 \tag{5-48}$$

$$\boldsymbol{c}_1=\boldsymbol{j}_t-\boldsymbol{s}_tt_{go} \tag{5-49}$$

$$\boldsymbol{c}_2=\frac{1}{2}\boldsymbol{s}_t \tag{5-50}$$

將式(5-48)～式(5-50) 代入式(5-31)、式(5-32)，可以建立方程組

$$\boldsymbol{v}_t=\boldsymbol{v}_0+\boldsymbol{a}_tt_{go}-\frac{1}{2}\boldsymbol{j}_tt_{go}^2+\frac{1}{6}\boldsymbol{s}_tt_{go}^3 \tag{5-51}$$

$$\boldsymbol{r}_t=\boldsymbol{r}_0+\boldsymbol{v}_tt_{go}-\frac{1}{2}\boldsymbol{a}_tt_{go}^2+\frac{1}{6}\boldsymbol{j}_tt_{go}^3-\frac{1}{24}\boldsymbol{s}_tt_{go}^4 \tag{5-52}$$

該方程組可以變形為

$$\begin{bmatrix} \boldsymbol{j}_t^{\mathrm{T}} \\ \boldsymbol{s}_t^{\mathrm{T}} \end{bmatrix}=\begin{bmatrix} 24/t_{\mathrm{go}}^3 & -18/t_{\mathrm{go}}^2 & 6/t_{\mathrm{go}} & -24/t_{\mathrm{go}}^3 & -6/t_{\mathrm{go}}^2 \\ 72/t_{\mathrm{go}}^4 & -48/t_{\mathrm{go}}^3 & 12/t_{\mathrm{go}}^2 & -72/t_{\mathrm{go}}^4 & -24/t_{\mathrm{go}}^3 \end{bmatrix}\begin{bmatrix} \boldsymbol{r}_t^{\mathrm{T}} \\ \boldsymbol{v}_t^{\mathrm{T}} \\ \boldsymbol{a}_t^{\mathrm{T}} \\ \boldsymbol{r}_0^{\mathrm{T}} \\ \boldsymbol{v}_0^{\mathrm{T}} \end{bmatrix} \tag{5-53}$$

以水平方向 x 為例，若對該方向的終端加速度一階導數進行約束，則根據式(5-53) 可得

$$j_{tx}=24/t_{\mathrm{go}}^3 r_{tx}-18/t_{\mathrm{go}}^2 v_{tx}+6/t_{\mathrm{go}} a_{tx}-24/t_{\mathrm{go}}^3 r_{0x}-6/t_{\mathrm{go}}^2 v_{0x} \tag{5-54}$$

該式可以變換為 t_{go}的三次方程，即

$$j_{tx} t_{\mathrm{go}}^3-6a_{tx} t_{\mathrm{go}}^2+(18v_{tx}+6v_{0x})t_{\mathrm{go}}-24(r_{tx}-r_{0x})=0 \tag{5-55}$$

t_{go}就是方程式(5-55) 的解。

從多項式導引方程看，多項式導引能夠實現對終端的三維位置、速度控制，因此這種導引律可用於下降過程的避障控制。當避障敏感器和導航敏感器確定新的安全登陸點後，還可以通過自動重設落點位置，即改變導引的終端目標位置，方便地實現避障控制。

下面用一個例子對多項式導引進行簡單的說明。假設探測器從 15km×100km 環月軌道近月點開始下降，初始質量為 3100kg，採用四次多項式導引進行減速。

終端位置：高度 30m，航程 400km，橫向位置 0m。

終端速度：$v_{tx}=v_{ty}=0\mathrm{m/s}$，$v_{tz}=-2\mathrm{m/s}$。

終端加速度：$a_{tx}=a_{ty}=0\mathrm{m/s^2}$，$a_{tz}=3\mathrm{m/s^2}$。

終端加加速度：$j_{tx}=0.027\mathrm{m/s^3}$。

從這個飛行目標看，終端水平速度為 0，終端加速度垂直向上，這意味著飛行姿態在導引終端將保持垂直狀態，無剩餘水平速度，可以最終垂直登陸。剩餘導引時間 t_{go} 按照式(5-55) 求取。引擎推力不限，比衝 310s。

為了方便起見，將速度、引擎推力描述在一個當地座標系下。該座標系定義為：原點位於探測器瞬時星下點，ζ 軸為探測器從當前位置到目標終端位置的矢量在探測器星下點水平面內的投影，ξ 軸垂直向上，η 軸與 ζ 和 ξ 正交。在該座標系下探測器的速度矢量 $\boldsymbol{v}$ 可以用（u, v,w）表示，推力矢量 $\boldsymbol{F}$ 可以用兩個推力方向角 ψ 和 θ 表示，如圖 5-17 所示。可以看到，如果月表是平面，那麼該座標系與導引座標系是平行的。

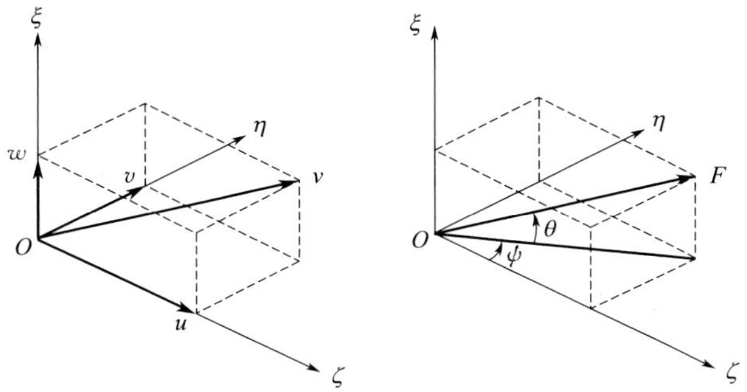

圖 5-17　當地座標系定義

使用多項式導引得到的飛行軌跡如圖 5-18 和圖 5-19 所示。實線為飛行軌跡，「○」表示終端目標。可見終端位置約束均能滿足。當地座標系下的速度變化如圖 5-20 所示，前向速度逐漸減小，橫向速度始終為零，垂向速度呈波浪形變化，速度目標最終也能達到。

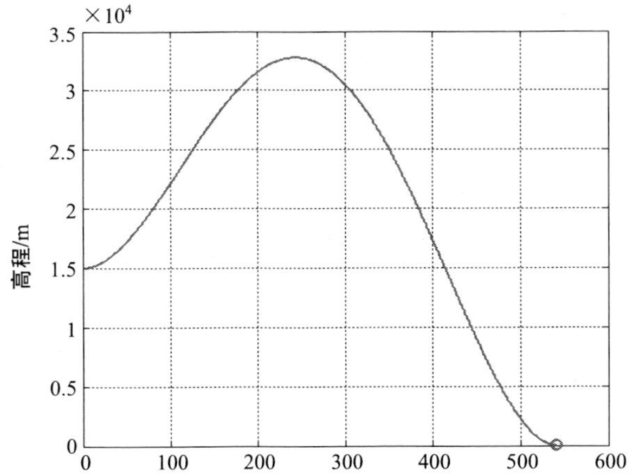

圖 5-18　多項式導引高度變化曲線

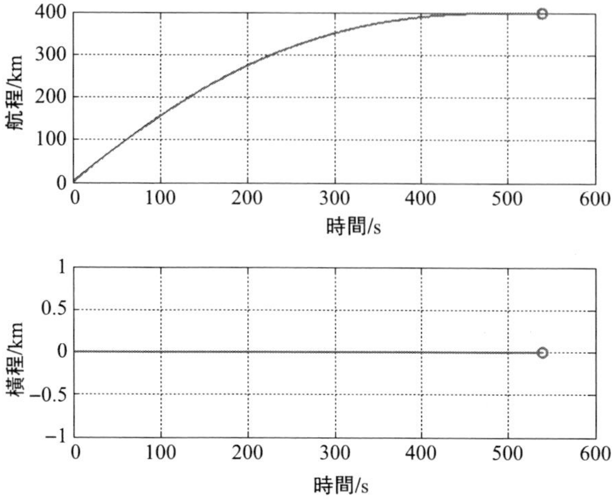

圖 5-19　多項式導引水平位移變化曲線

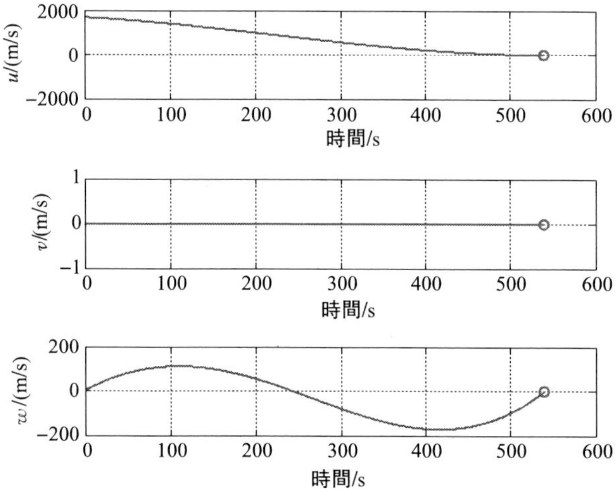

圖 5-20　多項式導引速度變化曲線

引擎輸出的推力大小如圖 5-21 所示，該推力也呈波浪狀，這是由多項式導引加速度是時間的二次曲線這一前提決定的。當然通過改變終端的參數，可以調節曲線的形狀。推力方向角如圖 5-22 所示，俯仰角 θ 的終值是 90°，表明探測器最終垂直；方位角 ψ 在最終點之前始終為 180°，表示探測器引擎推力始終在減小前向水平速度，最終點為 0 是因為此時探測器垂直，方位角無意義。

整個下降過程的推進劑消耗如圖 5-23 所示，最終消耗量是 1486.4kg。

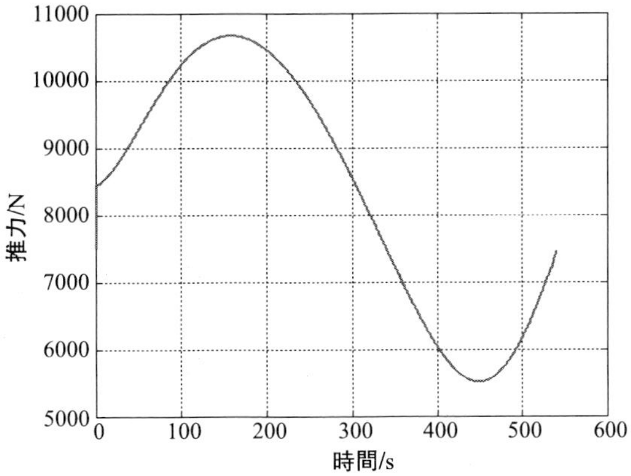

圖 5-21 多項式導引推力輸出曲線

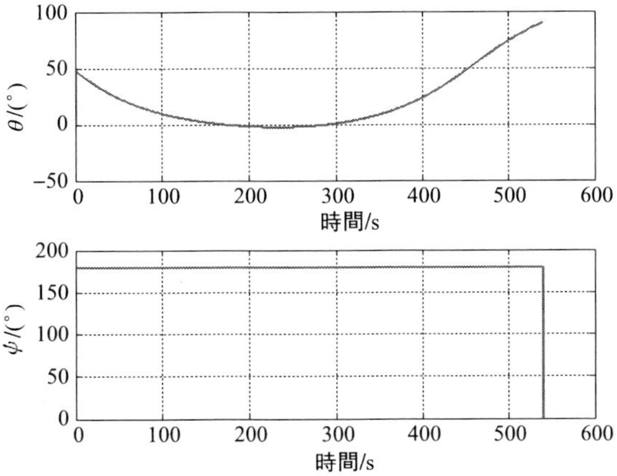

圖 5-22 多項式導引推力方向角曲線

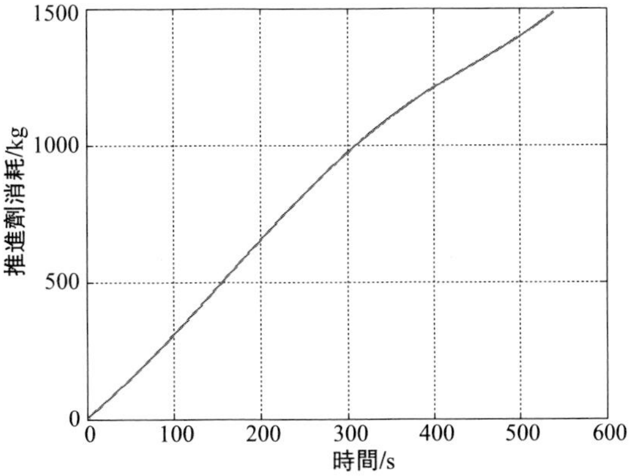

圖 5-23 多項式導引推進劑消耗曲線

從這個仿真實例可以看到，多項式導引的輸出推力是連續變化的，飛行軌跡的曲線受終端參數影響，下降過程推力大小和推進劑均不受約束。因此，使用多項式導引時需要針對初始條件和終端狀態參數的取值進行精心的設計，良好的設計可以使得引擎推力輸出符合實際引擎的能力，甚至可以做到推進劑消耗接近最佳。

5.4 燃料最佳導引方法

上一節介紹的軟登陸導引方法均未考慮推進劑消耗的最佳性。本節將介紹包含推進劑消耗約束的軟登陸導引問題。

5.4.1 軟登陸的最佳導引問題

5.4.1.1 軟登陸最佳導引問題描述

軟登陸過程，以慣性系下的動力學方程（5-8）為基礎，可以得到軟登陸燃料最佳導引問題的描述，包括以下幾方面。

（1）控制輸入有界，即

$$0 \leqslant F_{\min} \leqslant |\boldsymbol{F}_{\mathrm{i}}| \leqslant F_{\max} \tag{5-56}$$

其中，$F_{\min}$是允許的最小推力，$F_{\max}$是允許的最大推力。

（2）初始狀態（對於即時導引來說是當前狀態）已知，即

$$\begin{cases} \boldsymbol{r}_{\mathrm{i}}(t_0) = \boldsymbol{r}_{\mathrm{i}0} \\ \boldsymbol{v}_{\mathrm{i}}(t_0) = \boldsymbol{v}_{\mathrm{i}0} \\ m(t_0) = m_0 \end{cases} \tag{5-57}$$

（3）終端狀態約束條件

① 高度和速度約束　這種條件下的主要終端約束為，末端高度到達關機高度，相對月面的水平速度為 0，垂向速度達到關機速度。用數學形式表示為

$$\begin{cases} |\boldsymbol{r}_{\mathrm{i}}(t_{\mathrm{f}})| = R_{\mathrm{m}} + h_{\mathrm{f}} \\ |\boldsymbol{v}_{\mathrm{i}}(t_{\mathrm{f}}) - \boldsymbol{\omega}_{\mathrm{mi}} \times \boldsymbol{r}_{\mathrm{i}}(t_{\mathrm{f}})| = v_{\mathrm{f}} \dfrac{\boldsymbol{r}_{\mathrm{i}}(t_{\mathrm{f}})}{|\boldsymbol{r}_{\mathrm{i}}(t_{\mathrm{f}})|} \end{cases} \tag{5-58}$$

其中，R_{m} 是月球參考半徑；h_{f} 是關機高度；$\boldsymbol{\omega}_{\mathrm{mi}}$是慣性系下的月球自轉角速度矢量；$v_{\mathrm{f}}$ 是關機垂向速度。很顯然，滿足這一終端約束時，就能夠保證登陸安全。

② 位置和速度約束　這種條件下的終端約束包括關機時確切的三維位置和確切的三維速度。用數學形式表示為

$$\begin{cases} \boldsymbol{r}_{\mathrm{i}}(t_{\mathrm{f}})=C_{\mathrm{mi}}(t_{\mathrm{f}})\begin{bmatrix} \cos(\varphi_{\mathrm{f}})\cos(\lambda_{\mathrm{f}}) \\ \cos(\varphi_{\mathrm{f}})\sin(\lambda_{\mathrm{f}}) \\ \sin(\varphi_{\mathrm{f}}) \end{bmatrix}(R_{\mathrm{m}}+h_{\mathrm{f}}) \\ \boldsymbol{v}_{\mathrm{i}}(t_{\mathrm{f}})-\boldsymbol{\omega}_{\mathrm{mi}}\times\boldsymbol{r}_{\mathrm{i}}(t_{\mathrm{f}})=v_{\mathrm{f}}\dfrac{\boldsymbol{r}_{\mathrm{i}}(t_{\mathrm{f}})}{|\boldsymbol{r}_{\mathrm{i}}(t_{\mathrm{f}})|} \end{cases} \tag{5-59}$$

其中，φ_{f} 是目標落點緯度；λ_{f} 是目標落點經度；$C_{\mathrm{mi}}(t)$ 是從慣性系到月固系的旋轉矩陣，它是時間的函數。很顯然式(5-59) 的位置約束條件包含了式(5-58) 的高度約束條件，同時還增加了經緯度的約束；而兩者的速度約束條件相同。位置和速度約束條件比高度和速度約束條件的要求更高，它對應的是定點登陸任務。

(4) 燃料最佳的指標函數

$$J=-\int_{t_0}^{t_{\mathrm{f}}}\dot{m}(t)\mathrm{d}t=m(t_0)-m(t_{\mathrm{f}}) \tag{5-60}$$

取極小值，或者

$$J=\int_{t_0}^{t_{\mathrm{f}}}\dot{m}(t)\mathrm{d}t=m(t_{\mathrm{f}})-m(t_0) \tag{5-61}$$

取極大值。

上述方程實際描述的是一個最佳控制問題。但是這個最佳控制問題很難求解，需要進行適當的假設或簡化，以得到一些更為一般的結論。下面兩節將分別從把登陸過程三維運動簡化為二維平面運動，以及將下降軌跡下月球表面視為平面並設重力場為常數這兩個角度介紹兩種最佳控制的解形式。前者是標稱軌跡法的基礎，後者是各種實用化顯式導引的基礎。

5.4.1.2 軌道面內下降的最佳軟登陸

在第 3 章仲介紹了一維軟登陸的最佳控制問題。實際上，動力下降開始時探測器是運行於繞月飛行的軌道面內的。對於僅保證登陸安全的任務來說，終端約束就是高度和速度，所以下降軌跡也是在同一軌道面內的。於是，可以在此基礎上進行軟登陸最佳控制問題的求解[15]，它的好處是降低了狀態量和控制量的維數。

假設軟登陸動力下降從繞月橢圓軌道的近月點開始。如圖 5-24 所示，取月心 O 為座標原點，Oy_1 指向近月點（動力下降起始點），Ox_1 指向登陸器運動方向。

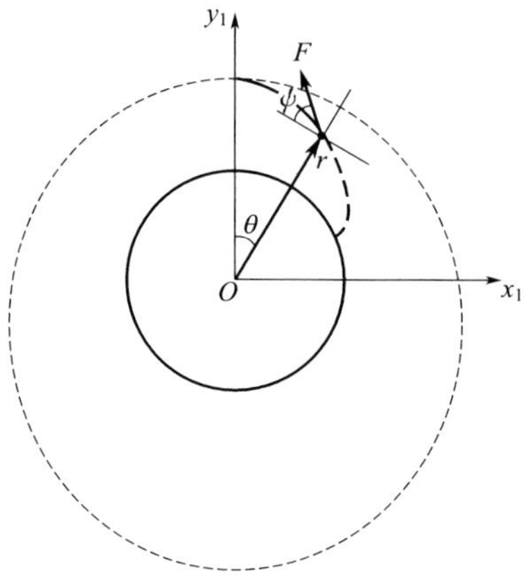

圖 5-24　動力下降平面內質心運動模型

用極座標表示的平面內的登陸器質心運動方程為

$$\begin{cases} \dot{r} = v \\ \dot{v} = (F/m)\sin\psi - \mu/r^2 + r\omega^2 \\ \dot{\theta} = \omega \\ \dot{\omega} = -[(F/m)\cos\psi + 2v\omega]/r \\ \dot{m} = -F/I_{sp} \end{cases} \tag{5-62}$$

其中，r 是登陸器月心距；v 是登陸器沿月心矢徑方向的速度；θ 是登陸器的飛行路徑角；ω 是登陸器飛行路徑角速度；μ 是月球引力常數；m 是登陸器的質量；F 是引擎的制動推力，取值範圍為 $[F_{\min}, F_{\max}]$；I_{sp}是引擎比衝；ψ 是推力方向角。取狀態量為 $\boldsymbol{x}=[r, v, \theta, \omega, m]^{T}$，輸入 $\boldsymbol{u}=[F, \psi]^{T}$。上式就可以轉換為狀態方程形式 $\dot{\boldsymbol{x}}=\boldsymbol{f}(\boldsymbol{x}, \boldsymbol{u})$。

最佳登陸問題設計的目的是尋找一個控制量 $\boldsymbol{u}$，使得登陸器在月面實現登陸時的推進劑消耗最小（或剩餘質量最大），即指標函數

$$\begin{aligned} J &= \Phi[\boldsymbol{x}(t_f)] + \int_{t_0}^{t_f} F(\boldsymbol{x}, \boldsymbol{u})\mathrm{d}t \\ &= \int_{t_0}^{t_f} \dot{m}(t)\mathrm{d}t = m(t_f) - m(t_0) \end{aligned} \tag{5-63}$$

取極大值。

初始條件由霍曼變軌橢圓軌道的近月點確定。初始時刻 $t_0=0$，且有

$$\begin{cases} r(0)=r_0 \\ v(0)=v_0 \\ \theta(0)=\theta_0 \\ \omega(0)=\omega_0 \\ m(0)=m_0 \end{cases} \tag{5-64}$$

終端時間 t_f 自由，但終端狀態滿足高度、速度約束，有

$$\begin{cases} r(t_f)=r_f \\ v(t_f)=v_f \\ \omega(t_f)=0 \end{cases} \tag{5-65}$$

即終端約束為

$$\boldsymbol{G}[\boldsymbol{x}(t_f)]=\begin{bmatrix} r(t_f)-r_f \\ v(t_f)-v_f \\ \omega(t_f)-0 \end{bmatrix}=\boldsymbol{0} \tag{5-66}$$

並且控制量 $\boldsymbol{u}$ 有界。

根據極小（大）值原理構造哈密頓函數

$$\begin{aligned} H(\boldsymbol{x},\boldsymbol{u},\boldsymbol{\lambda}) &= F(\boldsymbol{x},\boldsymbol{u})+\boldsymbol{\lambda}^{\mathrm{T}}\boldsymbol{f}(\boldsymbol{x},\boldsymbol{u}) \\ &= \dot{m}+\boldsymbol{\lambda}^{\mathrm{T}}\boldsymbol{f}(\boldsymbol{x},\boldsymbol{u}) \\ &= \boldsymbol{\lambda}^{\mathrm{T}}\boldsymbol{f}(\boldsymbol{x},\boldsymbol{u})-F/I_{sp} \end{aligned} \tag{5-67}$$

其中，$\lambda=[\lambda_r \quad \lambda_v \quad \lambda_\theta \quad \lambda_\omega \quad \lambda_m]^{\mathrm{T}}$ 是共軛狀態。

將式(5-62) 代入式(5-67) 有

$$\begin{aligned} H(\boldsymbol{x},\boldsymbol{u},\boldsymbol{\lambda}) &= \boldsymbol{\lambda}^{\mathrm{T}}\boldsymbol{f}(\boldsymbol{x},\boldsymbol{u})-F/I_{sp} \\ &= \lambda_r v+\lambda_v \frac{F}{m}\sin\psi-\lambda_v \frac{\mu}{r^2}+\lambda_v r\omega^2+\lambda_\theta\omega \\ &\quad -\lambda_\omega \frac{F}{mr}\cos\psi-\lambda_\omega \frac{2v\omega}{r}-\lambda_m \frac{F}{I_{sp}}-\frac{F}{I_{sp}} \\ &= \lambda_r v-\lambda_v \frac{\mu}{r^2}+\lambda_v r\omega^2+\lambda_\theta\omega-\lambda_\omega \frac{2v\omega}{r} \\ &\quad +F\left(\lambda_v \frac{\sin\psi}{m}-\lambda_\omega \frac{\cos\psi}{mr}-\lambda_m \frac{1}{I_{sp}}-\frac{1}{I_{sp}}\right) \end{aligned} \tag{5-68}$$

共軛狀態滿足協態方程

$$\dot{\boldsymbol{\lambda}}=-\frac{\partial H(\boldsymbol{x},\boldsymbol{u},\boldsymbol{\lambda})}{\partial \boldsymbol{x}} \tag{5-69}$$

由於

$$\frac{\partial H(\boldsymbol{x},\boldsymbol{u},\boldsymbol{\lambda})}{\partial \boldsymbol{x}}=\begin{bmatrix} 2\lambda_v \dfrac{\mu}{r^3}+\lambda_v\omega^2+2\lambda_\omega \dfrac{v\omega}{r^2}+F\lambda_\omega \dfrac{\cos\psi}{mr^2} \\ \lambda_r-2\lambda_\omega \dfrac{\omega}{r} \\ 0 \\ 2\lambda_v r\omega+\lambda_\theta-\lambda_\omega \dfrac{2v}{r} \\ -F\left(\lambda_v\sin\psi-\lambda_\omega \dfrac{\cos\psi}{r}\right)\dfrac{1}{m^2} \end{bmatrix} \tag{5-70}$$

所以協態方程為

$$\begin{cases} \dot{\lambda}_r=-\left(2\lambda_v \dfrac{\mu}{r^3}+\lambda_v\omega^2+2\lambda_\omega \dfrac{v\omega}{r^2}+\lambda_\omega \dfrac{F\cos\psi}{mr^2}\right) \\ \dot{\lambda}_v=-\left(\lambda_r-2\lambda_\omega \dfrac{\omega}{r}\right) \\ \dot{\lambda}_\theta=0 \\ \dot{\lambda}_\omega=-\left(2\lambda_v r\omega+\lambda_\theta-\lambda_\omega \dfrac{2v}{r}\right) \\ \dot{\lambda}_m=F\left(\lambda_v\sin\psi-\lambda_\omega \dfrac{\cos\psi}{r}\right)\dfrac{1}{m^2} \end{cases} \tag{5-71}$$

橫截條件

$$\begin{aligned} \boldsymbol{\lambda}(t_f)&=\frac{\partial\Phi[\boldsymbol{x}(t_f)]}{\partial \boldsymbol{x}}+\left(\frac{\partial \boldsymbol{G}[\boldsymbol{x}(t_f)]}{\partial \boldsymbol{x}}\right)^{\mathrm{T}}\boldsymbol{\rho} \\ &=\left(\frac{\partial \boldsymbol{G}[\boldsymbol{x}(t_f)]}{\partial \boldsymbol{x}}\right)^{\mathrm{T}}\boldsymbol{\rho} \end{aligned} \tag{5-72}$$

其中，$\boldsymbol{\rho}$ 是拉格朗日乘子。根據橫截條件，可以直接得到

$$\begin{cases} \lambda_\theta(t_f)=0 \\ \dot{\lambda}_m(t_f)=0 \end{cases}$$

再結合式(5-71)，可知 $\lambda_\theta=0$。

若控制輸入最佳，即 $\boldsymbol{u}(t)=\boldsymbol{u}^*(t),t\in[t_0,t_f]$，則哈密頓函數取極大值，即

$$H(\boldsymbol{x}^*,\boldsymbol{u}^*,\boldsymbol{\lambda})=\max_{u(t)\in U} H(\boldsymbol{x}^*,\boldsymbol{u},\boldsymbol{\lambda}) \tag{5-73}$$

式中，$\boldsymbol{x}^*$ 是最佳狀態軌跡；U 是控制域。

令 $L(t)=\lambda_v \dfrac{\sin\psi}{m}-\lambda_\omega \dfrac{\cos\psi}{mr}-\lambda_m \dfrac{1}{I_{sp}}-\dfrac{1}{I_{sp}}$，可知最佳控制律為

$$F=\begin{cases}F_{\max} & 若\ L(t)>0\\ F_{\min} & 若\ L(t)<0\\ 任意 & 若\ L(t)=0\end{cases} \tag{5-74}$$

$$\sin\psi=\frac{\lambda_v}{\sqrt{\lambda_v^2+\left(\frac{\lambda_\omega}{r}\right)^2}} \tag{5-75}$$

$$\cos\psi=-\frac{\frac{\lambda_\omega}{r}}{\sqrt{\lambda_v^2+\left(\frac{\lambda_\omega}{r}\right)^2}} \tag{5-76}$$

$$\psi=\arctan2(\lambda_v,-\lambda_\omega/r) \tag{5-77}$$

其中，arctan2 函數為

$$\arctan2(y,x)=\begin{cases}\arctan\left(\frac{y}{x}\right),(x>0)\\ \arctan\left(\frac{y}{x}\right)+\pi,(x<0,y\geqslant 0)\\ \arctan\left(\frac{y}{x}\right)-\pi,(x<0,y<0)\\ \pi/2,(x=0,y>0)\\ -\pi/2,(x=0,y<0)\\ 0,(x=0,y=0)\end{cases}$$

由此可見，只要在區間 $[t_0,t_f]$ 內不存在 $L(t)=0$ 的子區間，則 $F(t)$是開關函數。制動引擎要麼以最大推力工作，要麼以最小推力工作（如果最小推力是 0，則意味著關機）。

5.4.1.3 月表平面假設下的最佳軟登陸

在 5.4.1.1 節的分析中，將動力下降軌跡下的月面視為球面，且月球引力場選擇二體引力場模型。如果下降軌跡航程較短，那麼可以將月面視為平面，且將引力加速度取為常數，這樣問題就能夠得到簡化。

根據式(5-6)，可以得到動力過程質量消耗的方程

$$\dot{m}=-\frac{F}{I_{sp}} \tag{5-78}$$

F 是推力矢量 $\boldsymbol{F}$ 的模，它表示推力的大小。

設推力和質量的比值為比推力 $\boldsymbol{\Gamma}$（物理意義是推力加速度），即

$$\boldsymbol{\Gamma}=\frac{\boldsymbol{F}}{m} \tag{5-79}$$

$\boldsymbol{\Gamma}$ 的大小用 Γ 表示。由於推力是有限的，所以比推力的大小也有著時變的上下界。

$$0 \leqslant \Gamma_{\min}(t) \leqslant \Gamma(t) \leqslant \Gamma_{\max}(t) \tag{5-80}$$

定義特徵速度 C：

$$\dot{C} = \Gamma \tag{5-81}$$

其初值 $C(t_0)=0$。C 的物理意義是制動推力在下降過程中產生的累計速度增量。

由式(5-78)、式(5-79) 和式(5-81) 可以得到質量 m 和特徵速度 C 之間的關係（齊奧爾科夫斯基公式）為

$$m(t) = m(t_0)\exp[-C(t)/I_{\mathrm{sp}}] \tag{5-82}$$

很明顯，C 越小 m 越大，所以 m 可以用 C 替換，將 m 的極大值問題變為 C 的極小值問題。

定義直角座標系如圖 5-25 所示，原點位於月心，ζ 軸平行於初始時刻對月飛行方向在探測器星下點水平面內的投影，ξ 軸垂直向上，η 軸與 ζ 和 ξ 正交。在該座標系下探測器的位置矢量為 $\boldsymbol{r}$，速度矢量為 $\mathbf{V}$，那麼動力學方程為

$$\begin{aligned} \dot{\boldsymbol{r}} &= \mathbf{V} \\ \dot{\mathbf{V}} &= \boldsymbol{g} + \boldsymbol{\Gamma} \\ \dot{C} &= \Gamma \end{aligned} \tag{5-83}$$

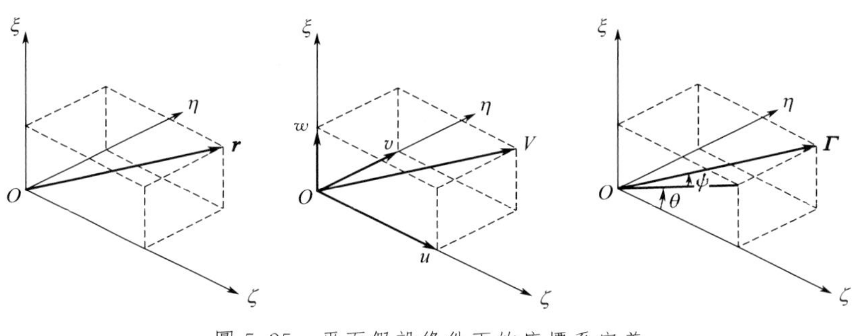

圖 5-25　平面假設條件下的座標系定義

設 $\boldsymbol{r}$ 可以用座標 (ζ,η,ξ) 表示；$\mathbf{V}$ 在該座標系下的三個分量分別是 u、v、w，比推力 $\boldsymbol{\Gamma}$ 的方向 $\boldsymbol{D}$（單位矢量）定義為

$$\boldsymbol{D} = \begin{bmatrix} D_\zeta \\ D_\eta \\ D_\xi \end{bmatrix} \tag{5-84}$$

那麼動力學的分量形式為

$$\begin{cases}\dot{\zeta}=u\\ \dot{\eta}=v\\ \dot{\xi}=w\\ \dot{u}=\Gamma D_{\zeta}\\ \dot{v}=\Gamma D_{\eta}\\ \dot{w}=\Gamma D_{\xi}-g\\ \dot{C}=\Gamma\end{cases} \tag{5-85}$$

指標函數為

$$J=-C(t_{\mathrm{f}}) \tag{5-86}$$

取最大值。

哈密頓函數為

$$H=\boldsymbol{\lambda}_r^{\mathrm{T}}\boldsymbol{V}+\boldsymbol{\lambda}_V^{\mathrm{T}}(\boldsymbol{g}+\Gamma\boldsymbol{D})+\lambda_C\Gamma \tag{5-87}$$

其中，$\boldsymbol{\lambda}_r=[\lambda_\zeta,\lambda_\eta,\lambda_\xi]^{\mathrm{T}}$，$\boldsymbol{\lambda}_V=[\lambda_u,\lambda_v,\lambda_w]^{\mathrm{T}}$，$\lambda_C$ 是拉格朗日乘子。根據極大值原理（在第 3 章中稱為極小值原理），最佳控制應使得哈密頓函數取極大值。由於 Γ 非負，所以必然有 $\boldsymbol{D}$ 與 $\boldsymbol{\lambda}_V$ 同向，即 $\boldsymbol{D}=\boldsymbol{\lambda}_V/\lambda_V$（$\lambda_V$ 是 $\boldsymbol{\lambda}_V$ 的模）。於是，在給定推力方向後的哈密頓函數變為

$$H=(\lambda_V+\lambda_C)\Gamma+\boldsymbol{\lambda}_r^{\mathrm{T}}\boldsymbol{V}+\boldsymbol{\lambda}_V^{\mathrm{T}}\boldsymbol{g} \tag{5-88}$$

最佳推力大小的解為

$$\Gamma=\begin{cases}\Gamma_{\max},\lambda_V+\lambda_C>0\\ \Gamma_{\min},\lambda_V+\lambda_C<0\end{cases} \tag{5-89}$$

由式(5-87) 可以得到協態方程為

$$\begin{aligned}\dot{\boldsymbol{\lambda}}_r&=\boldsymbol{0}\\ \dot{\boldsymbol{\lambda}}_V&=-\boldsymbol{\lambda}_r\\ \dot{\lambda}_C&=0\end{aligned} \tag{5-90}$$

很顯然，$\boldsymbol{\lambda}_r$ 和 λ_C 是常數，$\boldsymbol{\lambda}_V$ 具有如下解形式：

$$\boldsymbol{\lambda}_V=-\boldsymbol{\lambda}_r(t-t_{\mathrm{f}})+\boldsymbol{\lambda}_{V\mathrm{f}} \tag{5-91}$$

由於終端 $C(t_{\mathrm{f}})$ 自由，所以根據橫截條件，可以求出

$$\lambda_C(t_{\mathrm{f}})=\frac{\partial J}{\partial C(t_{\mathrm{f}})}=-1 \tag{5-92}$$

前面已知 λ_C 是常數，故 $\lambda_C\equiv-1$。

由式(5-91)，可以得到 $\boldsymbol{\lambda}_V$ 的模為

$$\lambda_V=\sqrt{\lambda_r^2(t-t_{\mathrm{f}})^2-2\boldsymbol{\lambda}_r^{\mathrm{T}}\cdot\boldsymbol{\lambda}_{V\mathrm{f}}(t-t_{\mathrm{f}})+\lambda_{V\mathrm{f}}^2} \tag{5-93}$$

式中，λ_r 是 $\boldsymbol{\lambda}_r$ 的模，$\lambda_{V\mathrm{f}}$ 是 $\boldsymbol{\lambda}_{V\mathrm{f}}$ 的模。

在 t-λ_V 平面內，式(5-93)是一個雙曲線方程，其中心點座標為 $\left(t_\mathrm{f}+\dfrac{\boldsymbol{\lambda}_r^\mathrm{T}\cdot\boldsymbol{\lambda}_{V\mathrm{f}}}{\lambda_r^2},\ 0\right)$，主軸垂直，並且曲線非負，如圖 5-26 所示。由於 λ_C 是常數 -1，所以在 t-λ_V 平面內，$\lambda_C+\lambda_V$ 相對 λ_V 向下平移 1。由此，根據 $\lambda_C+\lambda_V$ 確定的最佳比推力大小最多切換兩次，為最大-最小-最大模式。

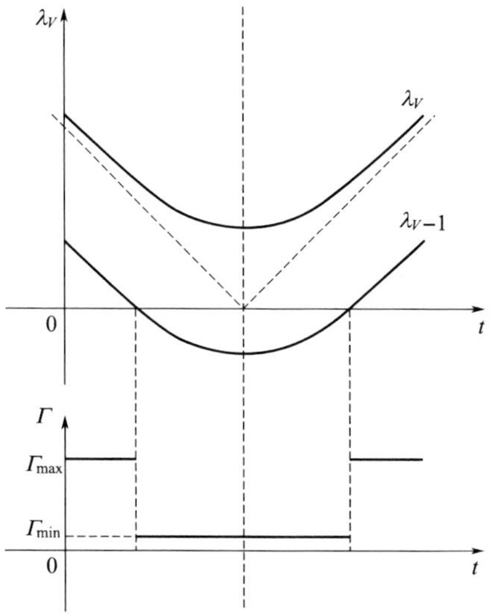

圖 5-26　平面假設下的軟登陸最佳控制解

之前已經提到，最佳推力方向 $\boldsymbol{D}=\boldsymbol{\lambda}_V/\lambda_V$，寫成分量形式為

$$
\begin{aligned}
D_\zeta &= \frac{\lambda_u}{\sqrt{\lambda_u^2+\lambda_v^2+\lambda_w^2}} \\
D_\eta &= \frac{\lambda_v}{\sqrt{\lambda_u^2+\lambda_v^2+\lambda_w^2}} \\
D_\xi &= \frac{\lambda_w}{\sqrt{\lambda_u^2+\lambda_v^2+\lambda_w^2}}
\end{aligned}
\tag{5-94}
$$

根據圖 5-25，推力方向可以用角度 (ψ,θ) 表示，即

$$
\begin{aligned}
D_\zeta &= \cos\psi\cos\theta \\
D_\eta &= \sin\psi \\
D_\xi &= \cos\psi\sin\theta
\end{aligned}
\tag{5-95}
$$

所以

$$\tan\theta = \frac{D_\xi}{D_\zeta}$$
$$\tan\psi = \pm \frac{D_\eta}{\sqrt{D_\zeta^2 + D_\xi^2}} \tag{5-96}$$

將式(5-91) 寫成分量形式:

$$\begin{aligned} \lambda_u &= -\lambda_\zeta (t - t_f) + \lambda_{uf} \\ \lambda_v &= -\lambda_\eta (t - t_f) + \lambda_{vf} \\ \lambda_w &= -\lambda_\xi (t - t_f) + \lambda_{wf} \end{aligned} \tag{5-97}$$

則

$$\tan\theta = \frac{\lambda_w}{\lambda_u} = \frac{\lambda_\xi (t_f - t) + \lambda_{wf}}{\lambda_\zeta (t_f - t) + \lambda_{uf}} \tag{5-98}$$

由前面的推導可知，式中 λ_ζ、λ_ξ、λ_{uf}和 λ_{wf}均是常數。

式(5-98) 是個重要的公式，它表明最佳控制下的縱向平面內推力的高度角（與水平面夾角）具有如下形式:

$$\tan\theta = \frac{c_1 t + c_2}{d_1 t + d_2} \tag{5-99}$$

它是一類重要的顯式導引方法（雙線性正切顯式導引）的基礎，詳見 5.4.4.2。而且從前面的推導過程來看，即使對於終端位置和速度 6 個分量全部進行約束，其最佳推力方向角也具有式(5-99) 的形式。

5.4.2 標稱軌跡法

5.4.1 節只是給出了動力下降過程最佳控制下推力的解形式，但並沒有給出共軛狀態的初值。實際上求解共軛狀態初值需要複雜的數值計算。常用的方法包括兩類：一類是使用初值猜測加打靶法來解決，思想是給出協態初值的猜測結果，然後使用打靶法進行疊代修正，直到誤差足夠小；另一類，則將最佳控制問題轉換為參數優化問題，使用非線性規劃方法進行求解。無論哪種方法都需要複雜的數值解算，這使得直接使用最佳控制結果作為導引律難以在探測器器載電腦中自主實現。解決的措施就是，地面按照最佳控制方法離線生成標稱軌跡，然後實際飛行中以該軌跡為目標實施追蹤控制。

5.4.2.1 標稱軌跡的生成

最佳下降軌跡的求解本質上是解一個兩點邊值問題。解兩點邊值問題的方法有很多，主要有插值法、變數法、配置法、偽線性化法和打靶法。其中，打靶法由於原理簡單，易於編程且能保證局部收斂性，因此應用較多。但是，應用打靶法解兩點邊值問題時需要首先猜測未知狀態變數的初值，當猜測值與真值相差較大時，計算過程往往會陷入局部極值點，或者計算過程變得發散。

本節將在5.4.1.2節的基礎上介紹一種基於初值猜測技術的打靶法來解決這種關於月球軟登陸最佳控制的兩點邊值問題。具體做法是[15]：將最佳控制伴隨方程中的共軛方程在初始時刻附近作一階泰勒展開，組成一個關於位置共軛狀態初值的方程組，這樣就將對共軛變數初值的猜測問題轉變為有物理意義的量。通過解方程組得到一組初值，用打靶法經疊代計算可以得到初始共軛狀態的疊代真值，再經過積分就得到最佳登陸軌跡。打靶疊代過程是，首先將登陸非線性方程在登陸軌跡線附近取一階增量進行線性化，得到一個關於登陸方程狀態變數增量的線性時變微分方程組，因為解關於線性方程的兩點邊值問題不需要疊代計算，這樣最佳登陸問題的解題過程就成為用上一次計算的初值加上它的增量作為本次計算初值的疊代過程。

(1) 初值猜測

狀態初值已知，因此初值猜測主要是解決共軛狀態（協態）的初值。在初始時刻 t_0 的某些領域內，將共軛狀態分別進行一階泰勒展開，可以得到如下一組方程：

$$\boldsymbol{\lambda}(t_n) \cong \boldsymbol{\lambda}(t_0) + \dot{\boldsymbol{\lambda}}\big|_{t_0}(t_n - t_0), n=1,2,\cdots,N \tag{5-100}$$

其中，t_n 是 t_0 領域內的某一時刻；N 是不小於未知初值共軛狀態個數的常數。

由5.4.1.2節的式(5-62)可見，軟登陸導引系統 $\dot{\boldsymbol{x}} = \boldsymbol{f}(\boldsymbol{x}, \boldsymbol{u})$ 是一個非線性自治系統，哈密頓函數在最佳控制下是常值，即

$$H(\boldsymbol{x}^*(t), \boldsymbol{u}^*(t), \boldsymbol{\lambda}(t)) = c, t \in [t_0, t_f] \tag{5-101}$$

將協態方程（5-69）代入式(5-101)，有

$$\boldsymbol{\lambda}(t_n) \cong \boldsymbol{\lambda}(t_0) - \frac{\partial H(\boldsymbol{x}, \boldsymbol{u}, \boldsymbol{\lambda})}{\partial \boldsymbol{x}}\bigg|_{t_0}(t_n - t_0), n=1,2,\cdots,N \tag{5-102}$$

而根據哈密頓函數的定義 $H(\boldsymbol{x}, \boldsymbol{u}, \boldsymbol{\lambda}) = F(\boldsymbol{x}, \boldsymbol{u}) + \boldsymbol{\lambda}^{\mathrm{T}} \boldsymbol{f}(\boldsymbol{x}, \boldsymbol{u})$，則

$$F(\boldsymbol{x}^*(t_n), \boldsymbol{u}^*(t_n)) + \left[\boldsymbol{\lambda}(t_0) - \frac{\partial H(\boldsymbol{x}, \boldsymbol{u}, \boldsymbol{\lambda})}{\partial \boldsymbol{x}}\bigg|_{t_0}(t_n - t_0)\right]^{\mathrm{T}} \boldsymbol{f}(\boldsymbol{x}^*(t_n), \boldsymbol{u}^*(t_n)) = c \tag{5-103}$$

如果控制變數 $u(t)$ 在初始時刻的值可大致估算出來，則根據初始條件 $\boldsymbol{f}(\boldsymbol{x}^*(t_n), \boldsymbol{u}^*(t_n))$ 和 $F(\boldsymbol{x}^*(t_n), \boldsymbol{u}^*(t_n))$ 就可通過對系統在初始時

刻的鄰域內進行積分獲得。當在 t_0 的鄰域內選定時間點 $t_1, t_2, \cdots, t_N$ 後就能夠得到一個 N 維線性方程組，如式(5-103) 所示。通過解這個方程組就可以得出位置共軛狀態初值的一組估值。

(2) 打靶法

① 線性兩點邊值問題求解　考慮如下 n 維一階線性微分方程組

$$\dot{\boldsymbol{y}} = \boldsymbol{A}(t)\boldsymbol{y} + \boldsymbol{b}(t) \tag{5-104}$$

其中，$\boldsymbol{A}(t)$ 是 $n \times n$ 矩陣，它的元素是 a_{ij}，$i = 1, 2, \cdots, n$，$j = 1, 2, \cdots, n$。$\boldsymbol{y}$ 和 $\boldsymbol{b}$ 都是 $n \times 1$ 向量，它的第 i 元記為 y_i 和 b_i。

初始條件為

$$y_i(t_0) = c_i, i = 1, 2, \cdots, r \tag{5-105}$$

終端條件為

$$y_{i_m}(t_f) = c_{i_m}, m = 1, 2, \cdots, n - r \tag{5-106}$$

受限初始條件和終端條件的和是 n 維，這意味著自由初始狀態和終端狀態的維數和也是 n 維，這樣就包含了解題所需要的全部資訊。對於數值計算過程而言，無法直接利用這種形式給出的解題資訊。因為數值積分只能用於初值問題或終值問題，因此引入一個輔助變數 $\boldsymbol{p}$，使其滿足輔助微分方程

$$\dot{\boldsymbol{p}} = -\boldsymbol{A}^{\mathrm{T}}(t)\boldsymbol{p} \tag{5-107}$$

$\boldsymbol{p}$ 也是 $n \times 1$ 向量，它的第 i 元記為 p_i。這一輔助方程用於建立系統方程 (5-104)初值和終值之間的某種連繫，從而可以用來獲得兩點邊值問題的數值解。

用 $p_i(t)$ 乘以式(5-104) 的第 i 個方程，得

$$p_i(t)\dot{y}_i = p_i(t)[a_{i1}(t)y_1(t) + a_{i2}(t)y_2(t) + \cdots + a_{in}(t)y_n(t)] + p_i(t)b_i(t) \tag{5-108}$$

求取 i 從 1 到 n 時上式的累加和

$$\sum_{i=1}^{n} p_i(t)\dot{y}_i = \sum_{i=1}^{n} p_i(t)[a_{i1}(t)y_1(t) + a_{i2}(t)y_2(t) + \cdots + a_{in}(t)y_n(t)] + \sum_{i=1}^{n} p_i(t)b_i(t) \tag{5-109}$$

同樣，可以用 $y_i(t)$ 乘以式(5-107) 的第 i 個方程，並求對所有 n 個方程的累加和

$$\sum_{i=1}^{n} y_i(t)\dot{p}_i = -\sum_{i=1}^{n} y_i(t)[a_{1i}(t)p_1(t) + a_{2i}(t)p_2(t) + \cdots + a_{ni}(t)p_n(t)] \tag{5-110}$$

式(5-109) 和式(5-110) 相加，可得

$$\sum_{i=1}^{n}[p_i(t)\dot{y}_i+y_i(t)\dot{p}_i]=\sum_{i=1}^{n}p_i(t)b_i(t) \tag{5-111}$$

上式可寫為

$$\frac{\mathrm{d}}{\mathrm{d}t}\sum_{i=1}^{n}[p_i(t)y_i(t)]=\sum_{i=1}^{n}p_i(t)b_i(t) \tag{5-112}$$

對式(5-112) 在區間 $[t_0,t_\mathrm{f}]$ 上積分得

$$\sum_{i=1}^{n}[p_i(t_\mathrm{f})y_i(t_\mathrm{f})]-\sum_{i=1}^{n}[p_i(t_0)y_i(t_0)]=\int_{t_0}^{t_\mathrm{f}}\left[\sum_{i=1}^{n}p_i(t)b_i(t)\right]\mathrm{d}t \tag{5-113}$$

式(5-113) 給出了系統方程狀態變數 y_i 和輔助變數 p_i 在初值和終值之間的關係。這個關係式可以看成是關於未知 $y_i(t_0),i=r+1,\cdots,n$ 的代數方程。

取 $n-r$ 種不同的輔助變數終端條件 $\boldsymbol{p}^{(m)}(t_\mathrm{f})(m=1,2,\cdots,n-r)$，並分別對輔助方程進行反向積分，可以獲得對應的輔助變數初值 $\boldsymbol{p}^{(m)}(t_0)$。第 m 個輔助變數終端各元素取值為

$$p_i^{(m)}(t_\mathrm{f})=\begin{cases}1,i=i_m\\0,i\neq i_m\end{cases},i=1,2,\cdots,n \tag{5-114}$$

這裡，上標 (m) 表示第 m 個輔助變數的取值。很明顯，這 $n-r$ 個終端輔助向量 $\boldsymbol{p}^{(m)}(t_\mathrm{f})$ 是相互獨立的。對於線性微分方程組，如果其一組終值向量是線性獨立的，那麼相應的初值向量也是線性獨立的。

根據式(5-114)，關係式(5-113) 可以改寫為

$$\begin{aligned}&\sum_{i=r+1}^{n}[p_i^{(m)}(t_0)y_i(t_0)]\\&=y_{i_m}(t_\mathrm{f})-\sum_{i=1}^{r}[p_i^{(m)}(t_0)y_i(t_0)]-\int_{t_0}^{t_\mathrm{f}}\left[\sum_{i=1}^{n}p_i^{(m)}(t)b_i(t)\right]\mathrm{d}t\end{aligned} \tag{5-115}$$

其中，$y_i(t_0),i=1,2,\cdots,r$ 由初始條件給出；$y_{i_m}(t_\mathrm{f}),m=1,2,\cdots,n-r$ 由終值條件給出；$p_i^{(m)}(t)$ 和 $p_i^{(m)}(t_0)$ 由 $\boldsymbol{p}^{(m)}(t_\mathrm{f})$ 根據式(5-107) 反向積分獲得；$b_i(t)$ 已知。所以上式右端可以計算出來；上式左端的未知量即是 $y_i(t_0),i=r+1,r+2,\cdots,n$。

由於式(5-114) 確定的輔助終端條件有 $n-r$ 個，這樣就可以建立 $n-r$ 維方程組，如下所示：

$$
\begin{bmatrix}
p_{r+1}^{(1)}(t_0) & p_{r+2}^{(1)}(t_0) & \cdots & p_n^{(1)}(t_0) \\
p_{r+1}^{(2)}(t_0) & p_{r+2}^{(2)}(t_0) & \cdots & p_n^{(2)}(t_0) \\
\vdots & \vdots & \ddots & \vdots \\
p_{r+1}^{(n-r)}(t_0) & p_{r+2}^{(n-r)}(t_0) & \cdots & p_n^{(n-r)}(t_0)
\end{bmatrix}
\begin{bmatrix}
y_{r+1}(t_0) \\ y_{r+2}(t_0) \\ \vdots \\ y_n(t_0)
\end{bmatrix}
$$

$$
=\begin{bmatrix}
y_{i_1}(t_f)-\sum_{i=1}^{r}[p_i^{(1)}(t_0)y_i(t_0)]-\int_{t_0}^{t_f}\left[\sum_{i=1}^{n}p_i^{(1)}(t)b_i(t)\right]\mathrm{d}t \\
y_{i_2}(t_f)-\sum_{i=1}^{r}[p_i^{(2)}(t_0)y_i(t_0)]-\int_{t_0}^{t_f}\left[\sum_{i=1}^{n}p_i^{(2)}(t)b_i(t)\right]\mathrm{d}t \\
\vdots \\
y_{i_{n-r}}(t_f)-\sum_{i=1}^{r}[p_i^{(n-r)}(t_0)y_i(t_0)]-\int_{t_0}^{t_f}\left[\sum_{i=1}^{n}p_i^{(n-r)}(t)b_i(t)\right]\mathrm{d}t
\end{bmatrix}
\tag{5-116}
$$

如果上式左邊的矩陣可逆，則可以直接求出 $n-r$ 個未知狀態初值。

② 非線性兩點邊值問題求解　假如有個 n 維非線性矢量方程：

$$\dot{\mathbf{y}}=\mathbf{g}(\mathbf{y},t) \tag{5-117}$$

第 i 元用下標 i 表示，則式(5-117) 可以寫成分量形式

$$\dot{y}_i=g_i(y_1,y_2,\cdots,y_n,t),i=1,2,\cdots,n \tag{5-118}$$

初始條件為

$$y_i(t_0)=c_i,i=1,2,\cdots,r \tag{5-119}$$

終端條件為

$$y_{i_m}(t_f)=c_{i_m},m=1,2,\cdots,n-r \tag{5-120}$$

如果 $\mathbf{y}(t)$，$t_0\leqslant t\leqslant t_f$ 是方程的一個解，而對它的修正解為 $\mathbf{y}(t)+\delta\mathbf{y}(t)$，該修正解是滿足邊值問題的真實解。$\delta\mathbf{y}(t)=[\delta y_1(t),\delta y_2(t),\cdots,\delta y_n(t)]^{\mathrm{T}}$，其中 $\delta y_i(t),i=1,2,\cdots,n$ 是變分。

將修正解代入方程（5-117）中，並用分量形式表示為

$$\dot{y}_i+\delta\dot{y}_i=g_i(y_1+\delta y_1,y_2+\delta y_2,\cdots,y_n+\delta y_n,t),i=1,2,\cdots,n \tag{5-121}$$

對式(5-121) 右端進行泰勒展開，僅保留一階項，則有

$$\dot{y}_i+\delta\dot{y}_i=g_i(y_1,y_2,\cdots,y_n,t)+\sum_{j=1}^{n}\frac{\partial g_i}{\partial y_j}\delta y_j,i=1,2,\cdots,n \tag{5-122}$$

式(5-122)減去式(5-118) 有

$$\delta\dot{y}_i=\sum_{j=1}^{n}\frac{\partial g_i}{\partial y_j}\delta y_j,i=1,2,\cdots,n \tag{5-123}$$

該方程是線性時變微分方程，稱為變分方程。將它寫成向量形式

$$\delta \dot{\boldsymbol{y}} = \left(\frac{\partial \boldsymbol{g}}{\partial \boldsymbol{y}}\right) \delta \boldsymbol{y} \tag{5-124}$$

其中

$$\left(\frac{\partial \boldsymbol{g}}{\partial \boldsymbol{y}}\right) = \begin{bmatrix} \partial g_1/\partial y_1 & \partial g_1/\partial y_2 & \cdots & \partial g_1/\partial y_n \\ \partial g_2/\partial y_1 & \partial g_2/\partial y_2 & \cdots & \partial g_2/\partial y_n \\ \vdots & \vdots & \ddots & \vdots \\ \partial g_n/\partial y_1 & \partial g_n/\partial y_2 & \cdots & \partial g_n/\partial y_n \end{bmatrix}$$

那麼就可以根據解線性兩點邊值問題的結論，對變分方程構造輔助方程，並求解 $\delta \boldsymbol{y}$ 的未知初值。但是變分 $\delta \boldsymbol{y}$ 只是對 $\boldsymbol{y}(t)$ 的一階修正，所以求解真實值的過程需要進行疊代計算，導引修正量 $\delta \boldsymbol{y}$ 足夠小。

用上標 k 表示第 k 次疊代過程。在首次疊代（$k=1$）開始時，需要給出 $\boldsymbol{y}^{(k)}(t_0)$ 的初始值。顯然有

$$y_i^{(k)}(t_0) = c_i, i=1,2,\cdots,r \tag{5-125}$$

而 $y_i^{(k)}(t_0), i=r+1,\cdots,n$ 在 $k=1$ 時的初值則需要猜測給出，$k>1$ 後則可以用前一次的修正值，即

$$y_i^{(k)}(t_0) = y_i^{(k-1)}(t_0) + \delta y_i^{(k-1)}(t_0), i=r+1,\cdots,n \tag{5-126}$$

由於 $\boldsymbol{y}^{(k)}(t_0)$ 前 r 個狀態就是初始條件，所以變分方程的初始條件為

$$\delta y_i^{(k)}(t_0) = 0, i=1,2,\cdots,r \tag{5-127}$$

通過非線性方程式(5-117)，可以由 $\boldsymbol{y}^{(k)}(t_0)$ 積分獲得 $\boldsymbol{y}^{(k)}(t_f)$，這樣就可以計算出變分方程的終端條件

$$\delta y_{i_m}^{(k)}(t_f) = c_{i_m} - y_{i_m}^{(k)}(t_f), m=1,2,\cdots,n-r \tag{5-128}$$

那麼按照線性方程兩點邊值問題的求解方法，引入輔助變數 $\boldsymbol{p}$，使其滿足輔助微分方程

$$\dot{\boldsymbol{p}} = -\left(\frac{\partial \boldsymbol{g}}{\partial \boldsymbol{y}}\right)^{\mathrm{T}} \boldsymbol{p} \tag{5-129}$$

它的分量形式為

$$\dot{p}_i = -\sum_{j=1}^{n} \frac{\partial g_j}{\partial y_i} p_j, i=1,2,\cdots,n \tag{5-130}$$

確定 $n-r$ 個輔助變數終端 $\boldsymbol{p}^{(m)}(t_f), m=1,2,\cdots,n-r$，其元素為

$$p_i^{(m)}(t_f) = \begin{cases} 1, i=i_m \\ 0, i \neq i_m \end{cases}, i=1,2,\cdots,n \tag{5-131}$$

並對輔助方程（5-129）進行反向積分，則可以根據式(5-116）建立 $n-r$ 維關於未知修正量 $\delta y_i^{(k)}(t_0), i=r+1,\cdots,n$ 的方程組，如下所示：

$$\begin{bmatrix} p_{r+1}^{(1)}(t_0) & p_{r+2}^{(1)}(t_0) & \cdots & p_n^{(1)}(t_0) \\ p_{r+1}^{(2)}(t_0) & p_{r+2}^{(2)}(t_0) & \cdots & p_n^{(2)}(t_0) \\ \vdots & \vdots & & \vdots \\ p_{r+1}^{(n-r)}(t_0) & p_{r+2}^{(n-r)}(t_0) & \cdots & p_n^{(n-r)}(t_0) \end{bmatrix} \begin{bmatrix} \delta y_{r+1}^{(k)}(t_0) \\ \delta y_{r+2}^{(k)}(t_0) \\ \vdots \\ \delta y_n^{(k)}(t_0) \end{bmatrix} = \begin{bmatrix} \delta y_{i_1}^{(k)}(t_f) \\ \delta y_{i_2}^{(k)}(t_f) \\ \vdots \\ \delta y_{i_{n-r}}^{(k)}(t_f) \end{bmatrix} \tag{5-132}$$

在對輔助方程（5-129）進行反向積分時要用到矩陣$\left(\frac{\partial \boldsymbol{g}}{\partial \boldsymbol{y}}\right)$，它一般是時變的，需要由方程（5-117）寫出解析形式後，再根據積分獲得的 $\boldsymbol{y}^{(k)}(t)$ 的運動軌跡進行計算。

③ 計算步驟

a. 確定偏微分項$\partial g_i/\partial y_j, i, j=1,2,\cdots,n$ 的解析表達式。

b. 初始化疊代計數器，設 $k=0$。

c. 已知狀態初始 $y_i^{(k)}(t_0)=c_i, i=1,2,\cdots,r$。

d. 對於 $k=0$，猜測未知初值 $y_i^{(k)}(t_0), i=r+1,\cdots,n$。

e. 根據狀態初值 $y_i^{(k)}(t_0), i=1,\cdots,n$，對式(5-117）進行積分，保存狀態變數 $y_i^{(k)}(t), i=1,\cdots,n, t_0\leqslant t\leqslant t_f$。

f. 按照式(5-131）確定輔助變數終端 $\boldsymbol{p}^{(m)}(t_f), m=1,\cdots,n-r$；根據保存的狀態變數軌跡 $y_i^{(k)}(t)$，計算各時間點上$\partial g_i/\partial y_j, i, j=1,2,\cdots,n$ 的值，由終端條件，對輔助方程（5-129），從 t_f 反向積分到 t_0，獲得 $\boldsymbol{p}^{(m)}(t_0)$，計算出式(5-132）左邊的矩陣。

g. 按照式(5-128）計算出式(5-132）右邊的向量。

h. 根據式(5-132）求解出修正量 $\delta y_i^{(k)}(t_0), i=r+1,\cdots,n$。

i. 修正疊代狀態初值 $y_i^{(k+1)}(t_0)=y_i^{(k)}(t_0)+\delta y_i^{(k)}(t_0), i=r+1,\cdots,n$。

j. 若 $\delta y_i^{(k)}(t_0), i=r+1,\cdots,n$ 的絕對值小於某一設定值，或者 k 大於某一最大疊代值，則終止計算；否則返回步驟 e。

除了打靶法以外，國外還有很多學者使用不同的數值優化方法求解這一問題，包括非線性規劃方法[16,17]、遺傳演算法[18]、模擬退火演算法[19]、蟻群演算法[20]等。有興趣的讀者可以參見相關文獻。

下面用一個例子對上述過程進行說明。設探測器初始質量為 3100kg，動力下降起始點從 100km×15km 環月軌道近月點開始，引擎推力 7500N，比衝 310s，終端目標高度為 30m，垂直速度為−2m/s。那麼優化出來的參數取值為

$$\begin{cases}\lambda_r(t_0)=-5.5048\times10^{-4}\\\lambda_v(t_0)=0.0077\\\lambda_\omega(t_0)=-3.6030\times10^{5}\\\lambda_m(t_0)=-0.1917\\t_{\mathrm{f}}=564.235\mathrm{s}\end{cases}$$

生成的標稱下降軌跡如圖 5-27 和圖 5-28 所示。

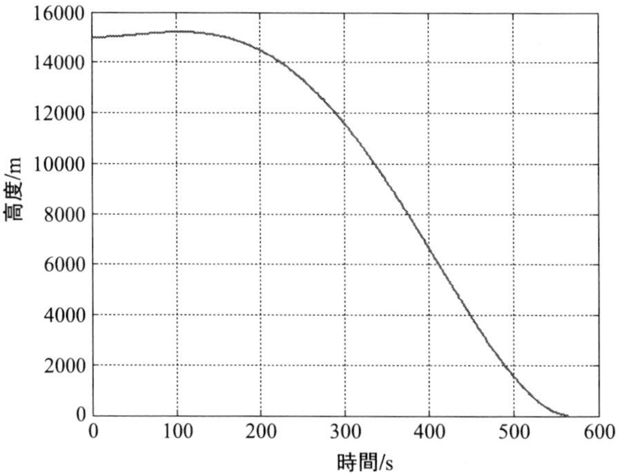

圖 5-27　標稱軌跡高度變化曲線

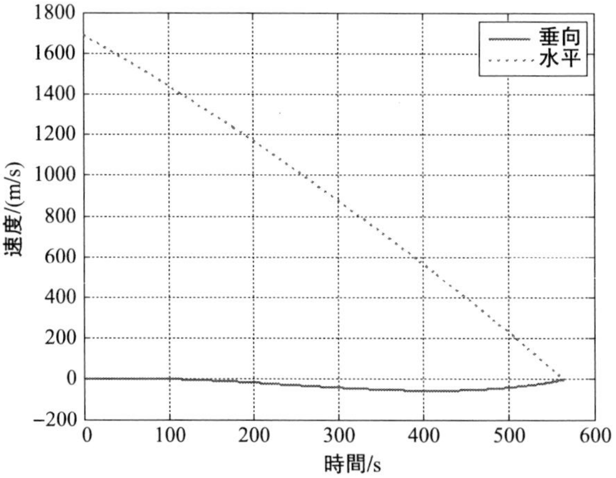

圖 5-28　標稱軌跡速度變化曲線

在這條軌跡中，標稱的引擎推力方向和推力大小見圖 5-29 和圖 5-30。推力的方向角從最開始的接近零度，逐漸增大到約 34°；這一過程中推力保持最大值。

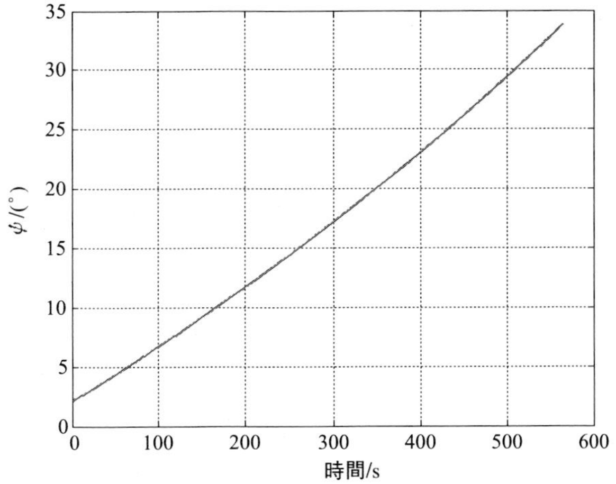

圖 5-29　標稱軌跡推力方向角

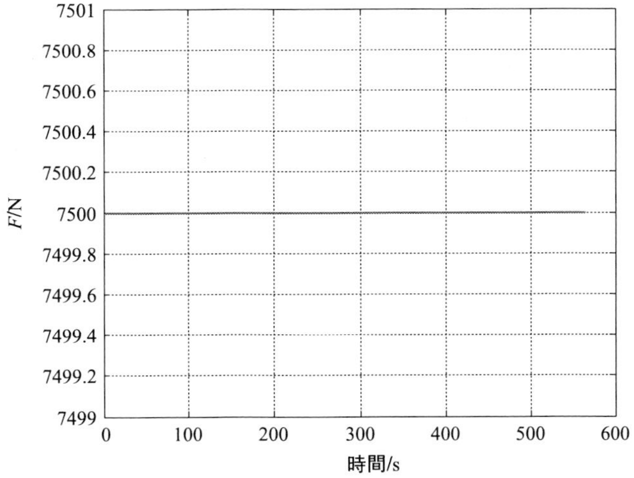

圖 5-30　標稱軌跡推力大小

標稱軌跡對應的推進劑消耗見圖 5-31。標稱情況下的推進劑消耗量為 1393kg。對比 5.3.2 節的例子可見，在相同的初始狀態和終端高度速度條件下，按照最佳控制生成的標稱軌跡推進劑消耗明顯小於四次多項式導引。

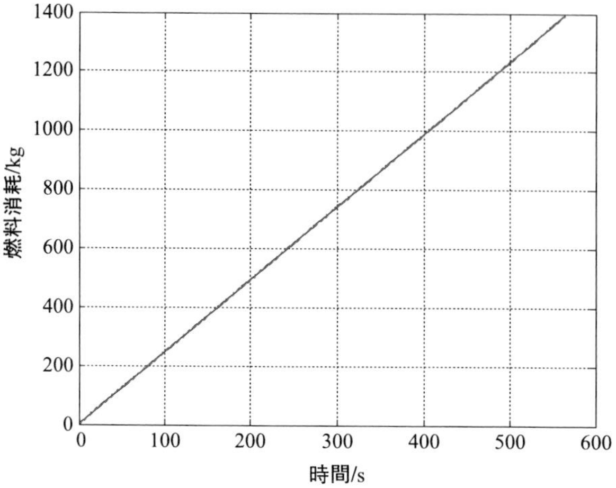

圖 5-31　標稱軌跡對應的推進劑消耗

5.4.2.2 標稱軌跡的追蹤

標稱軌跡設計完成後，為了克服下降過程的各種誤差，需要設計一種追蹤導引控制律，既對各種干擾和不確定性具有較強的魯棒性，又能與導引相匹配，具有較好的即時性。魯棒控制是解決這一問題的主流手段。目前，退步法是一種應用較為廣泛的設計方法，其主要思想是在每一步驟，通過選取適當的狀態變數作為子系統的虛擬控制輸入，設計虛擬控制律達到降低整個系統維數的目的，最後得到真正的回饋控制律，從而實現最終的控制目標。退步法雖然具有很多優點，但是存在「計算複雜性膨脹」的缺陷，特別是對於系統階數較高的情況尤其顯著。由於每一步遞推設計中都要對虛擬控制律進行重複求導，導致虛擬控制量所含項隨系統階數的增加以指數形式成長，使得計算量增加，控制律變得高度非線性和複雜。本節所介紹的方法對退步法進行了一定程度的改進，通過濾波的方法避免求解導數，從而簡化了計算。

針對 5.4.1.2 節介紹的系統，令 $u=r\omega$，表示水平速度，則式(5-62)可以改寫成

$$\begin{cases}\dot{r}=v\\ \dot{\theta}=u/r\\ \dot{u}=-(F/m)\cos\psi-uv/r\\ \dot{v}=(F/m)\sin\psi-\mu/r^2+u^2/r\\ \dot{m}=-F/I_{sp}\end{cases} \tag{5-133}$$

令狀態量 $\boldsymbol{x}_1=[r,\theta]^{\mathrm{T}}$，$\boldsymbol{x}_1=[u,v]^{\mathrm{T}}$，控制輸入量 $\boldsymbol{U}=[-(F/m)\cos\psi,(F/m)\sin\psi]^{\mathrm{T}}$，那麼式(5-133) 可以寫成如下 MIMO 不確定非自治系統形式：

$$\begin{aligned}\dot{\boldsymbol{x}}_1&=\boldsymbol{f}_1(\boldsymbol{x}_1,\boldsymbol{x}_2)+\boldsymbol{\Delta}_1(t,\boldsymbol{x}_1,\boldsymbol{x}_2)\\&=\boldsymbol{D}(\boldsymbol{x}_1)\boldsymbol{x}_2+\boldsymbol{\Delta}_1(t,\boldsymbol{x}_1,\boldsymbol{x}_2)\\\dot{\boldsymbol{x}}_2&=\boldsymbol{U}+\boldsymbol{f}_2(\boldsymbol{x}_1,\boldsymbol{x}_2)+\boldsymbol{\Delta}_2(t,\boldsymbol{x}_1,\boldsymbol{x}_2)\end{aligned}\tag{5-134}$$

其中

$$\boldsymbol{D}(\boldsymbol{x}_1)=\begin{bmatrix}0&1\\1/r&0\end{bmatrix}\tag{5-135}$$

$$\boldsymbol{f}_2(\boldsymbol{x}_1,\boldsymbol{x}_2)=\begin{bmatrix}-uv/r\\-\mu/r^2+u^2/r\end{bmatrix}\tag{5-136}$$

$\boldsymbol{\Delta}_1(t,\boldsymbol{x}_1,\boldsymbol{x}_2)$和$\boldsymbol{\Delta}_2(t,\boldsymbol{x}_1,\boldsymbol{x}_2)$ 是未知外界干擾、建模誤差及未建模動態的合成。

軌跡追蹤的目標就是以登陸器位置和速度標稱軌跡為參考輸入信號(狀態 $\boldsymbol{x}_1$、$\boldsymbol{x}_2$ 的參考值，用下標 r 表示) 設計控制器，通過調整推力的大小 F 和方向 ψ 對參考值實施追蹤。對於動力下降過程，模型 (5-133) 的參考輸入和不確定性擾動項滿足如下條件。

條件 1：對於 $\forall t\geqslant 0$，參考輸入信號 $\boldsymbol{x}_{ir},\dot{\boldsymbol{x}}_{ir},\ddot{\boldsymbol{x}}_{ir}(i=1,2)$ 均有界。

條件 2：$\|\boldsymbol{\Delta}_i(t,\boldsymbol{x}_1,\boldsymbol{x}_2)\|\leqslant\delta_i,i=1,2$，其中 δ_i 為已知正常數。

函數 $\boldsymbol{D}(\boldsymbol{x}_1)$ 滿足如下假設條件。

條件 3：$\boldsymbol{D}(\boldsymbol{x}_1)$ 有界，即存在常數 $d_1\geqslant d_0>0$，使得 $d_0\leqslant\boldsymbol{D}(x_1)\leqslant d_1$。

條件 4：$\boldsymbol{D}(\boldsymbol{x}_1)$ 可逆。

控制器的設計方法如下。

步驟 1，考慮閉環系統 (5-133) 的第一個子系統

$$\dot{\boldsymbol{x}}_1=\boldsymbol{D}(\boldsymbol{x}_1)\boldsymbol{x}_2+\boldsymbol{\Delta}_1(t,\boldsymbol{x}_1,\boldsymbol{x}_2)\tag{5-137}$$

定義誤差狀態向量 $\boldsymbol{S}_1=\boldsymbol{x}_1-\boldsymbol{x}_{1r}$，並對其進行求導得

$$\dot{\boldsymbol{S}}_1=\boldsymbol{D}(\boldsymbol{x}_1)\boldsymbol{x}_2+\boldsymbol{\Delta}_1(t,\boldsymbol{x}_1,\boldsymbol{x}_2)-\dot{\boldsymbol{x}}_{1r}\tag{5-138}$$

其中，$\boldsymbol{x}_{1r}$是位置參考信號。

取虛擬控制

$$\boldsymbol{x}_{2\mathrm{d}}=\boldsymbol{D}(\boldsymbol{x}_1)^{-1}(-\boldsymbol{k}_1\boldsymbol{S}_1+\dot{\boldsymbol{x}}_{1r})\tag{5-139}$$

其中，$\boldsymbol{k}_1$ 是設計的常值參數對角矩陣。

引入新的狀態變數 $\boldsymbol{z}_2$，它是由 $\boldsymbol{x}_{2\mathrm{d}}$通過時間常數為 τ_{d} 的一階濾波器得到的估計值，即

$$\tau_{\mathrm{d}}\dot{\boldsymbol{z}}_2+\boldsymbol{z}_2=\boldsymbol{x}_{2\mathrm{d}},\boldsymbol{z}_2(0)=\boldsymbol{x}_{2\mathrm{d}}(0)\tag{5-140}$$

這樣處理的好處是避免了對 $\boldsymbol{x}_{2d}$ 的非線性項求導，避免了計算膨脹問題，簡化了控制律運算。

步驟 2，定義第二個誤差平面為

$$\boldsymbol{S}_2=\boldsymbol{x}_2-\boldsymbol{z}_2 \tag{5-141}$$

對式(5-141) 等號兩端進行求導，並將系統 (5-133) 第二個方程代入得

$$\dot{\boldsymbol{S}}_2=\boldsymbol{U}+\boldsymbol{f}_2(\boldsymbol{x}_1,\boldsymbol{x}_2)+\boldsymbol{\Delta}_2(t,\boldsymbol{x}_1,\boldsymbol{x}_2)-\dot{\boldsymbol{z}}_2 \tag{5-142}$$

於是，軌跡追蹤系統最終的真正控制律為

$$\boldsymbol{U}=-\boldsymbol{f}_2(\boldsymbol{x}_1,\boldsymbol{x}_2)+\dot{\boldsymbol{z}}_2-\boldsymbol{k}_2\boldsymbol{S}_2 \tag{5-143}$$

從上述推導過程可以發現，雖然最終的真正控制器是由系統最後一個方程導出的，但其中包含了第一個子系統的回饋資訊，因此可以實現對第一個狀態向量 $\boldsymbol{x}_1$ 的追蹤控制。在軟登陸的實際過程中，受到的干擾和不確定性及其對應的狀態或狀態導數相比，影響比較小，即 δ_i 數量級遠遠小於 $\dot{\boldsymbol{x}}_i$，這樣通過系統方程可以看出，所涉及的控制器可以實現位置和速度的全狀態追蹤。

月球擾動、測量誤差和推力誤差相對較小是標稱軌跡追蹤法的前提。如果下降過程中擾動對整個系統影響較大，則需要針對新的系統模型重新進行最佳標稱軌跡的規劃。這也正是標稱軌跡方法的侷限性。

這裡所給出的標稱軌跡追蹤方法是 Lyapunov 穩定的，有興趣的讀者可以參見文獻[21]。

5.4.3 重力轉彎最佳導引方法

5.4.3.1 開環方法

5.3.1 節介紹的各種重力轉彎閉環軌跡追蹤導引律本身是沒有考慮推進劑消耗的。5.4.1 節提出了推進劑約束下的最佳導引問題。借鑑類似思路，中國學者也提出了在重力轉彎導引設計中考慮推進劑消耗最佳的方法。通過最佳控制理論分析表明，最佳的重力轉彎導引律是一種 Bang-Bang 控制，只需要控制引擎開關，不需要調節推力大小，而且開關次數最多進行一次。在此基礎上，設計了切換函數，並通過該函數實現重力轉彎過程推力大小切換的方式[22]。

考慮最終登陸段，可假設探測器縱軸與天向的夾角 ψ 為小角度（如圖 5-9 所示），則可將動力學方程 (5-9) 簡化為

$$\begin{cases}\dot{h}=-v\\ \dot{v}=-\dfrac{F}{m}+g\\ \dot{\psi}=-\dfrac{g\psi}{v}\\ \dot{m}=-\dfrac{F}{I_{sp}}\end{cases} \tag{5-144}$$

其中，$0\leqslant F_{min}\leqslant F\leqslant F_{max}$。

為了使得重力轉彎過程推進劑消耗最佳，那麼有如下性能指標函數取極大。

$$J=\int_{t_0}^{t_f}\dot{m}(t)\mathrm{d}t=m(t_f)-m(t_0) \tag{5-145}$$

對於這種軟登陸問題，燃料最佳問題等價於登陸時間最佳問題[23]，性能指標函數為

$$J=-\int_{t_0}^{t_f}\mathrm{d}t=-t_f+t_0 \tag{5-146}$$

根據極大值原理構造哈密頓函數

$$\begin{aligned}H&=-\lambda_h v+\lambda_v\left(-\frac{F}{m}+g\right)-\lambda_\psi\frac{g\psi}{v}-\lambda_m\frac{F}{I_{sp}}-1\\&=-\lambda_h v+\lambda_v g-\lambda_\psi\frac{g\psi}{v}-\left(\frac{\lambda_v}{m}+\frac{\lambda_m}{I_{sp}}\right)F-1\end{aligned} \tag{5-147}$$

其中，λ_h、λ_v、λ_ψ、λ_m 是共軛狀態。根據式(5-147) 可以得到

$$\frac{\partial H}{\partial F}=-\left(\frac{\lambda_v}{m}+\frac{\lambda_m}{I_{sp}}\right) \tag{5-148}$$

所以式(5-147) 又可以變為

$$H=-\lambda_h v+\lambda_v g-\lambda_\psi\frac{g\psi}{v}+\frac{\partial H}{\partial F}F \tag{5-149}$$

協態方程為

$$\begin{cases}\dot{\lambda}_h=0\\ \dot{\lambda}_v=\lambda_h-\lambda_\psi\dfrac{g\psi}{v^2}\\ \dot{\lambda}_\psi=\lambda_\psi\dfrac{g}{v}\\ \dot{\lambda}_m=-\dfrac{\lambda_v F}{m^2}\end{cases} \tag{5-150}$$

使哈密頓函數為最大的控制就是最佳控制，即

$$F(t)=\begin{cases}F_{\max}, \dfrac{\lambda_v}{m}+\dfrac{\lambda_m}{I_{sp}}<0\\ F_{\min}, \dfrac{\lambda_v}{m}+\dfrac{\lambda_m}{I_{sp}}>0\end{cases} \tag{5-151}$$

如果存在一個有限區間 $[t_1, t_2]\subset[0, t_f]$ 使得

$$\frac{\partial H}{\partial F}=-\left(\frac{\lambda_v}{m}+\frac{\lambda_m}{I_{sp}}\right)=0 \tag{5-152}$$

則最佳控制 $F(t)$ 取值不能由哈密頓函數確定。此時，如果最佳解存在，則稱為奇異解，式(5-152) 稱為奇異條件。

對於本節的最佳導引問題，有以下幾個性質。

① 式(5-144) 是自治系統，沿最佳控制軌跡的哈密頓函數滿足 $H(t)\equiv 0$。

② 令 $T(t)=\lambda_\psi(t)\psi(t)$，可以證明 $T(t)\equiv 0$。

對 $T(t)$ 求導，並將狀態方程和協態方程中的 $\dot{\psi}\dot{\lambda}_\psi$ 代入其中，則有

$$\dot{T}(t)=\dot{\lambda}_\psi(t)\psi(t)+\lambda_\psi(t)\dot{\psi}(t)=0 \tag{5-153}$$

由於 $\psi(t_f)$ 自由，根據橫截條件有 $\lambda_\psi(t_f)=0$，所以 $T(t_f)=0$。式(5-153) 已證明 $\dot{T}(t)=0$，所以 $T(t)\equiv 0$。

③ λ_h 在 $[0, t_f]$ 上為常數 [式(5-150) 中 $\dot{\lambda}_h=0$]。

④ 切換函數對時間的導數為

$$\begin{aligned}\frac{\mathrm{d}}{\mathrm{d}t}\left(\frac{\partial H}{\partial F}\right)&=-\frac{m\dot{\lambda}_v-\lambda_v\dot{m}}{m^2}-\frac{\dot{\lambda}_m}{I_{sp}}\\&=-\frac{m\left(\lambda_h-\lambda_\psi\dfrac{g\psi}{v^2}\right)+\lambda_v\dfrac{F}{I_{sp}}}{m^2}+\frac{\dfrac{\lambda_v F}{m^2}}{I_{sp}}\\&=-\frac{\lambda_h}{m}+\frac{g}{mv^2}\lambda_\psi\psi\\&=-\frac{\lambda_h}{m}\end{aligned} \tag{5-154}$$

利用這幾個性質可以得到如下兩個定理[22]。

定理 1 月球重力轉彎軟登陸系統（5144）的燃料最佳導引或時間最佳導引問題不存在奇異條件。

定理 2 對於月球重力轉彎軟登陸過程，其開關控制器的最佳推力程式（5-151）最多進行一次切換。

根據這兩個定理，可以發現登陸過程的可能工作方式只有 4 種：①最大；②最小；③最大-最小；④最小-最大。通常引擎的最小推力小於探測器重力，以保證探測器能夠向下加速。在此基礎上討論這四種方式

的可行性。方式①下軟登陸起始點就是最大推力點；方式②和③不可能實現軟登陸；方式④是通常情況下的最佳登陸方式，即探測器先作最小推力加速下降，然後引擎調到最大進行減速，並軟登陸到月面。

由於開關函數$\frac{\lambda_v}{m}+\frac{\lambda_m}{I_{sp}}$中含有協態，它是一個關於狀態的隱式表達式。為了實現即時導引，需要求出關於狀態的切換函數。

設開機時間為$t_0=0$，引擎開機後到關機的時間為$t_{go}=t_f-t_0$，對動力學方程（5-144）進行積分，並考慮到$h(t_0)=h_0$，$v(t_0)=v_0$，$m(t_0)=m_0$，$h(t_f)=h_f$，$v(t_f)=v_f$，則有

$$\begin{cases} h_f=h_0-v_0 t_{go}-\frac{1}{2}g t_{go}^2+I_{sp}\left(\frac{m_0 I_{sp}}{F}-t_{go}\right)\ln\left(1-\frac{F}{m_0 I_{sp}}t_{go}\right) \\ v_f=v_0+g t_{go}+I_{sp}\ln\left(1-\frac{F}{m_0 I_{sp}}t_{go}\right) \end{cases} \tag{5-155}$$

對上式進行變換，有

$$\begin{cases} h_0=h_f+v_f t_{go}-\frac{1}{2}g t_{go}^2-\frac{m_0 I_{sp}^2}{F}\ln\left(1-\frac{F}{m_0 I_{sp}}t_{go}\right) \\ v_0=v_f-g t_{go}-I_{sp}\ln\left(1-\frac{F}{m_0 I_{sp}}t_{go}\right) \end{cases} \tag{5-156}$$

如果能從上式中消去t_{go}，就可以得到一個關於h_0和v_0的方程$f(h_0,v_0)=0$，稱為切換方程。探測器首先處於最小推力下降狀態，如果當前的高度h_0和速度v_0滿足該切換方程，就將引擎推力調到最大進行制動。但是直接從方程（5-156）得到切換方程的解析形式很困難，一種方法是數值求解，比如根據當前v_0和目標v_f，使用方程（5-156）的第二式，用數值疊代方法求出t_{go}，再判斷方程（5-156）的第一式是否成立。另一種方法是進行近似，對式(5-156）中的對數進行二階泰勒展開：

$$\ln\left(1-\frac{F}{m_0 I_{sp}}t_{go}\right)\approx-\frac{F}{m_0 I_{sp}}t_{go}-\frac{1}{2}\left(\frac{F}{m_0 I_{sp}}\right)^2 t_{go}^2 \tag{5-157}$$

代入式(5-156）後，有

$$\begin{cases} h_0=h_f+(v_f+I_{sp})t_{go}+\frac{1}{2}\left(\frac{F}{m_0}-g\right)t_{go}^2 \\ v_0=v_f+\left(\frac{F}{m_0}-g\right)t_{go}+\frac{1}{2}I_{sp}\left(\frac{F}{m_0 I_{sp}}\right)^2 t_{go}^2 \end{cases} \tag{5-158}$$

這是兩個關於t_{go}的一元二次方程組，很容易消去t_{go}，得到關於h_0和v_0的方程。

應該看到，這種 Bang-Bang 控制方法對參數非常敏感，速度、位置的

誤差以及引擎推力的誤差都會影響登陸效果。一種方法是將終端高度向上提高，在該階段之後增加一段垂直下降閉環控制軌跡；另一種方法是將重力轉彎最大推力段改為閉環控制，這就是下一節將要介紹的內容。

5.4.3.2 閉環方法

考慮到在最終登陸段重力轉彎 Bang-Bang 控制時，最大推力下降段持續時間不長，這段時間探測器自身消耗的推進劑相對較少，最大推力下產生的加速度接近常加速度，所以將最大推力段變為常加速度過程，並在推力從小切到大之後以常值加速度生成目標軌跡，之後實施連續閉環控制[24]。

預先設定重力轉彎閉環階段高度方向的參考軌跡為勻減速下降軌跡，加速度為 a_{ref}，其大小可取為

$$a_{\text{ref}}=\frac{F_{\max}}{m_{\text{ref}}}-g \tag{5-159}$$

其中，m_{ref}是探測器的參考質量，它應該小於動力下降初始質量，並大於落月質量，使得參考加速度在制動引擎的能力範圍內。

(1) 時間-高度追蹤法

這種方法的基本思想是在引擎大推力工作階段追蹤勻減速下降軌跡。如果該勻減速下降軌跡用時間的高度函數描述時，就需要首先確定小推力與大推力的切換時刻，然後從該時刻開始追蹤設計的勻減速下降軌跡。

切換函數為

$$f(h,v)=h-h_{\text{f}}-\frac{v^2}{a_{\text{ref}}} \tag{5-160}$$

如果 $f(h,v)>0$，則重力轉彎處於第一階段，引擎輸出最小推力 $F=F_{\min}$；否則重力轉彎轉入第二階段，記錄此時的探測器高度和時間，分別記為 h_{switch}和時間 t_{switch}。接下來就可以計算當前時刻 t 的參考軌跡。

$$\begin{cases}h_{\text{ref}}=h_{\text{switch}}-\sqrt{2a_{\text{ref}}(h_{\text{switch}}-h_{\text{f}})}(t-t_{\text{switch}})+\dfrac{1}{2}a_{\text{ref}}(t-t_{\text{switch}})^2\\ \dot{h}_{\text{ref}}=-\sqrt{2a_{\text{ref}}(h_{\text{switch}}-h_{\text{f}})}+a_{\text{ref}}(t-t_{\text{switch}})\\ \ddot{h}_{\text{ref}}=a_{\text{ref}}\end{cases} \tag{5-161}$$

根據 5.3.1 節的時間-高度追蹤方式控制方法，由式(5-26) 有

$$F=\frac{m}{\cos\psi}\left[g\left(1-\frac{\tau\sin^2\psi}{v+\tau}\right)+\ddot{h}_{\text{ref}}-c_2(\dot{h}-\dot{h}_{\text{ref}})-c_1(h-h_{\text{ref}})\right] \tag{5-162}$$

其中，τ 是一個小常數，以避免速度 v 為 0 時式(5-162) 出現分母為 0 的

情況。c_1 和 c_2 是正數，它們的選取應當使得如下方程穩定：

$$(\ddot{h}-\ddot{h}_{\text{ref}})+c_2(\dot{h}-\dot{h}_{\text{ref}})+c_1(h-h_{\text{ref}})=0 \tag{5-163}$$

下面以與5.3.1節案例相同的條件對重力轉彎閉環最佳導引方法進行驗證。初始高度 $h_0=2000\text{m}$，初始速度 $v_0=20\text{m/s}$，速度方向與重力方向的夾角的初值 $\psi_0=60°$，初始質量為1400kg，終端高度為 $h_f=100\text{m}$，終端速度為 $v_f=0.2\text{m/s}$。引擎推力範圍限制在1500～7500N之間，比衝310s。

本節採用時間-高度追蹤方式，閉環過程時的參考加速度 $a_{\text{ref}}=3.7371\text{m/s}^2$，控制器參數 $c_1=8$，$c_2=6$，$\tau=0.1$。

重力轉彎閉環最佳導引全過程時間-高度曲線和時間-速度曲線見圖5-32和圖5-33。與5.3.1節的情況相似，高度單調下降，但速度大小是先增大再減小，其中速度增大的一段就是探測器以最小推力開環加速下降的過程。引擎輸出的推力如圖5-34所示。當系統判斷出需要轉入閉環軌跡追蹤後，引擎輸出推力增大到最大值附近，並實施針對參考軌跡的連續控制。整個重力轉彎過程速度與重力方向的夾角如圖5-35所示，很明顯探測器縱軸逐漸轉為垂直。下降過程探測器的質量變化如圖5-36所示，消耗推進劑58.3kg，比5.3.1節的結果節省推進劑約13kg。其中最為重要的原因是，本導引律中引擎從最小推力狀態切出以後始終保持在近似最大推力狀態，非常接近「最小-最大」的最佳控制效果。

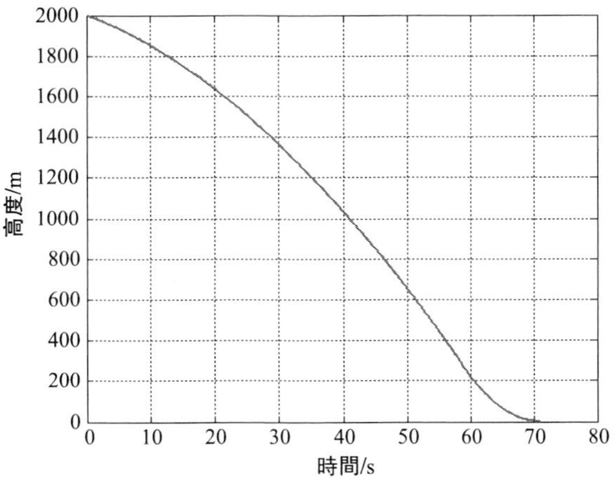

圖 532 重力轉彎閉環最佳導引（時間-高度追蹤）時間-高度曲線

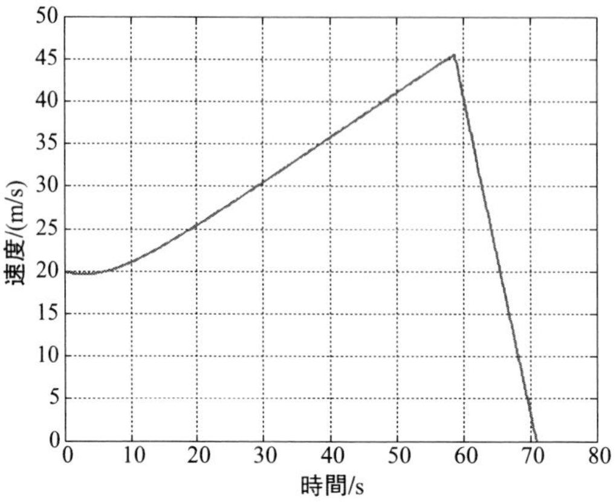

圖 5-33　重力轉彎閉環最佳導引（時間-高度追蹤）時間-速度曲線

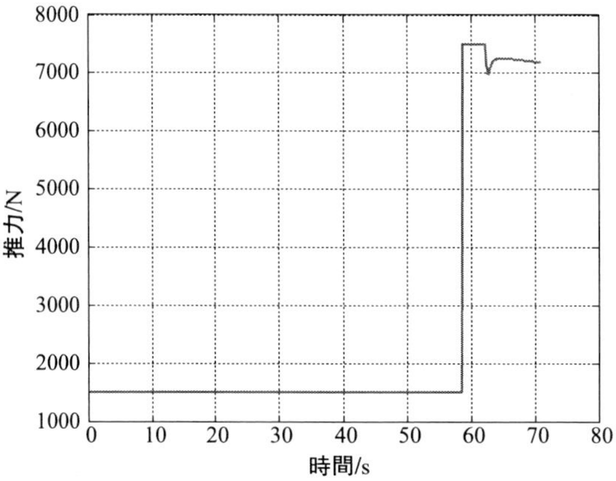

圖 5 34　重力轉彎閉環最佳導引（時間-高度追蹤）時間-推力曲線

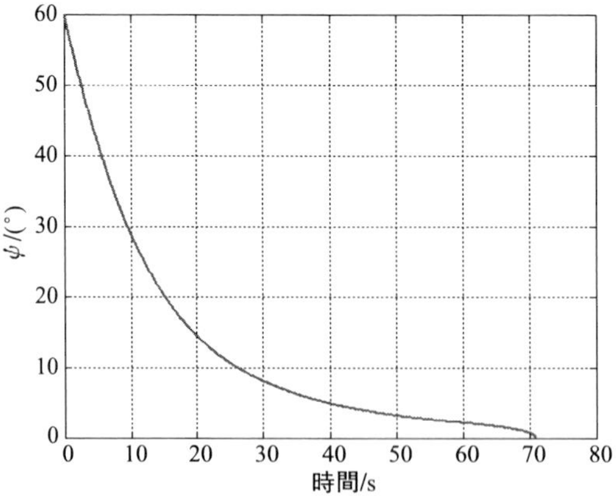

圖 5-35　重力轉彎閉環最佳導引（時間-高度追蹤）速度方向與重力方向的夾角

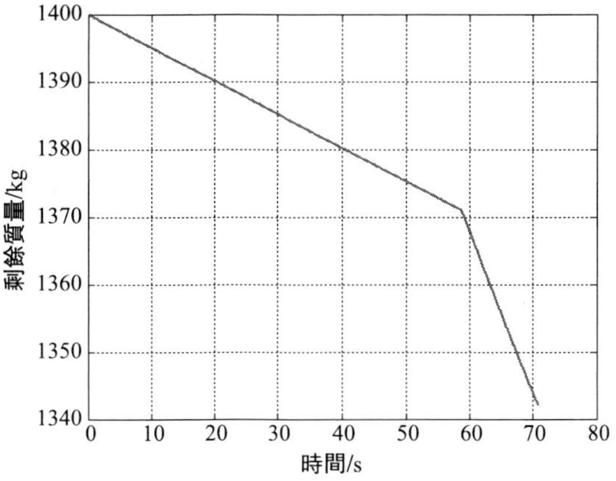

圖 5-36　重力轉彎閉環最佳導引（時間-高度追蹤）過程探測器剩餘質量

（2）速度-高度追蹤

對於勻減速下降軌跡，還可以將高度寫成速度的二次函數，即

$$\tilde{h}=f(v)=\frac{v^2}{2a_{\mathrm{ref}}}+h_{\mathrm{f}}$$

$$f'(v)=\frac{v}{a_{\mathrm{ref}}}$$

於是也可以使用 5.3.1 節的速度-高度追蹤法。針對與之前仿真相同的初始條件，設 $a_{\mathrm{ref}}=3.7371\mathrm{m/s^2}$，用速度-高度追蹤時的下降過程曲線如圖 5-37～圖 5-41 所示。對比圖 5-32～圖 5-36，不難發現整個過程與時間-高度追蹤方法非常接近，而且引擎輸出更為平滑。另外，採用這種方法也無需計算推力切換函數。

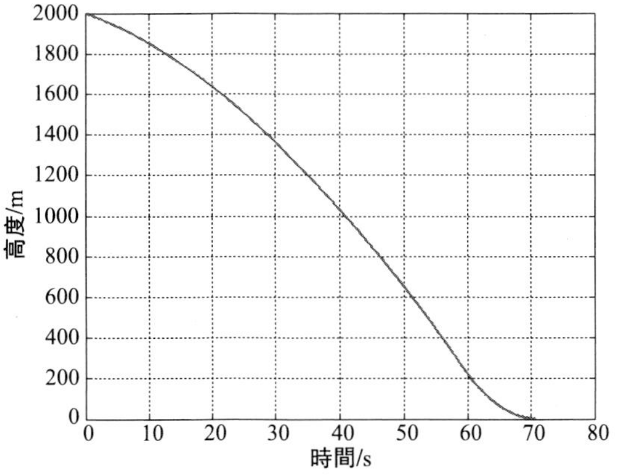

圖 5-37　重力轉彎閉環最佳導引（速度-高度追蹤）時間-高度曲線

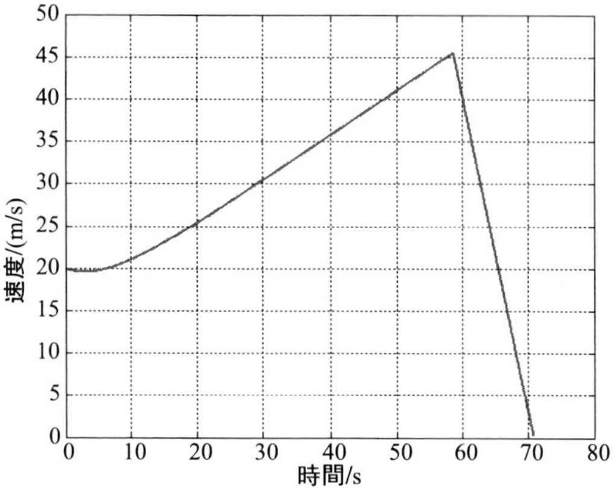

圖 5-38　重力轉彎閉環最佳導引（速度-高度追蹤）時間-速度曲線

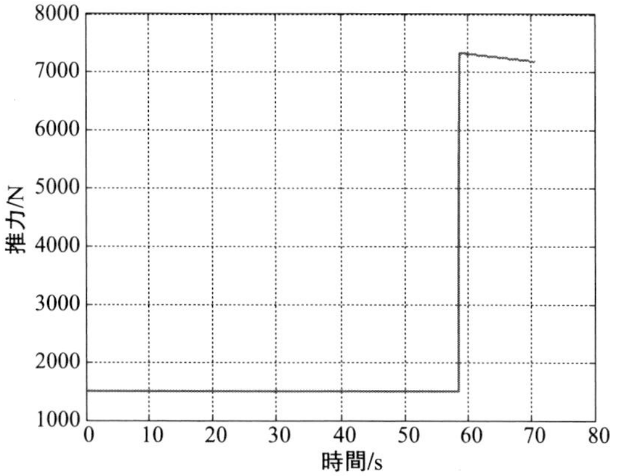

圖 5-39　重力轉彎閉環最佳導引（速度-高度追蹤）時間-推力曲線

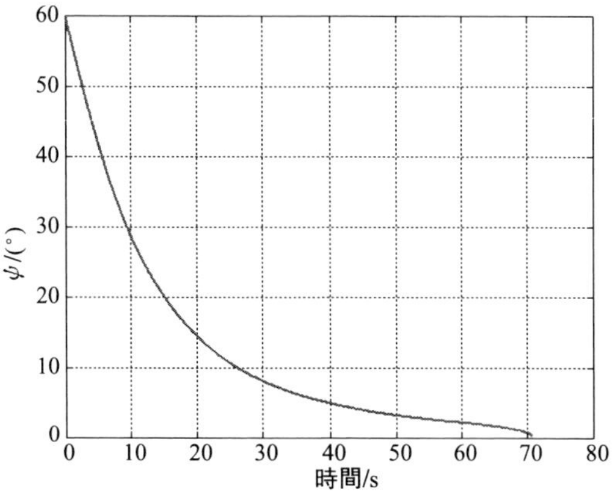

圖 5-40　重力轉彎閉環最佳導引（速度-高度追蹤）速度方向與重力方向的夾角

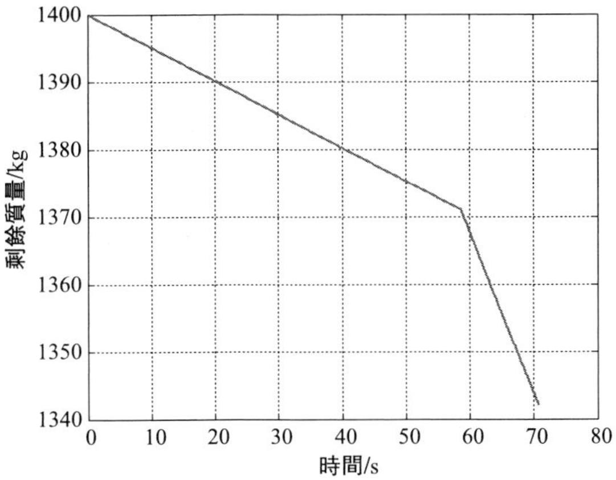

圖 5-41　重力轉彎閉環最佳導引（速度-高度追蹤）過程探測器剩餘質量

5.4.4 顯式導引方法

5.4.4.1 終端四狀態約束的顯式導引方法

終端四個狀態約束包括高度和三維速度。根據 5.4.1.3 節的內容，假設後續下降軌跡下的月表為平面，重力場為常數，那麼

初始條件是

$$\begin{cases} \zeta(t_0)=\zeta_0 \\ \eta(t_0)=\eta_0 \\ \xi(t_0)=\xi_0 \\ u(t_0)=u_0 \\ v(t_0)=v_0 \\ w(t_0)=w_0 \end{cases} \tag{5-164}$$

終端目標是

$$\begin{cases} \xi(t_f)=\xi_f \\ u(t_f)=u_f \\ v(t_f)=v_f \\ w(t_f)=w_f \end{cases} \tag{5-165}$$

在本節中，將推力的方向角進行重新定義，如圖 5-42 所示。

$$
\begin{aligned}
D_\zeta &= \cos\psi\cos\theta \\
D_\eta &= \sin\psi\cos\theta \\
D_\xi &= \sin\theta
\end{aligned}
\tag{5-166}
$$

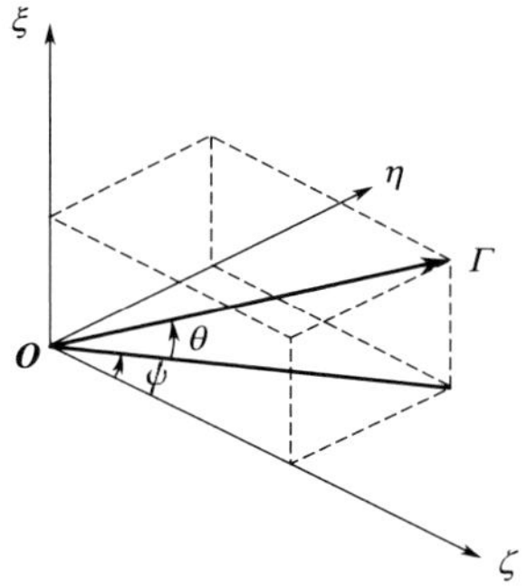

圖 5-42　終端四狀態約束顯式導引中推力方向角定義

可以算出推力方向角為

$$
\begin{aligned}
\tan\theta &= \pm\frac{D_\xi}{\sqrt{D_\zeta^2+D_\eta^2}} \\
\tan\psi &= \frac{D_\eta}{D_\zeta}
\end{aligned}
\tag{5-167}
$$

根據式(5-94)，上式可以變化為

$$
\begin{aligned}
\tan\theta &= \pm\frac{\lambda_w}{\sqrt{\lambda_u^2+\lambda_v^2}} \\
\tan\psi &= \frac{\lambda_v}{\lambda_u}
\end{aligned}
\tag{5-168}
$$

由於落點水平位置不受約束，即 $\zeta(t_f)$ 和 $\eta(t_f)$ 自由，那麼根據極大值原理的橫截條件可得 $\lambda_\zeta(t_f)=0$ 和 $\lambda_\eta(t_f)=0$；再加上由式(5-90) 可知 $\boldsymbol{\lambda}_r=[\lambda_\zeta,\lambda_\eta,\lambda_\xi]^{\mathrm{T}}$ 是常數，所以 $\lambda_\zeta\equiv 0$，$\lambda_\eta\equiv 0$，結合式(5-97) 還可以進一步推出

$$
\begin{aligned}
\lambda_u &= \lambda_{uf} \\
\lambda_v &= \lambda_{vf} \\
\lambda_w &= -\lambda_\xi(t-t_f)+\lambda_{wf}
\end{aligned}
\tag{5-169}
$$

這表明 λ_u 和 λ_v 是常數，λ_w 是時間的一次函數。

將式(5-169) 代入式(5-168) 可以看到，在落點水平位置不作約束的前提下，滿足燃料最佳的姿態角 θ 和 ψ，具有如下形式：

$$\tan\psi=\tan\psi_0 \qquad (5\text{-}170)$$

$$\tan\theta=\kappa_1+\kappa_2 t$$

其中，ψ_0、κ_1、κ_2 是常數。

對於登陸任務來說，除了登陸的最後階段，引擎的推力主要用於減速，因此姿態角 θ 通常比較小[25]，由此，可以近似認為

$$\cos\theta\approx 1 \qquad (5\text{-}171)$$

$$\sin\theta\approx\kappa_1+\kappa_2 t$$

忽略推進劑消耗帶來的質量變化，認為由引擎產生的推力加速度大小（用 a_N 表示）為常值（這種假設是不準確的，但隨著探測器逐漸接近最終目標，這種假設帶來的誤差也逐漸減小），那麼探測器的運動方程可以表示為

$$\begin{aligned}\dot{\zeta}&=w\\ \dot{u}&=a_N\cos\psi_0\\ \dot{v}&=a_N\sin\psi_0\\ \dot{w}&=a_N(\kappa_1+\kappa_2 t)-g\end{aligned} \qquad (5\text{-}172)$$

對式(5-172) 進行積分就可以獲得從初始條件到終端約束之間的轉換關係，由此可以解出四個待求的參數 ψ_0、κ_1、κ_2 以及 t_{go}[26]。最終得到的參數計算結果如下：

$$\psi=\arctan\frac{v_f-v_0}{u_f-u_0} \qquad (5\text{-}173)$$

$$\theta=\arcsin\left[\frac{a_V-(u_0^2+v_0^2)/\xi_0+g}{a_N}\right] \qquad (5\text{-}174)$$

其中

$$t_{go}=\frac{\sqrt{(u_f-u_0)^2+(v_f-v_0)^2}}{a_H} \qquad (5\text{-}175)$$

$$a_V=\frac{[6(\xi_f-\xi_0)-2(w_f+2w_0)t_{go}]}{t_{go}^2} \qquad (5\text{-}176)$$

a_H 是 a_N 的水平分量。

這種導引律可以用於登陸的前期，但不適合將導引目標直接設為登陸月面，這是由導引律的假設前提決定的。此外該導引律對終端的飛行姿態也沒有約束，所以不能保證垂直登陸。

下面用一個例子來進行說明。假設探測器的動力下降起始點位於 15km× 100km 橢圓環月軌道近月點，初值質量 3100kg，引擎推力 7500N，比衝 310s。制動段採用本節介紹的顯式導引方法，終端目標

為 $\xi_f = 3000m + R_m$，$u_f = 70\text{m/s}$，$v_f = -2\text{m/s}$，$w_f = -20\text{m/s}$。這個例子中終端高度、前向水平速度 u_f 和垂向速度 w_f 均不為零，目的是便於與後續飛行階段進行銜接，橫向水平速度 v_f（速度在軌道面外的分量）也不為零，這主要是考慮探測器需要跟上月球自轉引起的線速度。

制動過程的高度變化曲線和速度變化曲線分別如圖 5-43 和圖 5-44 所示，圖中圓圈表示導引目標，可見終端目標均能達到。終端水平位置並不約束，對應的探測器制動過程的航程和橫程變化曲線如圖 5-45 所示。所謂航程，是指終端位置在初始軌道平面內的投影與動力下降起始點之間的月球標準球大圓弧長。所謂橫程，是指終端位置與初始軌道面形成的夾角所對應的月球標準球大圓弧長。這個過程中引擎推力的方向角（定義見圖 5-42）如圖 5-46 所示，推力偏航角 ψ 約為 180° 並比 180°稍大，這主要的原因是引擎推力需要降低下降的水平速度，並要產生終端垂直飛行方向且取值為 -2m/s 的水平速度（$v_f = -2\text{m/s}$）。推力的俯仰角 θ 在最開始時為負，表明引擎推力方向向上，目的是克服軌道速度產生的離心加速度。之後逐漸增大到 30°，這樣推力加速度具有向上的垂向分量，可以在一定程度克服月球重力的影響，避免下降速度過快。

整個制動過程飛行時長 542.7s，消耗推進劑 1339.9kg，如圖 5-47 所示。

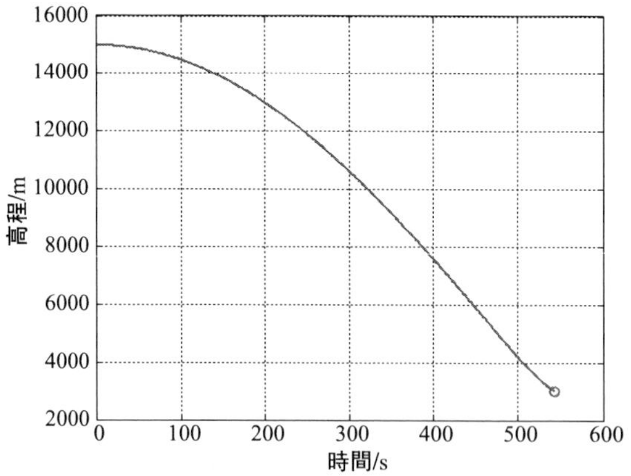

圖 5-43　次佳顯式導引的高度變化曲線

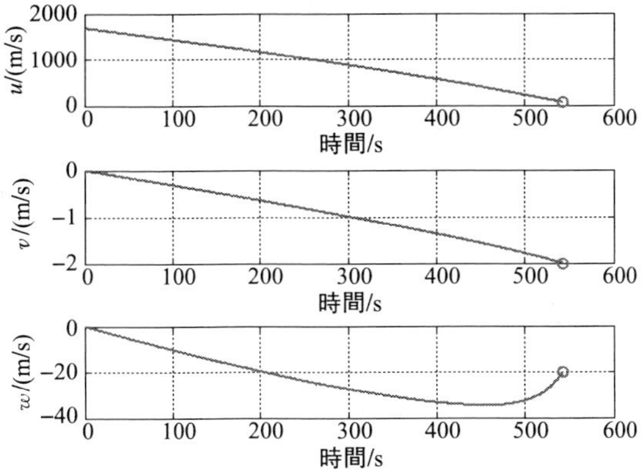

圖 5-44 次佳顯式導引的速度曲線

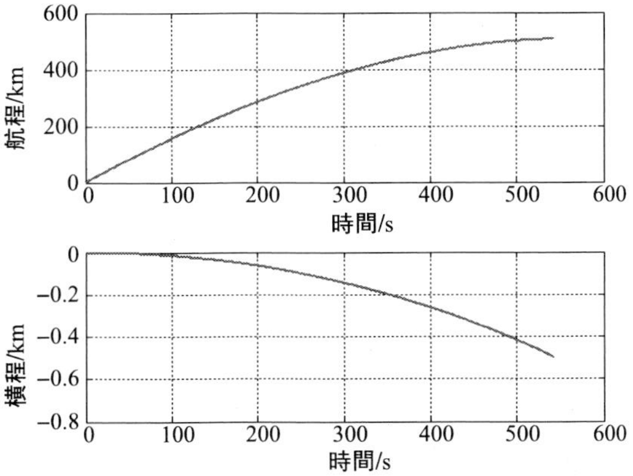

圖 5-45 次佳顯式導引的航程和橫程曲線

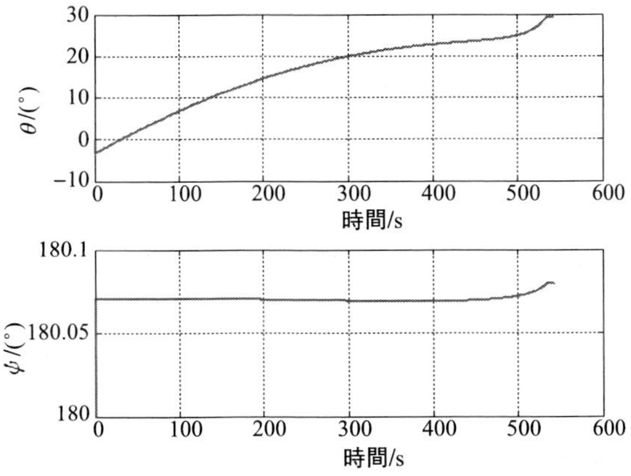

圖 5-46 次佳顯式導引的推力方向角曲線

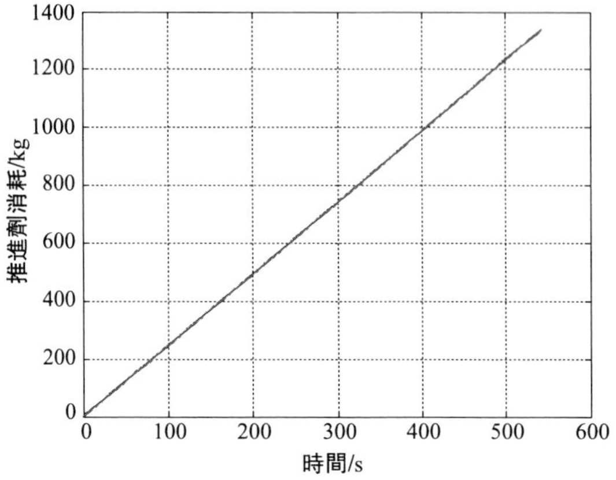

圖 5-47 次佳顯式導引的推進劑消耗

5.4.4.2 終端五狀態約束的顯式導引方法

終端六個狀態約束包括位置的三個分量和速度的三個分量。當引擎不使用 Bang-Bang 控制，始終保持最大狀態時，這六個分量不能同時達到，最多只能控制其中的五個。將終端位置用高度、航程、橫程三個分量描述時，從登陸安全的角度出發，通常不對航程進行控制。

能夠滿足終端五約束的常推力顯式導引具體演算法有多種，本節只介紹其中的代表——動力顯式導引。這種導引律已在國外多個月球登陸探測項目中得到應用[27,28]。動力顯式導引（PEG）最早是針對太空梭上升段設計的[29]，研究表明它也適用於各種不同的大氣層外動力飛行過程。

在 5.4.1.3 節得到了一個重要結論，在平面假設條件下，動力下降最佳推力方向滿足雙線性正切關係，詳見式(5-99)。動力顯式導引就是一種雙線性正切導引律。雖然動力顯式導引本身是針對球面模型的，即取消了平面假設，但是雙線性正切導引律仍然是燃料最佳問題的近似解。因此，推力方向強制滿足如下關係：

$$\boldsymbol{\lambda}_F = \boldsymbol{\lambda}_v + \dot{\boldsymbol{\lambda}}(t - t_\lambda) \tag{5-177}$$

其中，$\boldsymbol{\lambda}_F$ 代表推力的方向；$\boldsymbol{\lambda}_v$ 代表需要的速度增量的方向；$\dot{\boldsymbol{\lambda}}$ 代表 $\boldsymbol{\lambda}_F$ 的變化率；t 是連續變化的時間；t_λ 是一個參考時間。這三個量都是常數。

直接使用 5.2.1 節定義的導引座標系，將該座標系視為一個瞬時慣性系，並將 ζ、η、ξ 軸分別用符號 x、y、z 替代，則式(5-177) 在 z 向

（高度）和 x 向（航程）分別有

$$\lambda_{F_z}=\lambda_{v_z}+\dot{\lambda}_z(t-t_\lambda) \tag{5-178}$$

$$\lambda_{F_x}=\lambda_{v_x}+\dot{\lambda}_x(t-t_\lambda) \tag{5-179}$$

將 z 分量與 x 分量相除，於是有

$$\tan\theta=\frac{\lambda_{v_z}+\dot{\lambda}_z(t-t_\lambda)}{\lambda_{v_x}+\dot{\lambda}_x(t-t_\lambda)} \tag{5-180}$$

用 t_c 表示當前時間，用 t_{go} 表示剩餘點火時間，那麼 $\boldsymbol{\lambda}_F$、$\boldsymbol{\lambda}_v$ 和 $\dot{\boldsymbol{\lambda}}$ 的幾何關係可以圖 5-48 表示。

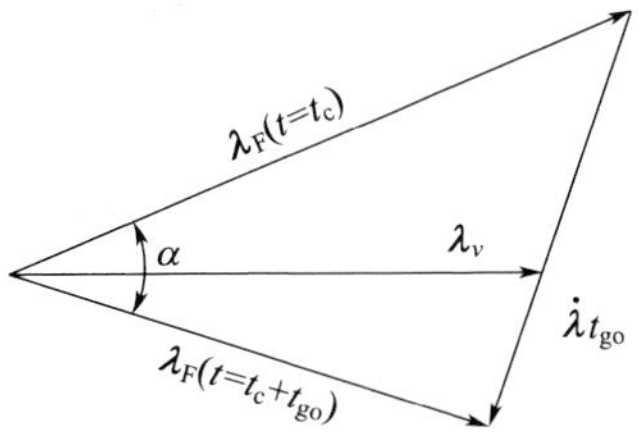

圖 5-48 雙線性正切導引律的幾何關係

令 $\boldsymbol{\lambda}_v$ 為單位矢量，並且假定剩餘點火時間內推力方向的變化角度 α 足夠小，那麼由式(5-177) 計算出的 $\boldsymbol{\lambda}_F$ 近似單位矢量，因此根據動力學方程（5-8）有

$$\ddot{\boldsymbol{r}}-\boldsymbol{g}=\frac{F}{m}[\boldsymbol{\lambda}_v+\dot{\boldsymbol{\lambda}}(t-t_\lambda)] \tag{5-181}$$

如果 t_{go}已知，那麼就可以對式(5-181) 進行積分。定義如下積分變數：

$$L=\int_0^{t_{go}}\frac{F}{m}\mathrm{d}t=I_{sp}\ln\frac{\tau}{\tau-t_{go}} \tag{5-182}$$

$$J=\int_0^{t_{go}}\frac{F}{m}t\,\mathrm{d}t=\tau L-I_{sp}t_{go} \tag{5-183}$$

$$S=\int_0^{t_{go}}\int_0^t\frac{F}{m}\mathrm{d}s\,\mathrm{d}t=Lt_{go}-J \tag{5-184}$$

$$Q=\int_0^{t_{go}}\int_0^t\frac{F}{m}t\,\mathrm{d}s\,\mathrm{d}t=\tau S-t_{go}^2I_{sp}/2 \tag{5-185}$$

$$\boldsymbol{v}_{grav}=\int_0^{t_{go}}\boldsymbol{g}\,\mathrm{d}t \tag{5-186}$$

$$\boldsymbol{r}_{grav}=\int_0^{t_{go}}\int_0^t\boldsymbol{g}\,\mathrm{d}s\,\mathrm{d}t \tag{5-187}$$

其中，I_{sp}是比衝，且

$$\tau = I_{sp} m / F \tag{5-188}$$

則對式(5-181) 在 $[0, t_{go}]$ 上積分，有

$$\boldsymbol{v}_d - \boldsymbol{v} - \boldsymbol{v}_{grav} = L\boldsymbol{\lambda}_v + (J - Lt_\lambda)\dot{\boldsymbol{\lambda}} \tag{5-189}$$

$$\boldsymbol{r}_d - \boldsymbol{r} - \boldsymbol{v}t_{go} - \boldsymbol{r}_{grav} = S\boldsymbol{\lambda}_v + (Q - St_\lambda)\dot{\boldsymbol{\lambda}} \tag{5-190}$$

其中，$\boldsymbol{r}_d$ 和 $\boldsymbol{v}_d$ 是關機時刻期望的位置和速度。以上兩式的右側代表推力引起的速度和位置變化，將它們分別定義為 $\boldsymbol{v}_{go}$和 $\boldsymbol{r}_{go}$，即

$$\boldsymbol{v}_{go} = L\boldsymbol{\lambda}_v + (J - Lt_\lambda)\dot{\boldsymbol{\lambda}} \tag{5-191}$$

$$\boldsymbol{r}_{go} = S\boldsymbol{\lambda}_v + (Q - St_\lambda)\dot{\boldsymbol{\lambda}} \tag{5-192}$$

取

$$J - Lt_\lambda = 0 \tag{5-193}$$

則

$$t_\lambda = \frac{J}{L} \tag{5-194}$$

因此式(5-191) 和式(5-192) 這兩個矢量方程包含 5 個標量方程（航程不控）和 7 個未知參數（t_{go}、$\boldsymbol{\lambda}_v$ 和 $\dot{\boldsymbol{\lambda}}$ 各有 3 個分量)，為了求解，還必須引入一個約束方程。

$$\boldsymbol{\lambda}_v \cdot \dot{\boldsymbol{\lambda}} = \boldsymbol{0} \tag{5-195}$$

在這個正交約束下，動力顯式導引變成由 $\boldsymbol{\lambda}_v$ 和 $\dot{\boldsymbol{\lambda}}$ 定義的直角座標系下的線性正切導引律。

導引律需要的 7 個未知參數的求解方法比較複雜，需要使用到疊代求解，具體參見文獻 [29]。

接下來用與 5.4.4.1 節相同的例子對動力顯式導引進行驗證。探測器的動力下降起始點位於 15km×100km 橢圓環月軌道近月點，初值質量 3100kg，引擎推力 7500N，比衝 310s。制動段採用動力顯式導引方法，終端目標為 $r_d = 3000\text{m} + R_m$，$v_{du} = 70\text{m/s}$（x 向速度分量)，$v_{dv} = -2\text{m/s}$（y 向速度分量)，$v_{dw} = -20\text{m/s}$（z 向速度分量)。注意，相比 5.4.4.1 節的次佳顯式導引，PEG 導引律中隱含著終端橫程為 0 這一約束，這會導致水平面內的飛行軌跡出現變化。

制動過程的高度變化曲線和速度變化曲線分別如圖 5-49 和圖 5-50 所示，圖中圓圈表示導引目標，可見終端目標均能達到。探測器制動過程的航程和橫程變化曲線如圖 5-51 所示，明顯可見橫向終端位置是受約束的。為了與次佳顯式導引相比較，將引擎推力的方向按圖 5-42 的定義描

述，那麼動力顯式導引下推力方向角的變化如圖 5-52 所示。與圖 5-46 類似，推力偏航角 ψ 也約為 180°，但在開始階段比 180°略小，以產生沿軌道法線方向的水平速度，並使得水平面內的飛行軌跡向軌道正法線方向偏移。這麼做的原因是，終端速度在軌道負法線方向有分量，但又不允許終端有橫向位置偏差。推力的俯仰角 θ 也是由小變大的，但與圖 5-46 不同，θ 一開始就為正，這意味著引擎推力方向始終向上。動力顯式導引推力方向的這一特點表明導引律並不急於克服軌道速度產生的離心加速度，因此造成了飛行高度先上升再下降（圖 5-53）。

推進劑消耗如圖 5-54 所示。PEG 導引律下整個制動過程飛行時長 542s，消耗推進劑 1338.1kg，相比次佳顯式導引飛行時長縮短 0.7s，推進劑消耗減少 1.8kg。

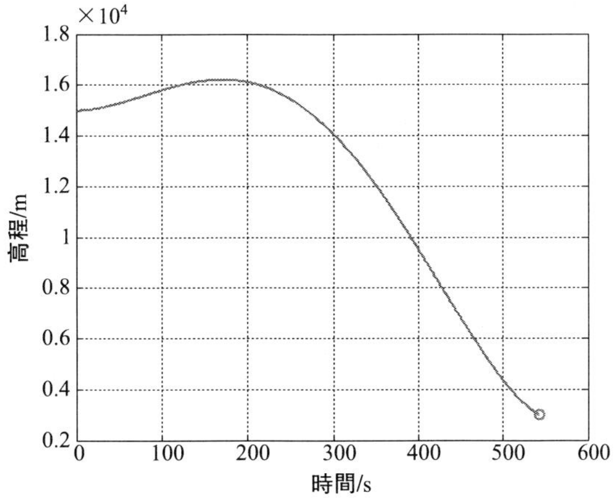

圖 5-49　動力顯式導引的高度變化曲線

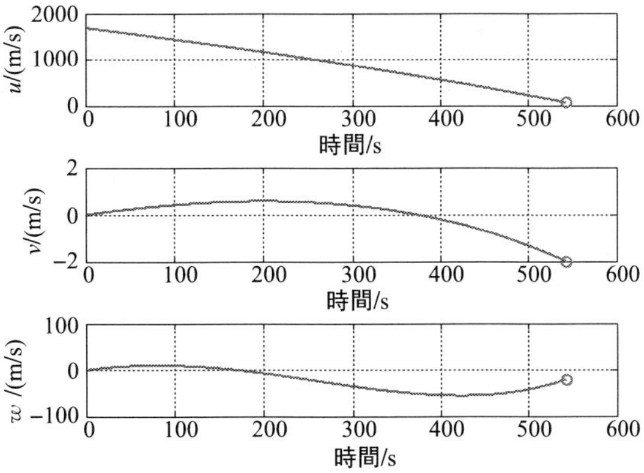

圖 5-50　動力顯式導引的速度變化曲線

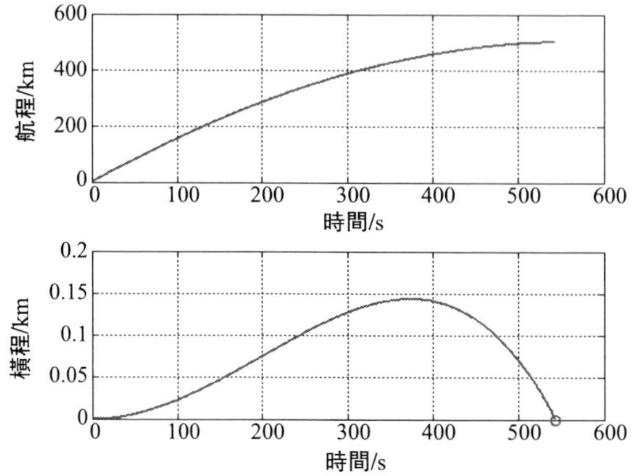

圖 5-51 動力顯式導引的航程和橫程變化曲線

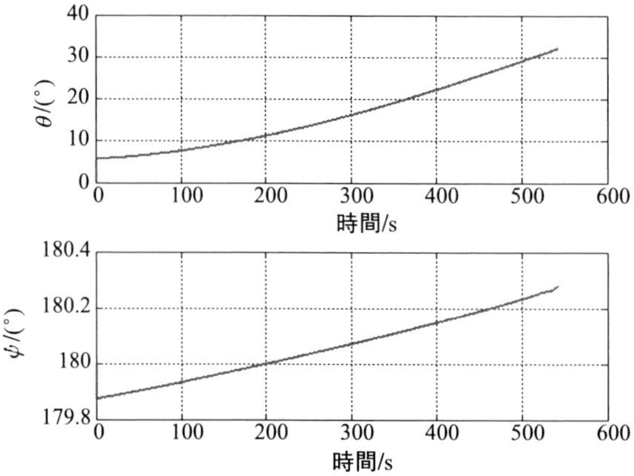

圖 5-52 動力顯式導引的推力方向角曲線

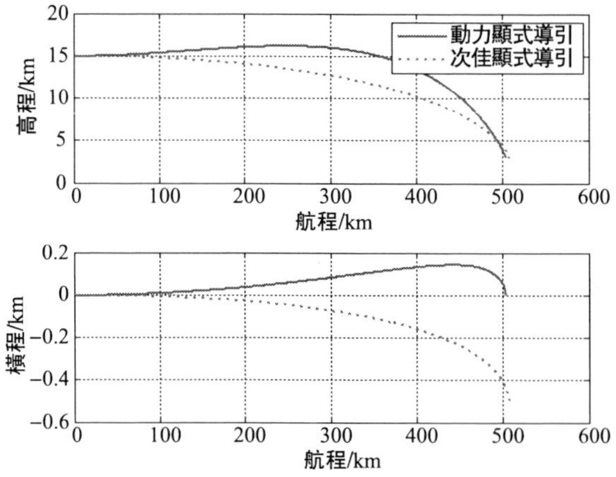

圖 5-53 兩種顯式導引律的飛行軌跡比對

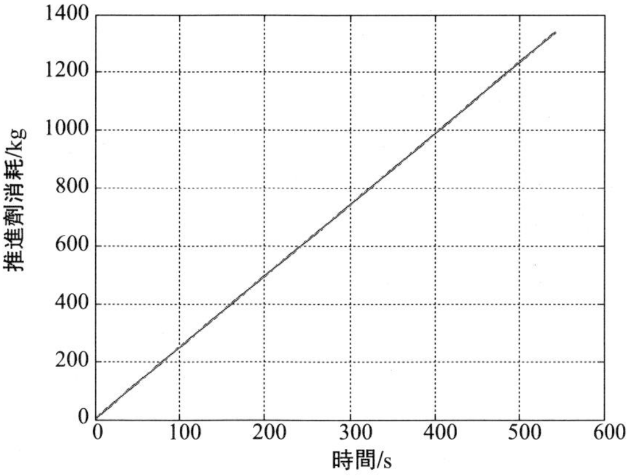

圖 5-54 動力顯式導引的推進劑消耗

5.5 定點登陸的最佳導引方法

5.5.1 定點登陸的最佳控制問題

定點登陸的任務目標是指除了關機的高度和三維速度滿足任務要求以外，關機點的水平位置還必須位於預先設定的地點。這樣對於導引來說，終端約束就包括了位置和速度一共六個分量。

5.4.1.1 節中實際已經給出了定點登陸最佳控制問題的數學描述，它的終端約束方程為式(5-59)，相對來說比較複雜。為了使得數學表達式盡可能簡單，這裡對 5.2.1 節的慣性座標系和導引座標系作適當變化，定義兩個新的座標系，並將動力學方程描述在這兩個座標系下。

月心慣性系 $OXYZ$：原點位於月球中心，OX 軸指向動力下降起始點，OY 軸位於環月軌道平面內指向飛行方向，OZ 軸按照右手定則確定。登陸器在該座標系的位置可以用極座標（r, α, β）表示。如果將 XOZ 平面視為該慣性系座標系的赤道面，那麼 α 和 β 的物理意義就是經度和緯度。

軌道座標系 $O\zeta\eta\xi$：原點位於登陸器星下點，$O\xi$ 由星下點指向登陸器，$O\zeta$ 沿月心慣性系 $OXYZ$ 的經線指向飛行方向，$O\eta$ 平行於月心慣性系 $OXYZ$ 的緯線圈方向。

在軌道座標系下，登陸器的速度矢量用（u, v, w）表示；推力的大小為 F，推力的方向用航向角 ψ 和俯仰角 θ 表示。

具體如圖 5-55 所示。

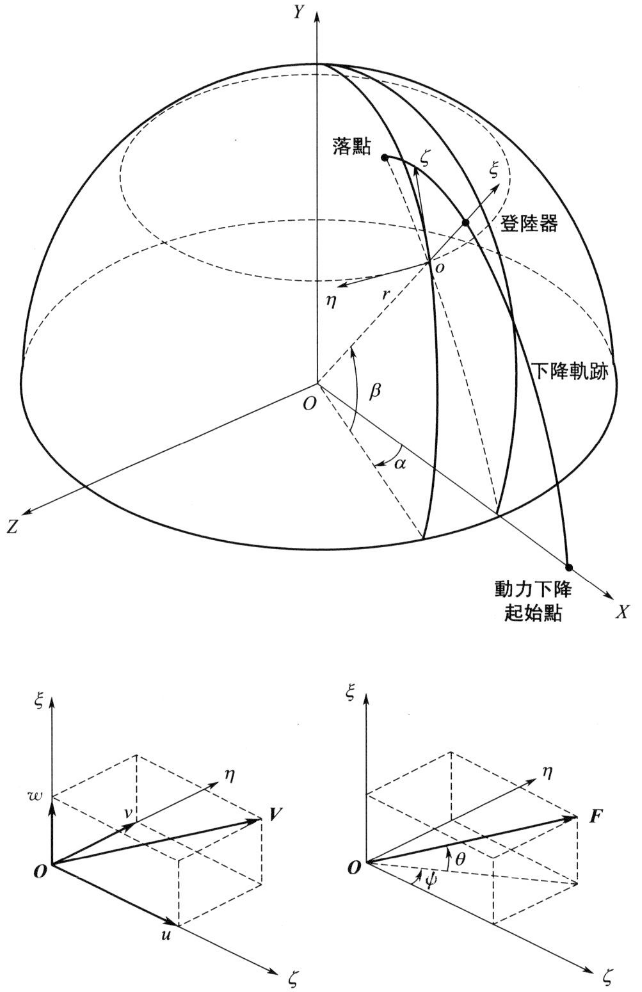

圖 5-55　座標系定義

忽略月球自轉和非球引力攝動，登陸器的質心動力學方程如式(5-196)所示。注意，由於軌道座標系是動座標系，所以登陸器相對軌道系的速度應該是登陸器相對慣性系的速度減去軌道系相對慣性系的旋轉角速度與登陸器相對軌道系速度的叉乘。

$$\begin{cases}\dot{r}=w\\ \dot{\alpha}=\dfrac{v}{r\cos\beta}\\ \dot{\beta}=\dfrac{u}{r}\\ \dot{u}=\dfrac{F\cos\theta\cos\psi}{m}-\dfrac{uw}{r}-\dfrac{v^2}{r}\tan\beta\\ \dot{v}=\dfrac{F\cos\theta\sin\psi}{m}-\dfrac{vw}{r}+\dfrac{uv}{r}\tan\beta\\ \dot{w}=\dfrac{F\sin\theta}{m}-\dfrac{GM}{r^2}+\dfrac{u^2+v^2}{r}\\ \dot{m}=-\dfrac{F}{I_{sp}}\end{cases} \tag{5-196}$$

如此定點登陸的最佳控制問題為

① 控制輸入有界，即

$$0\leqslant F_{min}\leqslant F\leqslant F_{max} \tag{5-197}$$

F_{min}是允許的最小推力，F_{max}是允許的最大推力。

② 初始狀態邊界條件

$$\begin{cases}r(t_0)=r_0\\ \alpha(t_0)=\alpha_0\\ \beta(t_0)=\beta_0\\ u(t_0)=u_0\\ v(t_0)=v_0\\ w(t_0)=w_0\\ m(t_0)=m_0\end{cases} \tag{5-198}$$

③ 終端狀態約束條件為

$$\begin{cases}r(t_f)=r_f\\ \alpha(t_f)=\alpha_f\\ \beta(t_f)=\beta_f\\ u(t_f)=u_f\\ v(t_f)=v_f\\ w(t_f)=w_f\end{cases} \tag{5-199}$$

④ 燃料最佳的指標函數為

$$J = \int_{t_0}^{t_f} \dot{m}(t)\mathrm{d}t = m(t_f) - m(t_0) \tag{5-200}$$

取極大值。

取哈密頓函數為

$$\begin{aligned} H(\boldsymbol{x}, \boldsymbol{u}, \boldsymbol{\lambda}) &= \lambda_r w + \lambda_\alpha \frac{v}{r\cos\beta} + \lambda_\beta \frac{u}{r} \\ &+ \lambda_u \left(\frac{F\cos\theta\cos\psi}{m} - \frac{uw}{r} - \frac{v^2}{r}\tan\beta \right) \\ &+ \lambda_v \left(\frac{F\cos\theta\sin\psi}{m} - \frac{vw}{r} + \frac{uv}{r}\tan\beta \right) \\ &+ \lambda_w \left(\frac{F\sin\theta}{m} - \frac{GM}{r^2} + \frac{u^2+v^2}{r} \right) - \lambda_m \frac{F}{I_{sp}} - \frac{F}{I_{sp}} \\ &= \lambda_r w + \lambda_\alpha \frac{v}{r\cos\beta} + \lambda_\beta \frac{u}{r} - \lambda_u \left(\frac{uw}{r} + \frac{v^2}{r}\tan\beta \right) \\ &+ \lambda_v \left(-\frac{vw}{r} + \frac{uv}{r}\tan\beta \right) + \lambda_w \left(-\frac{GM}{r^2} + \frac{u^2+v^2}{r} \right) \\ &+ F\left(\lambda_u \frac{\cos\theta\cos\psi}{m} + \lambda_v \frac{\cos\theta\sin\psi}{m} + \lambda_w \frac{\sin\theta}{m} - \lambda_m \frac{1}{I_{sp}} - \frac{1}{I_{sp}} \right) \end{aligned} \tag{5-201}$$

其中，$\boldsymbol{\lambda} = [\lambda_r, \lambda_\alpha, \lambda_\beta, \lambda_u, \lambda_v, \lambda_w, \lambda_m]^T$ 是共軛狀態。

令 $L(t) = \lambda_u \frac{\cos\theta\cos\psi}{m} + \lambda_v \frac{\cos\theta\sin\psi}{m} + \lambda_w \frac{\sin\theta}{m} - \lambda_m \frac{1}{I_{sp}} - \frac{1}{I_{sp}}$，可知使得哈密頓函數取極值的最佳控制律為

$$F = \begin{cases} F_{max}, L(t) > 0 \\ F_{min}, L(t) < 0 \\ \text{任意}, L(t) = 0 \end{cases} \tag{5-202}$$

且

$$\begin{aligned} \psi &= \arctan2(\lambda_v, \lambda_u) \\ \theta &= \arcsin \frac{\lambda_w}{\sqrt{\lambda_u^2 + \lambda_v^2 + \lambda_w^2}} \end{aligned} \tag{5-203}$$

顯然，定點登陸的最佳控制仍然是 Bang-Bang 控制。

對於這種定點登陸的最佳控制問題，求解非常困難，更多的是依靠數值方法。目前，最好的解決方案依然是將最佳控制問題轉化為非線性規劃問題，然後利用序列二次規劃方法進行標稱軌跡求解[29,30]。與之配套，當實際實施下降時，GNC 電腦追蹤標稱軌跡進行控制，例

如 H_∞ 控制。

如果將下降軌跡下的月表視為平面，並設引力加速度為常數，則不難發現 5.4.1.3 的結論仍然成立。引擎推力的俯仰角仍然具有雙線性正切的形式。這表明，5.4.4.2 節介紹的顯式導引方法具備用於定點登陸的可能，關鍵是找到合適的推力切換點。

5.5.2 基於顯式導引的定點登陸導引

直接根據最佳控制結論設計位置、速度約束的顯式導引方法比較困難。回顧一下 5.4.4.2 節，我們知道在常值推力（始終最大推力）下，用顯式導引最多能夠實現終端五狀態約束。對於一般登陸問題，放棄了航程控制。反過來說，如果要實現定點登陸，那麼必須在 5.4.4.2 節的基礎上增加航程控制，也就是說導引律必須可調，而且根據最佳控制的結論，推力調節必須是最大和最小推力之間的 Bang-Bang 控制模式。

（1）基於連續變推力的定點登陸顯式導引

這個導引律從 5.4.4.2 節的動力顯式導引基礎上發展而來。基本思想是根據預報落點與目標落點之間的航程偏差，回饋調整引擎推力，使得在之後的飛行過程中始終保持該推力時終端航程恰好達到目標[31]。

假設當前動力顯式導引預測的飛行器終端位置為 $\boldsymbol{r}_{\mathrm{pd}}$，原定的終端位置為 $\boldsymbol{r}_{\mathrm{d0}}$，且定義由 $\boldsymbol{r}_{\mathrm{pd}}$ 到 $\boldsymbol{r}_{\mathrm{d0}}$ 的矢量角（沿飛行方向旋轉為正）為 $\Delta\Phi$。

近似有

$$\frac{\partial\Phi}{\partial t_{\mathrm{go}}}=\frac{v_{\mathrm{h}}}{r} \tag{5-204}$$

其中，v_{h} 是當前的水平速度；r 是當前的矢徑。

根據式(5-182) 和 $\|\boldsymbol{v}_{\mathrm{go}}\|=L$ 有

$$t_{\mathrm{go}}=\frac{I_{\mathrm{sp}}m_0}{F}\left[1-\exp\left(-\frac{v_{\mathrm{go}}}{I_{\mathrm{sp}}}\right)\right] \tag{5-205}$$

所以

$$\frac{\partial t_{\mathrm{go}}}{\partial F}=-\frac{I_{\mathrm{sp}}m_0}{F^2}\left[1-\exp\left(-\frac{v_{\mathrm{go}}}{I_{\mathrm{sp}}}\right)\right] \tag{5-206}$$

因此有

$$\frac{\partial\Phi}{\partial F}=\frac{\partial\Phi}{\partial t_{\mathrm{go}}}\times\frac{\partial t_{\mathrm{go}}}{\partial F}=-\frac{v_{\mathrm{h}}I_{\mathrm{sp}}m_0}{rF^2}\left[1-\exp\left(-\frac{v_{\mathrm{go}}}{I_{\mathrm{sp}}}\right)\right] \tag{5-207}$$

由此，可以根據預報的落點誤差修正推力大小

$$\Delta F=\frac{\partial F}{\partial \Phi}\Delta\Phi=-\frac{rF^2}{v_h I_{sp} m_0\left[1-\exp\left(-\frac{v_{go}}{I_{sp}}\right)\right]}\Delta\Phi \quad (5\text{-}208)$$

$$F=F+\Delta F \quad (5\text{-}209)$$

演算法流程如圖 5-56 所示。

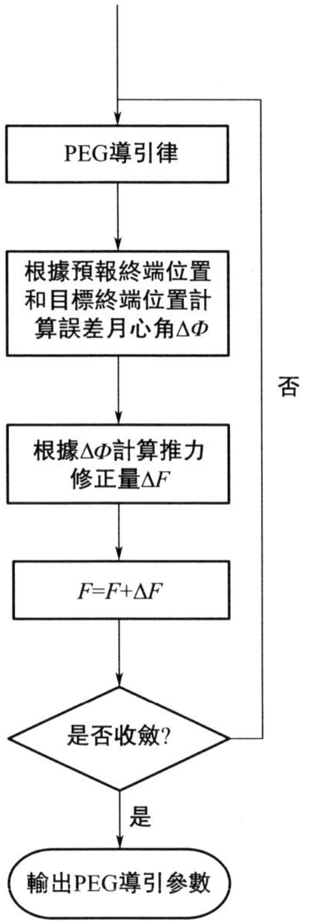

圖 5-56　航程約束的動力顯式導引演算法流程

假設登陸器從 15km×180km 軌道近月點開始下降，目標終端位置在軌道平面內距離下降起始點航程 400km，採用連續變推力顯式導引的航程控制結果以及引擎推力大小如圖 5-57 和圖 5-58 所示。

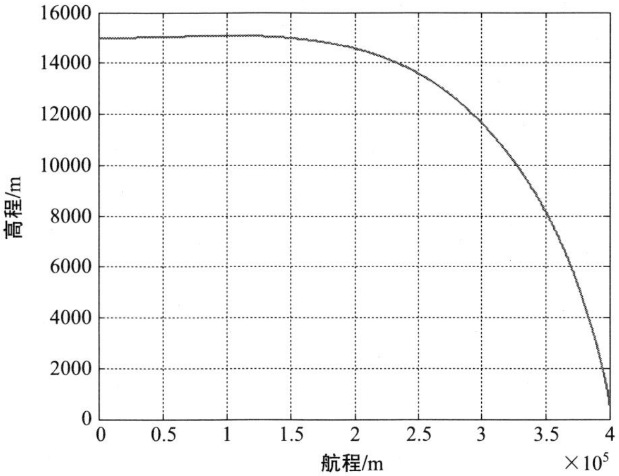

圖 5-57 連續變推力顯式導引下的飛行軌跡

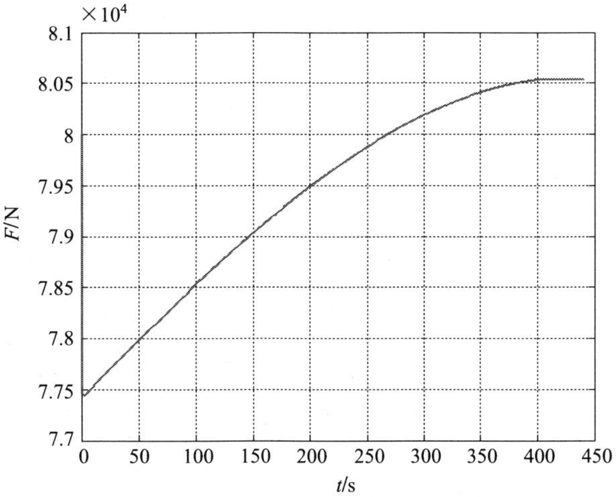

圖 5-58 連續變推力顯式導引的推力輸出

(2) 增加推力切換邏輯的定點登陸顯式導引

根據最佳控制的分析結果，最佳推力曲線應是 Bang-Bang 控制模式。為了盡可能逼近這一結果，可以在連續變推力顯式導引的基礎上設計一個「滯環」，即在動力下降開始後首先使用最大推力制動（這意味著按照最大推力制動所取得的落點一定比目標登陸點近），只有導引律計算出的引擎推力需要低於某一數值後，才改為變推力工作。這樣就形成了一段常推力加一段連續變推力的工作形式。

針對之前的輸入條件，可以設計如下推力切換邏輯：

① 若指令推力＞最大推力下的某個閾值，則輸出最大推力；

② 否則，切換為連續變推力。

同樣以 400km 航程為標稱值，飛行軌跡如圖 5-59 所示，對應的引擎推力變化如圖 5-60 所示。很明顯，在經過一段常推力飛行過程後，轉入連續變推力工作階段。由於引擎推力連續變化調節，因此導引律自身產生的終端位置誤差幾乎為 0。

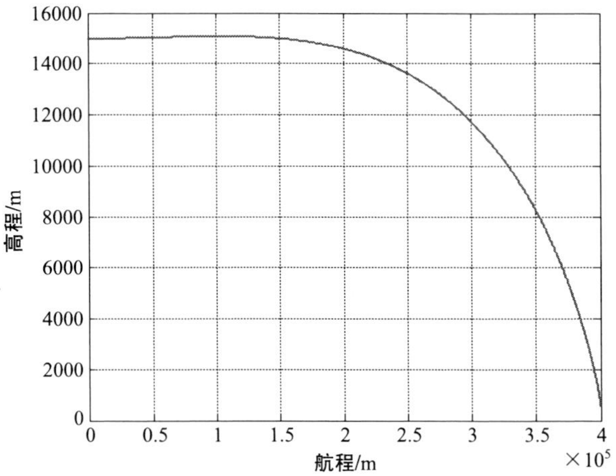

圖 5-59　增加推力調節邏輯後的動力下降飛行軌跡

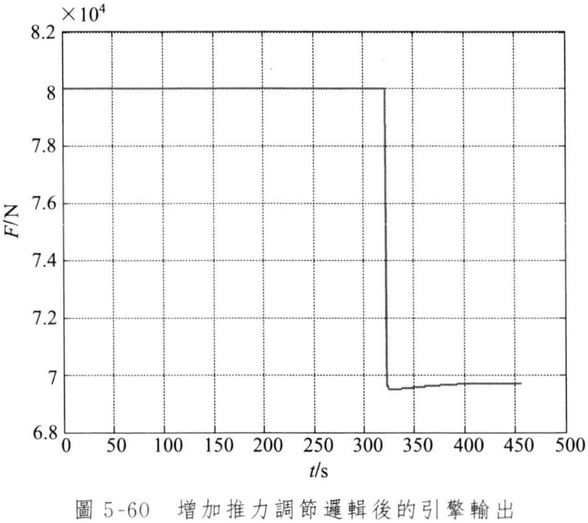

圖 5-60　增加推力調節邏輯後的引擎輸出

從結果看，這樣處理就可以利用現有的常推力顯式導引實現定點登陸。雖然從理論上說，它並不是真正意義上的最佳顯式導引，只是一種為了實現定點登陸任務在現有技術基礎上的改進，但它不失為一種可行的解決方案。

5.6 應用實例

以美國重返月球項目的 Altair 登陸器為例，對月球軟登陸導引過程進行仿真驗證。設計中的 Altair 登陸器從 100km×15.24km 環月軌道近月點開始動力下降。動力下降的初始質量為 32t，主引擎推力為 82900N，比衝 450.1s。動力下降過程分為制動段、PitchUp 段、接近段和最終下降段，對應的飛行軌跡如圖 5-61 所示[32]。

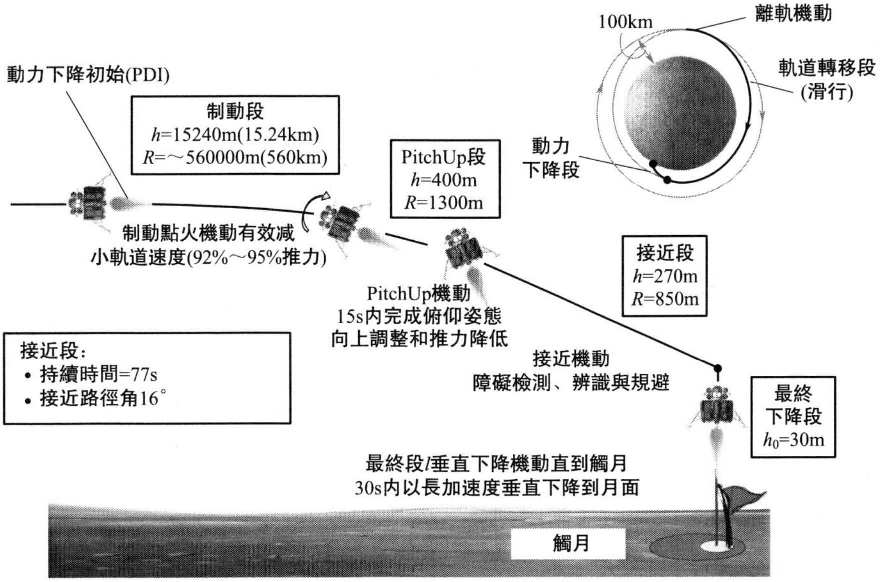

圖 5-61　Altair 登陸軌跡

制動過程的主要目標是以最高的效率降低軌道飛行的能量。標稱情況下使用引擎推力最大值的 92%。留有的余量是為了消除制動過程中各種偏差帶來的位置散布。制動過程主要是減速，所以飛行姿態傾斜較大。

PitchUp 段的主要目標是將飛行姿態（俯仰角）向上調節到登陸器縱軸接近垂直，方便敏感器和太空人觀測月面。PitchUp 段從飛行高度

400m 開始，距最終登陸點約 1300m，調節時間為 15s。

接近段從 270m 高度開始，以約 16°的飛行路徑角向最終登陸點上方 30m 處飛行，飛行距離約 850m，持續時間約 77s。在這一階段，登陸器可以利用安裝的地形敏感器或者太空人肉眼實施月面障礙檢測、識別以及規避。接近段的推力在最大推力的 40%～60%之間。

最終下降段從 30m 高度開始，以 −1m/s 的速度垂直向下，到距離月面 1m 高度時關閉主引擎實施軟登陸。

按照這樣一條飛行軌跡確定製導律和導引參數如下。

(1) 制動段

制動段採用 5.4.4.2 節的常推力動力顯式導引 (PEG)，終端目標為月心距 $r_d = 411.6\text{m} + R_m$ (R_m 是月球參考半徑 1737400m)，終端目標速度為 $v_{du} = 44.10\text{m/s}$，$v_{dv} = 0\text{m/s}$，$v_{dw} = -13.62\text{m/s}$。

(2) PitchUp 段

PitchUp 段是開環過程，俯仰角按照 3(°)/s 的速度勻速旋轉到 9°，引擎產生的推力加速度勻速調整到 1.725m/s^2。

(3) 接近段

接近段採用 5.3.2 節的多項式導引，在如圖 5-16 定義的導引座標系下的導引參數為 $\boldsymbol{r}_t = \begin{bmatrix} 30 \\ 0 \\ 0 \end{bmatrix}\text{m}$，$\boldsymbol{v}_t = \begin{bmatrix} 0 \\ 0 \\ 0 \end{bmatrix}\text{m/s}$，$\boldsymbol{a}_t = \begin{bmatrix} 0.0810 \\ -0.2867 \\ 0 \end{bmatrix}\text{m/s}^2$。

最終下降過程為垂直下降軌跡，標稱速度為 −1m/s，這一階段可以採用速度追蹤控制，即速度的 PD 控制。比例-積分-微分 (PID) 控制的方法是經典控制理論的常用方法，本書不再介紹。

使用上述導引律和導引參數仿真得到的動力下降過程飛行軌跡，包括時間-高度曲線、時間-航程曲線和時間-速度曲線，分別如圖 5-62～圖 5-64所示。下降過程的飛行姿態，即登陸器縱軸與鉛垂線的夾角（與飛行方向相反為正）如圖 5-65 所示。引擎輸出的推力與最大值的比值如圖 5-66 所示。圖中的「o」表示階段切換點。

制動段是持續時間最長的飛行階段，飛行時間 617s。這個階段飛行姿態傾斜度比較大，主要原因是引擎推力在降低水平速度的同時，還要克服月球重力的影響。傾斜角逐漸減小，但到制動段結束時，登陸器縱軸與鉛垂線的夾角仍有 50°。制動段引擎推力始終為最大推力的 92%。

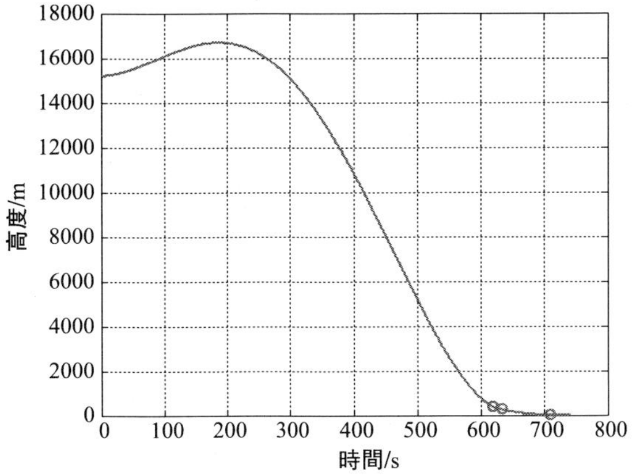

圖 5-62　動力下降過程時間-高度曲線

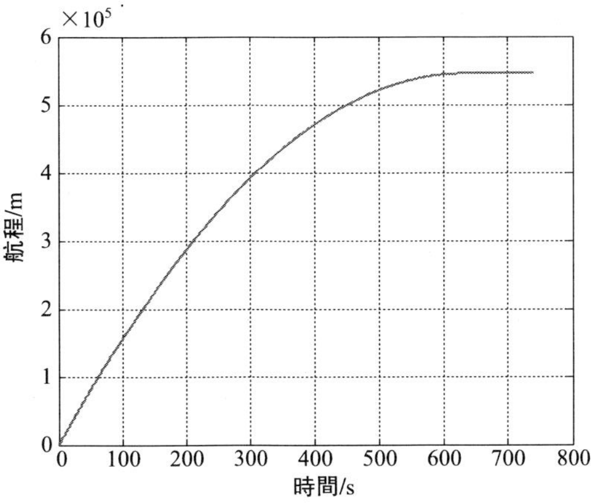

圖 5-63　動力下降過程時間-航程曲線

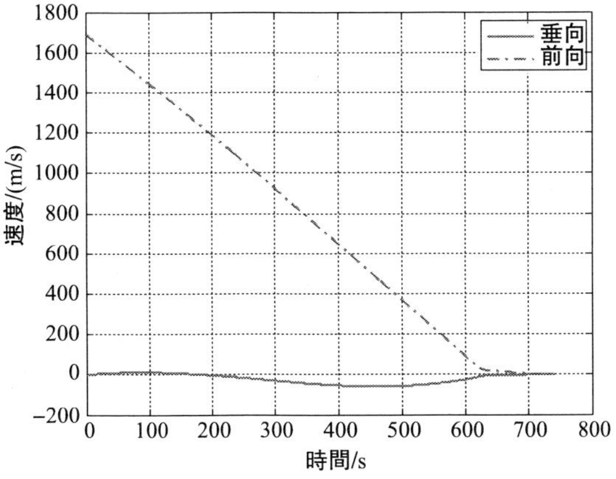

圖 5-64　動力下降過程時間-速度曲線

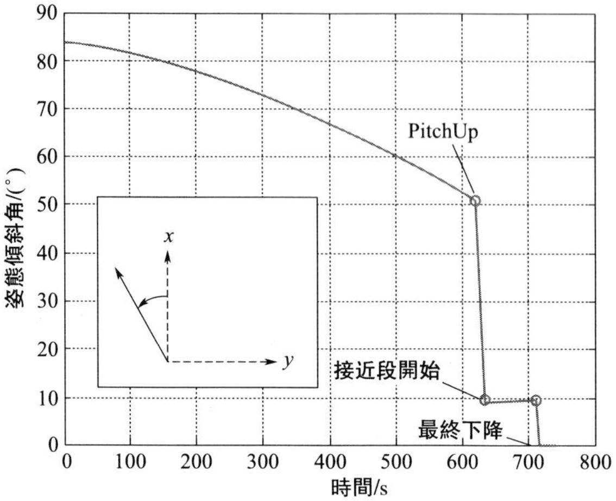

圖 5-65　動力下降過程時間-姿態傾斜角（俯仰角）

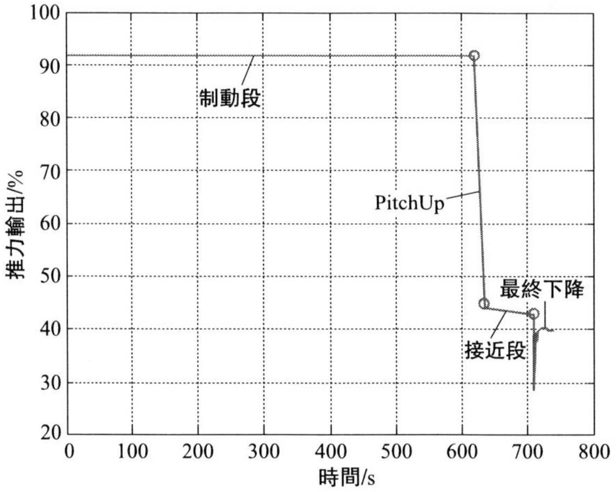

圖 5-66　推力調節比值

PitchUp 段同時進行飛行姿態調整和推力調整。

切換到接近段以後，登陸器以近似 16°的下降角度斜向下直線飛行（如圖 5-67 所示）。這一階段飛行姿態和引擎推力加速度都近似恆定（由於推進劑的消耗，登陸器質量減少，輸出推力的大小逐漸降低）。

到達 30m 高度後飛行軌跡轉為垂直向下，直到關機。

整個下降過程的質量變化如圖 5-68 所示，消耗的推進劑等效速度增量為 2011.3m/s。

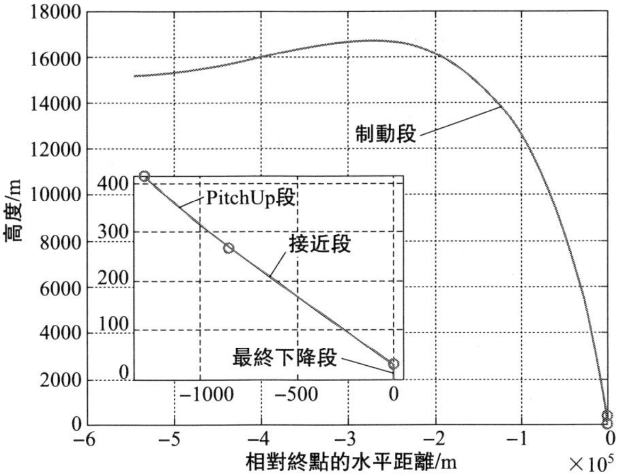

圖 5-67　動力下降過程相對登陸點的水平距離-高度曲線

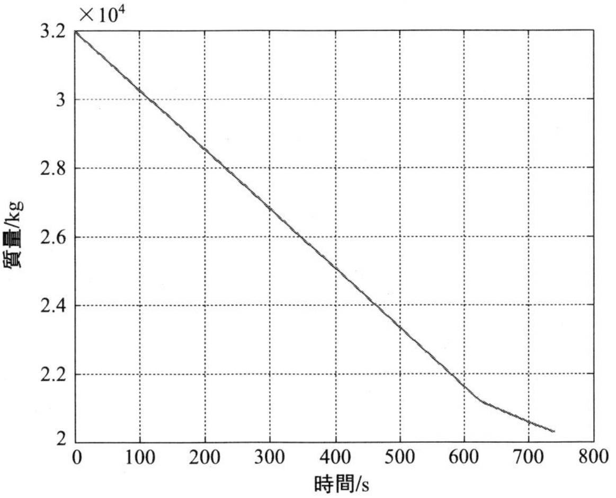

圖 5-68　登陸器質量變化

根據前面章節的介紹，我們知道制動段採用的動力顯式導引是一種近似燃料最佳的導引律，它的最大優勢就是減速的效率最高，但是這種導引律終端飛行姿態並不約束，所以它不能直接用於登陸到月面。接近段採用的多項式導引並不是燃料最佳的，但它的優勢是能夠實現終端位置、速度六個分量的控制，且計算簡單，所以它很適用於在接近段進行避障，即重置登陸點的任務要求。雖然它增加了推進劑消耗，但對於避開障礙實現安全登陸來說，這些額外的推進劑消耗是必要的。而最終登陸段採用垂直下降軌跡是為了給導航、導引和控制的各種偏差留有適當餘量，以滿足最終登陸時的速度和姿態要求。這樣通過設計不同的飛行階段，並在各個階段制定不同的任務目標和選擇不同的導引律，就可以實現在推進劑、落點狀態、避障等問題間的平衡，達到登陸任務的整體優化。

5.7 小結

本章以月球為對象，介紹了無大氣天體軟登陸的導引和控制方法。首先介紹了月球軟登陸任務的特點和動力學模型。接下來按照月球登陸探測導引發展的歷程和難易程度由低到高的順序，分別介紹了不含燃料約束的導引方法、考慮燃料最佳的導引方法以及未來進一步滿足落點位置約束的定點登陸導引方法。最後以美國的 Altair 月球登陸器為例，按照其公布的月球登陸過程飛行階段劃分，採用本書所介紹的導引方法設計了各階段的導引參數，還原了動力下降飛行過程探測器的位置、速度、姿態和推進劑變化情況。

參考文獻

[1] 王大軼，關軼峰．月球軟登陸制導、導航與控制技術研究，中國宇航學會深空探測技術專業委員會第二屆學術會議，北京，2005.

[2] 張洪華，關軼峰，黃翔宇，等．嫦娥三號登陸器動力下降的制導導航與控制．中國科學：技術科學，2014.

[3] 劉林，王歆．月球探測器軌道力學，北京：國防工業出版社，2006.

[4] Cheng R K，Meredith C M，Conrad D A. Design consideration for surveyor guidance. Journal of Spacecraft and Rockets，1996，3 (11)：1569-1576.

[5] Klumpp A R. Apollo lunar descent guidance. Automatica，1974，10：133-146.

[6] Cheng R K. Lunar terminal guidance. Lunar Mission and Exploration. New York：Wiley，1964.

[7] Ingoldby R N，Guidance and control system design of the Viking Planetary Lander. Journal of Guidance，Control，and Dynamics，1978，1 (3)：189-196.

[8] McInnes C R. Nonlinear transformation methods for gravity-turn descent. Journal of Guidance，Control，and Dynamics，1996，19 (1)：247-248.

[9] 王大軼．月球軟登陸的制導控制研究．哈爾濱：哈爾濱工業大學，2000.

[10] 張洪華，梁俊，黃翔宇，等．嫦娥三號自主避障軟登陸控制技術．中國科學：技術科學，2014.

[11] 王大軼，李驥，黃翔宇，等．月球軟登陸過程高精度自主導航避障方法．深空探測

學報，2014，1（1）：44-51.

[12] 黃翔宇，張洪華，王大軼，等．「嫦娥三號」探測器軟登陸自主導航與制導技術．深空探測學報，2014，1（1）：52-59.

[13] Sostaric R R，Rea J R. Powered descent guidance methods for the Moon and Mars//AIAA Guidance，Navigation，and Control Conference and Exhibit. San Francisco，California：AIAA，2005.

[14] Wong E C，Singh G，Masciarelli J P. Autonomous guidance and control design for hazard avoidance and safe landing on Mars//AIAA Atmospheric Flight Mechanics Conference and Exhibit. Monterey，California：AIAA，2002.

[15] 王大軼，李鐵壽，馬興瑞．月球最佳軟登陸兩點邊值問題的數值解法．航天控制，2000，3：44-49.

[16] 王劼，崔乃剛，劉暾，等．定常推力登月飛行器最佳軟登陸軌道研究．高技術通訊，2003，13（4）：39-42.

[17] 單永正，段廣仁．應用非線性規劃求解月球探測器軟登陸最佳控制問題//第 26 屆中國控制會議．張家界：自動化協會，2007.

[18] 王劼，李俊峰，崔乃剛，等．登月飛行器軟登陸軌道的遺傳算法優化．清華大學學報（自然科學版），2003，43（8）：1056-1059.

[19] 朱建豐，徐世杰．基於自適應模擬退火遺傳算法的月球軟登陸軌道優化．航空學報，2007，28（4）：806-812.

[20] 段佳佳，徐世杰，朱建豐．基於蟻群算法的月球軟登陸軌跡優化．宇航學報，2008，29（2）：476-481.

[21] 梁棟，何英姿，劉良棟．月球精確軟登陸制導軌跡在軌魯棒跟蹤．空間控制技術與應用，2011，37（5）：8-13.

[22] 王大軼，李鐵壽，馬興瑞．月球探測器重力轉彎軟登陸的最佳導引．自動化學報，2002，28（3）：385-390.

[23] Meditch J S. On the problem of optimal thrust programming for a lunar soft landing. IEEE Transactions on Automatic Control，1964，AC-9（4）：477-484.

[24] 李驥，王大軼，黃翔宇，等．一種在重力轉彎時開閉環結合的輸出推力大小控制方法：ZL200910120173. 6.

[25] Ueno S，Yoshitake Y. 3-dimensional near-minimum fuel guidance law of a lunar landing module[C]//AIAA Guidance，Navigation，and ControlConference and Exhibit. Portland，OR：AIAA，1999.

[26] 王大軼，李鐵壽，嚴輝，等．月球軟登陸的一種燃料次優制導方法．宇航學報，2000，21（4）：55-63.

[27] Fill T. Lunar landing and ascent trajectory guidance design for the autonomous landing and hazard avoidance technology（ALHAT）program[C]//AAS/AIAA Space Flight Mechanics Meeting. San Diego，CA，United States：EI，2010. AAS 10-257.

[28] 張洪華，關軼峰，黃翔宇，等．嫦娥三號登陸器動力下降的制導導航與控制．中國科學：技術科學．2014.

[29] 梁棟，劉良棟，何英姿．月球精確軟登陸最佳標稱軌跡在軌制導方法．中國空間科學技術，2011，6：27-35.

[30] Topcu U，Casoliva J，Mease K D. Fuel efficient powered descent guidance for Mars landing//AIAA Guidance，Navigation，and Control Conference and Exhibit. San Francisco，California：AIAA，2005.

[31] Philip N Springmann. Lunar Descent Using Sequential Engine Shutdown. Massachasetts：Massachusetts Institute of Technology，2006.

[32] Kos L D，Polsgrove T P. Altair descent and ascent reference trajectory design and initial dispersion analyses//AIAA GN&C Conference. Toronto，Ontario，Canada：AIAA，2010.

第6章

火星進入過程的導引和控制技術

6.1 火星進入任務特點分析

6.1.1 火星進入環境特性分析

火星大氣進入過程是指登陸器從距離火星表面約 120km 處，火星大氣層的上邊界開始，至開傘點前的大氣飛行過程，該過程一般持續 4～5min。火星大氣進入過程中，與任務設計相關的火星大氣環境參數主要包括：大氣的密度、溫度、壓強、風場、塵暴、火星塵等。

火星大氣層非常稀薄，主要成分為：二氧化碳（95.3%），氮氣（2.7%），氬（1.6%）以及極少量的氧（1.5%）和水（0.03%）。密度大小約為地球大氣密度的 1/100，對比情況如圖 6-1 所示。火星大氣密度受季節的影響，隨火星年變化很大，且不同緯度地區大氣密度也有很大的不同。火星表面的平均氣壓大約為 640Pa，小於地球氣壓的 1%，隨著海拔高度的改變，可在 100～900Pa 之間變化。火星稀薄的大氣層產生的溫室效應較弱，僅能使其表面的溫度上升 5K，這要小於金星的 500K 和地球的 33K。但火星各處氣溫差異較大，風速較大，最低風速為 1.1m/s，平均風速為 4.3m/s，且方向隨機性大。此處，火星表面經常有風暴，其平均風速達到 50m/s，最大風速可達 150m/s。可見火星大氣環境惡劣，不確知性較大，非常不利於進入過程的氣動減速和精準落點控制。

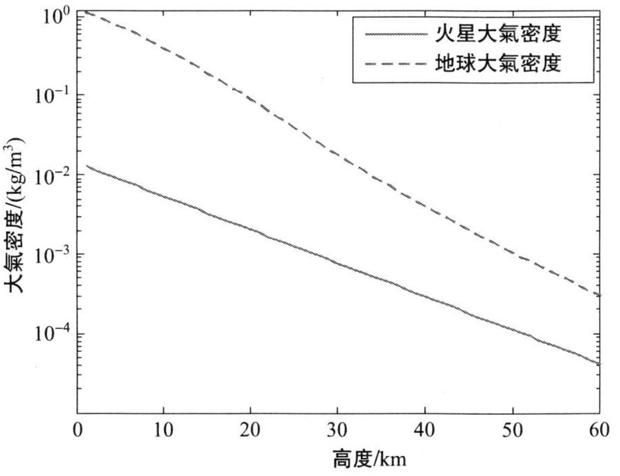

圖 6-1 地球與火星大氣密度對比

目前國際上可獲得的最新火星大氣模型有美國 Mars-GRAM2010 模型和歐洲 MCD5.2 模型，兩個模型均在各自主導的火星登陸探測任務中有工程應用。分析可得，由於大氣的運動帶來的火星大氣密度、溫度的標稱及攝動模型，如圖 6-2～圖 6-4 所示，其中 MOLA 高度基準是基於 NASA 的戈達德火星重力模型中，等勢面建立的高度基準面，其功能與地球的海準面類似。

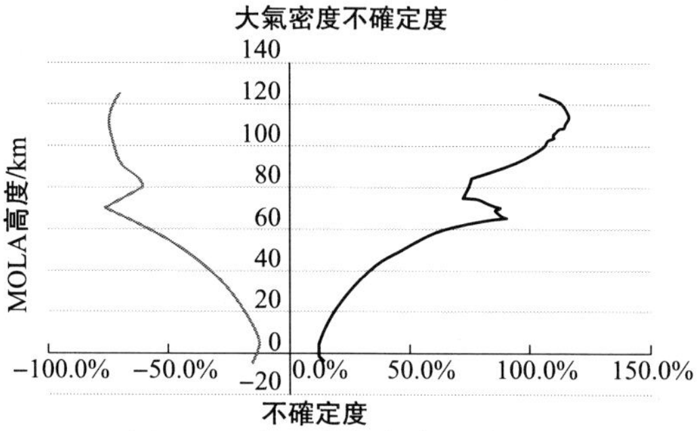

圖 6-2　火星大氣密度攝動模型

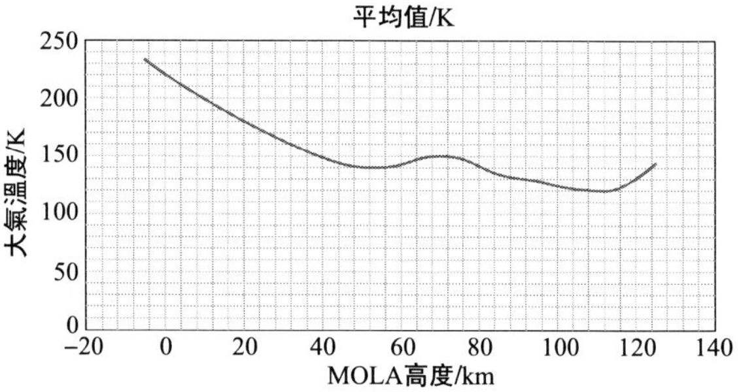

圖 6-3　大氣溫度隨 MOLA 高度變化的平均值

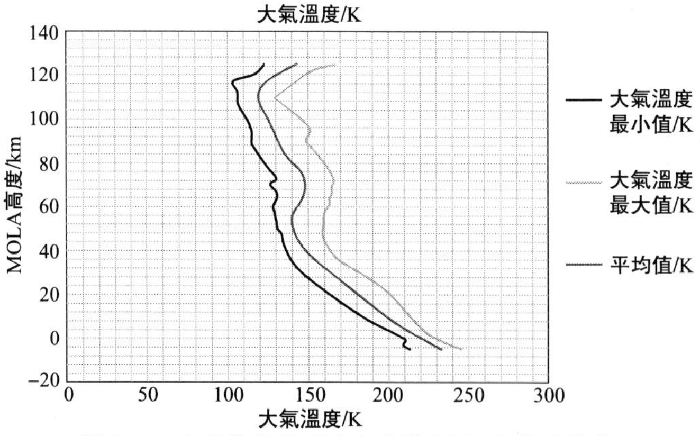

圖 6-4　大氣溫度的不確定性隨 MOLA 高度變化

6.1.2 火星進入艙氣動力學特性分析

氣動減速是火星登陸器 EDL 過程的重要減速方式之一，其承擔著將登陸器的速度從約 4.8km/s 降低到幾百公尺每秒的任務要求。由於火星大氣稀薄以及氣體組分與地球大氣存在較大差異等特點，火星登陸器採用的氣動外形、在不同進入區域所呈現的氣動特徵等均與地球重返過程不同。原因在於火星大氣密度僅為地球的 1%，引力卻相對較高，導致相同彈道係數的登陸器自由下降到相同開傘高度時，火星的終端速度會比地球高幾倍。為了提高減速效率，登陸器需要具備更大直徑、更大阻力係數的外形結構、承受更小的載荷，來獲得更小的彈道係數。為了應對火星進入環境的大不確定性，獲得更高的登陸精度，登陸器需要盡可能提高升阻比來增強軌跡控制能力。

以下為進入艙所受氣動力的求解過程。設空氣作用力為 $\boldsymbol{F}_{\mathrm{R}}$，有 $\boldsymbol{F}_{\mathrm{R}}=\boldsymbol{F}_{\mathrm{A}}+\boldsymbol{F}_{\mathrm{N}}^{\eta}$，其中，$\boldsymbol{F}_{\mathrm{A}}$、$\boldsymbol{F}_{\mathrm{N}}^{\eta}$ 分別為氣動軸向力和總法向力。兩者的大小計算如下：

$$
\begin{aligned}
F_{\mathrm{A}} &= C_{\mathrm{A}} q_{\infty} S_{\mathrm{ref}} \\
F_{\mathrm{N}}^{\eta} &= C_{\mathrm{N}}^{\eta} q_{\infty} S_{\mathrm{ref}}
\end{aligned} \tag{6-1}
$$

式中，C_{A}、C_{N}^{η} 分別為軸向力係數和總法向力係數；S_{ref} 為登陸巡視器的參考面積；$q_{\infty}=\rho v_{\mathrm{r}}^{2}/2$ 為動壓，ρ 為大氣密度，v_{r} 為空速 $\boldsymbol{v}_{\mathrm{r}}$ 大小。空速的計算公式為 $\boldsymbol{v}_{\mathrm{r}}=\boldsymbol{v}_{\mathrm{e}}-\boldsymbol{v}_{\mathrm{w}}$，$\boldsymbol{v}_{\mathrm{w}}$ 為風速，$\boldsymbol{v}_{\mathrm{e}}$ 為地速。

軸向力和總法向力的方向可表示如下：設體軸的 x 軸方向為 $\boldsymbol{i}_{x\mathrm{B}}$，空速方向為 $\boldsymbol{i}_{v\mathrm{r}}$，則軸向力 $\boldsymbol{F}_{\mathrm{A}}$、總法向力 $\boldsymbol{F}_{\mathrm{N}}^{\eta}$ 的方向 dir(·) 為[1]

$$
\begin{aligned}
\mathrm{dir}(\boldsymbol{F}_{\mathrm{A}}) &= -\boldsymbol{i}_{x\mathrm{B}} \\
\mathrm{dir}(\boldsymbol{F}_{\mathrm{N}}^{\eta}) &= \boldsymbol{i}_{x\mathrm{B}} \times (\boldsymbol{i}_{x\mathrm{B}} \times \boldsymbol{i}_{v\mathrm{r}})
\end{aligned} \tag{6-2}
$$

根據本體系和半速度座標系的轉換關係，可得到法向力、橫向力和總法向力之間的關係為[1]

$$
\begin{aligned}
F_{\mathrm{N}} &= F_{\mathrm{N}}^{\eta} \frac{\sin\alpha\cos\beta}{\sin\eta} \\
F_{Z} &= -F_{\mathrm{N}}^{\eta} \frac{\sin\beta}{\sin\eta}
\end{aligned} \tag{6-3}
$$

式中，α 為攻角；β 為側滑角；η 為總攻角即本體 x 軸與速度方向的夾角。攻角和側滑角的定義詳見 7.1.2 節。

6.1.3 火星進入導引方法特點分析

火星大氣進入過程的減速控制主要通過即時調整傾側角大小以改變

升力方向，進而調整登陸器飛行軌跡。該過程中，升力控制進入相比彈道式進入可優化降落傘的開傘條件，縮小落點的散布。但由於大氣環境、氣動特性、進入狀態以及推力器噴流效率和羽流等均存在較大的不確知性，且開傘狀態約束強、登陸器升阻比小、控制能力弱、飛行時間短，可見升力導引與控制存在較多的技術難點需要解決。

影響大氣進入段導引性能的主要因素有[2]登陸器的構型參數和火星大氣條件。登陸器的構型參數主要包括彈道係數和升阻比。在彈道係數方面，當大氣條件相同的情況下，彈道係數越大，阻力越小，登陸器減速效率越低。假設按固定高度開傘，則開傘點處的動壓較大。過大的彈道係數，會導致登陸器開傘時無法滿足約束條件，從而無法順利展開降落傘。在升阻比方面，升阻比的大小體現了登陸器導引控制能力的強弱。為了保證登陸器具有足夠的導引控制能力，升阻比不能過小。在進入過程中，大氣密度偏差以及初始狀態偏差越大，則需要越大的升阻比來完成偏差的修正，但升阻比過大，在傾側角反轉時又會帶來不期望的橫程偏差。

目前為止成功登陸火星表面的火星探測器，除火星科學實驗室（MSL）採用了升力導引技術外，其他探測器包括海盜號在內均採用的是對重返軌跡不進行任何控制的進入方式，登陸點的散布一般達數百公里。MSL 為小升阻比探測器，在大氣進入過程中通過調節傾側角來控制飛行軌跡，登陸精度相比其他火星探測器有很大提高。MSL 採用的是由 Apollo 最終重返段導引演算法推導得到的終端點控制方法[3,4]（ETPC，the Entry Terminal Point Controller guidance algorithm）。與 Apollo 演算法的相同之處為：通過調整傾側角來控制航程偏差，傾側角的調整量由航程、高度速率和阻力加速度相對標稱軌跡的偏差量回饋得到。對 Apollo 最終重返段演算法的改進包括[4]以下方面。

① 變化的傾側角參考剖面。在 Apollo 演算法裡採用的是常值傾側角參考剖面，MSL 登陸過程則採用隨速度變化的參考傾側角剖面，這樣可增加參考軌跡設計的靈活性，在滿足航程精度要求的同時，提高開傘點的高度。

② 增加了對升阻比垂直平面分量的極限值的限制，即增加了對傾側角幅值變化範圍的限制，以應對實際火星重返過程中巨大的環境變化，保障開傘的安全。

儘管該演算法的登陸精度（實指至開傘點處的精度）達到了 10km 量級，但仍然無法滿足未來精確登陸任務的需要，國外多篇文獻中提出實現火星探測器小於 0.1km 的要求，被稱為 Mars Pinpiont Landing。

理論方法上，火星大氣進入段導引方法的相關研究內容很多，包括標準軌道法、解析預測校正演算法、能量控制演算法和數值預測校正演算法等，這些演算法均以傾側角為控制量。文獻［1］將上述進入導引方法主要分為兩類，一類是預測導引法，另一類是標準軌道法。文獻［5］將傾側角調整方法分為理論 EDL（Entry，Descent and Landing）導引、解析預測校正導引和數值預測校正導引三類。Hamel 也類似地將導引方法分為標準軌道法、解析演算法和數值演算法三類。標準軌道法[6]，是通過離線設計最佳參考軌跡並進行儲存，在導引過程中試圖在每個時刻都保持這種最佳性能使登陸器按著標稱軌跡飛行。解析預測校正演算法和能量控制演算法都屬於解析演算法[7]，這類演算法主要通過某些假設來得到解析導引律。數值預測校正演算法[8]是根據當前狀態積分剩餘軌跡來預測目標點的狀態，從而利用偏差來即時校正傾側角的指令值。其中，數值預測校正方法能實現在每個導引週期重新規劃參考軌跡，但它需要依賴精確的動力學模型來進行終端狀態預測，而目前已知的火星大氣參數以及地理環境參數都很有限，嚴重限制了數值預測校正方法用於火星大氣進入段的導引設計。

綜上，基於標稱軌跡的方法成為現階段火星大氣進入過程導引方法的主要研究方向，但是這類方法需要進一步改善自身的自適應能力以提高火星登陸的精度，比如從幾十公里提高到 100m 量級。此外火星登陸過程，對有效載荷質量的需要不斷增大，從幾百公斤到幾千公斤，登陸器的彈道係數也將隨之增大，對於大氣環境稀薄的火星進入問題，帶來的挑戰越來越嚴峻。

6.2 基於標稱軌跡設計的解析預測校正導引方法

6.2.1 標稱軌跡設計

6.2.1.1 進入角優化設計

進入角的優化設計，包括對進入走廊的分析和在進入走廊內選擇最佳進入角兩部分工作。進入走廊這裡定義為使登陸器成功進入火星大氣所確定的初始進入角範圍。成功進入火星大氣，是指登陸器所承受的最大過載、最大熱流和總吸熱量均滿足一定的約束，且終端狀態滿足開傘條件的要求。這些過程量及終端狀態量均主要受進入角的影響。進入角過大時，軌道過陡，過載峰值過大，開傘高度易過低；進入角過小時，飛行時間較長，會使總吸熱量超過允許值，也有可能使登陸器在稠密大氣層的邊緣掠過而不能深入大氣層，使之不能成功進入。為此，在傾側角參考剖面設計之前，應首先確定進入角的合理範圍。在該範圍內，可以有效地保證進入軌跡的動力學約束，同時避免登陸器跳出大氣層。之後，結合傾側角參考剖面設計，根據設計需要，如開傘高度最高，在進入走廊內選取最佳的標稱進入角。具體設計過程如下。

在給定任務下，遍歷不同的初始進入角和傾側角，通過積分動力學方程得到相應的進入過程量及終端狀態量，並根據約束，判斷進入角的選擇是否可行，從而確定出進入走廊的範圍。

值得注意的是，動力學積分過程中，當過載小於 $0.2g$ 時，登陸器攻角通過姿控保持在配平狀態；在過載大於 $0.2g$ 後，認為登陸器姿態自穩定在配平攻角飛行，俯仰和偏航方向姿控只進行角速率阻尼，同時氣動升力和阻力係數可根據攻角、側滑角、高度、馬赫數等狀態量插值求解，然後根據 6.1.2 節描述求解氣動力的方法，以獲取登陸器的質心運動情況。

以火星科學實驗室 MSL 為例，考慮探測器質量為 922kg，最大橫截面積為 16m^2，升阻比為 0.18，彈道係數為 115kg/m^2。傾側角為導引指令，在遍歷過程中設定為固定常值，其取值範圍為 [0°，90°]，進入角遍歷範圍為 [−17°，−10°]。傾側角每隔 2°取一個值，進入角每隔 0.1°取一個值，通過遍歷仿真後，對進入走廊的分析主要包括以下幾個方面：

① 依據成功進入並滿足開傘條件的約束條件，確定初始進入角可選範圍；

② 分析不同進入角對航程的影響；

③ 分析不同進入角對終端開傘高度的影響；

④ 分析不同進入角對終端動壓的影響；

⑤ 獲得給定航程和過載約束下的進入角寬度。

各不同傾側角下，分別統計出考慮過載和航程約束且滿足開傘條件約束[3]（開傘動壓 [250Pa，800Pa]，開傘高度大於 4.5km，馬赫數小於 1.8）的進入走廊範圍為 [−17°，−10.8°]，如圖 6-5 所示。

進一步在進入走廊內選擇最佳進入角。確定氣動外形的火星登陸器，標稱狀態下終端開傘高度主要受初始進入角和傾側角影響。固定傾側角，隨著初始進入角幅值的增加，開傘高度會隨之先減小再增加而後又減小，在這個過程中，會出現一個峰值點，即對應每個傾側角，存在使開傘高度最高的初始進入角幅值。該幅值隨著傾側角的減小而增大，且該最高開傘高度也隨著傾側角的減小而增大，如圖 6-6 所示。考慮魯棒性和總體約束，標稱軌跡設計的傾側角剖面選擇範圍為（55°，90°），又通過以上分析可知傾側角越小，垂直平面的升阻比越大，可實現的開傘高度越高。因此標稱軌跡選取55°傾側角的設計，在初始進入角為－14.4°時，開傘高度最高為10.3km。

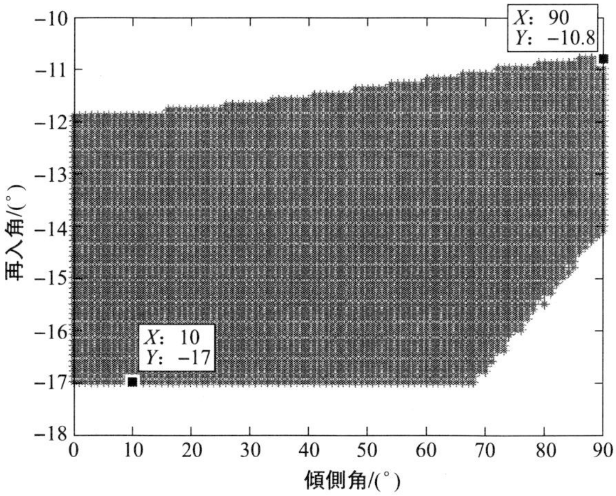

圖 6-5 各固定傾側角時，無約束下可行初始進入角範圍

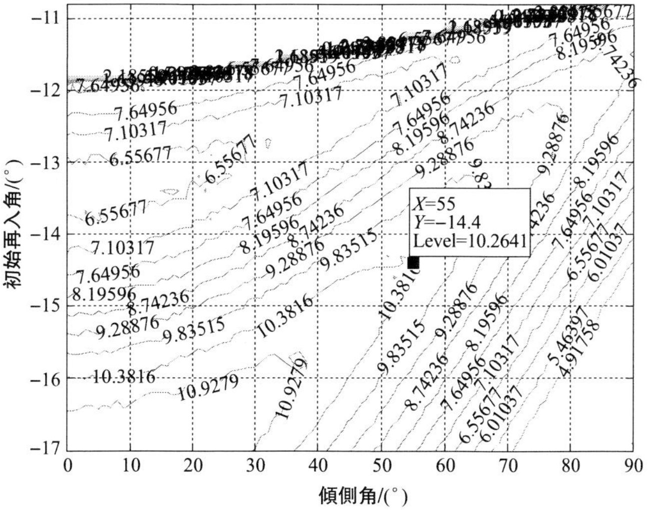

圖 6-6 不同傾側角、初始進入角下開傘高度等高線

6.2.1.2 航程飛行能力分析

這裡登陸器的飛行航程 R、縱程 DR 和橫程 CR 的定義如圖 6-7 所示。

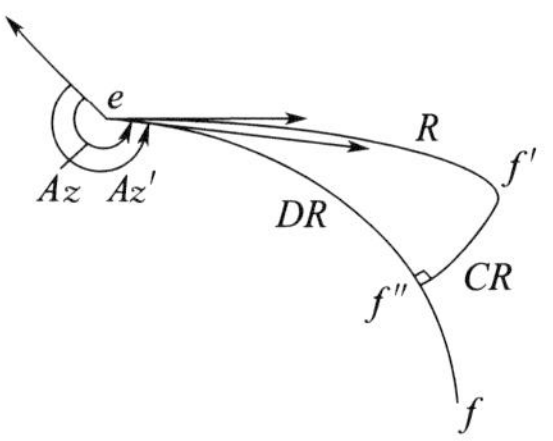

圖 6-7 航程橫程示意圖

設進入時刻登陸器質心與火心的連線，與火星表面交點為 e，而理想的登陸點為 f（這裡實際指開傘點高度處，e 點也指與該高度處的火心同心球面的交點，下同），而實際的登陸點為 f'，相應的 e 點、f 點、f'點的經緯度分別為 $e(\lambda_0,\phi_0)$、$f(\lambda_f,\phi_f)$、$f'(\lambda'_f,\phi'_f)$。這裡定義過 e、f'點的大圓弧 ef' 為總航程，ef'' 段圓弧為縱程 DR，$f'f''$ 段圓弧為橫程 CR。Az，Az'分別為兩段圓弧的方位角，即圓弧切線方向與正北方向的夾角。ef'弧長為總航程 R，可由初始進入點和實際登陸點的經緯度求得。

根據球面三角形，航程 R、縱程 DR 和橫程 CR 的計算公式如下：

$$\begin{aligned} &\cos R=\sin\phi\sin\phi'_f+\cos\phi\cos\phi'_f\cos(\theta'_f-\theta)\\ &\sin CR=\sin R\sin(Az-Az')\\ &\cos DR=\cos R/\cos CR \end{aligned} \tag{6-4}$$

其中，Az、Az'的求解方式一致，這裡以 Az'為例，給出具體公式如下：

$$\begin{aligned} &\sin Az'=\frac{\sin(\theta'_f-\theta_0)\cos\phi'_f}{\sin R}\\ &\cos Az'=\frac{\sin\phi'_f\cos\phi_0-\cos\phi'_f\sin\phi_0\cos(\theta'_f-\theta_0)}{\sin R} \end{aligned} \tag{6-5}$$

登陸器的飛行航程在標稱狀態下，主要受初始進入角和傾側角的影響。當進入角一定時，登陸器的飛行縱程和橫程隨著傾側角的變化而變化，選擇不同的常值傾側角剖面積分動力學，即可根據初始經緯度和落點經緯度計算出登陸器飛行的航程、縱程和橫程，從而評估登陸器的縱向和橫向機動能力。以 MSL 為例，分析可知，當傾側角為 0°飛行時，登陸器有最長飛行距離，傾側角為 90°時飛行距離最短，約 60°時橫向飛行距離最遠。

6.2.1.3 具體設計步驟

標稱軌跡的設計輸入一般包括登陸器結構的基本參數，氣動參數，大氣進入的初始速度大小、速度方位角、高度，理想開傘點的經緯度等狀態量，待確定的量包括初始進入角、傾側角剖面以及初始進入點處的經緯度等。

① 已知初始速度、高度，根據開傘高度最高的需要，確定最佳初始進入角並根據登陸器的飛行能力確定傾側角剖面，如圖 6-8 所示。這裡以 MSL 為例來說明，首先 V_1、V_2 初步設定為 3500m/s、2000m/s，傾側角終端值 σ_f 由飛行能力確定，即當登陸器以該傾側角值飛行時，飛行縱程約為最大最小飛行縱程之和的一半，從而保證登陸器通過調整傾側角，具備增

大和縮短相同飛行縱程偏差的能力。在大氣進入的初始段，為使升力在垂直平面分量較小，傾側角初始值宜選擇 70°或 80°。當速度小於某個閾值後，如 1100m/s，切換為航向校正方法計算傾側角導引指令，並對該指令進行最大 30°的限幅，這樣可以很好地平衡開傘高度和開傘位置。

② 開環積分計算至開傘條件的參考軌跡。

③ 根據參考軌跡和 6.2.2.3 中描述演算法計算回饋增益。

④ 通過閉環導引的打靶仿真，根據終端開傘點約束、航程精度、導引律的飽和程度等條件，評估並最終確定參考軌跡關鍵參數的選擇，確定飛行縱程和進入點經緯度。

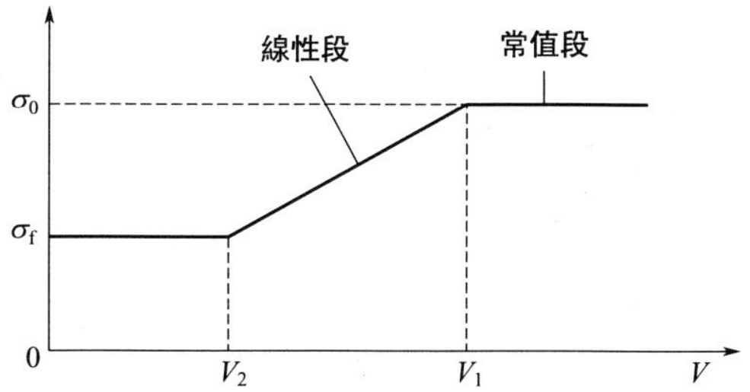

圖 6-8　軌跡規劃採用的傾側角剖面

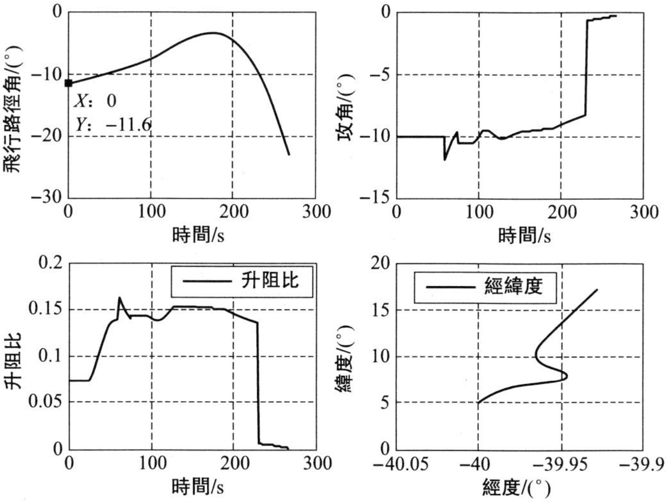

圖 6-9

由此生成的典型參考軌跡曲線如圖 6-9 所示。

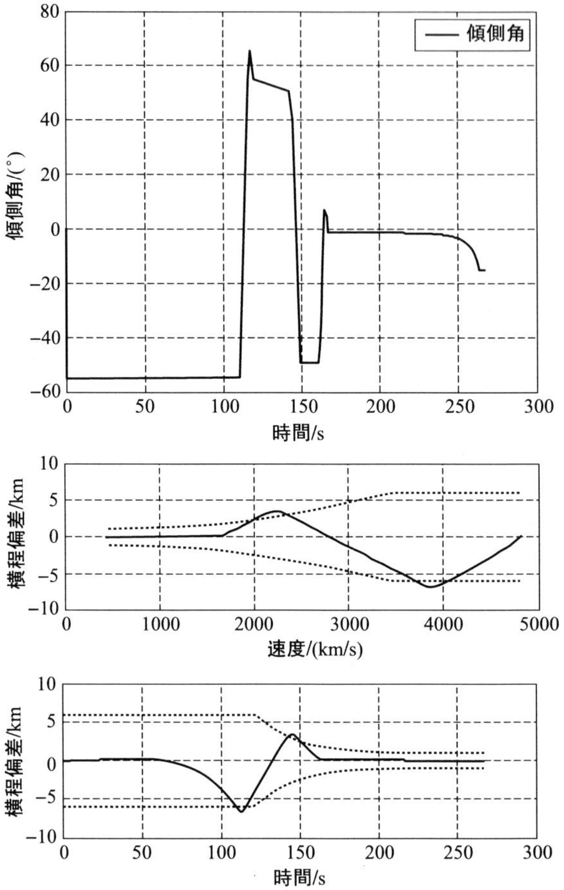

圖 6-9　參考軌跡各狀態及控制量曲線

6.2.2 解析預測校正導引方法

6.2.2.1 導引方法概述

解析預測校正導引方法的主要任務是通過改變傾側角的大小對登陸器的飛行縱程進行調節，同時改變傾側角的符號，從而實現對橫程的控制。傾側角大小的確定主要是在完成參考軌跡設計的基礎上，根據當前實際的飛行狀態，如地速、阻力加速度、高度變化率以及飛行縱程等，預測待飛縱程，並進一步得到待飛縱程的偏差以及補償縱程偏差所需要的控制量，再根據橫程偏差確定傾側角符號，最終給出傾側角導引指令，具體流程參見圖 6-10。

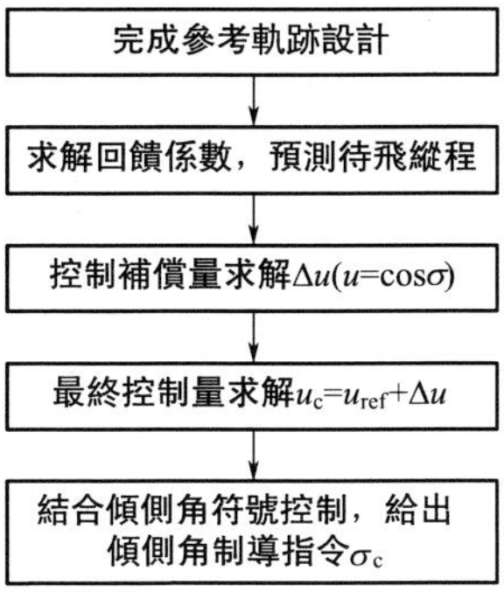

圖 6-10 解析預測校正導引方法流程

具體計算方法描述如下。

① 預測待飛縱程 R_{togo_p}。由當前阻力 D 和高度變化率 $\dot{h}$ 相對標稱量 D_{ref}、$\dot{h}_{ref}$ 的偏差以及當前速度對應的標稱待飛縱程 R_{togo_ref}，預測當前的待飛縱程。

$$R_{togo\_p}=R_{togo\_ref}+\frac{\partial R}{\partial \dot{h}}(\dot{h}-\dot{h}_{ref})+\frac{\partial R}{\partial D}(D-D_{ref}) \tag{6-6}$$

預測的待飛縱程受當前狀態量影響，靈敏度由偏導數$\frac{\partial R}{\partial \dot{h}}$、$\frac{\partial R}{\partial D}$描述，$R$ 為由當前狀態確定的所能飛行的縱程。

② 求解控制補償量 Δu，以消除預測的待飛縱程 R_{togo_p}與飛抵理想登陸點所需的待飛縱程 R_{togo}的偏差：

$$\Delta u=\frac{K(R_{togo}-R_{togo\_p})}{\partial R/\partial u} \tag{6-7}$$

其中控制量定義為 $u=\frac{L}{D}\cos\sigma$，K 為過控係數，為經驗參數，用以改善控制的魯棒性。阻力 D 及升阻比 L/D 均通過 IMU 輸出數據計算並經過濾波處理後得到。回饋係數$\frac{\partial R}{\partial D}$、$\frac{\partial R}{\partial \dot{h}}$、$\partial R/\partial u$ 的計算後面詳細給出。

③ 最終控制量求解。

$$\begin{aligned}u_c&=u_{ref}+\Delta u\\&=u_{ref}+\frac{K}{\partial R/\partial u}\left[(R_{togo}-R_{togo\_ref})-\frac{\partial R}{\partial \dot{h}}(\dot{h}-\dot{h}_{ref})-\frac{\partial R}{\partial D}(D-D_{ref})\right]\end{aligned} \tag{6-8}$$

其中 $R_{togo}=R_{total}-s$，$R_{togo\_ref}=R_{total}-s_{ref}$，$s$ 為已飛行縱程，可整理得

$$
\begin{aligned}
u_c &= u_{ref}+\Delta u \\
&= u_{ref}+\frac{K}{\partial R/\partial u}\left[-(s-s_{ref})-\frac{\partial R}{\partial \dot{h}}(\dot{h}-\dot{h}_{ref})-\frac{\partial R}{\partial D}(D-D_{ref})\right]
\end{aligned}
\tag{6-9}
$$

導引指令可簡單描述為

$$
\begin{aligned}
\left(\frac{L}{D}\right)_{VC} &= K_{ld\_R}\left(\frac{L}{D}\right)_{Vref} \\
&\quad +\frac{K}{F_3(V)}\left[-(s-s_{ref})-F_2(V)(\dot{h}-\dot{h}_{ref})-F_1(V)(D-D_{ref})\right]
\end{aligned}
\tag{6-10}
$$

式中，$\left(\frac{L}{D}\right)_{Vref}=\frac{L_{ref}(V)}{D_{ref}(V)}\cos(\sigma_{ref}(V))$，$F_1(V)=\partial R/\partial D$，$F_2(V)=\partial R/\partial \dot{h}$，$F_3(V)=\partial R/\partial u$，$K_{ld\_R}$ 為升阻比估計修正係數，通過 IMU 輸出數據計算出實際升阻比，此數據與參考升阻比的比值，再經過一階濾波得到。$F_1(V)$、$F_2(V)$、$F_3(V)$ 均為偏差回饋增益係數，其中偏差包括縱程偏差、高度變化率偏差和阻力偏差。K 為過控制係數。回饋係數的詳細求解過程可見 6.2.2.3 小節。

④ 結合傾側角符號控制，具體過程見 6.2.2.4 小節，給出傾側角導引指令。

6.2.2.2 導引律求解

解析預測校正導引方法中傾側角大小的具體求解過程描述如下。

① 簡化得到縱向平面內質心動力學方程 $\dot{x}=f(x,u)$，簡化模型的具體建立過程參見 7.1 節。

$$
\begin{aligned}
&\frac{ds}{dt}=V\cos\gamma \\
&\frac{dV}{dt}=-D-\frac{\mu}{r^2}\sin\gamma \\
&\frac{d\gamma}{dt}=\frac{1}{V}\left(L\cos\sigma-\frac{\mu}{r^2}\cos\gamma+\frac{V^2\cos\gamma}{r}\right) \\
&\frac{dh}{dt}=V\sin\gamma \\
&D=\frac{C_D\rho V^2 S_{ref}}{2m},\ L=\frac{C_L\rho V^2 S_{ref}}{2m}
\end{aligned}
\tag{6-11}
$$

其中，h 為飛行高度；$r=r_m+h$ 為登陸器質心與火星中心的距離，r_m

為火星半徑；s 為飛行縱程；V 為登陸器相對於火星的速度大小；γ 為登陸器相對於火星的飛行路徑角；σ 為登陸器傾側角，用於描述登陸器相對於火星的速度矢量與縱向平面的夾角，控制升力在縱向平面和橫向平面內的分量；μ 為火星的引力常數；L 和 D 為登陸器的阻力和升力加速度；m 為登陸器質量；C_L 和 C_D 分別為升力和阻力加速度係數；S_{ref} 為氣動特徵面積；ρ 為火星大氣密度；$u=\dfrac{L}{D}\cos\sigma$。

② 將簡化動力學方程在參考軌跡 $x^*(t)=[s^*(t),V^*(t),\gamma^*(t),h^*(t)]^{\mathrm{T}}$ 附近線性化：

$$\frac{\mathrm{d}(\delta x)}{\mathrm{d}t}=\left(\frac{\partial f}{\partial x}\right)_{x^*,u^*}\delta x+\left(\frac{\partial f}{\partial u}\right)_{x^*,u^*}\delta u \tag{6-12}$$

即

$$\delta\dot{x}=A(t)\delta x+B(t)\delta u \tag{6-13}$$

其中

$$\boldsymbol{A}(t)=\left(\frac{\partial f}{\partial x}\right)_{x^*,u^*}$$

$$=\begin{pmatrix} 0 & \dfrac{r_{\mathrm{m}}\cos\gamma}{r} & -\dfrac{r_{\mathrm{m}}V\sin\gamma}{r} & -\dfrac{r_{\mathrm{m}}V\cos\gamma}{r^2} \\ 0 & -\dfrac{C_D S_{\mathrm{ref}}V\rho}{m} & -\dfrac{\mu\cos\gamma}{r^2} & \dfrac{2\mu\sin\gamma}{r^3}+\dfrac{C_D S_{\mathrm{ref}}V^2\rho}{2h_s m} \\ 0 & \dfrac{\cos\gamma}{r}\left(1+\dfrac{\mu}{rV^2}\right)+\dfrac{C_D u S_{\mathrm{ref}}\rho}{2m} & -\dfrac{\sin\gamma}{r}\left(V-\dfrac{\mu}{rV}\right) & -\dfrac{\cos\gamma}{r^2}\left(V-\dfrac{2\mu}{rV}\right)-\dfrac{C_D u S_{\mathrm{ref}}V\rho}{2h_s m} \\ 0 & \sin\gamma & V\cos\gamma & 0 \end{pmatrix}\Bigg|_{x^*,u^*}$$

$$\boldsymbol{B}(t)=\left(\frac{\partial f}{\partial u}\right)_{x^*,u^*}=\begin{pmatrix} 0 \\ 0 \\ \dfrac{C_D S_{\mathrm{ref}}\rho V}{2m} \\ 0 \end{pmatrix}\Bigg|_{x^*,u^*}$$

③ 獲得該線性時變系統的伴隨系統：

$$\begin{aligned} \frac{\mathrm{d}\lambda}{\mathrm{d}t}&=-\left(\frac{\partial f}{\partial x}\right)^{\mathrm{T}}_{x^*,u^*}\lambda(t) \\ \frac{\mathrm{d}\lambda_u}{\mathrm{d}t}&=-B(t)\lambda(t)=\frac{-D^*}{V^*}\lambda_\gamma(t) \end{aligned} \tag{6-14}$$

詳細公式如下：

$$\frac{d\lambda_s}{dt}=0$$

$$\frac{d\lambda_V}{dt}=-\frac{r_m}{r_m+h^*}\cos\gamma^*\lambda_s(t)+\frac{2D^*}{V^*}\lambda_V(t)$$
$$-\left[\frac{L^*\cos\sigma}{(V^*)^2}+\frac{\cos\gamma^*}{r_m+h^*}+\frac{\mu\cos\gamma^*}{(r_m+h^*)^2(V^*)^2}\right]\lambda_\gamma(t)-\sin\gamma^*\lambda_h(t)$$

$$\frac{d\lambda_\gamma}{dt}=\frac{r_m}{r_m+h^*}V^*\sin\gamma^*\lambda_s(t)+\frac{\mu}{(r_m+h^*)^2}\cos\gamma^*\lambda_V(t)$$
$$+\frac{\sin\gamma^*}{r_m+h^*}\left[V^*-\frac{\mu}{(r_m+h^*)V^*}\right]\lambda_\gamma(t)-V^*\cos\gamma^*\lambda_h(t)$$

$$\frac{d\lambda_h}{dt}=\frac{r_m}{(r_m+h^*)^2}V^*\cos\gamma^*\lambda_s(t)-\left[\frac{D^*}{h_s}+\frac{2\mu\sin\gamma^*}{(r_m+h^*)^3}\right]\lambda_V(t)$$
$$+\left[\frac{L^*\cos\sigma^*}{h_sV^*}+\frac{\cos\gamma^*}{(r_m+h^*)^2}\left(V^*-\frac{2\mu}{(r_m+h^*)V^*}\right)\right]\lambda_\gamma(t)$$

$$\frac{d\lambda_u}{dt}=\frac{-D^*}{V^*}\lambda_\gamma(t)$$

其邊界條件為

$$\lambda_s(t_f)=1,\lambda_V(t_f)=0,\lambda_u(t_f)=0,\lambda_\gamma(t_f)=0,\lambda_h(t_f)=-\cot(\gamma_f^*) \quad (6\text{-}15)$$

④ 求回饋增益係數：通過反向積分求解 $\lambda(t)$ 後代入下面公式：

$$\begin{aligned}F_1(V)&=-\frac{h_s^*(V)}{D^*(V)}\lambda_h(V)\\F_2(V)&=\frac{\lambda_\gamma(V)}{V\cos\gamma^*(V)}\\F_3(V)&=\lambda_u(V)\end{aligned} \quad (6\text{-}16)$$

⑤ 求控制量為

$$(L/D)\cos\sigma=(L/D)^*\cos\sigma^*$$
$$+\frac{K}{F_3(V)}[-(s-s^*)-F_2(V)(\dot{h}-\dot{h}^*(V))-F_1(V)(D-D^*(V))] \quad (6\text{-}17)$$

這裡 K 為過控係數，一般設置為 5。過控係數 K 的選取影響著導引過程的動態響應，以及應對各參數偏差的魯棒性。引起縱程偏差的因素包括彈道係數偏差、大氣密度偏差、初始狀態偏差等「靜態」偏差，也包括由於傾側角符號變化時大角度機動引起的「動態」響應偏差。這些偏差均可通過過控制實現快速補償。成倍增加過控係數，則成倍增加導引指令的修正量，產生過激勵量，可實現快速校正解析預測出的縱程偏差，確保在終端縱程控制結束之前儘早地完成縱程偏差的修正。

6.2.2.3 回饋增益係數推導

式(6-16) 為回饋增益係數的求解，其具體推導過程描述如下。

不考慮控制量偏差，則在任意時刻狀態偏差對末端航程偏差的影響可表示為

$$\delta R_f = \boldsymbol{\lambda}^T(t)\delta x(t) = \lambda_s(t)\delta s(t) + \lambda_V(t)\delta V(t) + \lambda_\gamma(t)\delta\gamma(t) + \lambda_h(t)\delta h(t) \tag{6-18}$$

因為

$$\begin{aligned}(\boldsymbol{\lambda}^T\delta x)' &= \dot{\boldsymbol{\lambda}}^T\delta x + \boldsymbol{\lambda}^T\delta\dot{x} \\ &= -\boldsymbol{\lambda}^T A\delta x + \boldsymbol{\lambda}^T A\delta x + \boldsymbol{\lambda}^T B\delta u \\ &= \boldsymbol{\lambda}^T B\delta u\end{aligned} \tag{6-19}$$

當 $\delta u=0$ 時，則 $(\boldsymbol{\lambda}^T\delta x)'=0$，即有 $\delta R_f = \boldsymbol{\lambda}_f^T\delta x_f = \boldsymbol{\lambda}^T(t)\delta x(t)$。為使登陸器在理想的開傘高度處到達指定航程位置，即有受擾情況下末端航程的計算方法如下（見圖 6-11）。

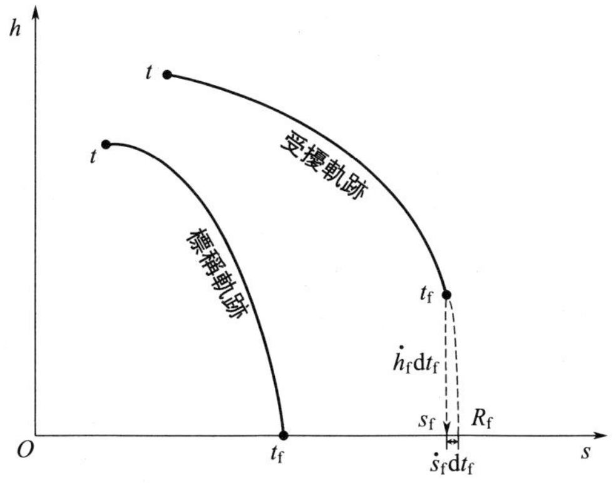

圖 6-11 受擾情況下末端航程計算示意圖

終端 R_f 計算可表達為

$$\begin{aligned}\delta R_f &= \delta s_f + \frac{\dot{s}_f}{|\dot{h}_f|}\delta h_f \\ &= \delta s_f - \cot\gamma_f \delta h_f\end{aligned} \tag{6-20}$$

可得 $\boldsymbol{\lambda}_f = [1 \quad 0 \quad 0 \quad -\cot\gamma_f^*]^T$，因此通過末端條件和伴隨系統方程可反向積分得到其他各時刻的協態變數值 $\lambda(t)$。

考慮到實際飛行過程中可通過導航系統測得的精確變數為阻力加速度和高度變化率、航程，而高度和飛行路徑角較難測得，因此需要將高度和

飛行路徑角的回饋量進行轉化。根據 $D=\frac{C_D\rho V^2 S_{ref}}{2m}$ 和 $\dot{h}=V\sin\gamma$ 可推導：

$$\begin{aligned}
&\delta D=\left.\frac{\partial D}{\partial h}\right|_{ref}\delta h+\left.\frac{\partial D}{\partial V}\right|_{ref}\delta V \\
&\delta\dot{h}=\left.\frac{\partial\dot{h}}{\partial\gamma}\right|_{ref}\delta\gamma+\left.\frac{\partial\dot{r}}{\partial V}\right|_{ref}\delta V \\
&\left.\frac{\partial D}{\partial h}\right|_{ref}=-\left.\frac{D}{h_s}\right|_{ref},\left.\frac{\partial\dot{h}}{\partial\gamma}\right|_{ref}=V\cos\gamma\,|_{ref}
\end{aligned}\tag{6-21}$$

而以速度為自變數時有 $\delta V=0$，因此可獲得

$$\delta h=\frac{\delta D}{\left.\frac{\partial D}{\partial h}\right|_{ref}},\delta\gamma=\frac{\delta\dot{h}}{\left.\frac{\partial\dot{h}}{\partial\gamma}\right|_{ref}}\tag{6-22}$$

整理可得

$$\delta R_f=\lambda_s(t)\delta s(t)-\frac{h_s\lambda_h(t)}{D\,|_{ref}}\delta D(t)+\frac{\lambda_\gamma(t)}{V\cos\gamma\,|_{ref}}\delta\dot{h}(t)\tag{6-23}$$

進一步考慮利用控制補償量來抵消由於狀態偏差引起的航程偏差，因此有

$$\delta u=-\frac{\delta R_f}{\lambda_u(t)}\tag{6-24}$$

求解 $\lambda_u(t)$ 可根據：當控制攝動量 δu 為常值時，小擾動線性化方程有解如下：

$$\delta x_f=\Phi(t_f,t)x(t)+\left[\int_t^{t_f}\Phi(t_f,t)B(\tau)\mathrm{d}\tau\right]\delta u\tag{6-25}$$

式中，$\Phi(t_f,t)$ 為狀態轉移矩陣，上式左右兩邊同時乘以 λ_f^T，有

$$\delta R_f=\boldsymbol{\lambda}_f^T\delta x_f=\boldsymbol{\lambda}^T(t)x(t)+\left[\int_t^{t_f}\boldsymbol{\lambda}^T(t)B(\tau)\mathrm{d}\tau\right]\delta u\tag{6-26}$$

因此有

$$\begin{aligned}
&\lambda_u(t)=\frac{\partial\delta R_f}{\partial\delta u}=\int_t^{t_f}\boldsymbol{\lambda}^T(t)B(\tau)\mathrm{d}\tau \\
&\frac{\mathrm{d}\lambda_u(t)}{\mathrm{d}t}=-\boldsymbol{B}^T(\tau)\lambda(t)=-\frac{D^*}{V^*}\lambda_\gamma(t)
\end{aligned}\tag{6-27}$$

顯然 $\lambda_u(t_f)=0$，則可求得 $\lambda_u(t)$。

因此整理可得

$$\begin{aligned}
&u=u_{ref}+\delta u=u_{ref}-\frac{1}{\lambda_u(t)}\left[\lambda_s(t)\delta s(t)+\frac{\lambda_\gamma(t)}{V\cos\gamma\,|_{ref}}\delta\dot{h}(t)-\frac{h_s\lambda_h(t)}{D\,|_{ref}}\delta D(t)\right] \\
&\lambda_s(t)=1
\end{aligned}\tag{6-28}$$

對比以下的公式：

$$u_c = u_{\text{ref}} + \Delta u = u_{\text{ref}} + \frac{K}{\partial R/\partial u}\left[-(s - s_{\text{ref}}) - \frac{\partial R}{\partial \dot{h}}(\dot{h} - \dot{h}_{\text{ref}}) - \frac{\partial R}{\partial D}(D - D_{\text{ref}})\right]$$

$$(L/D)\cos\sigma = (L/D)^*\cos\sigma^* + \frac{K}{F_3(V)}\left[\begin{array}{l} -(R - R^*) \\ -F_2(V)(\dot{h} - \dot{h}^*(V)) - F_1(V)(D - D^*(V)) \end{array}\right]$$

可得

$$\begin{aligned} F_1(V) &= -\frac{h_s^*(V)}{D^*(V)}\lambda_h(V) = \partial R/\partial D \\ F_2(V) &= \frac{\lambda_\gamma(V)}{V\cos\gamma^*(V)} = \partial R/\partial \dot{h} \\ F_3(V) &= \lambda_u(V) = \partial R/\partial u \end{aligned} \tag{6-29}$$

根據 MSL 數據設置仿真情況，可得回饋係數標稱工況下的仿真結果如圖 6-12 和圖 6-13 所示。

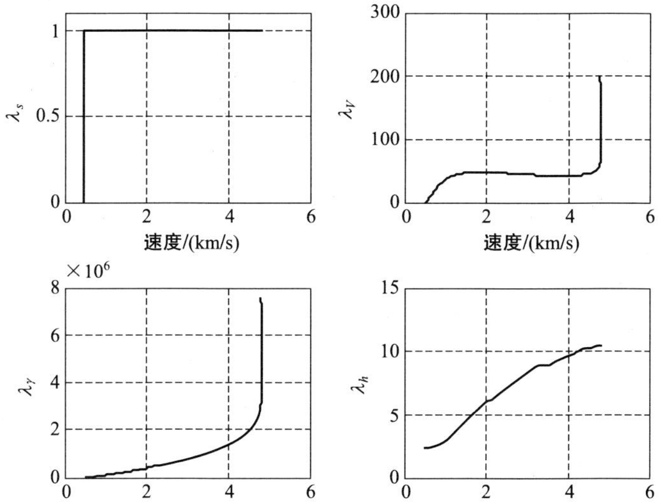

圖 6-12 協態變數

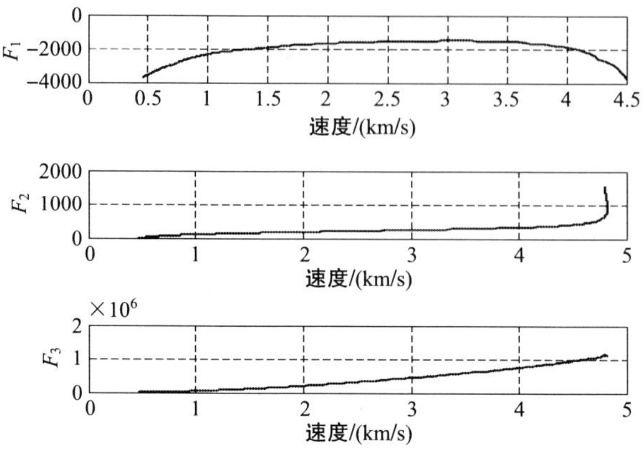

圖 6-13 回饋係數

可見 $F_1<0, F_2>0, F_3>0$，即 $\partial R/\partial D<0, \partial R/\partial \dot{h}>0, \partial R/\partial u>0$，因此待飛縱程受當前狀態量影響可描述為：阻力相對參考值偏小則待飛縱程偏遠；高度變化率相對參考值偏大時，則待飛縱程偏遠；u 越小待飛縱程越遠。

6.2.2.4 傾側角符號控制策略

傾側角符號控制主要是為了完成對飛行橫程的控制，使橫程偏差盡量減小以逼近登陸點。根據 6.2.1.2 小節的描述，已明確航程、縱程和橫程的定義和計算方法，接下來介紹橫程邊界的設計。

(1) 橫程邊界設計——邊界與速度成線性關係

此時對橫程偏差的限制採用速度的線性函數。如 $\chi_c=c_1V+c_0$，這裡，c_1、c_0 的選取應針對不同的登陸巡視器，根據橫程偏差的精度要求以及傾側角反轉次數的限制進行調整得到，如圖 6-14 所示。

(2) 橫程邊界設計——邊界與速度分段成二次函數關係

如圖 6-15 所示，橫程邊界描述為

$$\chi_c=\begin{cases}c_{22}((V-V_{11})/V_{\text{scale}})^2+c_{20}, V_{11}\leqslant V\leqslant V_{21}\\ c_{21}, 其他\end{cases} \tag{6-30}$$

其中，$V_{\text{scale}}=\sqrt{\mu/r_m}$，$V_{11}$、$V_{21}$、$c_{20}$、$c_{21}$、$c_{22}$ 根據線上情況調節選取，r_m 為火星半徑，詳細設計過程見 6.2.2.5 小節。

當預測的橫程偏差逐漸增大，直至大於邊界時，傾側角反號。

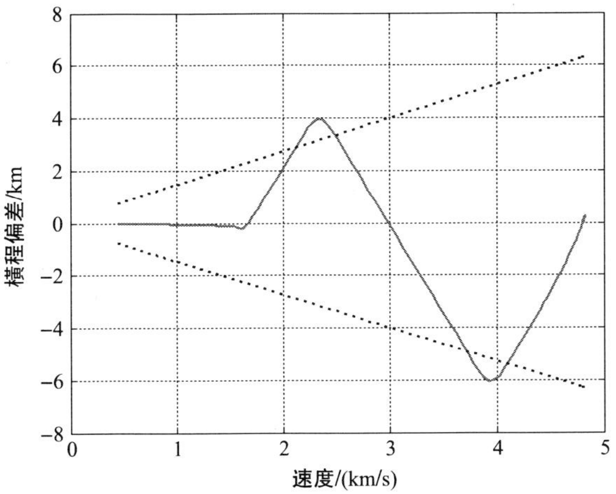

圖 6-14 橫程邊界隨速度的一次函數變化

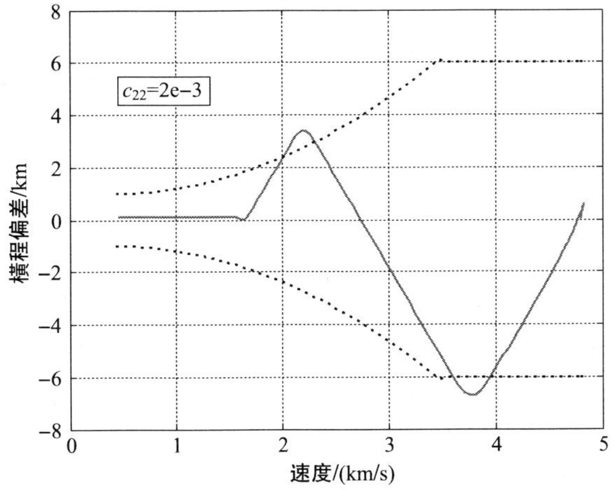

圖 6-15 橫程邊界隨速度的二次函數變化

6.2.2.5 重要參數分析設計

(1) 解析預測校正導引律執行的起始和終止條件

解析預測校正導引律的執行開始於阻力加速度大於 $0.2g$ 時，該時刻象徵著登陸器已進入顯著大氣層內，能夠產生足夠的升力進行航程控制，此時相對火星表面的高度約為 60km。

解析預測校正導引律的執行終止於飛行地速小於某個臨界速度。當速度小於該臨界速度後，縱程控制的能力將大大降低。如果繼續採用解析預測校正導引律進行縱程的控制，效果不顯著且易導致控制量飽和，但若採用航向校正控制，仍可以有效地減小橫程偏差。

切換為航向校正控制的轉換點為臨界速度：登陸器在超音速段飛行，隨著高度的下降，最終會在某個時刻升力無法完全平衡重力的影響，此後即使全升力向上，飛行路徑角變化速率也開始小於 0。該轉換點的意義在於：它界定了氣動升力用於縱程控制的效率，超過該時刻後，即使全升力向上也無法增大飛行路徑角以擴展縱程，對縱程的調節能力變得有限。圖 6-16 為某工況下不同傾側角對應的縱程變化，圖 6-17 為某工況下不同傾側角對應的高度變化。可見全升力向上和全升力向下對縱程的調節遠不如對高度的調節有意義。

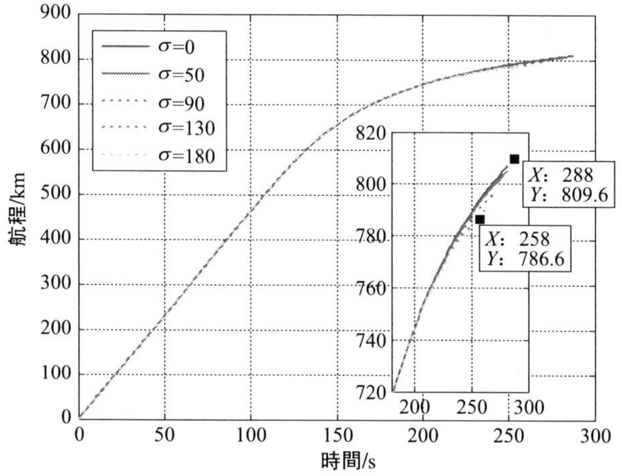

圖 6-16　速度小於臨界速度後不同傾側角對應的縱程變化

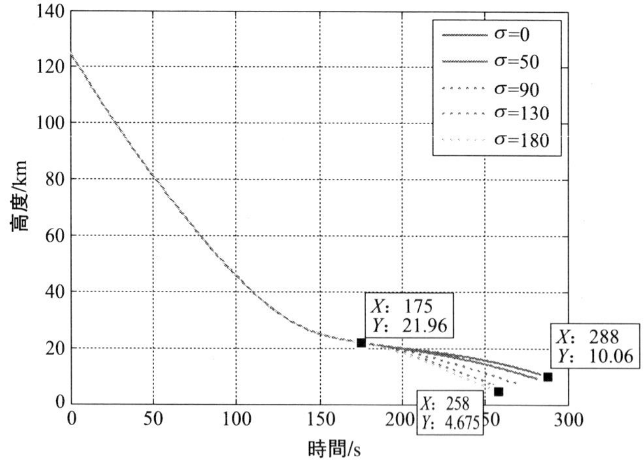

圖 6-17　速度小於臨界速度後不同傾側角對應的高度變化

臨界速度可以通過下述方式確定：由動力學方程推導出保證飛行路徑角變化率為 0 的高度速度曲線，並與參考軌跡的高度速度曲線相交，該交點處的速度即為臨界速度。由動力學方程 $V\dot{\gamma}=L\cos\sigma+\left(\frac{V^2}{r}-\frac{\mu}{r^2}\right)\cos\gamma$ 推導，考慮當 $\dot{\gamma}=0$ 時，有

$$V=\sqrt{\frac{\mu/r^2}{0.5\rho/\beta L/D\cos(50)+1/r}} \tag{6-31}$$

其中，$r=r_m+h$ 為登陸器質心與火星質心的距離，r_m 為火星半徑，μ 為火星的引力常數；L 和 D 為登陸器的阻力和升力加速度；V 為登陸器相對於火星的速度大小；β 為登陸器的彈道係數；ρ 為火星大氣密度。

根據文獻《Mars Exploration Entry，Descent and Landing Challenges》中好奇號的相關參數：升阻比 0.18，彈道係數 115kg/m^2，初始速度 6750m/s，飛行路徑角為－15.5°，可以求得該臨界速度近似為 1100m/s，如圖 6-18 所示，該結果與文獻中的設計值一致。

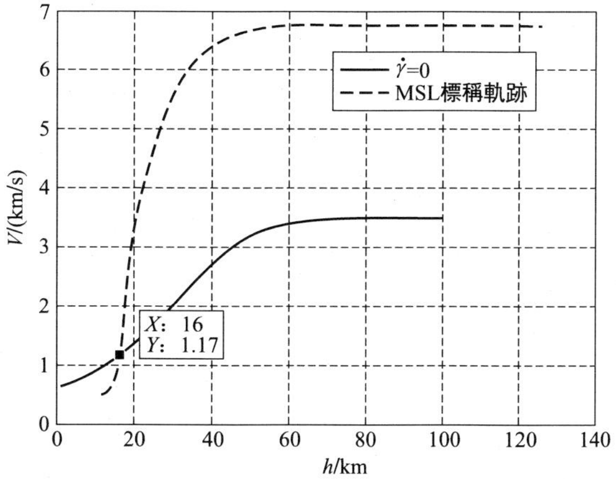

圖 6-18　圖解法求解 MSL 滿足 $\dot{\gamma}=0$ 的高度與速度

(2) 橫向導引參數設計

登陸器進入的整個過程，橫程修正能力隨速度發生著變化，因此橫程偏差邊界條件選擇為速度的函數，參數的具體設計過程如下。

首先考慮目前登陸器橫向的機動能力，主要受氣動力影響。它的橫向機動能力由速度方位角速率表徵。在全升力向左或右時，MSL 的速度方位角速率能達到 0.4(°)/s。與之相比，可進行登陸器實際機動能力的評估，並綜合考慮傾側角翻轉的次數，以 2 次為宜，據此設計橫程偏差

的邊界條件參數。

傾側角反轉處的橫程偏差，不應大於從該點之後，傾側角反轉所能修正的橫程偏差的能力極限。其中高速段的常值邊界值 c_{21}、低速段邊界值 c_{20} 所確定的曲線應盡量被最小橫向機動能力曲線所包絡，如圖 6-19 所示。橫程邊界轉換的速度點 V_{21} 近似為第一次傾側角翻轉時刻的速度，V_{11} 應約等於開傘點高度附近 2.0Ma 時對應的速度。

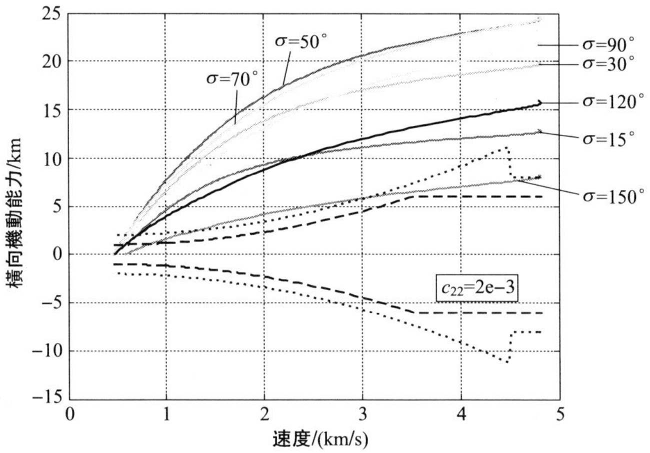

圖 6-19 橫程邊界設計

最後，可通過調節 c_{22} 來調整第二次傾側角反轉的時刻，確定 c_{22} 取值。這裡通過一組標稱情況下的仿真來對比選擇。c_{22} 分別選取不同值為 1×10^{-3}、1.5×10^{-3}、2×10^{-3}、2.5×10^{-3}，橫程偏差的仿真結果見圖 6-20。由圖可見 c_{22} 等於 2×10^{-3} 時，傾側角第二次反轉的時機與後續的機動能力匹配較好。

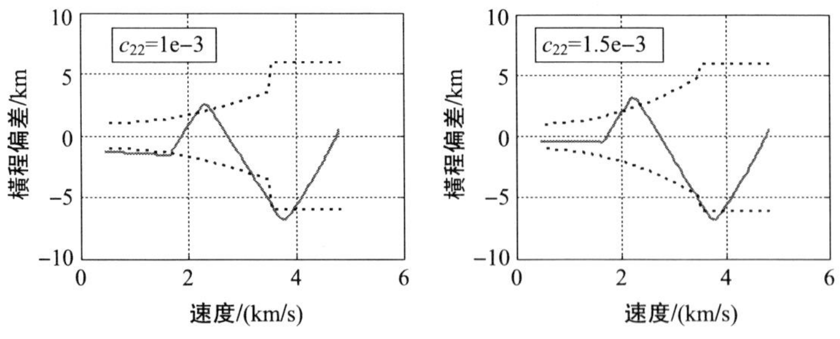

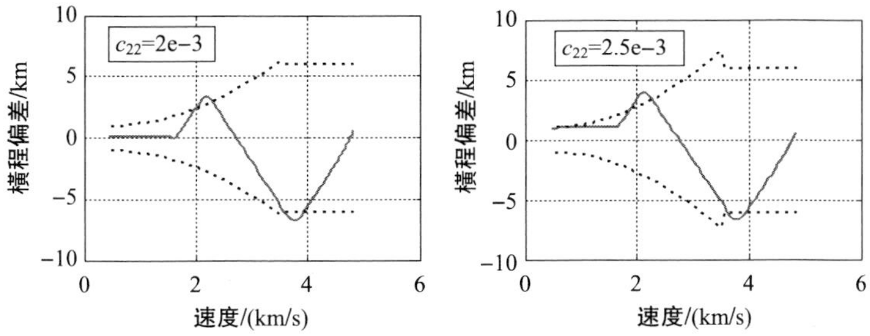

圖 6-20　c_{22} 設計不同值對橫程偏差修正過程的影響

6.2.3 航向校正導引方法

研究表明，當相對速度減小至一定程度後，航程控制的能力將大大降低，卻仍可以通過調整傾側角有效地減小橫向偏差。因此當速度減小至某臨界速度時，應將導引系統切換為航向校正導引律。通過描述登陸器進入的 6 維質心動力學方程（具體參見 7.1.4 小節）以及橫程計算方法可知，橫程偏差的產生源自速度方向偏離縱向剖面，即速度方位角與登陸器當前點座標方位角（當前點與開傘點相連的大圓弧與正北方向的夾角）存在偏差，為使在剩餘航程的飛行過程中能夠消除橫程偏差，指令傾側角應正比於當前點相對目標點的方位誤差。

$$\begin{aligned}|\sigma| &= K_1 \arctan\left(\frac{CR}{R_{togo}}\right) \\ R_{togo} &= R_{total} - DR \\ \mathrm{sign}(\sigma) &= -\mathrm{sign}(CR)\end{aligned} \tag{6-32}$$

這裡 CR、DR 分別為飛行橫程和縱程，R_{total} 為總縱程，R_{togo} 為待飛縱程，$\mathrm{sign}(\cdot)$ 表示取變數的符號，$|\cdot|$ 表示變數的大小。其中 K_1 為控制參數，可根據仿真結果進行調節設置。值得注意的是，在小於臨界速度後，需對傾側角進行限幅，其目的在於：一是為了提升開傘高度，將該階段傾側角的幅值減小，從而提升開傘高度；二是確保具有一定的橫向機動能力，並限制其機動能力，因為在橫程控制末端的偏差約束邊界值較小，過大的橫向機動能力容易導致傾側角出現沒必要的反轉，姿態機動消耗過多的燃料。

綜上各節的描述，可得到基於標稱軌跡設計的解析預測校正導引方法總設計思路，如圖 6-21 所示。

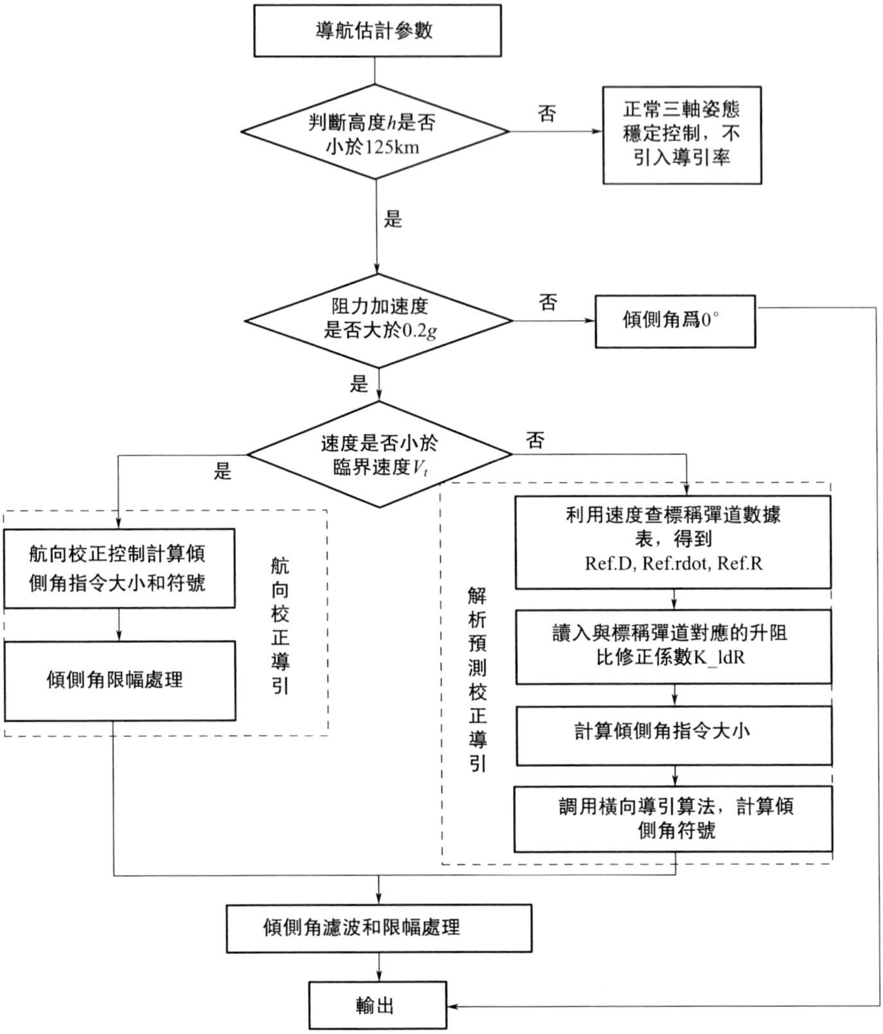

圖 6-21　基於標稱軌跡設計的解析預測校正導引演算法總流程圖

6.2.4 應用實例

6.2.4.1 參數設置

以火星科學實驗室[9]為例，數值仿真以驗證該導引演算法的有效性。考慮登陸器質量為 922kg，最大橫截面積為 16m^2，升阻比為 0.18，彈道係數為 115kg/m^2，其他參數設置同表 6-1、表 6-2。

表 6-1 進入過程初始和終端條件約束

參數	初始進入點	開傘點
高度/km	126.1	10
速度/(m/s)	6750	—
經度/(°)	0	12.2
緯度/(°)	0	0
飛行路徑角/(°)	−14.4	—

表 6-2 蒙地卡羅仿真參數設置

參數	分布類型	3σ
質量偏差	均勻	5%
大氣密度偏差	均勻	30%
氣動參數(C_L)偏差	均勻	10%
氣動參數(C_D)偏差	均勻	10%

6.2.4.2 仿真結果與分析

為驗證該演算法的魯棒性，完成在 1000 種情況下的蒙地卡羅仿真，這 1000 種散布情況仿真分為 100 組進行，每組 10 種散布情況，相應的仿真結果統計值見表 6-3。可見航程偏差均值為 0.7233km，標準差為 0.8444km，可知 99.7%的航程偏差落在 3.2565km 範圍內，該導引律有較高的登陸精度。開傘點處的高度偏差均值為 1.6174km，標準差為 1.1727km，可知 99.7%的開傘高度偏差在 5.1355km 的範圍內，即 99.7%的開傘高度在 4.8645～15.1355km 之間。

表 6-3 航程和高度偏差數據統計

參數	航程偏差/km	高度偏差/km
最小值	0.0005	0.0044
最大值	5.9641	6.5165
平均值	0.7233	1.6174
標準差	0.8444	1.1727

6.3 基於阻力剖面追蹤的魯棒導引方法

基於阻力剖面追蹤的導引方法，其標稱軌跡主要是以阻力加速度以及阻力加速度導數的形式給出，通過對阻力加速度追蹤控制來實現飛行軌跡的調整。

目前，已有很多控制演算法被用於阻力剖面追蹤導引，以不斷提高導引演算法的魯棒性和探測器的登陸精度。例如文獻［10］同時考慮自適應與魯棒問題，將回饋線性化、自適應及 H^{∞} 魯棒控制演算法應用於阻力剖面追蹤；文獻［11］考慮採用模型參考自適應控制方法（Model Reference Adaptive Control，MRAC）實現魯棒重返導引追蹤，並採用蒙地卡羅仿真在多參數正態隨機波動情況下進行導引敏感度分析；文獻［12］應用微分平坦原理設計了魯棒追蹤導引律，引入神經網路及輔助自適應策略提升自適應能力並補償擾動影響。文獻［13］採用模型預測控制（Model Predictive Control，MPC）與回饋線性化（Feedback Linearization，FBL）結合的方法實現魯棒導引追蹤。但在阻力剖面追蹤演算法中，以上魯棒導引律設計均未考慮二階阻力動力學模型輸入係數存在不確定性的問題。這個問題在以往追蹤導引律設計以及穩定性分析時被忽略。Mease[14]，Roenneke[15]等在設計阻力加速度追蹤導引律時也未對參數偏差情況下的二階阻力動力學方程進行分析，而是直接利用輸入係數設計誤差回饋，形成導引律，而未考慮模型輸入係數存在偏差項的影響。

本節主要針對火星大氣進入存在較大參數不確定性的情況，研究阻力剖面追蹤魯棒導引律。首先建立了考慮參數不確定性的二階阻力動力學方程，分析了以往設計追蹤導引律常忽略的一個問題——動力學模型輸入係數中存在不確定項。針對該問題，設計魯棒導引律並完成穩定性證明。最後通過蒙地卡羅仿真，驗證了該導引律具有較強的魯棒性。

6.3.1 考慮不確定性的二階阻力動力學模型

不考慮地球自轉且假設登陸器為無動力的質點，重返縱向剖面的動力學方程同式(6-11)。為設計阻力剖面追蹤導引律，選擇新的狀態變數

$$z=\begin{bmatrix}D & \dot{D} & V\end{bmatrix}^{\mathrm{T}} \tag{6-33}$$

控制變數為

$$u=\cos\sigma \tag{6-34}$$

大氣密度模型採用指數模型

$$\rho_{\text{nominal}}=\rho_0 \mathrm{e}^{-(r-r_{\mathrm{m}})/H_{\mathrm{S}}} \tag{6-35}$$

其中，H_{S} 為密度尺度高；ρ_0 為參考高度 r_{m} 處的大氣密度值。

在實際的重返過程中，登陸器重返大氣層介面時必然存在狀態偏差，該偏差稱為初始狀態偏差。而且大氣密度偏差、氣動參數偏差的存在都將影響導引律的效果。這裡分析氣動係數偏差為

$$C_L = C_{\tilde{L}}(1+\Delta_{C_L}) = C_{\tilde{L}} + \Delta C_L$$
$$C_D = C_{\tilde{D}}(1+\Delta_{C_D}) = C_{\tilde{D}} + \Delta C_D \tag{6-36}$$

其中，$C^{\sim}$ 表示氣動係數的標稱值；ΔC_L，ΔC_D 分別表示升力係數和阻力係數偏差。含偏差項 $\Delta\rho$ 的大氣密度模型可改寫為

$$\rho = \rho_{\text{nominal}} + \Delta\rho = \rho_0 \mathrm{e}^{-(r-r_{\mathrm{m}})/H_{\mathrm{S}}} + \Delta\rho \tag{6-37}$$

根據動力學方程中阻力 D 的定義，可知其一階導數為

$$\dot{D} = \frac{-D\,\dot{\rho}}{\rho} + \frac{2D\,\dot{V}}{V} + \frac{D\,\dot{C}_D}{C_D} \tag{6-38}$$

需進一步求解 $\frac{\dot{\rho}}{\rho}$ 和 $\frac{\dot{C}_D}{C_D}$。由式(6-37)，有

$$\frac{\dot{\rho} - \Delta\dot{\rho}}{\rho - \Delta\rho} = -\frac{1}{H_{\mathrm{S}}}\dot{r} \tag{6-39}$$

因此有 $\frac{\dot{\rho}}{\rho} = -\frac{1}{H_{\mathrm{S}}}\dot{r} + \delta_\rho$，其中 $\delta_\rho = \frac{\rho\Delta\dot{\rho} - \dot{\rho}\Delta\rho}{\rho(\rho-\Delta\rho)}$。阻力係數偏差項同理可表示為

$$\frac{\dot{C}_D}{C_D} = C + \delta_{C_D} \tag{6-40}$$

其中，$C = \frac{\dot{C}_{\tilde{D}}}{C_{\tilde{D}}}$，$\delta_{C_D} = \frac{\Delta\dot{C}_D C_{\tilde{D}} - \Delta C_D \dot{C}_{\tilde{D}}}{(C_{\tilde{D}} + \Delta C_D)C_{\tilde{D}}}$。

那麼阻力的一階導數經推導為

$$\frac{\dot{D}}{D} = -\frac{1}{H_{\mathrm{S}}}\dot{r} + \frac{2\dot{V}}{V} + C + \delta_{C_D} + \delta_\rho \tag{6-41}$$

然後將上式兩邊同時微分可得

$$\ddot{D} = \frac{\dot{D}^2}{D} - \frac{D\,\ddot{r}}{H_{\mathrm{S}}} + \frac{2D\,\ddot{V}}{V} - \frac{2D\,\dot{V}^2}{V^2} + D\,\dot{C} + D\,\dot{\delta}_{C_D} + D\,\dot{\delta}_\rho \tag{6-42}$$

為進一步求解阻力的二階導數形式，根據動力學方程可得

$$\dot{V} = -D - \overline{g}\,\frac{\dot{r}}{V} \tag{6-43}$$

$$\ddot{V} = -\dot{D} - \frac{\overline{g}L}{V}\cos\gamma u - \left(\frac{V^2}{\overline{r}} - \overline{g}\right)\frac{\overline{g}}{V}\cos^2\gamma \tag{6-44}$$

$$\ddot{r} = -D\,\frac{\dot{r}}{V} + L\cos\gamma u + \frac{V^2}{\overline{r}}\cos^2\gamma - \overline{g} \tag{6-45}$$

其中，$\overline{g}$、$\overline{r}$ 分別為重力加速度以及火心距的等效均值常數，且上面三式中 $\dot{r}$ 的表達式可通過式(6-41) 得到：

$$\left(1+\frac{2\overline{g}H}{V^2}\right)\dot{r}=-H\left(\frac{\dot{D}}{D}+2\frac{D}{V}-C-\delta_{C_D}-\delta_\rho\right) \tag{6-46}$$

最後將式(6-43)～式(6-46) 代入式(6-42)，得到偏差二階阻力動力學方程為

$$\ddot{D}(t)=a(t)+b(t)u=\hat{a}(z)+\Delta a+[\hat{b}(z)+\Delta b]u \tag{6-47}$$

其中

$$\hat{b}(z)=-\frac{D^2}{H_S}\left(1+\frac{2\overline{g}H_S}{V^2}\right)\frac{L}{D}\cos\gamma \tag{6-48}$$

$$\begin{aligned}
&\hat{a}(z)+\Delta a+\Delta bu\\
=&\frac{\dot{D}^2}{D}-\frac{4D^3}{V^2}-\frac{3D\dot{D}}{V}-\frac{D}{H_S}\left(1+\frac{2\overline{g}H_S}{V^2}\right)\left(\frac{V^2}{r}-\overline{g}\right)\\
&+\frac{6D^2\overline{g}H_S}{V^3}\left(1+\frac{2\overline{g}H_S}{V^2}\right)^{-1}\left(\frac{\dot{D}}{D}+\frac{2D}{V}\right)+\left(\frac{\overline{g}D}{H_S}-\frac{2\overline{g}^2D}{V^2}\right)\sin^2\gamma\\
&+\frac{D^2}{V}(C+\delta_{C_D}+\delta_\rho)+D\dot{C}+D\dot{\delta}_{C_D}+D\dot{\delta}_\rho
\end{aligned} \tag{6-49}$$

為了進一步對 Δb 進行分析，假設對於小升阻比登陸器，氣動阻力係數標稱值為常值，即 $C_{\widetilde{D}}$ 為常值，且偏差係數 Δ_{C_D} 為正態分布的隨機常數，則有 $C=0$；$\delta_{C_D}=0$。式(6-42) 中 $\dot{\delta}_\rho$ 所含 $\ddot{\rho}$ 、$\Delta\ddot{\rho}$ 項將出現控制量 u，經計算得

$$\begin{aligned}
\dot{\delta}_\rho&=-\frac{\Delta\rho}{\rho}\times\frac{\ddot{\rho}_{\text{nominal}}}{\rho_{\text{nominal}}}+\frac{\Delta\ddot{\rho}}{\rho}+\kappa_1(z,\Delta\dot{\rho},\Delta\rho,\dot{\rho},\rho)\\
&=\frac{DL\cos\gamma}{H_S}\times\frac{\Delta\rho}{\rho}u+\frac{\Delta\ddot{\rho}}{\rho}+\kappa_2(z,\Delta\dot{\rho},\Delta\rho,\dot{\rho},\rho)
\end{aligned} \tag{6-50}$$

其中，$\kappa_1(z,\Delta\dot{\rho},\Delta\rho,\dot{\rho},\rho)$、$\kappa_2(z,\Delta\dot{\rho},\Delta\rho,\dot{\rho},\rho)$ 中不含控制量 u。本章考慮大氣密度偏差模型[16]為

$$\rho=\rho_{\text{nominal}}\left[1+\delta+A\sin\left(\frac{2\pi h}{h_{\text{ref}}}+\phi_{\text{atm}}\right)\right] \tag{6-51}$$

其中，$h=r-r_m$，而 δ、A、h_{ref}、ϕ_{atm} 均為常量，令 $\phi_{\text{atm}}=0$。通過將上式模型代入式(6-50)，經計算可得式 $\dot{\delta}_\rho$ 中 $\Delta b\cdot u$ 為

$$\Delta b\cdot u=\frac{A\dfrac{2\pi}{h_{\text{ref}}}\cos\left(\dfrac{2\pi h}{h_{\text{ref}}}\right)DL\cos\gamma}{1+\delta+A\sin\left(\dfrac{2\pi h}{h_{\text{ref}}}\right)}u \tag{6-52}$$

為簡化處理，這裡不列出 Δa 的具體表達形式，且能保證 $b(t)$ 為負值。

6.3.2 阻力剖面追蹤魯棒導引方法

由式(6-42)、式(6-52) 可知，系統二階阻力動力學方程輸入係數存在參數不確定性。為了設計魯棒導引律，這裡首先將方程 (6-42) 兩邊同時除以輸入係數 $b(x)$：

$$\frac{1}{b}\ddot{D}-\frac{a}{b}=u \tag{6-53}$$

因此，上式可寫為

$$b^{*}\ddot{D}-a^{*}=u \tag{6-54}$$

其中 $b^{*}=1/b$，$a^{*}=a/b$。

定義

$$\dot{D}_{\mathrm{r}}=\dot{D}_{\mathrm{d}}-\alpha_{1}\tilde{D}-\alpha_{2}\int_{0}^{t}\tilde{D}\mathrm{d}\tau,\ddot{D}_{\mathrm{r}}=\ddot{D}_{\mathrm{d}}-\alpha_{1}\dot{\tilde{D}}-\alpha_{2}\tilde{D} \tag{6-55}$$

其中 $\tilde{D}=D-D_{\mathrm{d}}$，$D_{\mathrm{d}}$ 為預先儲存的氣動阻力參考軌跡剖面，α_1、α_2 為正常數增益。

進一步，定義

$$s=\dot{\tilde{D}}+\alpha_{1}\tilde{D}+\alpha_{2}\int_{0}^{t}\tilde{D}\mathrm{d}\tau \tag{6-56}$$

計算有 $\dot{s}=\ddot{\tilde{D}}+\alpha_{1}\dot{\tilde{D}}+\alpha_{2}\tilde{D}$。因此，可得

$$-b^{*}\dot{s}=-u+b^{*}\ddot{D}_{\mathrm{r}}-a^{*} \tag{6-57}$$

假設一含不確定性的向量為 $\boldsymbol{\theta}=\begin{bmatrix}b^{*} & a^{*} & \dot{b}^{*}\end{bmatrix}^{\mathrm{T}}$，然後計算

$$\begin{aligned}-b^{*}\dot{s}-\frac{1}{2}\dot{b}^{*}s+ks&=-u+b^{*}\ddot{D}_{\mathrm{r}}-a^{*}-\frac{1}{2}\dot{b}^{*}s+ks\\&=-u+ks+\boldsymbol{Y\theta}\end{aligned} \tag{6-58}$$

其中 $\boldsymbol{Y}=\begin{bmatrix}\ddot{D}_{\mathrm{r}} & -1 & -0.5s\end{bmatrix}$，$k$ 為正常數。

定義 $\hat{\boldsymbol{\theta}}$ 為與 $\boldsymbol{\theta}$ 對應的不含不確定性的確知項：

$$\hat{\boldsymbol{\theta}}=\begin{bmatrix}\frac{1}{\hat{b}} & \frac{\hat{a}}{\hat{b}} & \left(\frac{1}{\hat{b}}\right)'\end{bmatrix}^{\mathrm{T}} \tag{6-59}$$

其中，$(\cdot)'$表示 $(\cdot)$ 的一階導數。同時可定義向量 $\tilde{\boldsymbol{\theta}}=\boldsymbol{\theta}-\hat{\boldsymbol{\theta}}$ 為系統參數不確定性引起的偏差項，假設 $\tilde{\boldsymbol{\theta}}$ 有界，滿足 $\|\tilde{\boldsymbol{\theta}}\|\leqslant\eta$，$\eta>0$。

設計 $u=u_0-\boldsymbol{Y}\tilde{\boldsymbol{u}}$，其中 $u_0=\boldsymbol{Y}\hat{\boldsymbol{\theta}}+ks$，則式(6-58) 變為

$$-b^*\dot{s}-\frac{1}{2}\dot{b}^*s+ks=-u_0+\boldsymbol{Y}\widetilde{\boldsymbol{u}}+\boldsymbol{Y}(\widehat{\boldsymbol{\theta}}+\widetilde{\boldsymbol{\theta}})+ks \tag{6-60}$$
$$=\boldsymbol{Y}\widetilde{\boldsymbol{u}}+\boldsymbol{Y}\widetilde{\boldsymbol{\theta}}$$

下面採用類似 Spong 的魯棒控制方法[17]設計 $\widetilde{\boldsymbol{u}}$。

定理： 令 $\varepsilon>0$，設計控制量 $\widetilde{\boldsymbol{u}}$ 如下：

$$\widetilde{\boldsymbol{u}}=\begin{cases}-\eta\dfrac{\boldsymbol{Y}^{\mathrm{T}}s}{\|\boldsymbol{Y}^{\mathrm{T}}s\|}, & \|\boldsymbol{Y}^{\mathrm{T}}s\|>\varepsilon\\ -\eta\dfrac{\boldsymbol{Y}^{\mathrm{T}}s}{\varepsilon}, & \|\boldsymbol{Y}^{\mathrm{T}}s\|\leqslant\varepsilon\end{cases} \tag{6-61}$$

則導引律 u 為

$$u=u_0-\boldsymbol{Y}\widetilde{\boldsymbol{u}} \tag{6-62}$$

其中 $\boldsymbol{Y}=\left[\ddot{D}_{\mathrm{r}}\quad -1\quad -0.5s\right]$，$u_0=\boldsymbol{Y}\widehat{\boldsymbol{\theta}}+ks$，該導引律 u 連續且閉環系統一致最終有界穩定。

證明： 針對系統（6-53）選擇李亞普諾夫函數如下：

$$\overline{V}=-\frac{1}{2}b^*s^2+k\alpha_1\alpha_2\left(\int_0^t\widetilde{D}\mathrm{d}\tau\right)^2+k\left(\widetilde{D}+\alpha_2\int_0^t\widetilde{D}\mathrm{d}\tau\right)^2 \tag{6-63}$$

這裡 b^* 為負，保證 $\overline{V}>0$，可計算 $\overline{V}$ 的一階導數為

$$\begin{aligned}\dot{\overline{V}}&=-\frac{1}{2}\dot{b}^*s^2-b^*s\dot{s}+2k\alpha_1\alpha_2\widetilde{D}\int_0^t\widetilde{D}\mathrm{d}\tau+2k\left(\widetilde{D}+\alpha_2\int_0^t\widetilde{D}\mathrm{d}\tau\right)(\dot{\widetilde{D}}+\alpha_2\widetilde{D})\\&=-\frac{1}{2}\dot{b}^*s^2-b^*s\dot{s}+ks^2-ks^2\\&\quad+2k\alpha_1\alpha_2\widetilde{D}\int_0^t\widetilde{D}\mathrm{d}\tau+2k\left(\widetilde{D}+\alpha_2\int_0^t\widetilde{D}\mathrm{d}\tau\right)(\dot{\widetilde{D}}+\alpha_2\widetilde{D})\\&=s\boldsymbol{Y}(\widetilde{\boldsymbol{u}}+\widetilde{\boldsymbol{\theta}})-k\left(\dot{\widetilde{D}}+\alpha_1\widetilde{D}+\alpha_2\int_0^t\widetilde{D}\mathrm{d}\tau\right)^2\\&\quad+2k\alpha_1\alpha_2\widetilde{D}\int_0^t\widetilde{D}\mathrm{d}\tau+2k\left(\widetilde{D}+\alpha_2\int_0^t\widetilde{D}\mathrm{d}\tau\right)(\dot{\widetilde{D}}+\alpha_2\widetilde{D})\\&=-\boldsymbol{y}^{\mathrm{T}}\boldsymbol{Q}\boldsymbol{y}+s\boldsymbol{Y}(\widetilde{\boldsymbol{u}}+\widetilde{\boldsymbol{\theta}})\end{aligned} \tag{6-64}$$

其中 $y=\left[\dot{\widetilde{D}}\quad \widetilde{D}\quad \int_0^t\widetilde{D}\mathrm{d}\tau\right]^{\mathrm{T}}$，$\boldsymbol{Q}=\begin{bmatrix}k & k(\alpha_1-1) & 0\\ k(\alpha_1-1) & k(\alpha_1^2-2\alpha_2) & -k\alpha_2^2\\ 0 & -k\alpha_2^2 & k\alpha_2^2\end{bmatrix}$，

經計算可知通過合理地選取參數 α_1、α_2，可保證 $\boldsymbol{Q}$ 為正定矩陣。

則有當 $\|\boldsymbol{y}\|>\omega$，能保證 $\dot{\overline{V}}<0$，其中 ω 為

$$\omega^2=\frac{\varepsilon\eta}{4\lambda_{\min}(\boldsymbol{Q})} \tag{6-65}$$

因為當$\|\boldsymbol{Y}^{\mathrm{T}}s\|>\varepsilon$，有

$$\begin{aligned}\dot{\bar{V}}&=-\boldsymbol{y}^{\mathrm{T}}\boldsymbol{Q}\boldsymbol{y}+s\boldsymbol{Y}(\tilde{\boldsymbol{u}}+\tilde{\boldsymbol{\theta}})=-\boldsymbol{y}^{\mathrm{T}}\boldsymbol{Q}\boldsymbol{y}+s\boldsymbol{Y}\left(-\eta\frac{\boldsymbol{Y}^{\mathrm{T}}s}{\|\boldsymbol{Y}^{\mathrm{T}}s\|}+\tilde{\boldsymbol{\theta}}\right)\\&\leqslant-\boldsymbol{y}^{\mathrm{T}}\boldsymbol{Q}\boldsymbol{y}+\|s\boldsymbol{Y}\|(\|\tilde{\boldsymbol{\theta}}\|-\eta)<0\end{aligned} \tag{6-66}$$

當$\|\boldsymbol{Y}^{\mathrm{T}}s\|\leqslant\varepsilon$ 時，則有

$$\begin{aligned}\dot{\bar{V}}&=-\boldsymbol{y}^{\mathrm{T}}\boldsymbol{Q}\boldsymbol{y}+s\boldsymbol{Y}(\tilde{\boldsymbol{u}}+\tilde{\boldsymbol{\theta}})\leqslant-\boldsymbol{y}^{\mathrm{T}}\boldsymbol{Q}\boldsymbol{y}+s\boldsymbol{Y}\left(\tilde{\boldsymbol{u}}+\eta\frac{\boldsymbol{Y}^{\mathrm{T}}s}{\|\boldsymbol{Y}^{\mathrm{T}}s\|}\right)\\&=-\boldsymbol{y}^{\mathrm{T}}\boldsymbol{Q}\boldsymbol{y}+s\boldsymbol{Y}\left(-\eta\frac{\boldsymbol{Y}^{\mathrm{T}}s}{\varepsilon}+\eta\frac{\boldsymbol{Y}^{\mathrm{T}}s}{\|\boldsymbol{Y}^{\mathrm{T}}s\|}\right)\\&=-\boldsymbol{y}^{\mathrm{T}}\boldsymbol{Q}\boldsymbol{y}+\left(\eta\frac{\|\boldsymbol{Y}^{\mathrm{T}}s\|^2}{\|\boldsymbol{Y}^{\mathrm{T}}s\|}-\frac{\eta}{\varepsilon}\|\boldsymbol{Y}^{\mathrm{T}}s\|^2\right)\end{aligned} \tag{6-67}$$

根據 Cauchy-Schwartz 不等式，當$\|\boldsymbol{Y}^{\mathrm{T}}s\|=\varepsilon/2$，$\dot{\bar{V}}$中的第二項獲得最大值為 $\eta\varepsilon/4$。則有

$$\dot{\bar{V}}\leqslant-\boldsymbol{y}^{\mathrm{T}}\boldsymbol{Q}\boldsymbol{y}+\frac{\eta\varepsilon}{4} \tag{6-68}$$

因此，當$\|\boldsymbol{y}\|>\omega$ 時，有$\dot{\bar{V}}<0$。

又因為存在兩個 K 類函數 $\kappa_3(\cdot)$ 和 $\kappa_4(\cdot)$，使 $\bar{V}(\boldsymbol{y})$ 滿足

$$\kappa_3(\|\boldsymbol{y}\|)\leqslant\bar{V}(\boldsymbol{y})\leqslant\kappa_4(\|\boldsymbol{y}\|) \tag{6-69}$$

且式(6-68) 可整理為

$$\dot{\bar{V}}(\boldsymbol{y})\leqslant-\mu\|\boldsymbol{y}\|^2+\frac{\varepsilon\eta}{4} \tag{6-70}$$

其中 $\mu=\lambda_{\min}(\boldsymbol{Q})>0$。根據文獻［18］定理可知閉環系統最終一致有界穩定。

6.3.3 改進魯棒導引方法

上述導引律（6-62）中，只有唯一常數 η 來衡量三維向量 $\tilde{\boldsymbol{\theta}}$ 的界值。為了降低該魯棒導引律的保守性，改進導引律，將不確定參數向量 $\tilde{\boldsymbol{\theta}}$ 範數的界值按每個元素相應給出，即假設不確定參數向量 $\tilde{\boldsymbol{\theta}}$ 中每個元素 $\tilde{\theta}_i$ 有

$$|\tilde{\theta}_i|\leqslant\eta_i,i=1,2,3 \tag{6-71}$$

相對應，令向量 $\boldsymbol{Y}^{\mathrm{T}}s=\boldsymbol{\xi}^{\mathrm{T}}$，其中每個元素用 ξ_i 表示，控制器 $\tilde{\boldsymbol{u}}$ 設計為

$$\tilde{u}_i=\begin{cases}-\eta_i\xi_i/|\xi_i|, & |\xi_i|>\varepsilon_i\\ -\eta_i\xi_i/\varepsilon_i, & |\xi_i|\leqslant\varepsilon_i\end{cases} \tag{6-72}$$

因此要保證$\dot{\bar{V}}<0$，$\|\boldsymbol{y}\|$需滿足

$$\|\boldsymbol{y}\|>\left(\frac{1}{\lambda_{\min}(Q)}\sum_{i=1}^{3}\frac{\eta_i\varepsilon_i}{4}\right)^{1/2} \tag{6-73}$$

證明： 選擇同樣的李亞普諾夫函數：

$$\bar{V}=-\frac{1}{2}b^* s^2+k\alpha_1\alpha_2\left(\int_0^t\tilde{D}\mathrm{d}\tau\right)^2+k\left(\tilde{D}+\alpha_2\int_0^t\tilde{D}\mathrm{d}\tau\right)^2 \tag{6-74}$$

同理可計算得

$$\dot{\bar{V}}=-\boldsymbol{y}^{\mathrm{T}}\boldsymbol{Q}\boldsymbol{y}+s\boldsymbol{Y}(\tilde{\boldsymbol{u}}+\tilde{\boldsymbol{\theta}}) \tag{6-75}$$

當$|\xi_i|>\varepsilon_i$，$i=1, 2, 3$，可推導出$\dot{\bar{V}}<0$

$$\dot{\bar{V}}=-\boldsymbol{y}^{\mathrm{T}}\boldsymbol{Q}\boldsymbol{y}+s\boldsymbol{Y}(\tilde{\boldsymbol{u}}+\tilde{\boldsymbol{\theta}})=-\boldsymbol{y}^{\mathrm{T}}\boldsymbol{Q}\boldsymbol{y}+[\xi_1\quad\xi_2\quad\xi_3]\begin{bmatrix}-\eta_1\xi_1/|\xi_1|+\tilde{\theta}_1\\ -\eta_2\xi_2/|\xi_2|+\tilde{\theta}_2\\ -\eta_3\xi_3/|\xi_3|+\tilde{\theta}_3\end{bmatrix}$$

$$\leqslant-\boldsymbol{y}^{\mathrm{T}}\boldsymbol{Q}\boldsymbol{y}+|\xi_1|(|\tilde{\theta}_1|-\eta_1)+|\xi_2|(|\tilde{\theta}_2|-\eta_2)+|\xi_3|(|\tilde{\theta}_3|-\eta_3)<0 \tag{6-76}$$

當$|\xi_i|\leqslant\varepsilon_i$，$i=1, 2, 3$，可推導出

$$\dot{\bar{V}}=-\boldsymbol{y}^{\mathrm{T}}\boldsymbol{Q}\boldsymbol{y}+s\boldsymbol{Y}(\tilde{\boldsymbol{u}}+\tilde{\boldsymbol{\theta}})\leqslant-\boldsymbol{y}^{\mathrm{T}}\boldsymbol{Q}\boldsymbol{y}+[\xi_1\quad\xi_2\quad\xi_3]\begin{bmatrix}-\eta_1\xi_1/\varepsilon_1+\tilde{\theta}_1\\ -\eta_2\xi_2/\varepsilon_2+\tilde{\theta}_2\\ -\eta_3\xi_3/\varepsilon_3+\tilde{\theta}_3\end{bmatrix}$$

$$\begin{aligned}&=-\boldsymbol{y}^{\mathrm{T}}\boldsymbol{Q}\boldsymbol{y}+\eta_1\left(-\frac{|\xi_1|^2}{\varepsilon_1}+|\xi_1|\right)\\ &\quad+\eta_2\left(-\frac{|\xi_2|^2}{\varepsilon_2}+|\xi_2|\right)+\eta_3\left(-\frac{|\xi_3|^2}{\varepsilon_3}+|\xi_3|\right)\\ &\leqslant-\boldsymbol{y}^{\mathrm{T}}\boldsymbol{Q}\boldsymbol{y}+\frac{\eta_1\varepsilon_1}{4}+\frac{\eta_2\varepsilon_2}{4}+\frac{\eta_3\varepsilon_3}{4}\end{aligned} \tag{6-77}$$

因此，要實現$\dot{\bar{V}}<0$，$\|\boldsymbol{y}\|$需滿足

$$\|\boldsymbol{y}\|>\left(\frac{1}{\lambda_{\min}(Q)}\sum_{i=1}^{3}\frac{\eta_i\varepsilon_i}{4}\right)^{1/2} \tag{6-78}$$

證畢。

6.3.4 應用實例

6.3.4.1 參數設置

以火星科學實驗室[10]為例進行數值仿真以驗證該導引演算法的有效性。進入過程初始和終端狀態參數設置同 6.2.4.1，蒙地卡羅仿真參數設置如表 6-4。

表 6-4 蒙地卡羅仿真參數設置

參數	散布情況	$[\Delta^-, \Delta^+]$
質量偏差	均勻	[−5%,5%]
大氣密度偏差常數 $\boldsymbol{\delta}$	均勻	[−0.2,0.2]
大氣密度偏差常數 $\boldsymbol{A}$	均勻	[−0.2,0.2]
升力係數(C_L)偏差	均勻	[−30%,30%]
阻力係數(C_D)偏差	均勻	[−30%,30%]

6.3.4.2 仿真結果與分析

對魯棒導引律進行仿真分析。在大氣密度偏差為−10%時，控制參數選為 $k=0.1$，$\alpha_1=0.1$，$\alpha_2=0.006$，$\boldsymbol{\varepsilon}=[0.042\quad 0.098\quad 0.042]$ 和 $\boldsymbol{\eta}=[0.06\quad 0.03\quad 0.12]$。由圖 6-22 可見阻力剖面追蹤效果良好，縱向航程偏差僅有 0.9461km。傾側角在初始重返 50s 內出現飽和，這是因為重返初始大氣密度較小，控制能力較弱。從導引律可知，當氣動力較小時，$\hat{b}$ 必然很小，控制器中分母為小量，很容易導致控制飽和。隨著氣動力的逐漸增大，阻力剖面的追蹤效果也得到改善。而在實際火星重返過程中，一般當過載加速度大於 $0.2g$ 時才開始進行航程控制，所以重返初始發生飽和的現象將得到改善。

為驗證演算法的魯棒性，進行 1000 種參數散布情況下的蒙地卡羅仿真研究。大氣密度偏差模型中參考高度 $h_{\text{ref}}=20\text{km}$，其他參數分布情況見表 6-4 所示。控制器參數選擇為 $k=8$，$\alpha_1=0.1$，$\alpha_2=0.006$，$\boldsymbol{\varepsilon}=[0.24\quad 0.8\quad 0.48]$ 和 $\boldsymbol{\eta}=[3\quad 10\quad 6]$，並將該魯棒導引律與回饋線性化追蹤方法進行比較，在設置參數為相同偏差的情況下，仿真結果的數據對比可見表 6-5。主要對比 1000 種蒙地卡羅仿真下航程偏差的均值和方差，以及開傘點高度偏差的均值和方差。在航程偏差方面，魯棒導引律航程偏差方差較小，說明落點散布較小，導引律的魯棒性較強；在高度偏差方面，魯棒導引律同樣在均值和方差方面均優於回饋線性化追蹤導引方法。可見本節設計的魯棒導引律，具有更好的導引效果。

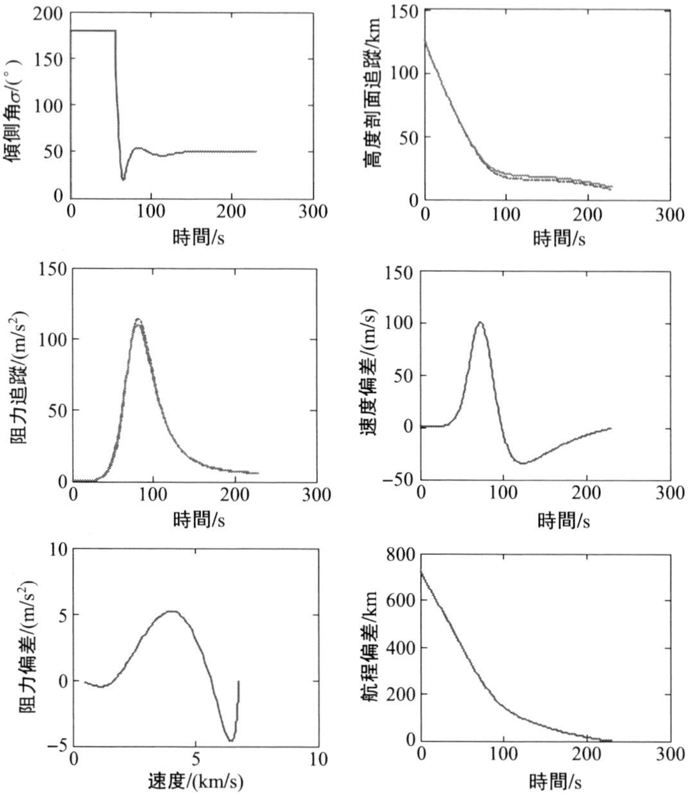

圖 6-22　大氣密度偏差為−10%時軌跡追蹤曲線

表 6-5　魯棒導引律航程和高度偏差數據統計

參數	航程偏差/km		高度偏差/km	
	回饋線性化方法	本章方法	回饋線性化方法	本章方法
最小值	0.0045	0.0042	0.0011	0.0010
最大值	27.6235	20.7037	7.5412	5.9362
平均值	1.8512	1.3651	2.6523	2.4859
標準差	8.2315	6.3996	2.2152	1.5799

6.4 小結

本章主要研究了火星大氣進入過程導引演算法的設計。首先分析了火星大氣進入階段的任務特點，包括火星大氣環境、登陸器的氣動力學特性以及火星進入導引所面臨的難點問題等。然後針對問題，詳細地設計了兩類導引方法，分別為基於標稱軌跡設計的解析預測校正導引方法和基於阻力剖面追蹤的魯棒導引方法。最後以火星科學實驗室為應用實例，給出具體的仿真參數設置和仿真驗證結果。

參考文獻

[1] 趙漢元．飛行器再入動力學和制導[M]．長沙：國防科技大學出版社，1997.

[2] 王大軼，郭敏文．航天器大氣進入過程制導方法綜述[J]．宇航學報，2015，36(1)：1-8.

[3] Mendeck G F, Craig L. Mars Science Laboratory Entry Guidance: JSC-CN-22651[R]. 2011.

[4] Carman G L, Ives D G, Geller D K. Apollo-derived Mars Precision Lander Guidance[C]//AIAA Atmospheric Flight Mechanics Conference and Exhibit, Boston, MA: AIAA, 1998.

[5] Davis J L, Cianciolo A D, Powell R W, et al. Guidance and Control Algorithms for the Mars Entry, Descent and Landing Systems Analysis: NF1676L-10124[R]. 2010.

[6] Tu K Y, Munir M S, Mease K D, et al. Drag-based predictive tracking guidance for Mars precision landing[J]. Journal of Guidance, Control, and Dynamics, 2000, 23(4): 620-628.

[7] Kluever C A. Entry guidance performance for Mars precision landing[J]. Journal of Guidance, Control, and Dynamics, 2008, 31(6): 1537-1544.

[8] Kozynchenko A I. Predictive guidance algorithms for maximal downrange maneuvrability with application to low-lift reentry[J]. Acta Astronautica, 2009, 64: 770-777.

[9] Shen H J, Seywald H, Powell R W. Desensitizing the pin-point landing trajectory on Mars[C]//AIAA/AAS Astrodynamics Specialist Conference and Exhibit. Honolulu, Hawaii: AIAA, 2008.

[10] Lu W M, Bayard D S. Guidance and Control for Mars Atmospheric Entry: Adaptivity and Robustness[R]. AIAA Paper. 1999.

[11] Mooij E, Mease K D, Benito J. Robust re-entry guidance and control system de-

sign and analysis[C]//AIAA Guidance, Navigation and Control Conference and Exhibit. 2007.

[12] Morio V, Cazaurang F, Falcoz A, et al. Robust terminal area energy management guidance using flatness approach[J]. Control Theory & Applications, IET, 2010, 4 (3) : 472-486.

[13] Lu W, Mora-Camino F, Achaibou K. Differential flatness and flight guidance: a neural adaptive approach[C]//AIAA, Guidance Navigation and Control Conference, 2005.

[14] Mease K D, Chen D T, Teufel P, et al. Reduced-order entry trajectory planning for acceleration guidance[J]. Journal of Guidance, Control, and Dynamics, 2002, 25 (2) : 257-266.

[15] Roenneke A J. adaptive on-board guidance for entry vehicles[C]//AIAA Guidance, Navigation, and Control Conference and Exhibit, Montreal, Canada: AIAA, 2001.

[16] Thorp N A, Pierson B L. Robust roll modulation guidance for aeroassisted Mars mission[J]. Journal of Guidance, Control, and Dynamics, 1995, 18 (2) : 298-305.

[17] Spong M W. On the robust control of robot manipulators [J]. IEEE Transactions on Automatic Control, 1992, 37 (11) : 1782-1786.

[18] Corless M, Leitmann G. Continuous state feedback guaranteeing uniform ultimate boundedness for uncertain dynamic systems[J]. IEEE Transactions on Automatic Control, 1981, AC-26: 1139-1144.

第7章

高速返回地球再入過程的導引和控制技術

7.1 高速返回重返動力學模型

7.1.1 座標系的建立

(1) 地心慣性座標系 O_E-$X_I Y_I Z_I$，簡記為 I

該座標系的原點在地心 O_E 處，$O_E X_I$ 軸在赤道平面內指向平春分點方向，$O_E Z_I$ 軸垂直於赤道平面，與地球自轉軸重合，指向北極。$O_E Y_I$ 軸的方向是使得該座標系成為右手直角座標系的方向。這裡認為此座標系是慣性座標系。

(2) 地心固聯座標系 O_E-$X_E Y_E Z_E$，簡記為 E

該座標系的原點在地心 O_E 處，$O_E X_E$ 軸在赤道平面內指向重返起始時刻太空船所在子午面對應的子午線，$O_E Z_E$ 軸垂直於赤道平面，與地球自轉軸重合，指向北極。$O_E Y_E$ 軸的方向根據右手法則確定。

(3) 地理座標系，又稱當地北天東座標系 o-$x_T y_T z_T$，簡記為 T

該座標系的原點為當前時刻地心 O_E 與太空船質心 o_1 的連線與標準地球橢球體表面的交點 o。oy_T 軸在地心 O_E 與太空船質心 o_1 的連線上，指向質心方向。ox_T 軸在過 o 點的子午面內，指向北極方向。oz_T 軸由右手法則確定，指向東。

(4) 重返座標系 e-$x_e y_e z_e$，簡記為 e

該座標系的原點為重返時刻地心 O_E 與太空船質心 o_1 的連線與標準地球橢球體表面的交點 e。ey_e 軸在地心 O_E 與太空船質心 o_1 的連線上，指向質心方向為正。ex_e 軸在過 e 點垂直於 ey_e 的平面內，但其指向可以有不同的定義，定義 ex_e 在過 e 點的子午面內垂直於 ey_e。e-$x_e y_e z_e$ 構成右手直角座標系。此時的重返座標系就是重返時刻的地理座標系。因為座標原點隨地球旋轉，所以重返座標系為一非慣性的座標系。

(5) 重返慣性座標系 e_A-$x_A y_A z_A$，簡記為 A_e

該座標系的原點 e_A 與重返時刻的重返座標系原點 e 重合，各座標軸也同重返時刻重返座標系各軸重合。但重返時刻以後，e_A-$x_A y_A z_A$ 不隨地球旋轉，不改變原點 e_A 的位置和各軸的方向，其方向在慣性空間保持不變。

(6) 太空船體座標系 $o_1\text{-}x_1y_1z_1$，簡記為 B

該座標系的原點為太空船的質心 o_1。o_1x_1 軸平行於返回艙的幾何縱軸且指向大頭方向。o_1y_1 軸在由幾何縱軸和質心確定的主對稱面內，垂直於 o_1x_1 軸且指向質心偏移的方向。o_1z_1 軸由右手法則確定。該座標系用來描述返回艙的姿態和慣性裝置的安裝。

(7) 速度座標系 $o_1\text{-}x_vy_vz_v$，簡記為 V

該座標系的原點為太空船的質心 o_1。o_1x_v 軸沿太空船的飛行速度方向，o_1y_v 軸在太空船的主對稱面內垂直於 o_1x_v，o_1z_v 軸由右手法則確定。沿著運動方向看去，o_1z_v 軸指向右方。

(8) 半速度座標系 $o_1\text{-}x_hy_hz_h$，簡記為 H

該座標系的原點為太空船的質心 o_1。o_1x_h 軸與速度座標系 o_1x_v 軸重合，o_1y_h 軸在初始重返時刻飛行器運行的軌道平面（初始重返時 $\vec{r}$、$\vec{V}$ 所確定的平面）內垂直於 o_1x_h 軸，o_1z_h 軸由右手法則確定。沿著運動方向看去，o_1z_h 軸指向右方。

7.1.2 座標系間的轉換矩陣

(1) 速度座標系與太空船體座標系的方向餘弦陣 B_V

按定義速度座標系的 o_1y_v 軸在重返飛行器主對稱面 $o_1x_1y_1$ 內，因此這兩個座標系只存在著兩個歐拉角為攻角 α 和側滑角 β，如圖 7-1 所示，圖中所示的歐拉角為正值。而且只有一種轉動次序。即將速度座標系先繞 o_1y_v 軸轉側滑角 β，再繞 o_1z_1 軸轉攻角 α，則兩座標系重合。

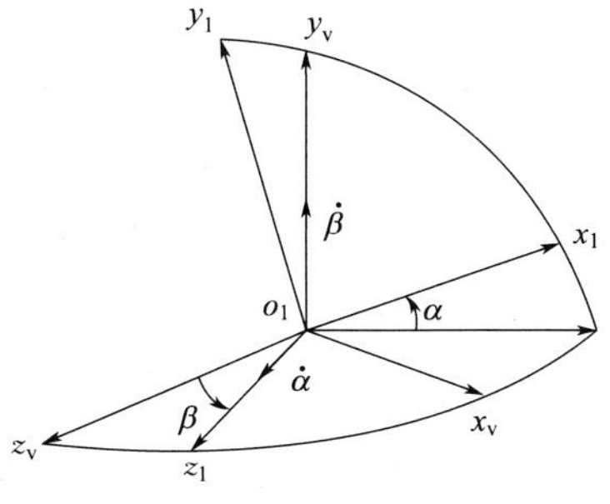

圖 7-1 速度座標系與太空船體座標系間的歐拉角關係

兩座標系間的方向餘弦陣為

$$
\begin{aligned}
\boldsymbol{B}_V &= \boldsymbol{M}_3[\alpha]\boldsymbol{M}_2[\beta] \\
&= \begin{bmatrix} \cos\beta\cos\alpha & \sin\alpha & -\sin\beta\cos\alpha \\ -\cos\beta\sin\alpha & \cos\alpha & \sin\beta\sin\alpha \\ \sin\beta & 0 & \cos\beta \end{bmatrix}
\end{aligned} \tag{7-1}
$$

（2）半速度座標系與速度座標系的方向餘弦陣 V_H

兩座標系之間僅相差一個傾側角 σ，故方向餘弦陣為

$$
\boldsymbol{V}_H = \boldsymbol{M}_1[\sigma] = \begin{bmatrix} 1 & 0 & 0 \\ 0 & \cos\sigma & \sin\sigma \\ 0 & -\sin\sigma & \cos\sigma \end{bmatrix} \tag{7-2}
$$

（3）地理座標系與半速度座標系間的歐拉角及方向餘弦陣 H_T

按半速度座標系定義知地理座標系的 oy_T 軸在半速度座標系 $x_h o_1 y_h$ 平面內，兩座標系之間僅有兩個歐拉角 $-\Psi$、γ，如圖 7-2 所示，轉動次序為先繞 oy_T 軸轉動 $-\Psi$，再繞 $o_1 z_h$ 軸轉動 γ，使兩座標系重合。值得注意的是，這裡 γ 為飛行路徑角（FPA，Flight Path Angle），也稱為重返角，指飛行速度矢量與當地水平方向的夾角；Ψ 為速度方位角，指當前時刻飛行速度矢量在當地水平面內的投影與當地正北方向的夾角，順時針為正。

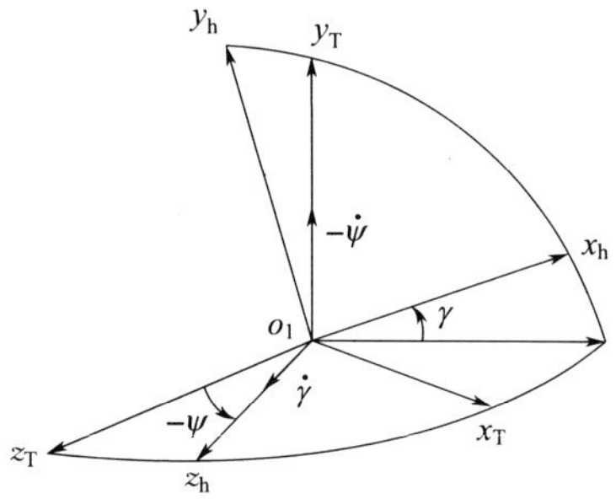

圖 7-2　地理座標系與半速度座標系間的歐拉角關係

兩座標系之間的方向餘弦陣為

$$
\boldsymbol{H}_T = \begin{bmatrix} \cos\Psi\cos\gamma & \sin\gamma & \sin\Psi\cos\gamma \\ -\cos\Psi\sin\gamma & \cos\gamma & -\sin\Psi\sin\gamma \\ -\sin\Psi & 0 & \cos\Psi \end{bmatrix} \tag{7-3}
$$

（4）地理座標系與重返座標系間的歐拉角及方向餘弦陣 T_e

將各座標系的原點移至地心 O_E，如圖 7-3 所示，先將重返座標系 e-

$x_e y_e z_e$ 繞 z_e 軸轉 ϕ_0 角，再繞地軸轉經度差角 $\Delta\lambda$，最後繞 z_T 軸反轉 ϕ 角，便與座標系 $o\text{-}x_T y_T z_T$ 重合，其中 ϕ_0 為重返點處的緯度，ϕ 為當前點處的緯度。

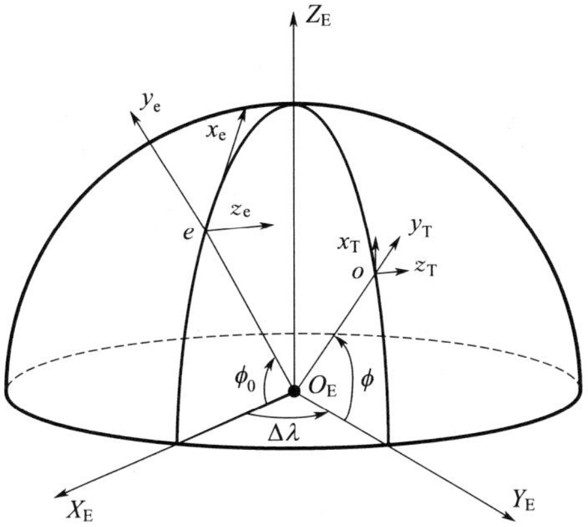

圖 7-3　地理座標系與重返座標系間的歐拉角關係

兩座標系之間的方向餘弦陣為

$$\boldsymbol{T}_e=\begin{bmatrix}\sin\phi\cos\Delta\lambda\sin\phi_0+\cos\phi\cos\phi_0 & -\sin\phi\cos\phi_0\cos\Delta\lambda+\cos\phi\sin\phi_0 & -\sin\phi\sin\Delta\lambda \\ -\cos\phi\cos\Delta\lambda\sin\phi_0+\sin\phi\cos\phi_0 & \cos\phi\cos\phi_0\cos\Delta\lambda+\sin\phi\sin\phi_0 & \cos\phi\sin\Delta\lambda \\ \sin\Delta\lambda\sin\phi_0 & -\sin\Delta\lambda\cos\phi_0 & \cos\Delta\lambda\end{bmatrix} \tag{7-4}$$

7.1.3 矢量形式的動力學方程

在地心慣性座標系中，重返太空船矢量形式的質心動力學方程為

$$m\frac{\mathrm{d}^2\boldsymbol{r}}{\mathrm{d}t^2}=\boldsymbol{R}+m\boldsymbol{g} \tag{7-5}$$

式中，m 為太空船的質量；$\boldsymbol{r}$ 為太空船的地心矢徑；$\boldsymbol{R}$ 為空氣動力；$\boldsymbol{g}$ 為引力加速度。

為建立適用於重返段的動力學方程，取重返座標為參考系，這裡定義的重返座標系為重返時刻的地理座標系。由於重返座標系為一動參考系，其相對於慣性座標系以角速度 $\boldsymbol{\omega}_e$ 轉動，根據矢量的導數法則，有

$$m\frac{\mathrm{d}^2\boldsymbol{r}}{\mathrm{d}t^2}=m\frac{\delta^2\boldsymbol{r}}{\delta t^2}+2m\boldsymbol{\omega}_e\times\frac{\delta\boldsymbol{r}}{\delta t}+m\boldsymbol{\omega}_e\times(\boldsymbol{\omega}_e\times\boldsymbol{r}) \tag{7-6}$$

上式的後兩項分別為科氏慣性力與離心慣性力。將上式代入式(7-5)，整理可得

$$m\frac{\delta^2 \boldsymbol{r}}{\delta t^2}=\boldsymbol{R}+m\boldsymbol{g}-2m\boldsymbol{\omega}_{\mathrm{e}}\times\frac{\delta \boldsymbol{r}}{\delta t}-m\boldsymbol{\omega}_{\mathrm{e}}\times(\boldsymbol{\omega}_{\mathrm{e}}\times\boldsymbol{r})$$
$$=\boldsymbol{R}+m\boldsymbol{g}-m\boldsymbol{a}_{\mathrm{e}}-m\boldsymbol{a}_{\mathrm{k}} \tag{7-7}$$

7.1.4 在半速度座標系建立質心動力學方程

為在半速度座標系建立質心動力學方程，需要將式(7-7) 中的各矢量投影到半速度座標系中。

(1) 相對加速度 $\delta^2 r/\delta t^2$

設半速度座標系 $o_1\text{-}x_{\mathrm{h}}y_{\mathrm{h}}z_{\mathrm{h}}$ 相對於重返座標系 $e\text{-}x_{\mathrm{e}}y_{\mathrm{e}}z_{\mathrm{e}}$ 的角速度為 $\boldsymbol{\Omega}'$，半速度座標系相對於地理座標系的角速度為 $\boldsymbol{\Omega}$，而地理座標系相對於重返座標系的角速度為 $\boldsymbol{\Omega}_{\mathrm{T}}$，則

$$\boldsymbol{\Omega}'=\boldsymbol{\Omega}+\boldsymbol{\Omega}_{\mathrm{T}} \tag{7-8}$$

由圖 7-2 知

$$\boldsymbol{\Omega}=-\dot{\boldsymbol{\Psi}}+\dot{\boldsymbol{\gamma}} \tag{7-9}$$

由圖 7-3 知

$$\boldsymbol{\Omega}_{\mathrm{T}}=\dot{\lambda}+\dot{\phi} \tag{7-10}$$

為了將 $\boldsymbol{\Omega}'$投影到半速度座標系上，首先把 $\boldsymbol{\Omega}_{\mathrm{T}}$ 投影到地理座標系，由圖 7-3 知

$$\boldsymbol{\Omega}_{\mathrm{T}}=(\dot{\lambda}\cos\phi)\boldsymbol{x}_{\mathrm{T}}^{0}+(\dot{\lambda}\sin\phi)\boldsymbol{y}_{\mathrm{T}}^{0}+(-\dot{\phi})\boldsymbol{z}_{\mathrm{T}}^{0} \tag{7-11}$$

再利用地理座標系與半速度座標系間的方向餘弦陣，可得 $\boldsymbol{\Omega}_{\mathrm{T}}$ 在半速度座標系下的投影為

$$\begin{bmatrix}\Omega_{\mathrm{T}x\mathrm{h}}\\ \Omega_{\mathrm{T}y\mathrm{h}}\\ \Omega_{\mathrm{T}z\mathrm{h}}\end{bmatrix}=\begin{bmatrix}\cos\Psi\cos\gamma & \sin\gamma & \sin\Psi\cos\gamma\\ -\cos\Psi\sin\gamma & \cos\gamma & -\sin\Psi\sin\gamma\\ -\sin\Psi & 0 & \cos\Psi\end{bmatrix}\begin{bmatrix}\dot{\lambda}\cos\phi\\ \dot{\lambda}\sin\phi\\ -\dot{\phi}\end{bmatrix} \tag{7-12}$$

而 $\boldsymbol{\Omega}$ 在半速度座標系的投影，由圖 7-2 可知

$$\begin{bmatrix}\Omega_{x\mathrm{h}}\\ \Omega_{y\mathrm{h}}\\ \Omega_{z\mathrm{h}}\end{bmatrix}=\begin{bmatrix}-\dot{\Psi}\sin\gamma\\ -\dot{\Psi}\cos\gamma\\ \dot{\gamma}\end{bmatrix} \tag{7-13}$$

故半速度座標系 $o_1\text{-}x_h y_h z_h$ 對重返座標系的角速度 $\boldsymbol{\Omega}'$在半速度座標系的投影為

$$\begin{bmatrix} \Omega'_{xh} \\ \Omega'_{yh} \\ \Omega'_{zh} \end{bmatrix} = \begin{bmatrix} \dot{\lambda}(\cos\Psi\cos\gamma\cos\phi+\sin\gamma\sin\phi)-\sin\Psi\cos\gamma\,\dot{\phi}-\dot{\Psi}\sin\gamma \\ \dot{\lambda}(-\cos\Psi\sin\gamma\cos\phi+\cos\gamma\sin\phi)+\sin\Psi\sin\gamma\,\dot{\phi}-\dot{\Psi}\cos\gamma \\ -\dot{\lambda}\sin\Psi\cos\phi-\cos\Psi\,\dot{\phi}+\dot{\gamma} \end{bmatrix} \tag{7-14}$$

注意到速度 **V** 在地理座標系的投影為

$$\begin{cases} V_{xT}=V\cos\gamma\cos\Psi \\ V_{yT}=V\sin\gamma \\ V_{zT}=-V\cos\Psi\sin\gamma \end{cases} \tag{7-15}$$

$$\begin{cases} \dot{\phi}=V_{xT}/r=V\cos\gamma\cos\Psi/r \\ \dot{\lambda}=V_{zT}/(r\cos\phi)=-V\cos\Psi\sin\gamma/(r\cos\phi) \\ \dot{r}=V\sin\gamma \end{cases} \tag{7-16}$$

將式(7-16) 代入式(7-14) 可得

$$\begin{cases} \Omega'_{xh}=-\dot{\Psi}\sin\gamma+(V\tan\phi\sin\gamma\cos\gamma\sin\Psi)/r \\ \Omega'_{yh}=-\dot{\Psi}\cos\gamma+(V\tan\phi\cos^2\gamma\sin\Psi)/r \\ \Omega'_{zh}=\dot{\gamma}-(V\cos\gamma)/r \end{cases} \tag{7-17}$$

因 $\delta^2\boldsymbol{r}/\delta t^2$ 為相對加速度，而 $\delta\boldsymbol{r}/\delta t$ 為重返太空船質心相對於重返座標系 $e\text{-}x_e y_e z_e$ 的相對速度，它在半速度座標系 $o_1 x_h$ 軸方向，由於半速度座標系相對重返座標系有角速度，根據矢量微分法則，可以得

$$\frac{\delta^2\boldsymbol{r}}{\delta t^2}=\dot{\mathbf{V}}_{ox_h}+\boldsymbol{\Omega}'\times\mathbf{V}=\begin{bmatrix} \dot{V} \\ 0 \\ 0 \end{bmatrix}+\begin{bmatrix} 0 & -\Omega'_{zh} & \Omega'_{yh} \\ \Omega'_{zh} & 0 & -\Omega'_{xh} \\ -\Omega'_{yh} & \Omega'_{xh} & 0 \end{bmatrix}\begin{bmatrix} V \\ 0 \\ 0 \end{bmatrix} \tag{7-18}$$

故

$$\frac{\delta^2\boldsymbol{r}}{\delta t^2}=\begin{bmatrix} \dot{V} \\ V\Omega'_{zh} \\ -V\Omega'_{yh} \end{bmatrix}=\begin{bmatrix} \dot{V} \\ V\left(\dot{\gamma}-\dfrac{V\cos\gamma}{r}\right) \\ V\left(\dot{\Psi}\cos\gamma-\dfrac{V\tan\phi\cos^2\gamma\sin\Psi}{r}\right) \end{bmatrix} \tag{7-19}$$

(2) 地球引力 mg

可將地球引力分解到沿地心矢徑 $\boldsymbol{r}$ 和地軸 $\boldsymbol{\omega}_e$ 方向

$$m\boldsymbol{g}=mg'_r\boldsymbol{r}^0+mg_{\omega_e}\boldsymbol{\omega}_e^0 \tag{7-20}$$

其中

$$\begin{cases} g'_r=-\dfrac{\mu}{r^2}\left[1+J\left(\dfrac{a_e}{r}\right)^2(1-5\sin^2\phi)\right] \\ g_{\omega_e}=-2\dfrac{\mu}{r^2}J\left(\dfrac{a_e}{r}\right)^2\sin\phi \end{cases} \tag{7-21}$$

g'_r 方向在 oy_T 的反方向，故 g'_r 在半速度座標系上的投影為

$$\begin{bmatrix} g'_{rxh} \\ g'_{ryh} \\ g'_{rzh} \end{bmatrix}=\boldsymbol{H_T}\begin{bmatrix} 0 \\ -g'_r \\ 0 \end{bmatrix}=\begin{bmatrix} -g'_r\sin\gamma \\ -g'_r\cos\gamma \\ 0 \end{bmatrix} \tag{7-22}$$

引力加速度在 $\boldsymbol{\omega}_e$ 方向上的分量在地理座標系的投影為$[g_{\omega_e}\cos\phi \quad g_{\omega_e}\sin\phi \quad 0]^T$，再利用式(7-3) 方向餘弦陣，可得 g_{ω_e} 在半速度座標系的投影為

$$g_{\omega_e}=\boldsymbol{H_T}\begin{bmatrix} g_{\omega_e}\cos\phi \\ g_{\omega_e}\sin\phi \\ 0 \end{bmatrix} \tag{7-23}$$

(3) 空氣動力 R

空氣動力 $\boldsymbol{R}$ 在速度座標系三軸分量分別為阻力 $\boldsymbol{X}$、升力 $\boldsymbol{Y}$ 和側力 $\boldsymbol{Z}$，則在半速度座標系上的投影為

$$\begin{bmatrix} R_{xh} \\ R_{yh} \\ R_{zh} \end{bmatrix}=\boldsymbol{H_V}\begin{bmatrix} -X \\ Y \\ Z \end{bmatrix}=\begin{bmatrix} -X \\ Y\cos\sigma-Z\sin\sigma \\ Z\cos\sigma+Y\sin\sigma \end{bmatrix} \tag{7-24}$$

(4) 控制力

因控制力的計算與產生控制力的設備及其安裝方式有關，設控制力沿體座標系 $o_1\text{-}x_1y_1z_1$ 分解，則在半速度座標系上的投影為

$$\begin{bmatrix} F_{cxh} \\ F_{cyh} \\ F_{czh} \end{bmatrix}=\boldsymbol{H_V}\boldsymbol{V_B}\begin{bmatrix} F_{cx1} \\ F_{cy1} \\ F_{cz1} \end{bmatrix} \tag{7-25}$$

(5) 離心慣性力 $\boldsymbol{F}_e=-m\boldsymbol{a}_e$

因 $-\boldsymbol{a}_e=-\boldsymbol{\omega}_e\times(\boldsymbol{\omega}_e\times\boldsymbol{r})$，$-\boldsymbol{a}_e$ 離心加速度在地理座標系的投影為

$$-\boldsymbol{a}_{\mathrm{e}}=\begin{bmatrix}-\omega_{\mathrm{e}}^{2}r\cos\phi\sin\phi\\ \omega_{\mathrm{e}}^{2}r\cos\phi\cos\phi\\ 0\end{bmatrix} \tag{7-26}$$

則離心慣性力 $\boldsymbol{F}_{\mathrm{e}}$ 在半速度座標系下投影為

$$\boldsymbol{F}_{\mathbf{e}}=-m\boldsymbol{a}_{\mathrm{e}}=\begin{bmatrix}F_{\mathrm{exh}}\\ F_{\mathrm{eyh}}\\ F_{\mathrm{ezh}}\end{bmatrix}=\boldsymbol{H}_{\boldsymbol{T}}\begin{bmatrix}-\omega_{\mathrm{e}}^{2}r\cos\phi\sin\phi\\ \omega_{\mathrm{e}}^{2}r\cos\phi\cos\phi\\ 0\end{bmatrix} \tag{7-27}$$

展開上式可得

$$\begin{cases}F_{\mathrm{exh}}=-m\omega_{\mathrm{e}}^{2}r(\cos\phi\sin\phi\cos\Psi\cos\gamma-\cos^{2}\phi\sin\gamma)\\ F_{\mathrm{eyh}}=m\omega_{\mathrm{e}}^{2}r(\cos\phi\sin\phi\cos\Psi\sin\gamma+\cos^{2}\phi\cos\gamma)\\ F_{\mathrm{ezh}}=-m\omega_{\mathrm{e}}^{2}r\cos\phi\sin\phi\sin\gamma\end{cases} \tag{7-28}$$

(6) 科氏慣性力 $\boldsymbol{F}_{\mathrm{k}}=-m\boldsymbol{a}_{\mathrm{k}}$

因 $-\boldsymbol{a}_{\mathrm{k}}=-2\boldsymbol{\omega}_{\mathrm{e}}\times V$，其中 $\boldsymbol{\omega}_{\mathrm{e}}$ 在半速度座標系 $o_{1}\text{-}x_{\mathrm{h}}y_{\mathrm{h}}z_{\mathrm{h}}$ 上的投影為

$$\boldsymbol{\omega}_{\mathrm{e}}=\begin{bmatrix}\omega_{\mathrm{exh}}\\ \omega_{\mathrm{eyh}}\\ \omega_{\mathrm{ezh}}\end{bmatrix}=\begin{bmatrix}\cos\Psi\cos\gamma\cos\phi+\sin\gamma\sin\phi\\ -\cos\Psi\sin\gamma\cos\phi+\cos\gamma\sin\phi\\ -\sin\Psi\cos\phi\end{bmatrix}\omega_{\mathrm{e}} \tag{7-29}$$

則科式慣性力 $\boldsymbol{F}_{\mathrm{k}}$ 在半速度座標系下投影為

$$\boldsymbol{F}_{\mathrm{k}}=\begin{bmatrix}F_{\mathrm{kxh}}\\ F_{\mathrm{kyh}}\\ F_{\mathrm{kzh}}\end{bmatrix}=-2m\omega_{\mathrm{e}}\times V=-2m\begin{bmatrix}0&-\omega_{\mathrm{ezh}}&\omega_{\mathrm{eyh}}\\ \omega_{\mathrm{ezh}}&0&-\omega_{\mathrm{exh}}\\ -\omega_{\mathrm{eyh}}&\omega_{\mathrm{exh}}&0\end{bmatrix}\begin{bmatrix}V\\ 0\\ 0\end{bmatrix} \tag{7-30}$$

展開上式可得

$$\begin{aligned}\boldsymbol{F}_{\mathrm{k}}&=\begin{bmatrix}F_{\mathrm{kxh}}\\ F_{\mathrm{kyh}}\\ F_{\mathrm{kzh}}\end{bmatrix}=\begin{bmatrix}0\\ -2mV\omega_{\mathrm{ezh}}\\ 2mV\omega_{\mathrm{eyh}}\end{bmatrix}\\ &=\begin{bmatrix}0\\ 2mV\omega_{\mathrm{e}}\sin\Psi\cos\phi\\ -2mV\omega_{\mathrm{e}}(\cos\Psi\sin\gamma\cos\phi-\cos\gamma\sin\phi)\end{bmatrix}\end{aligned} \tag{7-31}$$

(7) 在半速度座標系中的質心動力學方程

將式(7-31)、式(7-28)、式(7-25)、式(7-24)、式(7-23)、式(7-22)

和式(7-19) 代入到式(7-7)，並將對應的方向餘弦陣代入，且展開成便於積分的形式可得

$$
\begin{cases}
\dot{V}=\dfrac{P_{xh}}{m}-\dfrac{X}{m}+\dfrac{F_{cxh}}{m}-\dfrac{\mu}{r^2}\left[1+J\left(\dfrac{a_e}{r}\right)^2(1-5\sin^2\phi)\right]\sin\gamma-2\dfrac{\mu}{r^2}J\left(\dfrac{a_e}{r}\right)^2\sin\phi \\
\quad(\cos\Psi\cos\gamma\cos\phi+\sin\gamma\sin\phi)+\omega_e^2 r\cos\phi(\sin\gamma\cos\phi-\cos\gamma\sin\phi\cos\Psi) \\
V\dot{\gamma}=\dfrac{P_{yh}}{m}+\dfrac{Y}{m}\cos\sigma-\dfrac{Z}{m}\sin\sigma+\dfrac{F_{cyh}}{m}-\dfrac{\mu}{r^2}\left[1+J\left(\dfrac{a_e}{r}\right)^2(1-5\sin^2\phi)\right]\cos\gamma \\
\quad+2\dfrac{\mu}{r^2}J\left(\dfrac{a_e}{r}\right)^2\sin\phi(\cos\Psi\sin\gamma\cos\phi-\cos\gamma\sin\phi)+2\omega_e V\cos\phi\sin\Psi \\
\quad+\omega_e^2 r\cos\phi(\cos\gamma\cos\phi+\sin\gamma\cos\Psi\sin\phi)+\dfrac{V^2\cos\gamma}{r} \\
V\cos\gamma\,\dot{\Psi}=\dfrac{P_{zh}}{m}+\dfrac{Y}{m}\sin\sigma+\dfrac{Z}{m}\cos\sigma+\dfrac{F_{czh}}{m}+2\dfrac{\mu}{r^2}J\left(\dfrac{a_e}{r}\right)^2\sin\phi\cos\phi\sin\Psi \\
\quad+\dfrac{V^2}{r}\cos^2\gamma\sin\Psi\tan\phi-2\omega_e V(\sin\gamma\cos\Psi\cos\phi-\sin\phi\cos\gamma) \\
\quad+\omega_e^2 r\sin\Psi\sin\phi\cos\phi
\end{cases}
\tag{7-32}
$$

而質心座標運動學方程為

$$
\begin{aligned}
\dot{r}&=V\sin\gamma \\
\dot{\lambda}&=\frac{V\cos\gamma\sin\psi}{r\cos\phi} \\
\dot{\phi}&=\frac{V\cos\gamma\cos\psi}{r}
\end{aligned}
\tag{7-33}
$$

為進一步得到簡化運動模型，基於以下假設對式(7-32) 進行簡化：太空船始終以配平攻角飛行[1]；太空船為軸對稱旋轉體，側力很小，其影響可忽略，即無側力 Z，將速度方向氣動力 X 表示為氣動阻力 D，氣動升力在速度座標系 o_1y_v 上的分量 Y 即總升力 L；太空船重返過程中由於熱燒蝕和姿控燃料消耗產生的質量變化可忽略不計；地球萬有引力僅考慮 μ/r^2 項的影響。根據大氣層重返飛行過程中太空船的受力情況，不考慮推力和控制力，則太空船三自由度重返質心動力學方程如下（本書在後續章節中將因不同需要採用該模型及其簡化模型或其無量綱化模型）。

$$
\begin{cases}
\dot{r}=V\sin\gamma \\
\dot{\lambda}=\dfrac{V\cos\gamma\sin\Psi}{r\cos\phi};\dot{\phi}=\dfrac{V\cos\gamma\cos\Psi}{r} \\
\dot{V}=-\dfrac{D}{m}-\left(\dfrac{\mu\sin\gamma}{r^2}\right)+\omega_e^2 r\cos\phi(\sin\gamma\cos\phi-\cos\gamma\sin\phi\cos\Psi) \\
\dot{\gamma}=\dfrac{1}{V}\Big[\dfrac{L}{m}\cos\sigma+\left(V^2-\dfrac{\mu}{r}\right)\left(\dfrac{\cos\gamma}{r}\right)+2\omega_e V\cos\phi\sin\Psi \\
\qquad +\omega_e^2 r\cos\phi(\cos\gamma\cos\phi+\sin\gamma\cos\Psi\sin\phi)\Big] \\
\dot{\Psi}=\dfrac{1}{V}\Big[\dfrac{L\sin\sigma}{\cos\gamma}+\dfrac{V^2}{r}\cos\gamma\sin\Psi\tan\phi-2\omega_e V \\
\qquad (\tan\gamma\cos\Psi\cos\phi-\sin\phi)+\dfrac{\omega_e^2 r}{\cos\gamma}\sin\Psi\sin\phi\cos\phi\Big] \\
D=\rho V^2 S_{ref}C_D/2, L=\rho V^2 S_{ref}C_L/2
\end{cases}
\tag{7-34}
$$

上式中，ρ 為大氣密度；r 為地心距；$r=h+R_e$；h 為跳躍高度；V 為太空船相對地球速度；地球平均半徑 R_e 為 6378.135km；μ 為引力常數；ω_e 為地球自轉角速度，$\omega_e=7.2722\times10^{-5}$ rad/s；λ 為經度；ϕ 為緯度；γ 為飛行路徑角，指飛行速度矢量與當地水平方向的夾角；Ψ 為速度方位角，指某時刻飛行速度矢量與當地正北方向的夾角，順時針為正；σ 為傾側角，從太空船內部來看，右側為正；D、L 分別為氣動阻力和升力；C_D、C_L 分別為阻力係數和升力係數；太空船最大橫截面積為 S_{ref}，質量為 m。

7.2 高速返回重返任務特點和軌跡特性分析

7.2.1 高速重返任務特點

人類渴望探索未知的世界，開拓神祕的宇宙。探月是深空探測的第一步，對人類具有重要意義，從 1961 年 5 月「阿波羅」登月工程開始，到中國於 2004 年啟動的嫦娥工程，包括美國、俄羅斯、歐洲、日本、印度、中國在內的各國都將登月工程列入了未來十幾年內航太發展規劃。隨著中國深空探測尤其是探月項目的深入開展，在解決繞月、月面登陸技術的基礎上急需突破月地返回重返地球技術，從而為後續有人、無人月球探測和採樣返回任務打下良好的基礎。中國探月三期任務計劃要進行月面巡視勘察與採樣返回，為保證探測器能夠安全、準確地返回地面，重返方式將採用跳躍式形式。歷史上，「探測器」6 號是蘇聯發射的月面探測飛行器，也是首次採用跳躍式重返的飛行器，它採用彈道升力式重返，過載峰值和落點散布較「探測器」5 號均有明顯下降；美國的「阿波羅」返回器在完成月球任務後也以跳躍式重返軌道返回地球，其與「探測器」6 號相比，區別在於 Apollo 返回器在飛行高度下降至 55km 左右時出現「跳躍」現象，但跳躍的最高點僅為 67km，並未跳出大氣層；美國「獵戶星座」計劃中的乘員探測飛行器（Orion Crew Exploration Vehicle，CEV），NASA 要求其在任意時刻都能執行返回地球的任務，即探月太空船返回任務可以起始於月球軌道上的任意點和任意時刻，並最終保證太空船安全登陸於地球上的指定點，這就要求 CEV 必須具備覆蓋長航程的能力，計劃採用跳躍式返回技術。

跳躍式重返是指太空船以較小的重返角進入大氣層後，依靠升力作用再次衝出大氣層，做一段彈道式飛行，然後再一次進入大氣層的返回過程。太空船也可以多次出入大氣層，每重返一次大氣層就利用大氣進行一次減速。由於這種返回軌道的高度有較大的起伏變化，所以稱為跳躍式重返，如圖 7-4 所示。對於進入大氣層後雖不再次跳出大氣層，只是靠升力作用使得重返軌道有較大起伏變化的情況，也稱為跳躍式重返。

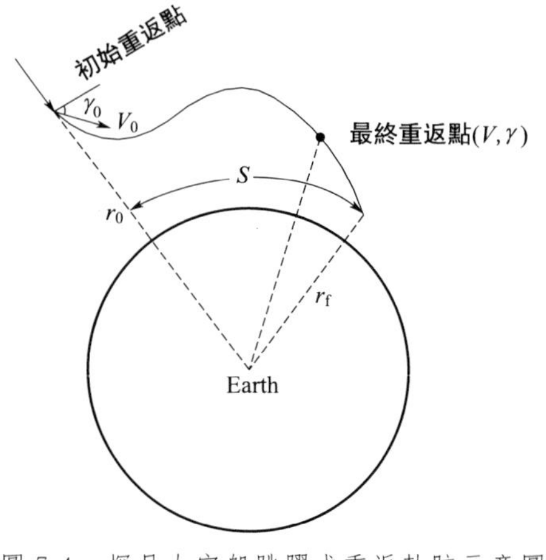

圖 7-4 探月太空船跳躍式重返軌跡示意圖

以接近第二宇宙速度重返大氣層的太空船多採用跳躍式形式重返，以減小重返過載並可以在較大範圍內調整落點。表 7-1 對月球探測器跳躍式重返和一次重返兩種重返方式的關鍵性能參數進行了對比，表中數據為典型數據，可見：對於探月太空船這類小升力體來說，跳躍式軌道在擴大航程、降低過載和熱流密度峰值等方面有重要貢獻。但由於跳躍式重返航程大、重返時間長，大氣密度偏差、氣動係數偏差、導航誤差以及太空船燒蝕後帶來的氣動外形變形等引起的落點偏差都要比一次重返嚴重，因此對導引系統也提出了更高的要求。

表 7-1　跳躍式重返與一次重返關鍵性能參數比較

參數	跳躍式重返	一次重返	工程應用中的問題
重返點速度/(km/s)	11.03	11.03	
最大航程/km	>10000	3500	適應重返誤差的能力
最大過載/g	5	12	太空人的承受能力
熱流峰值/(MW/m^2)	3.0	4.0	防熱材料耐高溫性能
總吸熱量/(MJ/m^2)	400	250	防熱系統設計
重返時間/s	1200	500	導航與控制系統設計難度

7.2.2　高速重返軌跡特點與分段

太空船跳躍式重返時，經過大氣層初次減速後將跳出大氣層，然後在地心引力作用下再次進入地球大氣，並最終登陸地面，軌跡如圖 7-5 所示。首次重返段的飛行速度快，可以消耗掉太空船的部分能量，減速後再次進入大氣層，重返條件將得到改善。根據跳躍式重返縱向剖面及飛行過程中各狀態參數變化的特點，本章將典型跳躍式返回過程簡單劃分為：初始重返段、首次重返下降段、首次重返上升段、克卜勒段和最終重返段。

初始重返段：該階段太空船由初始重返點進入大氣層，飛行至高度約為 90km 處，太空船到達大氣層邊界的速度約為 11km/s。

首次重返下降段：太空船向下飛行至最小爬出高度（minimum climb out altitude），該高度處的飛行路徑角為零，高度變化率為零。該段外力和飛行狀態參數變化複雜，並將承受惡劣的熱環境和氣動過載衝擊。

首次重返上升段：一旦到達最小爬出高度，太空船便開始向上飛行直至跳出點，該過程飛行路徑角始終大於零，位於當地水平面上方。

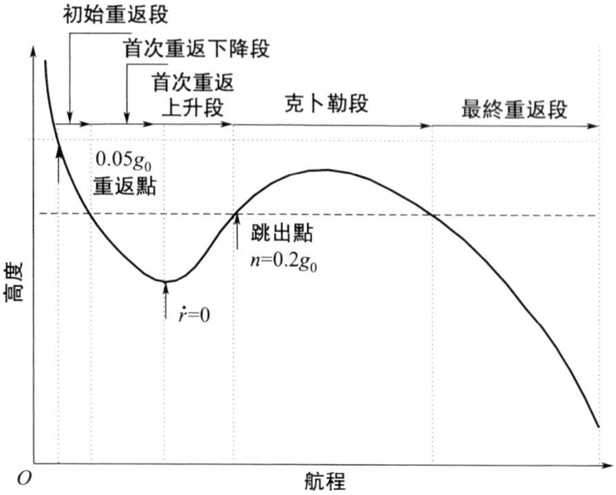

圖 7-5 典型的跳躍式重返縱向剖面軌跡

克卜勒段：該階段從太空船所受氣動過載降至 0.2g_0（海平面重力加速度 g_0 為 9.81m/s^2）以下開始，到再次增加至 0.2g_0 為止，氣動力影響可忽略不計，只受引力作用，為一段彈道式飛行。

最終重返段：該階段太空船從第二次重返大氣層初始點飛行至開傘高度（10km）。雖然重返導引的目的是實現精確登陸，但是這裡導引律的設計只考慮到飛行至開傘點。

初始重返點（EI）：又稱為進入大氣層的界點（Entry Interface，EI），要求太空船到達該點時的狀態為某一確定值，這就意味著太空船在初始重返點的飛行速度、飛行路徑角、升阻比等參數必須達到某些特定值以實現精確重返。

跳出點：即太空船跳出大氣層的點。在軌道設計中，為滿足二次重返初始點處的狀態需要，跳出點處的速度和飛行路徑角應達到特定的條件。

7.2.3 高速重返軌跡各段的動力學特點

根據達朗貝爾原理，動力學方程（7-34）中單位質量的慣性力 V^2/r、$2V\omega_e$ 和 $\omega_e^2 r$，分別表示離心力、自轉引起的科氏慣性力和離心慣性力。下面分別對 7.2.2 節所述各段的動力學特點進行分析。

初始重返段：由方程（7-34）中第 4 個等式右邊可知，速度方向受阻力、萬有引力和地球自轉離心慣性力作用，由圖 7-6、圖 7-7 知其中氣動阻力和地球自轉引起的離心慣性力約為 0.03m/s^2，假設量級為 1。在該段重返角 γ 約為$-6°$，萬有引力在速度方向上的分量$-g\sin\gamma$ 大於零，近似為 0.1m/s^2，相對氣動阻力較大，量級為 10，因此該段初始飛行速度有小量增加。方程（7-34）中第 5 個等式的右邊表示速度法線方向所受力，包括氣動升力、離心力、萬有引力、科氏力以及地球自轉引起的離心慣性力。其中離心力和萬有引力量級相當，一般研究其合力作用；科氏力和氣動力較小，與離心力-萬有引力的合力相差 1～2 個數量級。該段的動力學特點可總結為：大氣密度稀薄，氣動力作用很小，可忽略不計，速度項由於受萬有引力作用有小量增加，但基本保持不變。

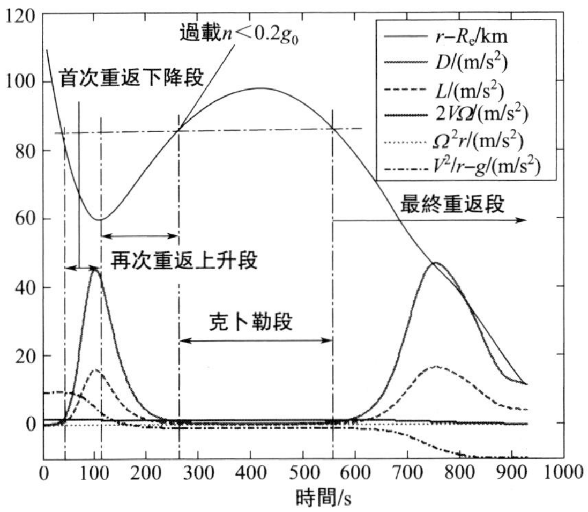

圖 7-6　重返過程各種外力比較

首次重返下降段：該段太空船從 90km 高度飛行至高度變化率和飛行路徑角為零處，此時對地高度約為 60km。隨著高度的下降，大氣密度呈現指數變化，氣動阻力迅速增大，對速度的減小起決定性的作用。萬有引力在速度方向的分量相對較小，甚至可以忽略。而速度法線方向，離心力和萬有引力的合力減小，氣動升力快速增加直至大於合力，成為影響飛行路徑角變化的主導因素。在該階段，飛行高度大約下降 30km 左右，飛行路徑角增加至 0°，速度最終減小到第一宇宙速度附近，約 8km/s。由圖 7-6 可見氣動阻力和升力合成的氣動過載在該段將達到首個峰值，避免氣動過載過高是該段導引的重要任務。而且該階段飛行的太空船具有較大的能量，氣動力控制效率高，是最佳的航程調節期。該段的動力學特點總結為：氣動力急遽增加，成為決定飛行航跡的主導因素，離心力-萬有引力的合力在減小，但對航跡角也有一定影響，而科氏力和自轉離心力很小，其影響可忽略不計。

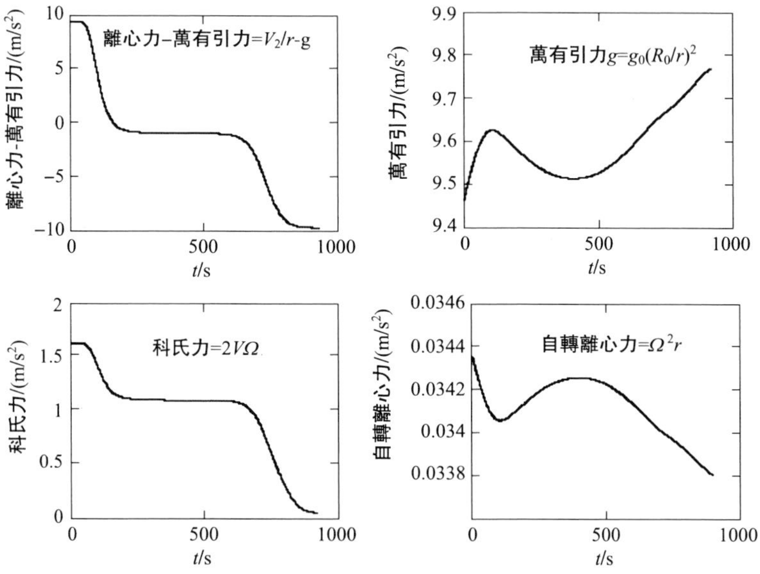

圖 7-7　重返過程各種外力量級比較

首次重返上升段：該段飛行路徑角一直保持大於零，並且隨著高度的增加，大氣密度減小，氣動力也開始變小，直至氣動過載小於 $0.2g_0$，太空船進入克卜勒階段。因該階段速度降為第一宇宙速度以下，離心力-萬有引力的合力略小於零。速度方向，氣動阻力仍是使速度減小的主要因素；速度法線方向，初始氣動升力大於離心力-萬有引力的合力，飛行路徑角增加，隨著氣動力的減小，離心力-萬有引力的合力為負值，飛行路徑角開始減小直至零。該段的飛行高度約為 60～85km，該段導引主要任務為控制跳出點處的速度和航跡角以確保安全返回，航跡角需控制在約 1°之內，速度要保證小於第一宇宙速度。動力學特性可總結為：離心力-萬有引力合力近似為零，氣動阻力和氣動升力是飛行航跡的主要決定因素。

克卜勒段：該段飛行的動力學特性為：氣動力作用可以忽略，飛行軌跡可近似為克卜勒橢圓軌道的一部分。

最終重返段：該段主要任務是在滿足過載的約束下，最大程度地調節航程，保證落點精度。在速度方向，隨著飛行路徑角幅值的增大，重力分量對速度大小的影響變得明顯；速度法線方向，在進入最終重返段的初始階段，由於氣動力和離心力-萬有引力合力都較小，科氏力對飛行路徑角的變化有一定的影響。主要動力學特點為：主要受氣動力和萬有引力作用，歷時較長。

7.2.4 高速重返的彈道特性與重返走廊分析

太空船返回的安全問題是重返式太空船首先要解決的問題。安全返回要求太空船通過大氣層的最大減速過載及其歷經時間需限定在一定範圍內，產生的熱量不會損毀太空船，並能夠在指定區域登陸。要滿足以上要求，返回階段的太空船必須保證在重返走廊內飛行。本小節對跳躍式重返首次重返段（包括首次重返下降段和首次重返上升段）進行彈道特性分析，為太空船初步設計升阻比和初始重返角提供參考依據。

對於月球返回艙，重返點高度、重返速度為確定的值，下面主要分析不同常值升阻比 L/D、不同的初始重返角 γ_0 對重返軌跡及過程量的影響。此時將三維的運動方程（7-34）簡化，忽略橫向過程，得到縱向平面內的運動方程為

$$\begin{aligned}
&\frac{\mathrm{d}r}{\mathrm{d}t}=V\sin\gamma \\
&\frac{\mathrm{d}V}{\mathrm{d}t}=-D-\frac{\mu\sin\gamma}{r^2} \\
&\frac{\mathrm{d}\gamma}{\mathrm{d}t}=\frac{1}{V}\left(L\cos\sigma-\frac{\mu\cos\gamma}{r^2}+\frac{V^2\cos\gamma}{r}\right) \\
&D=\frac{C_D\rho V^2 S_{\mathrm{ref}}}{2m} \quad L=\frac{C_L\rho V^2 S_{\mathrm{ref}}}{2m}
\end{aligned} \tag{7-35}$$

仿真分析對象質量為 9500kg，最大橫截面積為 23.8m^2，阻力係數 C_D 為 1.25，升阻比 L/D 分別取為 0.2、0.4、0.6、0.8 等不同常值。傾側角取 0°即保持升力完全向上，分析跳出點速度 V_{exit}、最大氣動阻力加速度 $a_{D\max}$、總吸熱量 Q、駐點熱流峰值 $Q'_{\max}$與初始重返角的關係，結果如圖 7-8～圖 7-11 所示。由於當初始重返角 $|\gamma_0|$ 小於等於 4°時，四種不同升阻比取值情況下太空船均無法深入大氣層完成安全登陸，因此圖中未顯示重返角 $|\gamma_0|$ 較小的情況。對於升阻比 L/D 為 0.2 時，當初始重返角 $|\gamma_0|\geqslant 6.5°$，太空船將不再躍出大氣層，而是在大氣層內作跳躍式運動，因此圖 7-8～圖 7-11 只顯示了重返角 $|\gamma_0|\leqslant 6.5°$時的彈道特性。

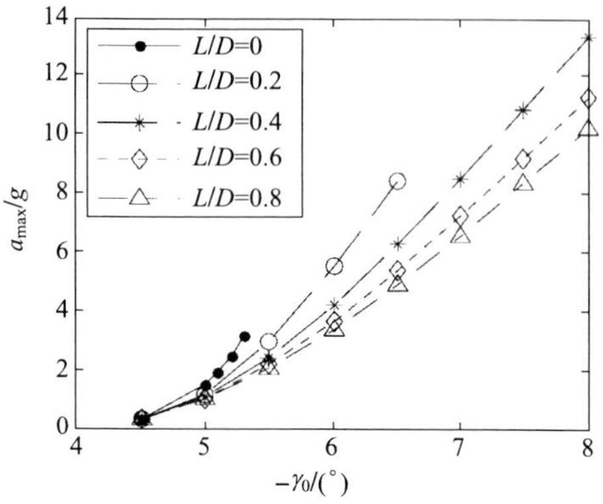

圖 7-8　過載峰值 a_{max} 與 γ_0 的關係

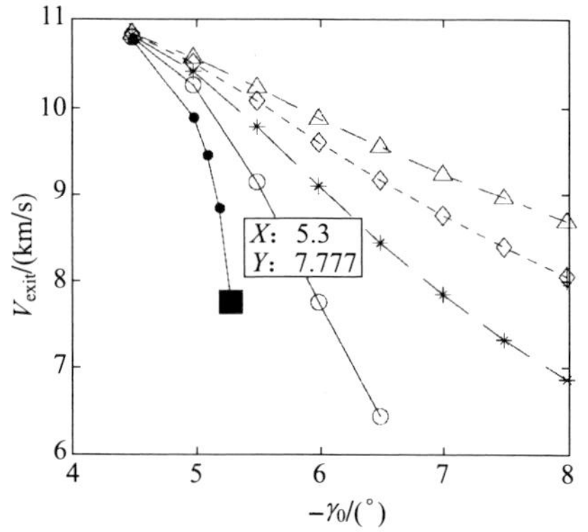

圖 7-9　跳出點速度 V_{exit} 與 γ_0 的關係

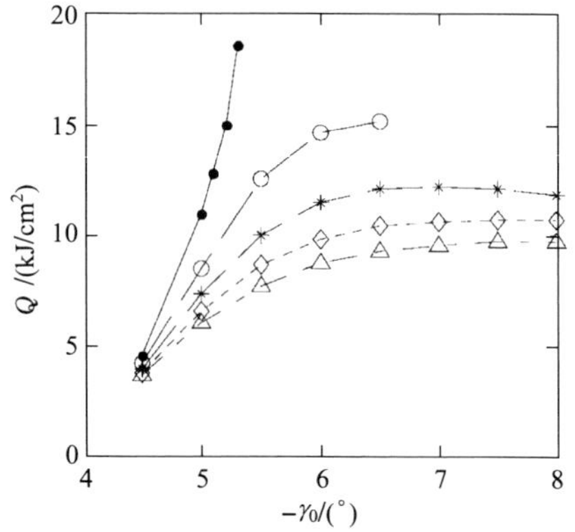

圖 7-10　總吸熱量 Q 與 γ_0 的關係

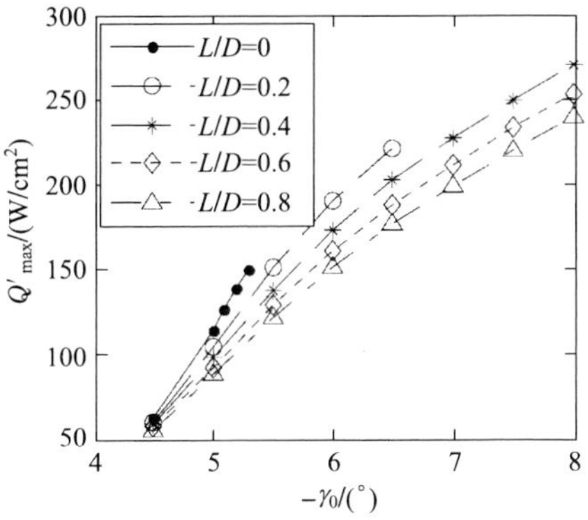

圖 7-11　駐點熱流峰值與 γ_0 的關係

由圖 7-8～圖 7-11 可見，升阻比固定，隨著初始重返角減小，即 $|\gamma_0|$ 增大，過載峰值、駐點熱流峰值及首次重返段的總吸熱量都在增大，而跳出點處速度減小；初始重返角固定，隨著升阻比的增大，過載峰值、駐點熱流峰值及首次重返段的總吸熱量均在減小，而跳出點處速度在增大。這是因為相同升阻比時，初始重返角越小，即幅值越大，太空船會越深入大氣層，過載峰值和駐點熱流峰值也會越大，同時飛行至跳出點處的能量損耗也相應更多，整體吸熱量也越多，跳出點速度則會越小；而在初始重返角相同的情況下，當阻力係數不變，升阻比越小，太空船也會越深入大氣層，因此，跳出點速度會越小，而整體吸熱量增加，過載峰值和駐點熱流峰值也會增大。

確定重返走廊的方法：太空船要安全再次進入大氣層，需要跳出點的速度小於第一宇宙速度，同時太空船重返過程的過載峰值及駐點熱流峰值都需要約束在一定的範圍內。下面分析升阻比為 0.35 的太空船，過載需小於 $6g_0$ 時的重返走廊。顯然重返走廊的下界應由過載約束 $6g_0$ 確定，由圖 7-8 中升阻比為 0.2 與 0.4 的曲線可保守估計當升阻比為 0.35 時初始重返角不能小於 −6.4°；重返走廊的上界應由跳出點速度約束確定，因若初始重返角大於重返走廊上界值時，即使在最理想的導引控制情況下（升阻比垂直平面分量最小）也無法使得跳出點速度小於第一宇宙速度。當太空船升阻比的垂直平面內分量在 0～0.35 之間變化（傾側角變化在 ±90°之間）時，升阻比垂直分量的最小值為零，通過分析圖 7-9 中升阻比為 0 的曲線可知上界為 −5.3°，與文獻［2］中的結論接近。重返走廊最終可確定約為［−6.4°，−5.3°］。

7.2.5 參數偏差對高速重返過程量和登陸精度的影響

為了分析無導引情況下參數偏差的影響，主要從兩方面著手：一方面分析模型參數偏差的影響，另一方面分析初始狀態偏差的影響。下面以航程為6000km，初始重返角為−6.2°為例，主要分析各種初始狀態偏差、模型參數偏差與過程量峰值以及落點偏差之間的關係，並將偏差參數下的重返情況與標準參數下的重返情況進行比較，以分析各偏差對登陸精度和重返過程量的影響程度。

（1）初始速度大小偏差±100m/s

表 7-2　初始速度偏差情況下仿真結果

偏差情況	縱程偏差/km	橫程偏差/km	過載峰值/g_0	熱流峰值/(W/cm^2)
標準重返	1.6977	−0.2185	5.8446	187.86
初速+100m/s	5012.8	−90.8078	5.6236	189.49
初速−100m/s	2027.0	91.0521	6.0736	186.22

（2）升力係數偏差±20%

表 7-3　升力係數偏差情況下仿真結果

偏差情況	縱程偏差/km	橫程偏差/km	過載峰值/g_0	熱流峰值/(W/cm^2)
標準重返	1.6977	−0.2185	5.8446	187.86
C_l+20%	772.20	32.92	5.6616	185.42
C_l−20%	2768.1	92.2069	6.0906	190.47

（3）阻力係數偏差±20%

表 7-4　阻力係數偏差情況下仿真結果

偏差情況	縱程偏差/km	橫程偏差/km	過載峰值/g_0	熱流峰值/(W/cm^2)
標準重返	1.6977	−0.2185	5.8446	187.86
C_D+20%	3129.2	−57.1857	6.5847	178.78
C_D−20%	1291.0	85.3316	5.0494	198.56

(4) 密度偏差±20%

表 7-5　密度偏差情況下仿真結果

偏差情況	縱程偏差/km	橫程偏差/km	過載峰值/g_0	熱流峰值/(W/cm²)
標準重返	1.6977	−0.2185	5.8446	187.86
ρ+20%	1969.2	69.8393	6.3598	193.68
ρ−20%	2189.9	60.290	5.2347	180.58

(5) 質量偏差±5%

表 7-6　質量偏差情況下仿真結果

偏差情況	縱程偏差/km	橫程偏差/km	過載峰值/g_0	熱流峰值/(W/cm²)
標準重返	1.6977	−0.2185	5.8446	187.86
mass+5%	1122.2	−80.41	5.7103	190.92
mass−5%	795.0502	35.4364	5.9873	184.72

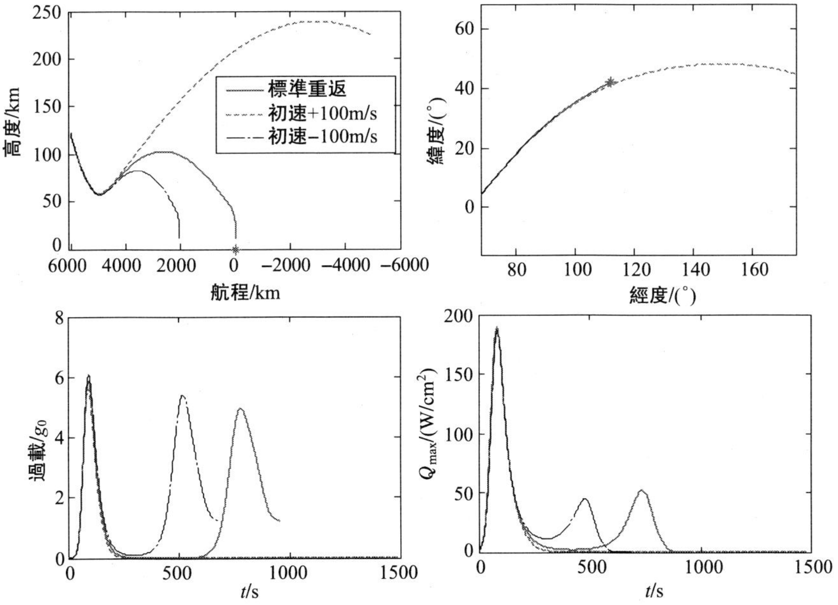

圖 7-12　重返初始速度偏差對重返過程的影響

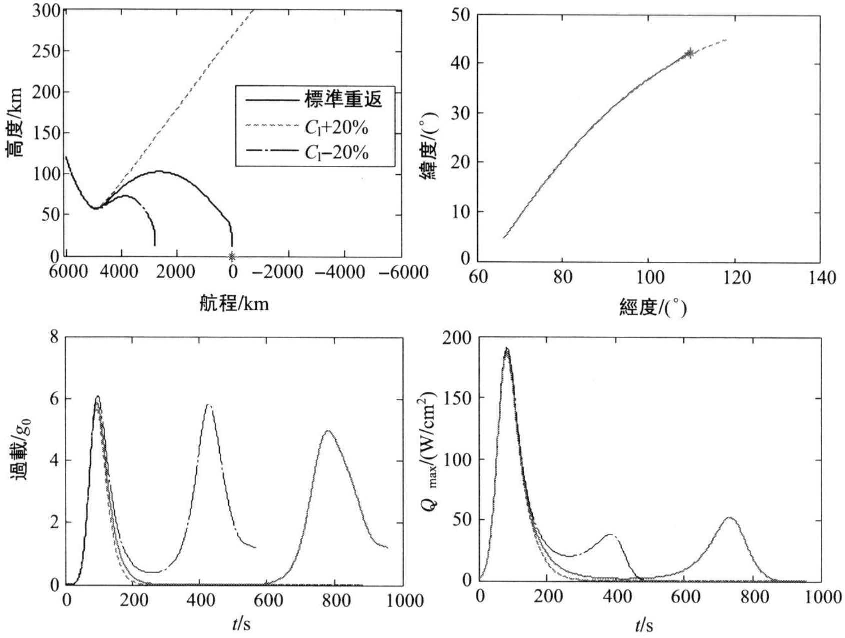

圖 7-13　升力係數偏差對重返過程的影響

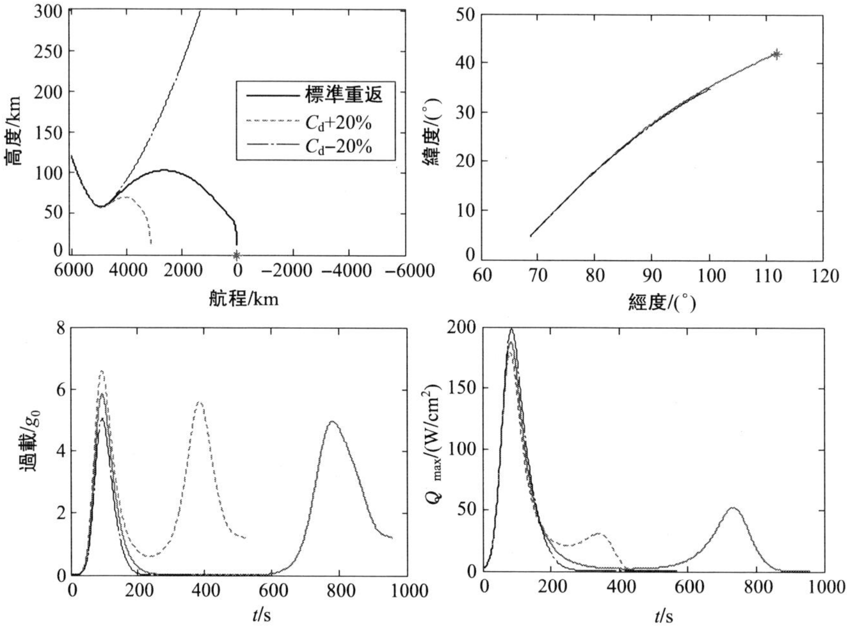

圖 7-14　阻力係數偏差對重返過程的影響

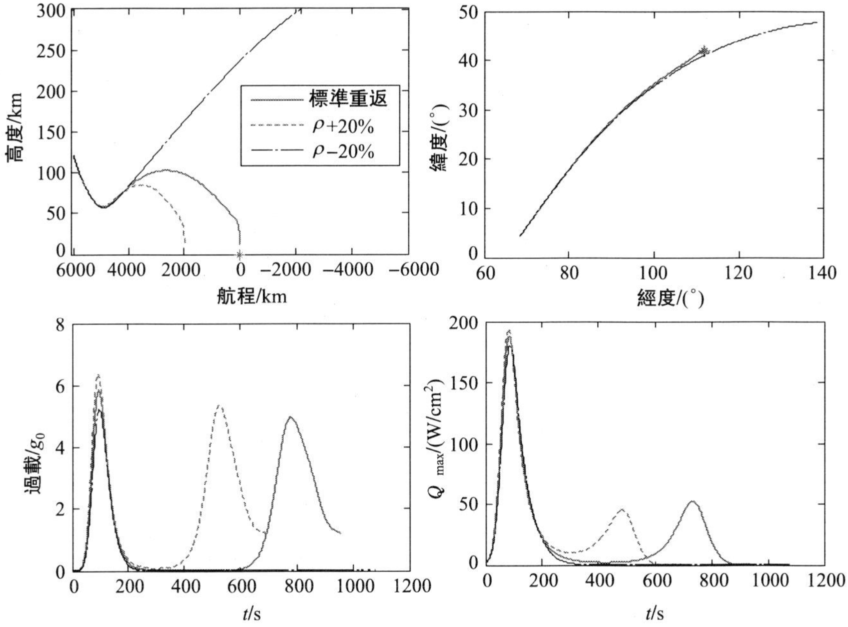

圖 7-15　密度偏差對重返過程的影響

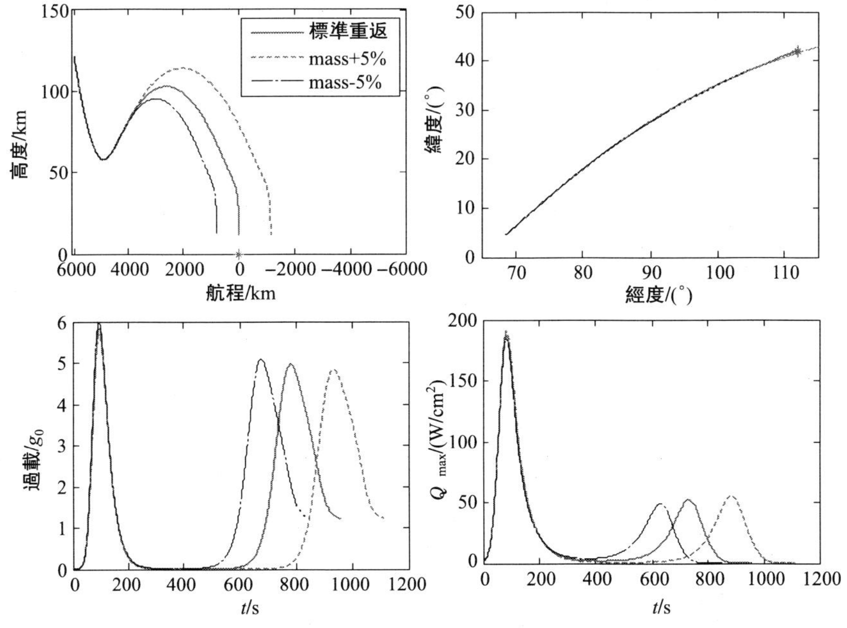

圖 7-16　質量偏差對重返過程的影響

由圖 7-12～圖 7-16 以及表 7-2～表 7-6 可見，重返點速度大小偏差對重返過程影響很大，航程偏差可達 5000km，甚至可能導致捕獲失敗。其他重返初始狀態偏差對重返航程及過程量產生一定的影響，但影響相對較小，這裡不一一列出。由模型參數偏差影響的分析可見，質量偏差對航程的影響，較氣動係數和大氣密度偏差較小，其中氣動阻力係數的影響最大。

7.3 標準軌道重返導引方法

7.3.1 標準軌道導引方法概述

小升阻比太空船重返導引問題是單變數的控制問題，即只改變傾側角來實現控制。太空船質量、慣量、外形等特殊設計決定了其重返姿態保持在配平攻角附近，總升力的大小也維持穩定。重返過程控制系統按一定的控制邏輯改變滾動角，即改變傾側角以調整升力在水平和垂直方向的分量，從而達到在一定範圍內控制太空船過載、熱流密度和登陸點位置的目的。

重返導引方法分兩類[1]：一類是對落點航程進行預測，稱為預測落點法（或稱航程預測法）；另一類是對標準軌道進行追蹤，稱為標準軌道法。

標準軌道導引方法對太空船電腦要求不高，但對許多突發事件的處理能力有限。該方法是在重返太空船的電腦中預先裝訂幾組標準重返軌道參數，它們可以是時間、速度等的函數。當太空船重返大氣層後，由於受初始條件誤差、大氣密度的變化以及氣動力特性等因素的影響而偏離設計的標準軌道。此時導航系統測出重返太空船的姿態參數和速度增量，由電腦計算得到位置和速度等軌道參數。將實測參數和標準軌道參數進行比較，產生誤差信號。以誤差信號為輸入通過導引方程算出所需的姿態角和姿態角速度，向姿態控制系統發出控制指令，調整太空船的姿態角，從而改變升力的方向，實現重返軌道的導引控制。

在相應的技術水平和條件限制下，歷史上太空船大都採用標準軌道導引方法，如美國的水星號、太空梭[3]和阿波羅[4]等。標準軌道法關鍵在於規劃一條滿足各種約束的標準重返軌跡，並在重返過程中對其進行精確追蹤。

軌跡規劃：重返標準軌道優化設計問題可以考慮為不同性能指標下帶約束的最佳控制問題，求解方法主要可分為兩類：直接法和間接法。間接法將最佳控制問題最終轉化為一個兩點邊值問題，根據龐特里亞金極小值原理列寫出必要條件方程，即正則方程、橫截條件方程和控制方程，然後利用如梯度法、共軛梯度法、臨近極值法、邊值打靶法、代數函數法和牛頓法等數值解法進行求解。針對太空船的大氣飛行過程，較多文獻成功地運用間接法設計了最佳飛行軌跡。Vinh 在文獻［5］中針對簡化的太空船運動方程，深入分析了基於間接法的軌跡優化問題，求解時用等式約束替代協態方程，極大減少了計算量，給出了多種假設條件下的優化軌跡解析解。南英在文獻［6］中採用共軛梯度法求解邊值問題，設計了滿足過程約束的最佳大氣重返軌跡。Istratie 在文獻［7］中優化設計了滿足控制量限制，總吸熱量最小的跳躍式重返首次重返段軌跡。間接法雖能較好地分析和解決無約束的最佳控制問題，但重返過程中存在的各種約束使間接法求解的推導過程過於複雜，且其求解過程對協態變數的初值高度敏感，很難收斂。相對間接法，直接法在收斂的魯棒性和解決實際問題的適用性上具有優勢。

直接法將最佳控制問題轉化成一個非線性規劃問題，利用多種數值解法克服了用間接法很難找到解析解的缺點，取得了重要進展。直接配點法一般採用多項式，如 Chebyshev 和 Cubic 多項式來近似狀態和控制變數的時間歷程，但該方法的設計變數數目龐大。最近發展起來的一種求解最佳控制問題的方法是改進 Gauss 偽譜方法[8]，這種方法是一種基於全局和局部插值多項式混合的直接配點法，它相對於一般直接配點法的優勢是可以用盡量少的節點獲得較高的精度。

軌跡追蹤：軌跡追蹤的演算法設計取決於標稱軌跡的形式。標稱軌跡可由狀態變數如阻力加速度、高度變化率、航程等[9]構成，也可為阻力加速度-速度剖面[10]構成，針對不同形式的參考軌跡，構建相應狀態量的線性化系統，再設計相應的回饋增益係數，實現軌跡追蹤導引。文獻［11］應用常值回饋增益的方法實現對標準軌跡的追蹤，詳細地給出了增益的設計方法並就增益的選擇對追蹤精度的影響問題進行了分析。Dukeman[12]利用線性二次形狀態調節器實現了回饋增益係數的設計。文獻［13］通過回饋線性化方法把太空船在縱平面內的非線性動力學模型變換為阻力空間的線性模型，然後線上性模型的基礎上設計了一個常增益係數的線性控制器，該控制器能指數追蹤阻力剖面參考軌跡。

其實在新一代可重複使用運載器需要的牽引下，NASA Marshall 航天中心於 1999 年開啟了先進導引與控制技術研究項目（advanced guidance and control project）。重返導引與控制技術是這一項目的主要內容，自主、自適應且魯棒的追蹤導引方法層出不窮，例如模型參考自適應方法[14,15]、神經網路自適應導引律[16]、模糊自適應導引律[17]等。

7.3.2 標稱軌道導引方法跳躍式重返問題分析

7.3.2.1 跳躍式重返軌跡優化設計問題

針對跳躍式重返軌跡設計問題，從 1960—1970 年代至今不少學者提出了解析的方法，這些方法主要可分為兩類，其中一類主要用匹配漸近展開方法描述跳躍式重返軌跡。其中，Kuo 和 Vinh[18] 利用改進的匹配漸近展開方法得到跳躍式重返軌跡較高精度的二階近似表達式。另一類是以阻力剖面為參考軌跡的設計方法。文獻［19］將重返阻力剖面考慮為二次函數，而 Garcia-Llama[20] 將跳躍式重返軌跡第一次重返段（初始重返點到跳出點）的阻力剖面設計為四階多項式，並應用回饋線性化方法追蹤其設計的阻力剖面。

應該指出，上述兩類解析演算法並沒有實現軌跡設計的最佳化，而跳躍式重返軌跡的優化設計有其新的特點，如強約束、多約束等，有必要對這方面進行深入的研究。目前該研究方向的文獻相對較少。南英[6] 對單次重返飛行、二次重返軌跡、多次重返軌跡在過載和熱流方面進行了比較研究，並得出二次重返飛行為最佳返回軌跡的結論。針對跳躍式軌跡的優化設計，Istratie[7] 也提出了使得多種不同性能指標最小的優化方案，但均未給出完整的最佳跳躍式重返軌跡，只是針對第一次重返段的飛行軌跡進行了優化設計。最近發展起來的改進 Gauss 偽譜法[21]，是一種基於全局和局部插值多項式混合的直接配點法，其優點在於可以用盡量少的節點獲得較高的擬合精度。

7.3.2.2 初始狀態偏差較大時參考軌跡線上設計問題

傳統標準軌道法的缺點，主要是缺乏對初始狀態偏差不確定性的自適應能力。標準軌道法多基於標稱狀態附近的線性化模型設計軌跡追蹤導引律，若初始狀態偏差較大，會嚴重影響追蹤性能，尤其針對高速重返任務，軌跡飛行時間長，受初始狀態偏差影響更為明顯，能夠線上快速優化出新的參考軌跡是改進傳統演算法的有效途徑。類似 7.3.2.1 小節所描述，大氣進入軌跡設計方法主要可分為解析設計方法和數值優化設計方法。在解析設計參考軌跡方面，目前常見的方法有匹配漸進展開方法以及基於氣動阻力剖面的設計方法。要實現軌跡線上更新，更新演算法必須簡單且用時短，例如通過插值方法[22] 在滿足各約束條件的同時更新阻力剖面參考軌跡。在數值優化設計參考軌跡方面，對於帶有各種過程約束的大氣進入標稱軌跡設計問題可以考慮為帶約束的最佳控制問題。近來許多學者提出了針對最佳控制問題的多種數值解法，取得了重要進展，演算法的快速性得到提高，數值方法也將成為線上快速生成參考軌跡的有力手段。

7.3.2.3 考慮有限控制能力的高精度軌跡追蹤問題

標準軌道法中設計並追蹤氣動阻力剖面的方法被用於 Apollo 首次重返過程導引和太空梭導引。由於阻力為可測量量，且與太空船重返縱程有明確的運動學關係[20]，採用阻力剖面作為參考軌跡，並進行精確追蹤，能保證導引律獲得較高的登陸精度。然而，關於太空梭返回導引的文獻［19］中在推導二階阻力動力學方程時多次假設飛行路徑角 γ 為小角度，簡化處理 $\sin\gamma=0$ 和 $\cos\gamma=1$，使得該方法不適用於飛行路徑角變化較大的小升力體重返情況。針對小升力體重返情況，為了提高阻力剖面的追蹤效果和太空船登陸精度，Roenneke[10] 在導引律設計過程中改進了對 $\sin\gamma$ 角的處理方式，卻仍假設 $\cos\gamma=1$。針對小升力體大航程、跳躍式重返的情況，若繼續假設 $\cos\gamma=1$，採用阻力剖面追蹤導引律必然會影響太空船的登陸精度。為了設計可用於完整跳躍式重返軌跡的追蹤導引律，需要進一步改進二階阻力動力學模型。

追蹤導引律設計方面，回饋線性化方法被廣泛用於重返過程氣動阻力剖面的追蹤導引。然而，小升阻比太空船控制能力有限且重返系統存在大量的參數不確定性導致控制量飽和，需要進一步考慮實際重返過程中控制量飽和的問題，在導引律設計時需加入飽和限制。一旦控制飽和，回饋線性化方法將不能保證誤差動力學方程被完全線性化，亦不能保證閉環系統的穩定性。非線性預測控制在工業過程控制領域發展成為一種有效的控制方法。文獻［23］將非線性預測控制方法用於重返導引律的設計，並給出了當系統輸入輸出變數個數相等情況下的軌跡追蹤特性和魯棒性分析。

7.3.3 基於 Gauss 偽譜法的參考軌跡優化設計

7.3.3.1 Gauss 偽譜法介紹

高斯偽譜法將重返動力學微分方程轉化為代數約束方程，將軌跡設計問題轉化為不需要積分彈道的最佳規劃問題。偽譜方法的一個顯著特徵為譜收斂，即收斂速度大於 N^{-m}，其中 N 是配點個數，m 是任意有限數值，顯然 N 越大收斂越快。

偽譜法的求解步驟如下。

① 不失一般性，將最佳控制問題轉化為 Bolza 形式，即求控制量 u 使如下形式的性能指標函數最小。

$$J=\Phi(\boldsymbol{x}(-1),t_0,\boldsymbol{x}(1),t_f)+\frac{t_f-t_0}{2}\int_{-1}^{1}g(\boldsymbol{x}(\tau),\boldsymbol{u}(\tau),\tau;t_0,t_f)\mathrm{d}\tau \tag{7-36}$$

且滿足動力學約束、等式邊值條件約束和不等式路徑約束等，具體形式如下：

$$\begin{cases}\dfrac{\mathrm{d}\boldsymbol{x}}{\mathrm{d}t}=\boldsymbol{f}(\boldsymbol{x}(\tau),\boldsymbol{u}(\tau),\tau;t_0,t_f)\\ \dfrac{\mathrm{d}\boldsymbol{x}}{\mathrm{d}\tau}=\dfrac{t_f-t_0}{2}\boldsymbol{f}(\boldsymbol{x}(\tau),\boldsymbol{u}(\tau),\tau;t_0,t_f)\\ \boldsymbol{\varphi}(\boldsymbol{x}(-1),t_0,\boldsymbol{x}(1),t_f)=0\\ \boldsymbol{C}(\boldsymbol{x}(\tau),\boldsymbol{u}(\tau),\tau;t_0,t_f)\leqslant 0\end{cases} \tag{7-37}$$

這裡 t 和 τ 之間的映射關係為

$$t=\frac{t_f-t_0}{2}\tau+\frac{t_f+t_0}{2}$$

$$\tau\in[-1,1];t\in[t_0,t_f] \tag{7-38}$$

② 基於 Gauss 偽譜方法的 Bolza 問題離散化。

Gauss 偽譜法中，狀態變數 $\boldsymbol{x}(\tau)$ 和控制變數 $\boldsymbol{u}(\tau)$ 分別取 $N+1$ 個和 N 個 Lagrange 插值多項式 $L_i(\tau)$、$L_i^*(\tau)$ 為基函數來擬合其變化規律：

$$\begin{cases}\boldsymbol{x}(\tau)\approx\boldsymbol{X}(\tau)=\displaystyle\sum_{i=0}^{N}\boldsymbol{X}(\tau_i)L_i(\tau)\\ \boldsymbol{u}(\tau)\approx\boldsymbol{U}(\tau)=\displaystyle\sum_{i=1}^{N}\boldsymbol{U}(\tau_i)L_i^*(\tau)\end{cases} \tag{7-39}$$

其中 $L_i(\tau)(i=0,\cdots,N)$ 各式取 N 階 Legendre-Gauss(LG) 點 $(\tau_1,\tau_2,\cdots,\tau_N)$ 以及起始點 $\tau_0=-1$ 作為節點，$L_i^*(\tau)(i=1,\cdots,N)$ 各多項式只取 N 階 LG 點作為節點，分別定義為

$$\begin{cases}L_i(\tau)=\displaystyle\prod_{j=0,j\neq i}^{N}\frac{\tau-\tau_j}{\tau_i-\tau_j}\quad(i=0,\cdots,N)\\ L_i^*(\tau)=\displaystyle\prod_{j=1,j\neq i}^{N}\frac{\tau-\tau_j}{\tau_i-\tau_j}\quad(i=1,\cdots,N)\end{cases} \tag{7-40}$$

上式中，$L_i(\tau)$ 和 $L_i^*(\tau)$ 滿足以下性質：

$$\begin{cases}L_i(\tau_j)=\begin{cases}1,i=j\\0,i\neq j\end{cases}\\ L_i^*(\tau_j)=\begin{cases}1,i=j\\0,i\neq j\end{cases}\end{cases} \tag{7-41}$$

對狀態變數表達式進行微分得到

$$\dot{\boldsymbol{x}} \approx \dot{\boldsymbol{X}}(\tau)=\sum_{i=0}^{N} \boldsymbol{X}(\tau_i)\dot{L}_i(\tau) \tag{7-42}$$

其中，$\dot{L}_i(\tau)$可通過下式離線得到：

$$D_{ki}=\dot{L}_i(\tau_k)=\sum_{l=0}^{N} \frac{\prod\limits_{j=0,j\neq i,l}^{N}(\tau_k-\tau_j)}{\prod\limits_{j=0,j\neq i}^{N}(\tau_i-\tau_j)} \tag{7-43}$$

其中，$k=1,\cdots,N;i=0,\cdots,N$。從而動力學微分方程約束轉化為如下的代數約束：

$$\sum_{i=0}^{N} D_{ki}\boldsymbol{X}_i-\frac{t_f-t_0}{2}\boldsymbol{f}(\boldsymbol{X}_k,\boldsymbol{U}_k,\tau_k;t_0,t_f)=0 \quad (k=1,\cdots,N) \tag{7-44}$$

其中，$\boldsymbol{X}_k \equiv \boldsymbol{X}(\tau_k) \in R^n, \boldsymbol{U}_k \equiv \boldsymbol{U}(\tau_k) \in R^m$。離散化後的動力學方程約束只在LG點被滿足，離散狀態初值$\boldsymbol{X}(\tau_0)$為$\boldsymbol{X}_0$，末端時刻狀態值可通過Gauss積分近似得到：

$$\boldsymbol{X}_f=\boldsymbol{X}_0+\frac{t_f-t_0}{2}\sum_{k=1}^{N} w_k \boldsymbol{f}(\boldsymbol{X}_k,\boldsymbol{U}_k,\tau_k;t_0,t_f) \tag{7-45}$$

同樣性能指標也可通過高斯積分近似得到：

$$J=\Phi(\boldsymbol{X}_0,t_0,\boldsymbol{X}_f,t_f)+\frac{t_f-t_0}{2}\sum_{k=1}^{N} w_k g(\boldsymbol{X}_k,\boldsymbol{U}_k,\tau_k;t_0,t_f) \tag{7-46}$$

其中，w_k為高斯權值。同時將式(7-37)中的邊值約束以及路徑約束分別離散化為

$$\begin{cases}\boldsymbol{\varphi}(\boldsymbol{X}_0,t_0,\boldsymbol{X}_f,t_f)=0 \\ \boldsymbol{C}(\boldsymbol{X}_k,\boldsymbol{U}_k,\tau_k;t_0,t_f)\leqslant 0 \quad (k=1,\cdots,N)\end{cases} \tag{7-47}$$

性能指標函數(7-46)及代數約束方程(7-44)、(7-45)和(7-47)定義了一個非線性規劃問題，該問題的求解過程詳見參考文獻[24]，其解就是上述連續Bolza問題的近似解。

以上所描述的Gauss偽譜法是全局配點法，若要提高擬合精度，則需要增加擬合多項式的階次。然而隨著多項式階次的增加，配點數也相應增加，這就使得收斂速度減慢，非線性規劃問題的計算變得難以處理。

本節採用改進的Gauss偽譜法，將全局配點法和局部配點法混合使用來提高擬合精度，即並不只是一味地提高擬合多項式的階次，而是考慮將軌跡分成s個小段，然後分別對各小段選擇合適階次的多項式進行擬合。每段編號設為$s\in[1,\cdots,S]$，假定第s小段用N_s階的多項式進行擬合，其狀態擬合多項式$X_s(\tau)$如式(7-39)所示。為達到提高擬合精度的目的，有兩個方法可以考慮：將每一特定小段再繼續分段，或者增加

該小段擬合多項式的階次。而改進演算法的關鍵在於如何對兩種策略折中選擇。演算法改進的基本思路描述如下。

針對某一特定 s 小段，分別用 k 和 $k+1$ 個配點數的多項式 $X_s^{(k)}(\tau)$ 和 $X_s^{(k+1)}(\tau)$ 進行擬合，然後分析這兩個多項式的擬合偏差。這裡定義偏差及偏差的平均值分別為

$$\begin{cases} e_s(\tau) = \left| X_s^{(k)}(\tau) - X_s^{(k+1)}(\tau) \right| \\ \bar{e}_s = \dfrac{\int_a^b e_s(\tau)\mathrm{d}\tau}{b-a} \end{cases} \tag{7-48}$$

然後選出在 s 段內擬合偏差 $e_s(\tau)$ 的局部偏差最大點，假設為第 i 點，該點處偏差記為 $e_s^{(i)}$。如果對所有 $i\in[1,\cdots,I]$，I 表示 s 小段內所考察的局部區域個數，滿足

$$\frac{e_s^{(i)}}{\bar{e}_s} \leqslant \lambda \tag{7-49}$$

則認為小段 s 擬合偏差一致，此時通過增加該小段多項式階次 N_s 來提高擬合精度。否則，如果存在任何一個局部偏差最大點不滿足不等式(7-49)的約束，則將 s 小段在該點處再進行分段。這裡，λ 值的選取體現了局部和全局配點策略的一個權衡。當 λ 值較小時，局部偏差最大點與偏差均值的比值則較易超過 λ 值而在某點處再進行分段；當 λ 值較大時，演算法類似採用了全局配點方法。本小節仿真時採用文獻［25］中所描述的 GPOPS 優化軟體，其具體分段數取決於擬合精度及 λ 值的大小，λ 值一般取為 3.5。

當確定某一特定段內偏差一致時，需要採用增加擬合多項式的階次的策略。假設前兩次配點數分別為 N_{k-1}、N_k，且擬合誤差為 $o(10^{-m_{k-1}})$、$o(10^{-m_k})$，而允許誤差為 $o(\varepsilon)$。假定 $m_k > m_{k-1}$，則估計應增加的配點數為

$$N_{k+1} = N_k + \frac{N_k - N_{k-1}}{m_k - m_{k-1}}\left(\left|\lg(\varepsilon)\right| - m_k\right) \tag{7-50}$$

該演算法能自適應地更新軌跡的分段數和各段擬合的配點數，從而在設計盡量少的配點數的情況下，達到需要的擬合精度。

7.3.3.2 克卜勒段對航程的影響分析

探月太空船需實現大航程重返時，軌跡將會出現「彈跳」的現象，這種軌跡形式的重返過程被稱為跳躍式重返。當跳起的高度超過敏感大氣層邊界，過載小於 $0.2g_0$ 時，可認為太空船進入彈道式飛行階段，稱之為克卜勒段。該階段擴展了縱程，幫助太空船實現了長距離的飛行需要。本小節利用 Gauss 偽譜優化方法計算，對太空船在相同初始重返條件下不發生跳躍（指無論大氣層內或大氣層外均不發生跳躍）和發生跳

躍（跳躍高度為 120km）時的最遠飛行距離進行了比較，並對太空船在不發生跳躍時的飛行能力進行分析，以求出對於小升阻比太空船在不發生跳躍時可達的最遠飛行航程。

(1) 跳躍式軌跡擴大航程能力分析

忽略地球自轉的影響，縱向平面內相對登陸點的航程 s 即縱程可以由下式得到：

$$\dot{s}=\frac{r_{\mathrm{f}}V\cos\gamma}{r} \tag{7-51}$$

將上式增加為系統描述的第 7 個方程，即將縱程 s 考慮為一個新的變數 x_7，其中 r_{f} 為重返開傘點的高度。

由狀態方程（7-34）可看出，其中狀態變數 r、V、γ 和 s 的變化規律與另三項狀態變數 λ、ϕ、Ψ 解耦。這裡通過單獨分析這四個量的運動規律，優化計算在不同初始重返角時發生跳躍和不發生跳躍的最大航程，進而比較分析跳躍式重返軌跡在實現長縱程飛行方面的優勢。因此優化性能指標取為新變數 x_7 的末狀態量，即

$$J=-x_{7\mathrm{f}} \tag{7-52}$$

這裡，發生跳躍和不發生跳躍時的狀態約束如下，其中不發生跳躍的重返過程飛行路徑角保持小於零，即無上升飛行階段。

發生跳躍：

狀態量 r 和 γ 在整個飛行過程中被約束為

$$\begin{gathered}-90^{\circ}\leqslant\gamma\leqslant10^{\circ}\\ r_{\mathrm{f}}\leqslant r\leqslant r_0\end{gathered} \tag{7-53}$$

不發生跳躍：

狀態量 r 和 γ 在整個飛行過程中被約束為

$$\begin{gathered}-90^{\circ}\leqslant\gamma\leqslant0^{\circ}\\ r_{\mathrm{f}}\leqslant r\leqslant r_0\end{gathered} \tag{7-54}$$

(2) 不發生跳躍時飛行能力分析

考慮升阻比偏差及大氣密度偏差影響，利用 Gauss 偽譜法計算太空船不發生跳躍時的最大航程和過載峰值，並對這些表徵其飛行能力的數據進行分析，以確定當重返航程要求大於多少公里時需採用跳躍式軌跡重返。氣動係數偏差採用如下表達式：

$$\begin{cases}C_D=C_{\tilde{D}}(1+\Delta_{C_D})\\ C_L=(C_L/C_D)^{\sim}C_D(1+\Delta_{C_L/C_D})\end{cases} \tag{7-55}$$

式中，Δ_{C_L/C_D} 為升阻比偏差，標準阻力係數 $C_{\tilde{D}}$ 為 1.25，標準升阻

比$(C_L/C_D)^{\sim}$為0.3520，這裡給出阻力係數和升阻比的偏差，由此求得升力係數的偏差。由於在馬赫數較大的情況下阻力係數變化較小，升力係數變化較大，且在實際問題分析中更需要考慮在氣動係數上施加常值偏置所產生的影響，因此這裡假設阻力係數不發生變化，升阻比採用固定常值偏差，Δ_{C_L/C_D}的變化範圍為［−20%，＋20%］。

由於高層大氣變化極為複雜，從人造地球衛星上天以來，各國學者一直在致力於開發高精度的標準大氣模型及其擾動模型，採用了多個指標（考慮經緯度、季風、大氣成分以及太陽活動等多種因素的影響）來描述大氣的擾動。期間形成了諸多不同的大氣攝動模型，簡單的有固定值偏差模型，複雜的如美國開發的GRAM（Global Reference Atmosphere Model）模型。本節取大氣攝動模型為固定值偏差模型來分析不發生跳躍時重返軌跡的最大航程，其變化範圍取為［−30%，＋30%］。

7.3.3.3 探月返回跳躍式重返軌跡優化設計

假設探月返回器處於配平飛行狀態，且地球是一個均勻球體，不考慮地球扁率、地球公轉及地球自轉，大氣模型採用美國1976標準大氣模型，這裡將式(7-34）進行無量綱化得到如下的質心動力學方程。

$$\begin{cases}\dot{r}=V\sin\gamma\\ \dot{V}=-D-\dfrac{\sin\gamma}{r^2}\\ \dot{\lambda}=\dfrac{V\cos\gamma\sin\Psi}{r\cos\phi}\\ \dot{\phi}=\dfrac{V\cos\gamma\cos\Psi}{r}\\ \dot{\Psi}=\dfrac{1}{V}\left(\dfrac{L\sin\sigma}{\cos\gamma}+\dfrac{V^2}{r}\cos\gamma\sin\Psi\tan\phi\right)\\ \dot{\gamma}=\dfrac{1}{V}\left[L\cos\sigma+\left(V^2-\dfrac{1}{r}\right)\dfrac{\cos\gamma}{r}\right]\\ D=\rho\left(\sqrt{R_e g_0}V\right)^2 S_{\text{ref}}C_D/(2mg_0)\\ L=\rho\left(\sqrt{R_e g_0}V\right)^2 S_{\text{ref}}C_L/(2mg_0)\end{cases} \tag{7-56}$$

上式中地心距r、飛行相對地球速度V及時間t的無量綱化參數分別為R_e、$\sqrt{g_0R_e}$和$\tau=t/\sqrt{R_e/g_0}$。

因探月太空船高速重返的特點，過載和熱流約束變得十分苛刻。為了保證重返過程的安全，需要嚴格滿足以下約束條件。

(1) 氣動加熱約束

為減小氣動加熱，要求駐點熱流不超過給定的最大值，即

$$\begin{cases}\dot{Q}(\rho,V)\leqslant\dot{Q}_{\max}\\ \dot{Q}=k_{s}\rho^{n}V^{m}\end{cases}\tag{7-57}$$

其中，k_s 取為 1.0387×10^{-4}。通常 n、m 取為 0.5 和 3，$\dot{Q}_{\max}$ 為駐點熱流峰值的最大允許值。

(2) 過載約束

為了減小重返時的過載，要求瞬時過載小於最大允許過載，即

$$n=\frac{\sqrt{L^2+D^2}}{g_0}\leqslant n_{\max}\tag{7-58}$$

其中，$n_{\max}$ 為最大允許過載值。

(3) 終端狀態約束

考慮經度、緯度、高度滿足終端約束條件：

$$\begin{cases}\lambda(t_f)=\lambda_f\\ \phi(t_f)=\phi_f\\ r(t_f)=r_f\end{cases}\tag{7-59}$$

(4) 控制量約束

考慮到實際傾側角機動不可能瞬時完成，需要對傾側角進行限幅，即

$$|\sigma|\leqslant\sigma_{\max}\tag{7-60}$$

在高速重返過程中，為了減小防熱系統的重量，性能指標一般取為重返過程的總吸熱量：

$$J=\int_{t_0}^{t_f}\dot{Q}\mathrm{d}t\tag{7-61}$$

7.3.3.4 應用實例

本章以探月返回器為仿真對象，質量為 9500kg，最大橫截面積為 $23.8\mathrm{m}^2$。

(1) 跳躍式重返軌跡優化

具體仿真參數設置見表 7-7，控制量 σ 約束在［$-70°$，$70°$］之間變化，升阻比為 0.35，升力係數 C_L 為 0.44，阻力係數 C_D 為 1.25。經優化得到的軌跡狀態量、過載、熱流和控制量變化曲線如圖 7-17～圖 7-20 所示。由圖 7-18 和圖 7-19 可見，設計的重返軌跡滿足過載和熱流約束。

表 7-7　初末狀態設置和過程約束

參數	初始條件	終端條件	過載和熱流約束
r/km	$120+R_e$	$10+R_e$	—
θ/(°)	42.28	112	—
ϕ/(°)	4.38	42	—
V/(km/s)	11.032	—	—
ψ/(°)	47.407	—	—
γ/(°)	−5.638	—	—
n_{max}	—	—	5
$\dot{Q}_{max}$/(kW/m^2)	—	—	1800

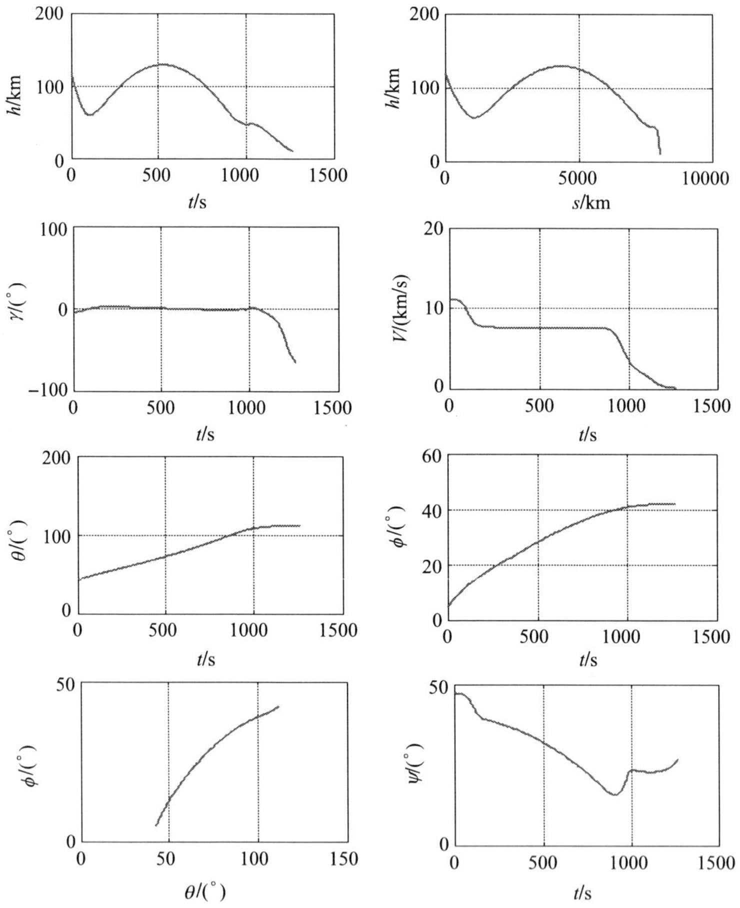

圖 7-17　狀態量變化軌跡

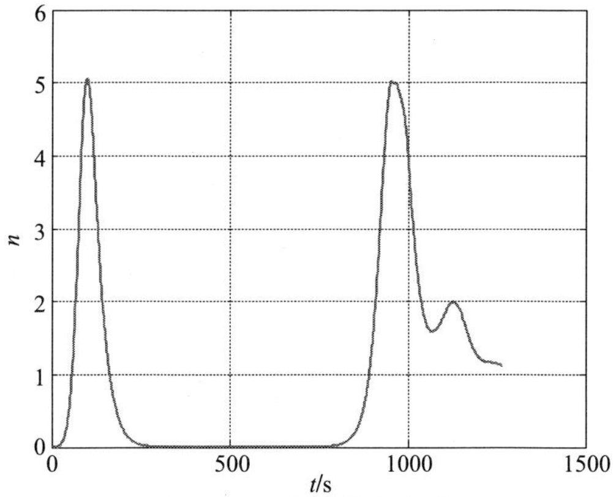

圖 7-18　過載變化軌跡

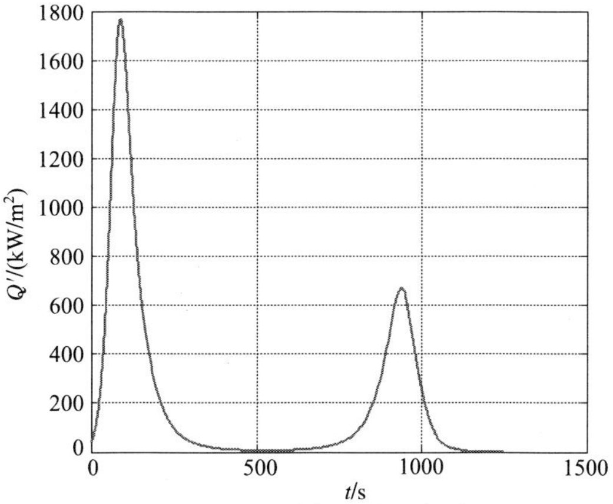

圖 7-19　駐點熱流變化軌跡

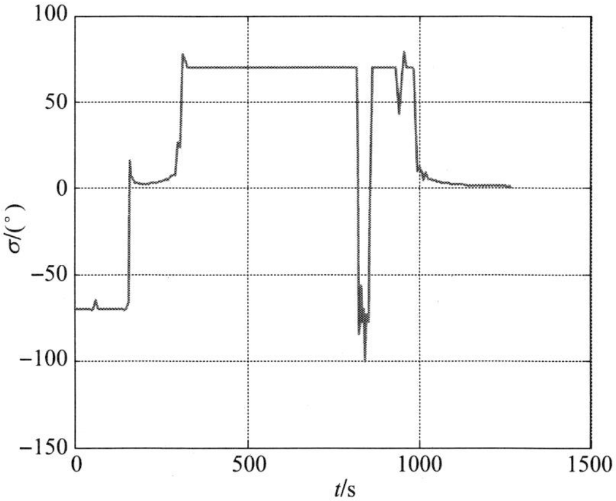

圖 7-20　控制量變化軌跡

(2) 跳躍式重返軌跡航程仿真分析

根據 7.2.4 節重返走廊分析結果，這裡在［−6.4°，−5.3°］之間均勻選擇六個初始重返角值進行仿真，分別得到發生跳躍和不發生跳躍情況下的最大航程，見表 7-8。為了對比清晰，給出初始重返角為−6.0°時發生跳躍和不發生跳躍兩種情況下的重返軌跡比較，如圖 7-21 所示。同時由圖 7-22 比較了初始重返角分別為−5.6°、−6.0°、−6.4°時，跳躍高度 h 為 120km 的飛行情況，可知初始重返角幅值越大，利用 Gauss 偽譜法優化得到的飛行最大距離越小，且過載峰值越大。

表 7-8　兩種情況下最大航程比較

發生跳躍		不發生跳躍	
$\gamma_0/(°)$	s_{max}/km	$\gamma_0/(°)$	s_{max}/km
−5.4	12549	−5.4	
−5.6	12451	−5.6	3046
−5.8	12232	−5.8	2963
−6.0	11835	−6.0	2841.3
−6.2	11173	−6.2	2690.2
−6.4	10245	−6.4	2523.6

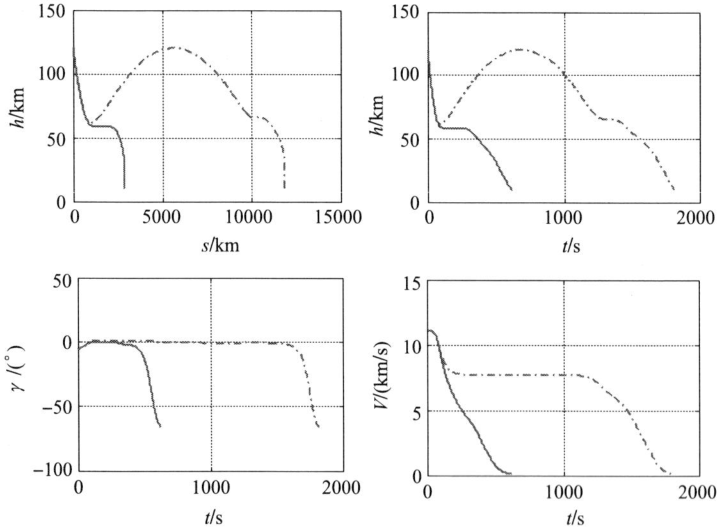

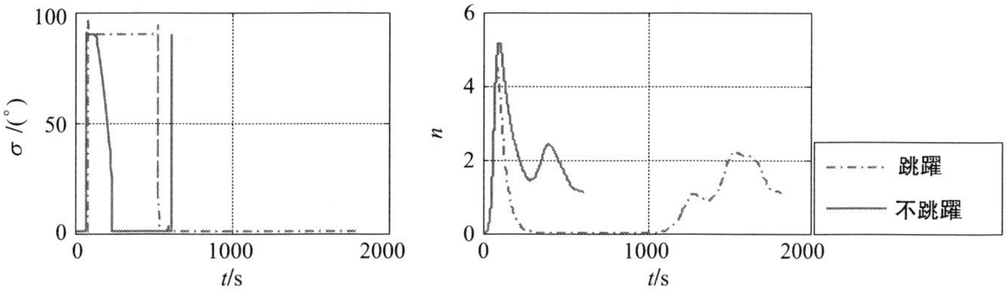

圖 7-21 初始重返角為-6.0°時飛行情況比較

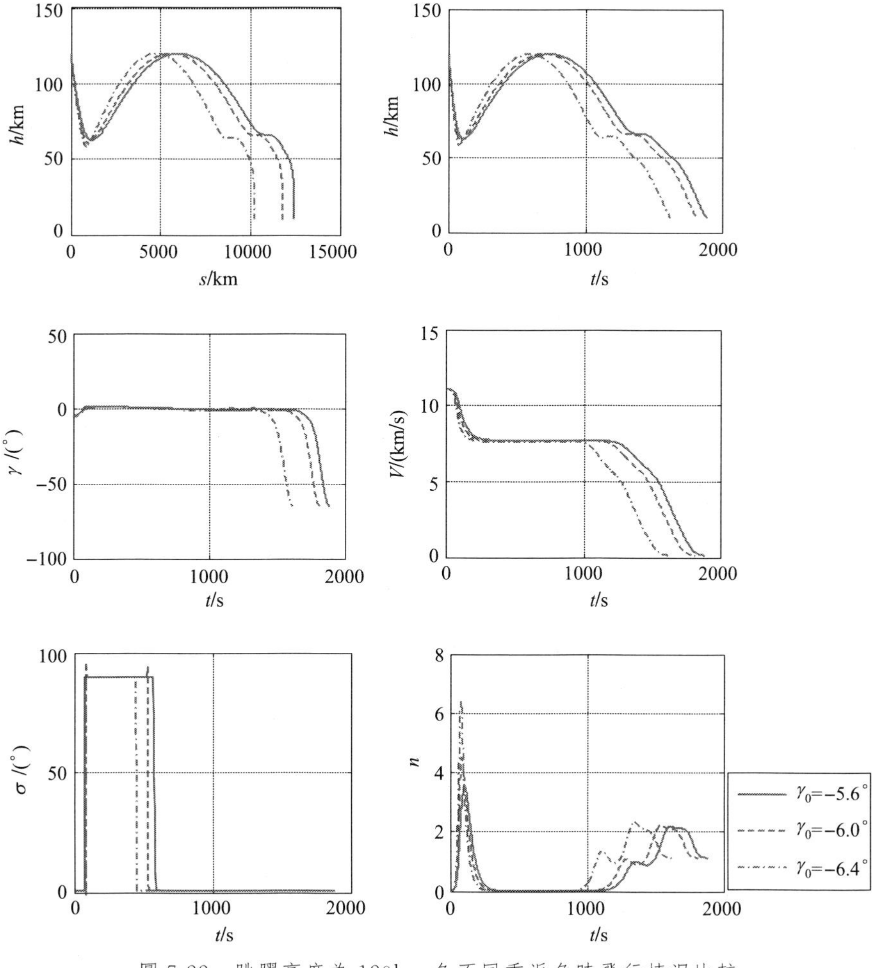

圖 7-22 跳躍高度為 120km 各不同重返角時飛行情況比較

由表 7-8 中數據可見，重返軌跡不發生跳躍時的最大航程僅有 3000 多公里，由圖 7-21 中的曲線對比發現當跳躍高度為 120km 時重返軌跡最大航程遠遠大於不發生跳躍時的最大重返航程。

為得出長距離飛行是否必須採用跳躍式重返的結論，下面進一步利用 Gauss 偽譜法分析在不同升阻比和存在不同程度大氣密度偏差時不發生跳躍的最大重返航程。最大航程隨升阻比和重返角變化情況如圖 7-23 所示。由於航程隨著重返角幅值的減小而增大，選擇四組重返角中最小值－5.6°，進行不同升阻比和不同大氣密度下的最大航程仿真，並將數據繪製曲線，如圖 7-24 所示。同時得到各情況下的過載峰值變化情況，如圖 7-25 和圖 7-26 所示。由圖 7-23～圖 7-26 可看出：重返飛行的最大航程，隨著初始重返角幅值的增大而減小，隨著升阻比的增大而增加，隨著大氣密度的變大而減小；過載峰值則隨著初始重返角幅值的增大而增大，隨著密度的增加減小較快。而過載峰值與升阻比之間的關係與初始重返角的大小有關：當初始重返角幅值較大時，隨著升阻比的增大過載峰值減小較快，當初始重返角幅值較小時，過載峰值反而隨著升阻比的增大而緩慢增大。

綜上可得，針對該仿真對象，不發生跳躍的重返軌跡的最大航程不會超過 3500km，當重返航程要求大於 3500km 時需採用跳躍式軌跡重

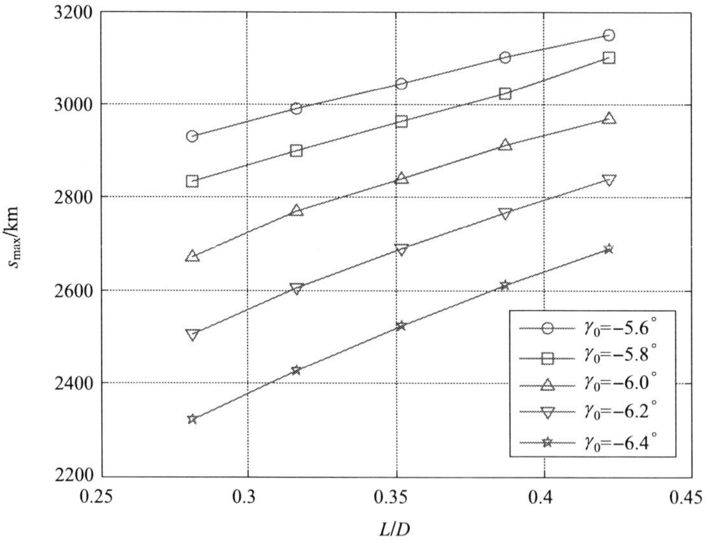

圖 7-23 最大航程隨升阻比和重返角變化

返。當航程要求繼續增大時，太空船軌跡將發生跳躍，可見跳躍式軌跡對擴展航程起著重要作用。

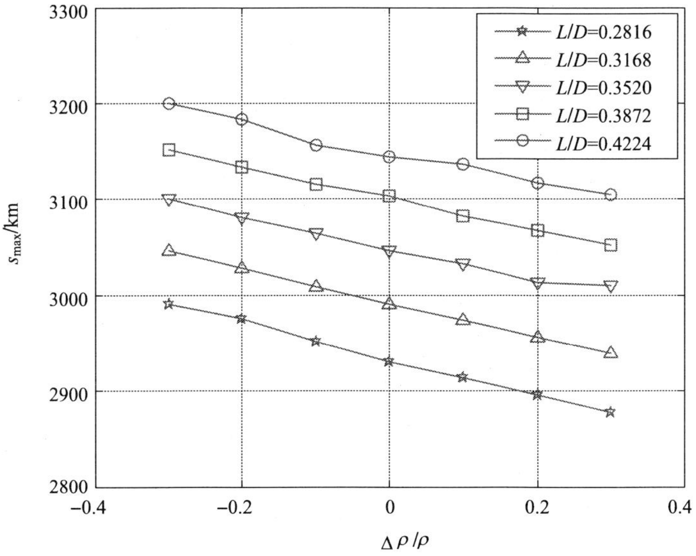

圖 7-24 最大航程隨大氣密度和升阻比變化

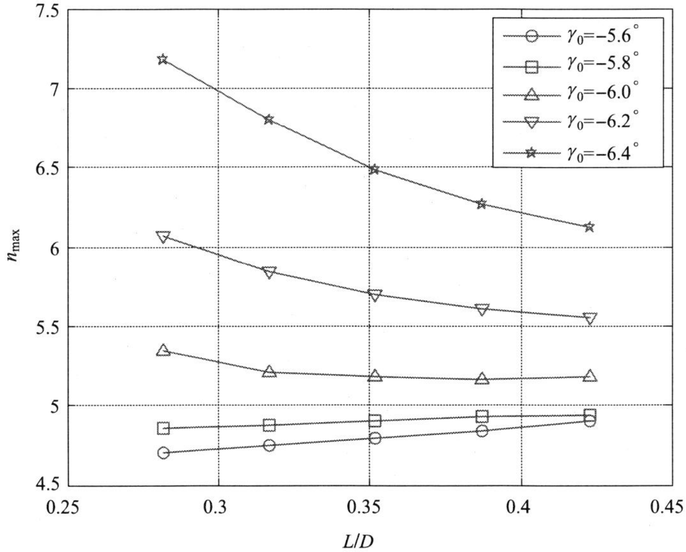

圖 7-25 過載峰值隨升阻比和重返角變化

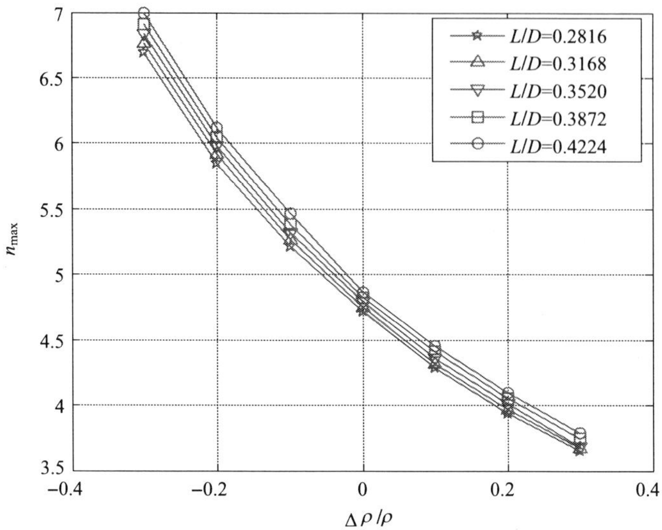

圖 7-26 過載峰值隨大氣密度和升阻比變化

7.3.4 基於數值預測校正方法的參考軌跡線上設計

7.3.4.1 參考軌跡設計約束條件

將動力學方程（7-34）簡化為如下縱向剖面動力學方程，且變數定義保持一致：

$$\begin{aligned}
&\frac{\mathrm{d}r}{\mathrm{d}t}=V\sin\gamma\\
&\frac{\mathrm{d}V}{\mathrm{d}t}=-D-\frac{\mu}{r^2}\sin\gamma\\
&\frac{\mathrm{d}\gamma}{\mathrm{d}t}=\frac{1}{V}\left(L\cos\sigma-\frac{\mu}{r^2}\cos\gamma+\frac{V^2\cos\gamma}{r}\right)\\
&\frac{\mathrm{d}s}{\mathrm{d}t}=V\cos\gamma\\
&D=\frac{C_D\rho V^2 S_{\mathrm{ref}}}{2m},L=\frac{C_L\rho V^2 S_{\mathrm{ref}}}{2m}
\end{aligned} \tag{7-62}$$

假設返回器在重返過程中始終保持配平攻角飛行，單一控制變數為傾側角 σ，也稱為速度滾動角，反映了升力對重返太空船運行軌道平面的傾斜。s 為飛行縱程，從動力學方程（7-62）可以看出，傾側角大小的變化可改變總升力 L 的方向，使總升力 L 在縱程平面內的投影 $L\cos\sigma$ 發生變化，從而影響重返縱程。

為了保證重返過程的安全，參考軌跡的設計需要嚴格滿足動力學方程的約束，其他約束條件與 7.3.3.3 節描述一致。

7.3.4.2 數值預測校正方法設計參考軌跡

返回器重返過程中，需在過載的約束下，設計合理的傾側角剖面滿足終端落點要求。由於返回器飛行過程通過控制傾側角來進行引導，可控變數單一，所以傾側角剖面應相對簡單，工程上傾側角剖面通常採用分段常值或分段線性化等簡化方式進行設計。

本章軌跡設計所採用的傾側角剖面為「線性＋常值」的形式[26]，如圖 7-27 所示。這種大傾側角重返，並逐漸遞減的剖面，有利於返回器在初次重返過程中耗散過剩的能量，在跳起後順利被大氣所捕獲。該傾側角剖面的數學表達式為

$$\begin{cases}|\sigma| = \dfrac{(\sigma_0 - \sigma_f)(s_{togo} - s_{thres})}{s_{togo}^0 - s_{thres}} + \sigma_f, s_{togo} \geqslant s_{thres} \\ |\sigma| = \sigma_f, s_{togo} < s_{thres}\end{cases} \tag{7-63}$$

其中，s_{togo}^0為總航程，s_{togo}為當前點的剩餘航程，剖面構型比較簡單，σ_0、σ_f、s_{thres}的具體含義如圖 7-27 所示，這裡 σ_f 取為 70°，s_{thres}取為 2000km。初始傾側角 σ_0 可以在航程約束下採用牛頓疊代方法進行求解，即

$$x_{n+1} = x_n - \frac{x_n - x_{n-1}}{f(x_n) - f(x_{n-1})} f(x_n) \tag{7-64}$$

其中，$x_n = \cos\sigma_n$，$f(x_n)$為落點偏差量，即預測落點與實際落點的偏差航程，通過數值積分動力學方程求得。

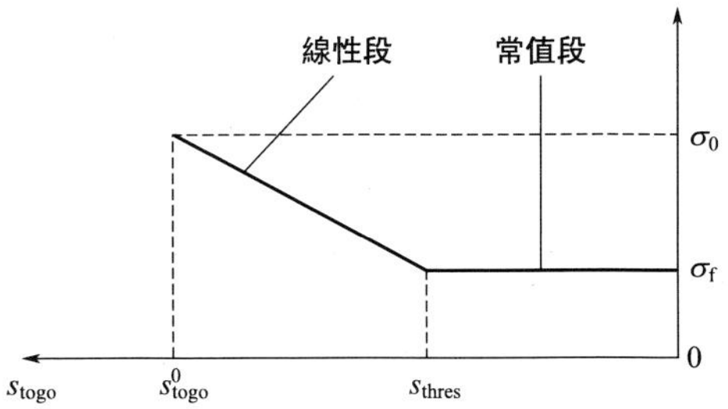

圖 7-27　線性加常值傾側角剖面

在參考軌跡設計時，借鑑上述預測校正演算法的思想，初始傾側角 σ_0 可以在航程約束下採用牛頓疊代方法進行求解，直至航程偏差滿足重

返落點精度要求，則完成參考軌跡的設計。

7.3.4.3 參考軌跡線上軌跡規劃導引律設計

針對跳躍式重返飛行時間長，初始偏差對彈道影響較大的情況，在重返的初始階段，阻力加速度小於 0.2g 時，利用數值預測校正方法根據當前的重返初始狀態線上設計參考軌跡。跳躍式重返軌跡的克卜勒段大氣密度稀薄，氣動力很小，對追蹤偏差的修正能力幾乎為零，且克卜勒段飛行時間較長，長時間偏差狀態飛行將導致航程偏差大於登陸精度的要求。本節在類似開環導引的克卜勒段，同樣利用數值預測校正方法根據跳出點狀態線上重新設計參考軌跡，以提高登陸精度。具體的實現流程如圖 7-28 所示。

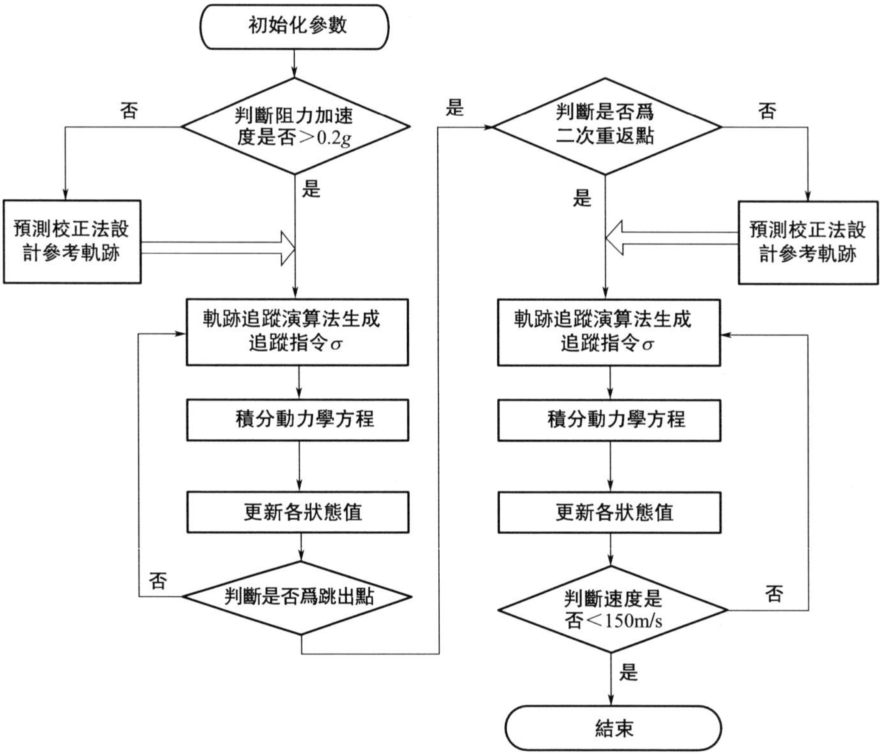

圖 7-28 線上軌跡規劃導引演算法流程

7.3.5 基於非線性預測控制方法的軌跡追蹤演算法設計

7.3.5.1 改進阻力剖面動力學模型

這裡首先給出兩個定義。

定義 1[27]：**(向量相對階)** 仿射型 m 維輸入 m 維輸出非線性系統

$$\dot{\boldsymbol{x}}=\boldsymbol{f}(\boldsymbol{x})+\boldsymbol{g}(\boldsymbol{x})\boldsymbol{u}$$
$$\boldsymbol{y}=\boldsymbol{h}(\boldsymbol{x}) \tag{7-65}$$

在 $\boldsymbol{x}_0$ 處具有關於輸入 $\boldsymbol{u}$ 的向量相對階 $\{r_1, r_2, \cdots, r_m\}$，如果同時滿足：

① 存在 $\boldsymbol{x}_0$ 的一個鄰域 U，對其中所有 $\boldsymbol{x}$ 有：$L_{g_j}L_f^k h_i(\boldsymbol{x})=0$，對 $\forall\, 0\leqslant i\leqslant m$，$1\leqslant j\leqslant m$，$k<r_i-1$，其中

$$L_f^k h_i(\boldsymbol{x})=\frac{\partial(L_f^{k-1}h_i(\boldsymbol{x}))}{\partial \boldsymbol{x}}\boldsymbol{f}(\boldsymbol{x})$$
$$L_g L_f h_i(\boldsymbol{x})=\frac{\partial(L_f h_i(\boldsymbol{x}))}{\partial \boldsymbol{x}}\boldsymbol{g}(\boldsymbol{x}) \tag{7-66}$$

這裡 L 為 Lie 導數。

② $m\times m$ 維矩陣

$$\boldsymbol{A}=\begin{bmatrix} L_{g_1}L_f^{r_1-1}h_1(\boldsymbol{x}) & \cdots & L_{g_m}L_f^{r_1-1}h_1(\boldsymbol{x}) \\ L_{g_1}L_f^{r_2-1}h_2(\boldsymbol{x}) & \cdots & L_{g_m}L_f^{r_2-1}h_2(\boldsymbol{x}) \\ \vdots & \ddots & \vdots \\ L_{g_1}L_f^{r_m-1}h_m(\boldsymbol{x}) & \cdots & L_{g_m}L_f^{r_m-1}h_m(\boldsymbol{x}) \end{bmatrix} \tag{7-67}$$

在 $\boldsymbol{x}=\boldsymbol{x}_0$ 處是非奇異的。定義 $r=\sum_{i=1}^{m} r_i$ 為系統（7-65）的總相對階。

定義 2[27]：**(微分同胚映射)** 若存在一個連續可微的映射 $\phi(\boldsymbol{x})$，且對於所有的 $\boldsymbol{x}\in U$，其逆映射 $\phi^{-1}(\phi(\boldsymbol{x}))=\boldsymbol{x}$ 存在且光滑（也是連續可微的)，則稱 ϕ：$U\rightarrow\Re^n$ 為 U 和 $\Re^n$ 之間的一個微分同胚映射。

為實現阻力剖面的追蹤控制律設計，選擇阻力 D 為系統（7-62）的輸出，即 $y=h(x)=D$，單輸入單輸出系統（7-62）的獨立狀態變數數為 3，由定義 1 可知系統相對階為 2，那麼要實現原狀態方程的微分同胚變換 $\boldsymbol{T}$（如定義 2 描述），需選擇一個內動態變數[28]使得雅克比矩陣 $[\partial\boldsymbol{T}/\partial\boldsymbol{x}]$ 在狀態量 $\boldsymbol{x}\in N$ 內均為非奇異，其中 N 定義了狀態量在整個重返過程的變化範圍。這裡選擇內動態 $\eta_3=V$，經求解知要保證雅克比矩陣非奇異只需飛行路徑角 $\gamma<\pi/2$。

建立阻力剖面動力學模型的新狀態量如下：

$$\boldsymbol{z}=[z_1 \quad z_2 \quad \eta_3]^{\mathrm{T}}=\begin{bmatrix} D & \dfrac{\mathrm{d}D}{\mathrm{d}t} & V \end{bmatrix}^{\mathrm{T}};z_1=L_f^0 h(x)=D;z_2=L_f^1 h(x)=\dot{D} \tag{7-68}$$

控制量為

$$u=\cos\sigma \tag{7-69}$$

大氣密度模型近似為

$$\rho(h)=\rho_0 \mathrm{e}^{-h/H_s} \tag{7-70}$$

其中，H_s 為密度尺度高。

根據原動力學方程（7-62），可推導

$$\frac{\mathrm{d}D}{\mathrm{d}t}=\frac{-D}{H_s}\left(\frac{\mathrm{d}r}{\mathrm{d}t}\right)+\frac{2D}{V}\left(\frac{\mathrm{d}V}{\mathrm{d}t}\right) \tag{7-71}$$

$$\begin{aligned}\left(\frac{\mathrm{d}^2 D}{\mathrm{d}t^2}\right)&=\frac{1}{D}\cdot\frac{\mathrm{d}D}{\mathrm{d}t}\left(\frac{-D}{H_s}\cdot\frac{\mathrm{d}r}{\mathrm{d}t}+\frac{2D}{V}\cdot\frac{\mathrm{d}V}{\mathrm{d}t}\right)\\&\quad+\frac{-D}{H_s}\cdot\frac{\mathrm{d}^2 r}{\mathrm{d}t^2}+\frac{2D}{V}\cdot\frac{\mathrm{d}^2 V}{\mathrm{d}t^2}-\frac{2D}{V^2}\left(\frac{\mathrm{d}V}{\mathrm{d}t}\right)^2\\&=\frac{1}{D}\left(\frac{\mathrm{d}D}{\mathrm{d}t}\right)^2+\frac{-D}{H_s}\cdot\frac{\mathrm{d}^2 r}{\mathrm{d}t^2}+\frac{2D}{V}\cdot\frac{\mathrm{d}^2 V}{\mathrm{d}t^2}-\frac{2D}{V^2}\left(\frac{\mathrm{d}V}{\mathrm{d}t}\right)^2\end{aligned} \tag{7-72}$$

下面將上式中$\dfrac{\mathrm{d}^2 r}{\mathrm{d}t^2}$、$\dfrac{\mathrm{d}^2 V}{\mathrm{d}t^2}$和$\dfrac{\mathrm{d}V}{\mathrm{d}t}$各項表示為式(7-68）中的狀態變數 $\boldsymbol{z}$ 的函數。

對於高速返回的小升阻比飛行器，要實現跳躍式重返，初始重返角 γ 一般小於 $-5°$，但在最終重返段後期飛行路徑角會小於 $-60°$，可見重返角變化範圍較大。為了得到重返全過程可用的線性化模型，最關鍵點在於不能做任何飛行路徑角近似為零的假設，即不近似處理動力學方程（7-62）中的 $\sin\gamma$ 和 $\cos\gamma$ 項，本節對模型的改進主要體現在將 $\sin\gamma$ 和 $\cos\gamma$ 等效為

$$\begin{aligned}\sin\gamma&=\frac{1}{V}\cdot\frac{\mathrm{d}r}{\mathrm{d}t}\\\cos\gamma&=\sqrt{1-\left(\frac{1}{V}\cdot\frac{\mathrm{d}r}{\mathrm{d}t}\right)^2}\end{aligned} \tag{7-73}$$

其中 $\mathrm{d}r/\mathrm{d}t$ 可由式(7-71）求得

$$\frac{\mathrm{d}r}{\mathrm{d}t}=\frac{2H_s}{V}\left(\frac{\mathrm{d}V}{\mathrm{d}t}\right)-\frac{H_s}{D}\cdot\frac{\mathrm{d}D}{\mathrm{d}t} \tag{7-74}$$

矢徑與重力加速度的平均值為 $\bar{r}$，$\bar{g}=\dfrac{\mu}{\bar{r}}$，由式(7-62）可得到

$$\frac{\mathrm{d}V}{\mathrm{d}t}=-D-\overline{g}\sin\gamma=-D+\frac{\overline{g}}{V}\cdot\frac{\mathrm{d}r}{\mathrm{d}t} \tag{7-75}$$

將式(7-74)代入式(7-75)，得

$$\frac{\mathrm{d}V}{\mathrm{d}t}=\left(-D+\frac{\overline{g}H_s}{DV}\cdot\frac{\mathrm{d}D}{\mathrm{d}t}\right)\left(1+\frac{2\overline{g}H_s}{V^2}\right)^{-1} \tag{7-76}$$

進一步得

$$\frac{\mathrm{d}^2V}{\mathrm{d}t^2}=-\frac{\mathrm{d}D}{\mathrm{d}t}-\frac{\overline{g}\cos^2\gamma}{V}\left(\frac{V^2}{\overline{r}}-\overline{g}\right)-\frac{D\,\overline{g}\cos\gamma}{V}\cdot\frac{L}{D}u \tag{7-77}$$

$$\begin{aligned}\frac{\mathrm{d}^2r}{\mathrm{d}t^2}&=\frac{\mathrm{d}V}{\mathrm{d}t}\sin\gamma+V\cos\gamma\frac{\mathrm{d}\gamma}{\mathrm{d}t}\\&=\frac{H_s}{V}\left(\frac{2}{V}\cdot\frac{\mathrm{d}V}{\mathrm{d}t}-\frac{1}{D}\cdot\frac{\mathrm{d}D}{\mathrm{d}t}\right)\frac{\mathrm{d}V}{\mathrm{d}t}+Lu\cos\gamma+\left(\frac{V^2}{\overline{r}}-\overline{g}\right)\cos\gamma\end{aligned} \tag{7-78}$$

將式(7-74)、式(7-75)代入式(7-73)可得 $\cos\gamma$ 的新狀態量 $\boldsymbol{z}$ 的表達式 $A(z)$，將式(7-75)、式(7-77)和式(7-78)代入式(7-72)，整理得到系統線性化後的狀態方程為

$$\dot{z}_1=z_2$$

$$\dot{z}_2=\alpha(z)+\beta(z)u$$

$$\dot{\eta}_3=\frac{-z_1+\overline{g}H_s z_2/z_1\eta_3}{1+2\overline{g}H_s/\eta_3^2}$$

$$\beta(z)=L_gL_fh(z)=-\frac{D^2A(z)}{H_s}\left(1+\frac{2\overline{g}H_s}{V^2}\right)\frac{L}{D}$$

$$\begin{aligned}\alpha(z)&=L_f^2h(z)\\&=\frac{\dot{D}^2}{D}-\frac{4D}{V^2}\left(\frac{\mathrm{d}V}{\mathrm{d}\tau}\right)^2+\frac{\dot{D}}{V}\cdot\frac{\mathrm{d}V}{\mathrm{d}\tau}-\frac{2D\dot{D}}{V}-\frac{DA^2(z)}{H_s}\left(1+\frac{2\overline{g}H_s}{V^2}\right)\left(\frac{V^2}{\overline{R}}-\overline{g}\right)\end{aligned} \tag{7-79}$$

7.3.5.2 非線性預測控制方法

考慮如下一仿射非線性系統

$$\begin{aligned}\dot{\boldsymbol{x}}&=\boldsymbol{f}(\boldsymbol{x})+\boldsymbol{G}(\boldsymbol{x})\boldsymbol{u}\\\boldsymbol{y}&=\boldsymbol{c}(\boldsymbol{x})\end{aligned} \tag{7-80}$$

其中，$\boldsymbol{x}\subset\Re^n$ 為系統的狀態量，$\boldsymbol{u}=[u_1\quad u_2\quad\cdots\quad u_m]^{\mathrm{T}}\subset\Re^m$ 為控制量，$\boldsymbol{y}\subset\Re^l$ 為系統的輸出變數且輸出函數 $\boldsymbol{c}:\Re^n\rightarrow\Re^l$ 連續可微。令 $\boldsymbol{q}(t)$，$0\leqslant t\leqslant t_f$ 表示參考輸出軌跡，則控制的目標為追蹤理想參考軌跡以使性

能指標 J 最小。

$$J[\boldsymbol{u}(t)]=\frac{1}{2}[\boldsymbol{y}(t+h)-\boldsymbol{q}(t+h)]^{\mathrm{T}}\boldsymbol{Q}[\boldsymbol{y}(t+h)-\boldsymbol{q}(t+h)]$$
$$+\frac{1}{2}\boldsymbol{u}^{\mathrm{T}}(t)\widehat{\boldsymbol{R}}\boldsymbol{u}(t) \tag{7-81}$$

其中，$\boldsymbol{Q}\subset\Re^{l\times l}$ 為正定矩陣，$\widehat{\boldsymbol{R}}\subset\Re^{m\times m}$ 為半正定矩陣。令 γ_i 為輸出向量 $\boldsymbol{y}$ 的第 i 個元素 y_i 的相對階，則對應仿真步長 $h>0$，輸出 $\boldsymbol{y}(t+h)$ 可近似為

$$\boldsymbol{y}(t+h)\approx\boldsymbol{y}(t)+\boldsymbol{z}[\boldsymbol{x}(t),h]+\boldsymbol{W}[\boldsymbol{x}(t)]\boldsymbol{u}(t) \tag{7-82}$$

其中 $\boldsymbol{z}\in\Re^l$，$\boldsymbol{W}\in\Re^l$，且對於 $i=1$，…，l，有

$$z_i=hL_f(c_i)+\cdots+\frac{h^{\gamma_i}}{r_i!}L_f^{\gamma_i}(c_i) \tag{7-83}$$

$$W_i=\left[\frac{h^{\gamma_i}}{\gamma_i!}L_{g_1}L_f^{\gamma_i-1}(c_i),\cdots,\frac{h^{\gamma_i}}{\gamma_i!}L_{g_m}L_f^{\gamma_i-1}(c_i)\right] \tag{7-84}$$

其中，$L_f^k(c_i)$ 表示向量 $\boldsymbol{c}$ 的第 i 個元素 c_i 的 k 階李導數[28]。

參考軌跡的一步預測值 $\boldsymbol{q}(t+h)$ 近似為

$$\boldsymbol{q}(t+h)\approx\boldsymbol{q}(t)+\boldsymbol{d}(t,h) \tag{7-85}$$

其中，$\boldsymbol{d}\in\Re^l$，且

$$d_i(t,h)=h\dot{q}_i(t)+\frac{h^2}{2!}\ddot{q}_i(t)+\cdots+\frac{h^{\gamma_i}}{\gamma_i!}q_i^{(\gamma_i)}(t),i=1,\cdots,l \tag{7-86}$$

通過使性能指標 J 最小，控制量 $\boldsymbol{u}(t)$ 可由 $\partial J/\partial\boldsymbol{u}=0$ 計算得到[23,49]。

$$\boldsymbol{u}(t)=-[\boldsymbol{W}^{\mathrm{T}}(\boldsymbol{x})\boldsymbol{Q}\boldsymbol{W}(\boldsymbol{x})+\widehat{\boldsymbol{R}}]^{-1}\{\boldsymbol{W}^{\mathrm{T}}(\boldsymbol{x})\boldsymbol{Q}[\boldsymbol{e}(t)+\boldsymbol{z}(\boldsymbol{x},h)-\boldsymbol{d}(t,h)]\} \tag{7-87}$$

其中，$\boldsymbol{e}(t)=\boldsymbol{y}(t)-\boldsymbol{q}(t)$ 為追蹤誤差。

7.3.5.3 基於非線性預測的阻力剖面追蹤導引律設計

針對該重返系統（7-62），這裡選擇輸入 $u=\cos\sigma$，輸出 $\boldsymbol{y}$ 為

$$\boldsymbol{y}=\boldsymbol{c}(t)=[c_1(t)\quad c_2(t)\quad c_3(t)]^{\mathrm{T}}=\left[D\quad\dot{D}\quad\int_0^t D(t)\mathrm{d}\tau\right]^{\mathrm{T}} \tag{7-88}$$

其中，$\dot{D}=-\dfrac{D}{H_s}\cdot\dfrac{\mathrm{d}r}{\mathrm{d}t}+\dfrac{2D}{V(t)}\cdot\dfrac{\mathrm{d}V}{\mathrm{d}t}$。

然後系統狀態方程（7-62）可寫成

$$\dot{\boldsymbol{x}}=\boldsymbol{f}(\boldsymbol{x})+\boldsymbol{g}(\boldsymbol{x})\boldsymbol{u}=\boldsymbol{f}(\boldsymbol{x})+\boldsymbol{g}(\boldsymbol{x})\cos\boldsymbol{\sigma} \tag{7-89}$$

其中，$\boldsymbol{x}=[r\quad S\quad V\quad\gamma]^{\mathrm{T}}$，為不與前面的 γ_i 定義混淆，註明這裡 γ 指飛行路徑角。

根據氣動阻力 D 及其一階導數 $\dot{D}$ 的定義，氣動阻力的二階微分如式(7-90)所示。

$$\ddot{D}(t)=a(\boldsymbol{x}(t))+b(\boldsymbol{x}(t))u \tag{7-90}$$

其中，$b(\boldsymbol{x})=\beta(\boldsymbol{z})$，$a(\boldsymbol{x})=\alpha(\boldsymbol{z})$。

根據式(7-90) 可知輸出 $c_i(t)$ 的相對階 γ_i 分別為 2，1，3。合理假設式(7-87) 中 $\widehat{\boldsymbol{R}}=\mathbf{0}$，則控制量 (7-87) 將變為

$$u(t)=-[\boldsymbol{W}^{\mathrm{T}}(\boldsymbol{x})\boldsymbol{Q}\boldsymbol{W}(\boldsymbol{x})]^{-1}\{\boldsymbol{W}^{\mathrm{T}}(\boldsymbol{x})\boldsymbol{Q}[\boldsymbol{e}(t)+\boldsymbol{z}(\boldsymbol{x},h)-\boldsymbol{d}(t,h)]\} \tag{7-91}$$

其中 $\boldsymbol{Q}=\mathrm{diag}(\alpha_1,\alpha_2,\alpha_3)$，$\alpha_1>0$，$\alpha_2>0$，$\alpha_3>0$，且

$$\begin{aligned}\boldsymbol{e}(t)&=[e_1(t)\quad e_2(t)\quad e_3(t)]^{\mathrm{T}}\\&=\left[D-D_r(t)\quad \dot{D}-\dot{D}_r(t)\quad \int_0^t[D(\tau)-D_r(\tau)]\mathrm{d}\tau\right]^{\mathrm{T}}\end{aligned} \tag{7-92}$$

根據式(7-82)～式(7-85)，控制器 (7-91) 中參數可推導為

$$\boldsymbol{W}=\begin{bmatrix}\dfrac{h^2}{2}L_gL_fc_1(\boldsymbol{x})\\ hL_gc_2(\boldsymbol{x})\\ \dfrac{h^3}{3!}L_gL_f^2c_3(\boldsymbol{x})\end{bmatrix},\boldsymbol{z}=\begin{bmatrix}hL_fc_1(\boldsymbol{x})+\dfrac{h^2}{2}L_f^2c_1(\boldsymbol{x})\\ hL_fc_2(\boldsymbol{x})\\ hL_fc_3(\boldsymbol{x})+\dfrac{h^2}{2}L_f^2c_3(\boldsymbol{x})+\dfrac{h^3}{3!}L_f^3c_3(\boldsymbol{x})\end{bmatrix}$$

$$\boldsymbol{d}=\begin{bmatrix}h\dot{D}_r+\dfrac{h^2}{2}\ddot{D}_r\\ h\ddot{D}_r\\ hD_r+\dfrac{h^2}{2}\dot{D}_r+\dfrac{h^3}{3!}\ddot{D}_r\end{bmatrix} \tag{7-93}$$

根據二階阻力動力學方程 (7-90)，其輸入係數 $b(\boldsymbol{x})$ 為非零負數，顯然控制量 (7-91) 中 $\boldsymbol{W}^{\mathrm{T}}(\boldsymbol{x})\boldsymbol{Q}\boldsymbol{W}(\boldsymbol{x})$是個標量且在整個軌跡 $\boldsymbol{x}(t)$ 上非零，其中 $\boldsymbol{W}^{\mathrm{T}}(\boldsymbol{x})\boldsymbol{Q}\boldsymbol{W}(\boldsymbol{x})=\left(\dfrac{h^4}{4}\alpha_1+h^2\alpha_2+\dfrac{h^6}{36}\alpha_3\right)b^2(x)$。

因此，考慮控制飽和後，追蹤控制律為

$$u^*=\mathrm{sat}[u,u_{\min},u_{\max}] \tag{7-94}$$

其中控制器 u 為

$$u=\frac{\alpha_1w_1(e_1+z_1-d_1)+\alpha_2w_2(e_2+z_2-d_2)+\alpha_3w_3(e_3+z_3-d_3)}{\alpha_1w_1^2+\alpha_2w_2^2+\alpha_3w_3^2}$$

$$= \frac{-A\int \Delta D \mathrm{d}t - B\Delta D - C\Delta \dot{D} - Ka(\boldsymbol{x}) + K\ddot{D}_r}{Kb(\boldsymbol{x})} \tag{7-95}$$

其中

$$A=\frac{h^3}{6}\alpha_3, B=\frac{h^2}{2}\alpha_1+\frac{h^4}{6}\alpha_3, C=\frac{h^3}{2}\alpha_1+h\alpha_2+\frac{h^5}{12}\alpha_3, K=\frac{h^4}{4}\alpha_1+h^2\alpha_2+\frac{h^6}{36}\alpha_3 \tag{7-96}$$

分析重返系統的穩定性，主要分析初始狀態誤差對追蹤精度的影響。需要討論各誤差輸出項隨時間變化情況，根據系統輸出各分量對應的相對階，有

$$\ddot{e}_1 = L_f^2 c_1(\boldsymbol{x}) + L_g L_f c_1(\boldsymbol{x})u - \ddot{D}_r = a_1 + b_1 u - \ddot{D}_r \tag{7-97}$$

$$\dot{e}_2 = L_f c_2(\boldsymbol{x}) + L_g c_2(\boldsymbol{x})u - \ddot{D}_r = a_2 + b_2 u - \ddot{D}_r \tag{7-98}$$

$$\dddot{e}_3 = L_f^3 c_3(\boldsymbol{x}) + L_g L_f^2 c_3(\boldsymbol{x})u - \ddot{D}_r = a_3 + b_3 u - \ddot{D}_r \tag{7-99}$$

又根據輸出三個分量之間的關係有

$$a_1 = a_2 = a_3 = a, b_1 = b_2 = b_3 = b \tag{7-100}$$

$$L_f^2 c_1(\boldsymbol{x}) = L_f c_2(\boldsymbol{x}) = L_f^3 c_3(\boldsymbol{x}) = a$$

$$L_g L_f c_1(\boldsymbol{x}) = L_g c_2(\boldsymbol{x}) = L_g L_f^2 c_3(\boldsymbol{x}) = b \tag{7-101}$$

根據式(7-95)～式(7-101) 可得

$$\ddot{e}_1 = -\frac{A}{K}\int e_1 \mathrm{d}t - \frac{B}{K}e_1 - \frac{C}{K}\dot{e}_1 \tag{7-102}$$

從式(7-102) 可見閉環系統的追蹤誤差 e_i，$i=1, 2, 3$ 是漸近穩定的。根據文獻［29］可知，當 $\boldsymbol{W}^{\mathrm{T}}(\boldsymbol{x})\boldsymbol{Q}\boldsymbol{W}(\boldsymbol{x})$為對角陣時，非線性預測控制器在飽和情況下仍能保證性能指標最小，可理解為在控制能力範圍內實現最佳。可見預測控制器與回饋線性化控制方法相比，一個明顯的優勢在於當系統面臨輸入飽和問題時，預測控制有其具體的物理意義，而回饋線性化無法在控制飽和後確保系統線性化成功。

7.3.5.4 魯棒性分析

跳躍式重返過程，系統存在的各種不確定性，將引起較大的追蹤誤差，降低登陸精度。因此需要分析基於非線性預測控制的追蹤導引律的魯棒性，分析干擾項和不確定項對追蹤精度的影響。以下魯棒性分析假設控制未發生飽和。

當系統存在不確定性時，則追蹤誤差 e_1 二階動力學方程可寫為

$$\ddot{e}_1 = a(\boldsymbol{x}) + \Delta a(\boldsymbol{x}) + [b(\boldsymbol{x}) + \Delta b(\boldsymbol{x})]u - \ddot{D}_r$$

$$=a(\boldsymbol{x})+b(\boldsymbol{x})u+[\Delta a(\boldsymbol{x})+\Delta b(\boldsymbol{x})u]-\ddot{D}_r \tag{7-103}$$

其中，$u=\cos\sigma$，$\Delta a(\boldsymbol{x})$和$\Delta b(\boldsymbol{x})$表示系統的不確定性項。假設以上誤差動力學對任意$x\in X$滿足

$$\|\Delta a(x)\|<N_1$$
$$\|\Delta b(x)\|<N_2 \tag{7-104}$$

其中，N_1，N_2為正常數，且$\|\Delta a(\boldsymbol{x})\|+\|\Delta b(\boldsymbol{x})u\|$有界。

假設系統的整體不確定性為

$$\vartheta=\Delta a(\boldsymbol{x})+\Delta b(\boldsymbol{x})u \tag{7-105}$$

將控制器（7-95）代入誤差動力學方程（7-103）得

$$\ddot{e}_1=-\frac{A}{K}\int e_1\mathrm{d}t-\frac{B}{K}e_1-\frac{C}{K}\dot{e}_1+\vartheta \tag{7-106}$$

定義追蹤誤差為

$$\int_{t_0}^{t}e_1\mathrm{d}\tau=\xi_1,e_1=\xi_2,\dot{e}_1=\xi_3 \tag{7-107}$$

且引入如下變換：

$$\bar{\xi}_1=\frac{1}{h}\xi_1,\bar{\xi}_2=\xi_2,\bar{\xi}_3=h\xi_3 \tag{7-108}$$

然後得到

$$h\dot{\bar{\boldsymbol{\xi}}}=\boldsymbol{A}_c\bar{\boldsymbol{\xi}}+h^2\bar{\vartheta} \tag{7-109}$$

其中

$$\bar{\boldsymbol{\xi}}=\begin{bmatrix}\bar{\xi}_1\\ \bar{\xi}_2\\ \bar{\xi}_3\end{bmatrix},\boldsymbol{A}_c=\begin{bmatrix}0&1&0\\0&0&1\\-\frac{h^3A}{K}&-\frac{h^2B}{K}&-\frac{hC}{K}\end{bmatrix},\bar{\vartheta}=\begin{bmatrix}0\\0\\\vartheta\end{bmatrix} \tag{7-110}$$

選擇合適的控制器參數A、B、C和K以保證矩陣$\boldsymbol{A}_c$是Hurwitz，且$\boldsymbol{P}$為如下李亞普諾夫方程的正定解。

$$(\boldsymbol{A}_c)^{\mathrm{T}}\boldsymbol{P}+\boldsymbol{P}\boldsymbol{A}_c=-\boldsymbol{I}_3 \tag{7-111}$$

令$\lambda_{\min}(\boldsymbol{P})$、$\lambda_{\max}(\boldsymbol{P})$分別為$\boldsymbol{P}$的最小和最大特徵值，選取如下標量函數為李亞普諾夫函數$\bar{V}$：

$$\bar{V}=\frac{1}{2}k(h)\bar{\boldsymbol{\xi}}^{\mathrm{T}}\boldsymbol{P}\bar{\boldsymbol{\xi}} \tag{7-112}$$

其中連續函數$k(h):\mathfrak{R}^+\rightarrow\mathfrak{R}^+$滿足

$$\lim_{h\to0}k(h)=0,\lim_{h\to0}\frac{h}{k(h)}=0 \tag{7-113}$$

函數$\bar{V}$的導數為

$$\dot{\bar{V}} = \frac{k(h)}{2}[(\dot{\bar{\xi}})^{\mathrm{T}}\boldsymbol{P}\bar{\xi} + (\bar{\xi})^{\mathrm{T}}\boldsymbol{P}\dot{\bar{\xi}}]$$

$$= \frac{k(h)}{2h}[(\bar{\xi})^{\mathrm{T}}[(\boldsymbol{A}_{\mathrm{c}})^{\mathrm{T}}\boldsymbol{P} + \boldsymbol{P}\boldsymbol{A}_{\mathrm{c}}]\bar{\xi} + 2h^2\bar{\vartheta}^{\mathrm{T}}\boldsymbol{P}\bar{\xi}]$$

$$\leqslant -\frac{k(h)}{2h}\|\bar{\xi}\|^2 + hk(h)\|\bar{\vartheta}\|\cdot\|\boldsymbol{P}\|\cdot\|\bar{\xi}\| \tag{7-114}$$

根據式(7-112)中$\bar{V}$的定義，式(7-114)可推導為

$$\dot{\bar{V}} \leqslant -\frac{\bar{V}}{h\lambda_{\max}(\boldsymbol{P})} + h^2k^2(h)\|\boldsymbol{P}\|^2\cdot\|\bar{\xi}\|^2 + \frac{1}{4}\|\bar{\vartheta}\|^2$$

$$\leqslant -\frac{\bar{V}}{h\lambda_{\max}(\boldsymbol{P})} + h^2k(h)\frac{\|\boldsymbol{P}\|^2\bar{V}}{(1/2)\lambda_{\min}(\boldsymbol{P})} + \frac{1}{4}\|\bar{\vartheta}\|^2$$

$$\leqslant -\left(\frac{k(h)}{h\lambda_{\max}(\boldsymbol{P})} - h^2k(h)\frac{\|\boldsymbol{P}\|^2}{(1/2)\lambda_{\min}(\boldsymbol{P})}\right)\bar{V} + \frac{1}{4}\|\bar{\vartheta}\|^2$$

$$= -\eta\bar{V} + \frac{1}{4}\|\bar{\vartheta}\|^2$$

$$\leqslant -\frac{1}{2}k(h)\eta\lambda_{\min}(\boldsymbol{P})\|\bar{\xi}\|^2 + \frac{1}{4}\|\bar{\vartheta}\|^2$$

$$= -\eta'\|\bar{\xi}\|^2 + \frac{1}{4}\|\bar{\vartheta}\|^2 \tag{7-115}$$

其中

$$\eta = \frac{1}{h\lambda_{\max}(\boldsymbol{P})} - h^2k(h)\frac{\|\boldsymbol{P}\|^2}{(1/2)\lambda_{\min}(\boldsymbol{P})} \tag{7-116}$$

$$\eta' = \frac{1}{2}k(h)\eta\lambda_{\max}(\boldsymbol{P}) \tag{7-117}$$

由約束條件(7-113)可知，當$h\to 0$時，有$h^2k^2(h)\to 0$，而$\frac{k(h)}{h}\to\infty$，因此存在參數使得$\eta'>0$。由式(7-115)進一步推導可得

$$\int_{t_0}^{t}\dot{\bar{V}}\mathrm{d}\tau = \bar{V}(t) - \bar{V}(t_0) \leqslant -\eta'\int_{t_0}^{t}\|\bar{\xi}\|^2\mathrm{d}\tau + \frac{1}{4}\int_{t_0}^{t}\|\bar{\vartheta}\|^2\mathrm{d}\tau$$

$$\leqslant -\eta'\int_{t_0}^{t}|\bar{\xi}_2|^2\mathrm{d}\tau + \frac{1}{4}\int_{t_0}^{t}\|\bar{\vartheta}\|^2\mathrm{d}\tau \tag{7-118}$$

因此可推出

$$\int_{t_0}^{t}|\bar{\xi}_2|^2\mathrm{d}\tau = \int_{t_0}^{t}|e_1|^2\mathrm{d}\tau$$

$$= \int_{t_0}^{t}|D - D_r|^2\mathrm{d}\tau \leqslant \frac{\bar{V}(t_0)}{\eta'} + \frac{1}{4\eta'}\int_{t_0}^{t}\|\bar{\vartheta}\|^2\mathrm{d}\tau$$

(7-119)

由式(7-119)可見，只需保證 $\eta'>0$，則通過調節控制器參數增大 η'，可實現追蹤誤差任意減小。

由式(7-115)有

$$\dot{\overline{V}}\leqslant-\eta\overline{V}+\frac{1}{4}(\sup_{t_0\leqslant\tau\leqslant t}\|\overline{\vartheta}(\tau)\|)^2 \tag{7-120}$$

根據比較原理[30]得

$$\overline{V}(t)\leqslant\overline{V}(t_0)e^{-\eta(t-t_0)}+\frac{1}{4\eta}(\sup_{t_0\leqslant\tau\leqslant t}\|\overline{\vartheta}(\tau)\|)^2 \tag{7-121}$$

又因為

$$|\overline{\xi}_2|=|D-D_r|\leqslant\sqrt{\frac{2\overline{V}}{k(h)\lambda_{\min}(P)}} \tag{7-122}$$

則

$$\begin{aligned}|D-D_r|&\leqslant\sqrt{\frac{2\overline{V}}{k(h)\lambda_{\min}(P)}}\\&\leqslant\sqrt{\frac{2\overline{V}(t_0)}{k(h)\lambda_{\min}(P)}}e^{-\frac{\eta}{2}(t-t_0)}+\sqrt{\frac{1}{4\eta k(h)\lambda_{\min}(P)}}\sup_{t_0\leqslant\tau\leqslant t}\|\overline{\vartheta}\|\end{aligned} \tag{7-123}$$

根據文獻［31］中結果，導引律能保證閉環系統追蹤誤差一致最終有界穩定，可知該導引律對系統不確定性具有良好的魯棒性。

7.3.5.5 應用實例

以探月返回器為仿真對象，質量9500kg，最大橫截面積23.8m^2，控制量 σ 約束在［0°，180°］之間變化，升阻比0.3520，升力係數 C_L 為0.44，阻力係數 C_D 為1.25。地球半徑為6378.135km，重力常數為9.81N/kg，其他參數設置見表7-9。

表7-9 狀態參數設置

初始狀態設置		末狀態設置	
狀態量	參數值	狀態量	參數值
高度,h_0/km	120.0	高度,h_f/km	7.62
相對速度,V_0/(km/s)	11.0	相對速度,V_f/(m/s)	150
飛行路徑角,γ_0/(°)	−5.683	飛行路徑角,γ_f/(°)	—

續表

初始狀態設置		末狀態設置	
航程，s/km	0	航程，s/km	6000

通過數值仿真驗證該導引律的有效性。7.3.4 節描述的數值預測校正方法被用於阻力參考剖面設計，參考軌跡可在重返初始階段根據實際飛行的初始狀態設計，以減小初始狀態偏差對登陸精度的影響。控制器增益的選擇為 $\alpha_1=3.25$，$\alpha_2=8$，$\alpha_3=1$，$h=0.5$，$\sigma_{\max}=180°$ 且 $\dot{\sigma}_{\max}=20°/s$。當大氣密度偏差為 10% 時，圖 7-29 和圖 7-30 分別為阻力剖面追蹤和高度剖面追蹤情況，可見追蹤效果良好。

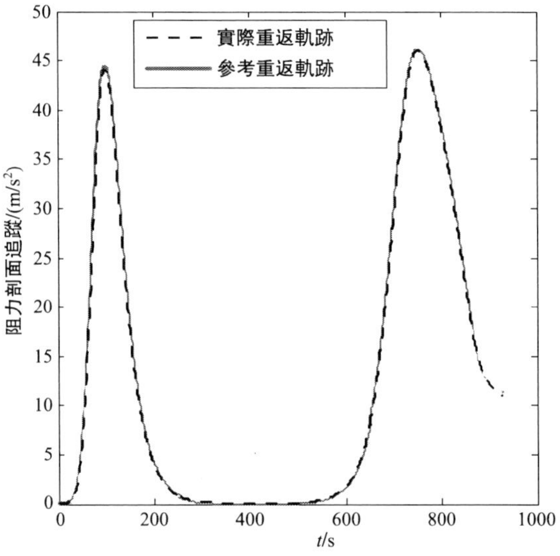

圖 7-29　跳躍式阻力軌跡剖面追蹤曲線

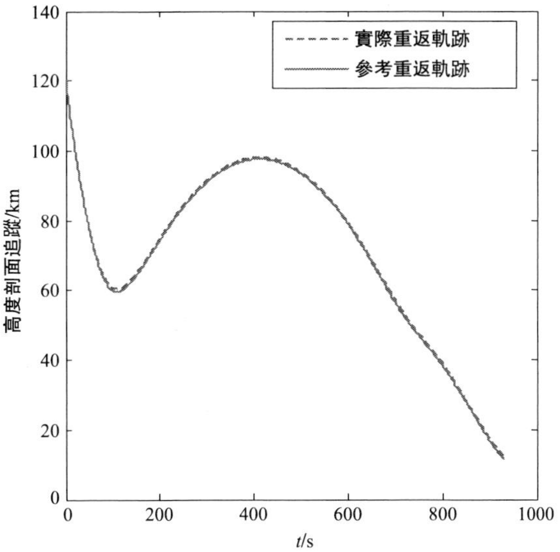

圖 7-30 跳躍式高度軌跡剖面追蹤曲線

為了證明該導引律在改善登陸精度方面的有效性和魯棒性，完成在1000種情況下的蒙地卡羅仿真，這1000種散布情況仿真分為100組進行，每組10種散布情況。偏差分布情況如表7-10所示，表7-11對仿真數據進行了統計。由圖7-31可見非線性預測控制方法（NPC）的登陸精度很高，約為2.5km，主要因為基於NPC的導引律引入了阻力追蹤誤差積分項回饋，有利於消除速度追蹤偏差，從而提高登陸精度。

表 7-10 蒙地卡羅仿真參數設置

參數	散布情況	$3\sigma/[\Delta^-,\Delta^+]$
質量偏差	均勻	[−5%,5%]
大氣密度偏差	均勻	[−10%,10%]
升力係數 C_L 偏差	均勻	[−5%,5%]
阻力係數 C_D 偏差	均勻	[−5%,5%]

表 7-11 1000種散布情況仿真航程偏差數據統計

航程偏差/km	NPC導引律
最小值	0.0005
最大值	2.4250
平均值	0.6042
標準差	0.4424

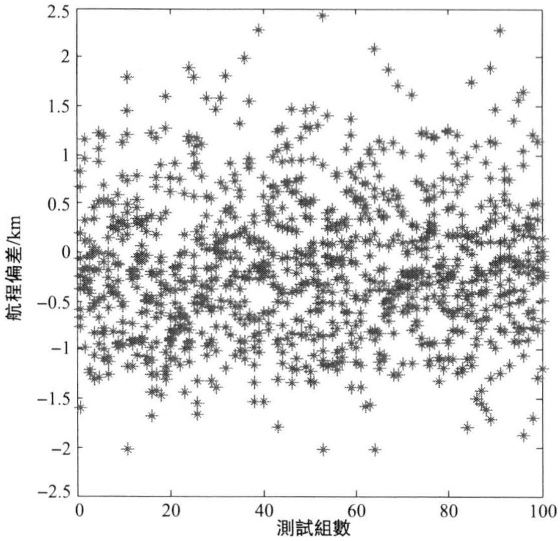

圖 7-31 採用基於 NPC 方法導引律的打靶航程偏差

7.4 預測校正重返導引方法

7.4.1 預測校正導引方法概述

預測校正導引法與標準軌道法相比較，著眼於消除每時每刻實際進入軌道對應的落點與理論設計落點的誤差。該方法是在太空船電腦內儲存對應理論落點的特徵參數，根據導航平台測得的太空船狀態參數，即時進行落點計算並將計算結果和理論落點進行比較，形成誤差控制信號，並將其輸入到電腦導引方程中，按規定的導引律控制太空船的姿態角，改變升力的大小和方向，以實現精確登陸。

伴隨著美國探月計劃的實施，針對小升阻比太空船重返導引方法的研究，在 1960 年代得到了迅速發展[32]。基於對小升力體重返動力學特性的分析[33,34]，形成了多種導引方法，其中主要包括 Bryson[35]、Wingrove[36]、Chapman[37]、Young[11] 等人提出的標準軌道導引法和解析預測法，比較和評估了不同導引方法的性能。隨著美國探月工程的逐漸停滯，小升力體重返導引研究，從 20 世紀 70 年代後發展緩慢，對應研究成果較少。期間主要相關研究內容為軌跡優化與軌跡追蹤控制，以及改進解析預測方法[38,39]。直到 2004 年，美國乘員探險飛行器（又名獵戶座返回器，Crew Exploration Vehicle，CEV）項目啟動，同時由於電腦能力的提高和數值計算方法的不斷改進，數值導引演算法[40,26]的研究得到了快速的發展。

標準軌道法對許多突發事件的處理能力有限，由於月球返回高速重返太空船受不確定性因素的影響很大，因此需要一種更為靈活的導引方法。預測校正導引法因其能即時地線上預測並校正軌跡而開始受到人們的青睞，而且隨著電腦計算能力的不斷提高，數值預測校正導引方法也較以往易於實現。預測校正方法分為預測和校正兩個主要環節，預測是該方法的關鍵。預測方法可以分為快速預測（數值預測）和近似預測（解析預測）兩類，這也就使得預測校正導引被分為數值預測校正導引和解析預測校正導引兩類。

① **數值預測方法：** 原理在於利用電腦快速計算的能力，將當前狀態設為初始值，利用數值積分運動方程預測未來軌跡和落點。其中文獻［41］中對大氣密度偏差和升阻比偏差對重返軌跡的影響作了分析，得出預測導引方法在環境和模型存在不確定性的情況下，仍能成功導引太空船返回目標點的結論，即指出預測校正導引方法的優點在於對重返初始偏差不敏感，對大氣密度偏差的魯棒穩定性較強。文獻［14］分析載人返回器重返升力控制的特點，將全係數自適應控制方法應用於載人返回器的升力控制研究，提出了一種快速疊代預報落點演算法，並就落點精度、最大過載、燃料消耗以及姿態平穩性等方面，同導引理論中經典標準彈道升力控制的 PID 演算法進行了仿真比較。由文獻［42］可知運用預測校正導引律，太空船重返的縱向航程可達到 10000km，能實現大航程登陸的要求。胡軍在文獻［43］中融合了落點預報導引方法和基準彈道導引方法的長處，提出了一種混合重返導引方法。在滑行段利用落點預報導引律在軌生成一條基準重返彈道，在重返段利用標準軌道導引律實現重返升力控制，該混合導引律能在存在較大的初始狀態誤差時實現高精度重返。Fuhry[44]針對軌道太空船重返設計導引演算法，通過採用數值預測校正方法計算傾側角的幅值和反轉時刻（假設就一次反轉），以抵消預測的航程誤差。

② **解析預測導引方法：** 其原理在於利用簡化的解析表達式近似地對未來軌跡進行預測。很多學者研究了重返軌跡的解析預測方法[37,45,46]。文獻［47］針對太空船高速重返時軌跡各階段的不同特點，分別給出了各階段不同的航程近似表達式，以進行航程預測。並根據航程偏差疊代更新控制量，直至預測航程誤差在允許範圍之內。Mease 在文獻［39］

中提出了一種利用匹配漸進展開思想解析求解重返航程的方法，然後不斷疊代更新升阻比的垂直分量直至航程偏差滿足約束。

7.4.2 預測校正導引方法過載抑制問題分析

預測校正導引方法採用的三自由度動力學模型考慮地球自轉影響，又因為數值預測校正方法需要疊代求根，為了保證演算法的收斂性需採用無量綱模型，所以這裡採用考慮地球自轉的三自由度無量綱重返動力學方程[26]如下：

$$\begin{cases}\dot{r}=V\sin\gamma \\ \dot{\lambda}=\dfrac{V\cos\gamma\sin\Psi}{r\cos\phi} \\ \dot{\phi}=\dfrac{V\cos\gamma\cos\Psi}{r} \\ \dot{V}=-D-\left(\dfrac{\sin\gamma}{r^2}\right)+\omega_e^2 r\cos\phi(\sin\gamma\cos\phi-\cos\gamma\sin\phi\cos\Psi) \\ \dot{\gamma}=\dfrac{1}{V}\Big[L\cos\sigma+\left(V^2-\dfrac{1}{r}\right)\left(\dfrac{\cos\gamma}{r}\right) \\ \qquad +2\omega_e V\cos\phi\sin\Psi+\omega_e^2 r\cos\phi(\cos\gamma\cos\phi+\sin\gamma\cos\Psi\sin\phi)\Big] \\ \dot{\Psi}=\dfrac{1}{V}\Big[\dfrac{L\sin\sigma}{\cos\gamma}+\dfrac{V^2}{r}\cos\gamma\sin\Psi\tan\phi \\ \qquad -2\omega_e V(\tan\gamma\cos\Psi\cos\phi-\sin\phi)+\dfrac{\omega_e^2 r}{\cos\gamma}\sin\Psi\sin\phi\cos\phi\Big] \\ D=\rho(\sqrt{R_e g_0}V)^2 S_{ref}C_D/(2mg_0)\text{；}L=\rho(\sqrt{R_e g_0}V)^2 S_{ref}C_L/(2mg_0)\end{cases} \tag{7-124}$$

針對跳躍式重返軌跡需要給出新的過載約束條件，解釋分析如下：首先給出基於預測校正演算法[38]的重返仿真，仿真參數設置為：質量 9500kg，最大橫截面積 23.8m²，升力係數 C_L 為 0.44，阻力係數 C_D 為 1.25，初始高度 120km，初始速度 11.032km/s。由圖 7-32 可見，跳躍式重返過程過載隨時間變化的曲線會出現前後兩個峰值，為方便後續描述，分別稱為前峰值和後峰值。由圖 7-32 可知，當航程確定時，初始重返角的大小決定著前後兩個峰值的相對大小。當初始重返角較小時（在重返走廊允許範圍內取值），如圖 7-32 中，初始重返角等於 −5.6°的情況，過載後峰值大於前峰值；當初始重返角較大時，過載前峰值會大於後峰值。由於該現象有別於近地軌道重返時過載單峰值的情況，本節採用不同於以往對整個重返過程過載峰值進行約束的做法，提出新的過載約束條件：將太空船載荷在不同狀況下所能承受某過載值的最長時間作為安全返回對過載的約束，如圖 7-33 所示，以太空人的承受能力為標準對過載進行較為嚴格的約束。

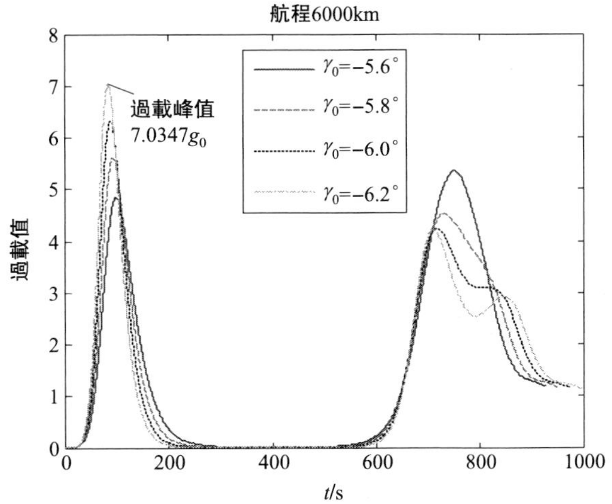

圖 7-32 不同初始重返角時過載隨時間變化曲線比較

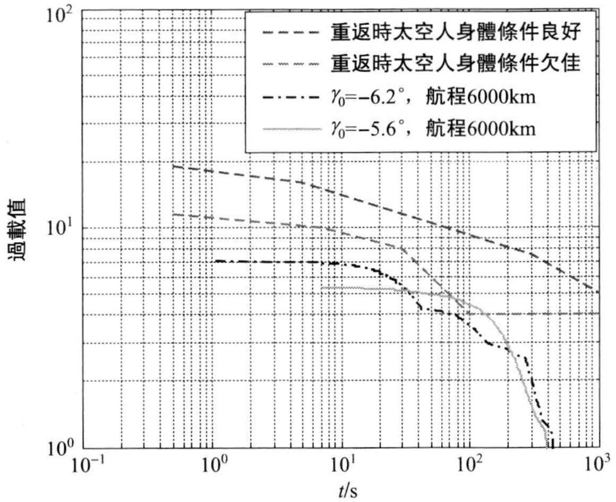

圖 7-33 某兩種特定情況下的過載分析

為體現這種約束條件的特點和嚴格性，對航程為 6000km，相同導引律作用下，初始重返角分別為－6.2°和－5.6°時的重返情況進行過載比較分析。經仿真分別得到了兩種情況下各不同過載值的歷經時間（飛行過程中大於等於某過載值的總飛行時間）曲線。由圖 7-32、圖 7-33 可見，初始重返角為-5.6°，重返過載峰值較小的重返軌跡，卻未能滿足新的過載約束條件，而初始重返角為-6.2°的重返過程，因其過載後峰值較小，完全滿足了以太空人為例的過載承受極限約束。

本節主要考慮在合理地選擇初始重返角後，利用克卜勒段氣動升力控制策略對過載進行抑制，以滿足圖 7-33 所示的以太空人在身體條件欠佳時的承受能力為標準的過載約束條件。

7.4.3 克卜勒段過載抑制演算法

需強調，文獻［26］的閉環導引律中認為克卜勒段過載 $n<0.05g_0$ 時氣動力的影響很小，傾側角均令其為 70°，而 $0.05g_0<n<0.2g_0$ 時的導引律則保持採用疊代法尋根得到。本節將推導通過適當改變克卜勒段的導引律，以實現過載抑制。

首先分析航程與過載之間的關係。簡化動力學方程，忽略地球自轉的影響，在瞬時平面內太空船航程隨時間變化為

$$\frac{\mathrm{d}S}{\mathrm{d}t}=V\cos\gamma \tag{7-125}$$

太空船的在軌能量無量綱化後可表示為

$$e=\frac{V^2}{2}+\left(1-\frac{1}{r}\right) \tag{7-126}$$

式中，r 一直約等於 1，V 從約$\sqrt{2}$變化至 0，可見能量從 1 變化至 0。又因為

$$\frac{\mathrm{d}e}{\mathrm{d}t}=V\dot{V}+\frac{\dot{r}}{r^2} \tag{7-127}$$

將動力學方程簡化後

$$\begin{cases}\dfrac{\mathrm{d}V}{\mathrm{d}t}=-D-\dfrac{\sin\gamma}{r^2}\\[2ex] \dfrac{\mathrm{d}r}{\mathrm{d}t}=V\sin\gamma\end{cases} \tag{7-128}$$

代入式(7-127) 得

$$\frac{\mathrm{d}e}{\mathrm{d}t}=-VD-\frac{V\sin\gamma}{r^2}+\frac{V\sin\gamma}{r^2}=-VD \tag{7-129}$$

聯立方程（7-125）和（7-129），並假設在飛行過程 $\cos\gamma\approx1$，則整體飛行航程為

$$S_f=\int_{e_f}^{e_i}\frac{1}{D}\mathrm{d}e \tag{7-130}$$

可見在能量初值和終端值相同的情況下，增大飛行航程，能在一定程度上使得飛行更加平緩，過載得到抑制。因此，若能在氣動力很小的克卜勒段施加導引，減小克卜勒段的飛行航程，在幾乎不影響探月太空船能量的條件下，能有效增加最終重返段航程，實現過載抑制。

據文獻［4］中對軌跡分段的描述，認為當軌跡跳起後使 $n<0.2g_0$ 時（重返高度約大於 80km），重返過程進入克卜勒軌道，可近似忽略氣動阻力的影響。軌跡形式如圖 7-34 所示，Ω 為航程角；γ_{exit}、V_{exit}、r_{exit} 分別為跳出點處的飛行路徑角、速度和地心距；μ 為萬有引力常數。

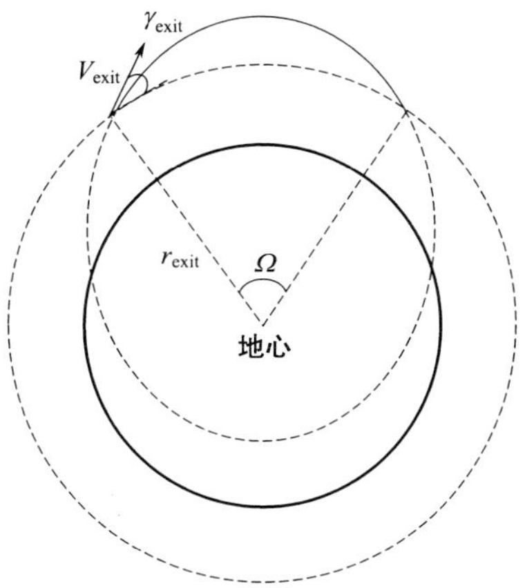

圖 7-34　重返軌跡克卜勒段示意圖

值得注意的是，太空船要完成跳出並再次重返大氣層的跳躍式重返軌跡，跳出點處的飛行路徑角必然大於零且接近零，速度也必須小於第一宇宙速度[4]，則有

$$\frac{\mu}{r_{exit}}\cdot\frac{1}{V_{exit}^2}>1 \tag{7-131}$$

結合文獻［48］中的航程角計算公式可知

$$\tan\left(\frac{\Omega}{2}\right)=\frac{\sin(\gamma_{exit})\cos(\gamma_{exit})}{\frac{\mu}{r_{exit}}\cdot\frac{1}{V_{exit}^2}-\cos^2(\gamma_{exit})} \tag{7-132}$$

設小升力體太空船的升阻比約為 0.3，當過載 $n<0.2g_0$ 時，根據 $n=\sqrt{L^2+D^2}$，可得升力 $L<0.06g_0$，沿著矢徑方向的升力分量 $L\cos\sigma\cos\gamma$ 顯然遠遠小於萬有引力。因此，這裡將該升力分量視為引力的擾動項 ε，且擾動力取指向地心為正，則等效的萬有引力常數 μ'為

$$\mu' = \mu + \varepsilon, \begin{cases} \sigma < 90°, \varepsilon < 0 \\ \sigma = 90°, \varepsilon = 0 \\ \sigma > 90°, \varepsilon > 0 \end{cases} \tag{7-133}$$

顯然，隨著傾側角 σ 的增大，ε 和 μ' 也隨之增大。又因為

$$\frac{\mathrm{d}\tan(\Omega/2)}{\mathrm{d}\mu'} = \frac{-\dfrac{1}{r_{\mathrm{exit}} V_{\mathrm{exit}}^2}\sin(\gamma_{\mathrm{exit}})\cos(\gamma_{\mathrm{exit}})}{\left[\dfrac{\mu'}{r_{\mathrm{exit}}} \cdot \dfrac{1}{V_{\mathrm{exit}}^2} - \cos^2(\gamma_{\mathrm{exit}})\right]^2} < 0 \tag{7-134}$$

由上式可知航程角 Ω 隨著 μ' 的增大而減小，於是最終重返段航程 S_{final} 隨之增加，如下式：

$$S_{\mathrm{final}} = S_{\mathrm{togo}}^0 - S_{\mathrm{pre}} - S_{\mathrm{kepler}} \tag{7-135}$$

其中，S_{togo}^0 為總航程；S_{pre} 為進入克卜勒段之前的航程；S_{kepler} 為克卜勒段的航程。最終重返段航程的增加使得最終重返段飛行更為平緩，過載後峰值得到抑制。

綜上，將克卜勒段過載抑制方法描述為：根據預測過載峰值的情況，可在克卜勒段增大傾側角幅值至 180°以實現過載抑制。

7.4.4 融合導引演算法

融合導引演算法首先是基於預測校正演算法以實現落點分析，並即時地檢測飛行過程中氣動過載值是否小於 $0.2g_0$。一旦過載小於 $0.2g_0$，即

$$n = \sqrt{L^2 + D^2} < 0.2 \tag{7-136}$$

則需進一步利用飛行路徑角來判斷是否進入克卜勒段，以完成過載抑制演算法。為完成融合導引演算法將重返軌跡分為以下幾個階段：初始滾動段，下降飛行段，向上飛行段，克卜勒段，最終重返段。具體的實現流程如圖 7-35 所示，圖中，「Phase」取為 1、2、3、4、5 時分別按順序指代重返軌跡所分的上述五個階段。

當重返航程需要較大，太空船重返軌跡發生跳躍的最大高度超過 100km 時，過載將小於 $0.05g_0$，該段氣動力幾乎為零，可不進行導引。但當重返航程需要較小時，太空船重返軌跡發生跳躍高度可能未能達到 80km，也即過載不會小於 $0.2g_0$，則過載抑制方法在此種情況下不能起作用。

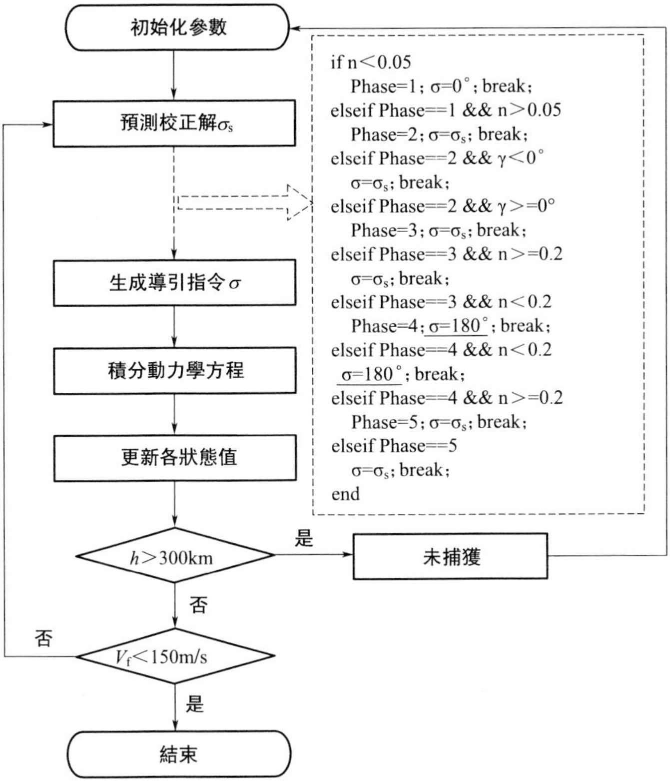

圖 7-35　融合演算法流程示意圖

在克卜勒段採用升力完全向下的導引律，能在抑制過載的同時更快速地使飛行路徑角減小至零以下，確保太空船安全登陸。

7.4.5 應用實例

7.4.5.1 標稱模型參數

重返太空船質量為9500kg，最大橫截面積為23.8m^2。當馬赫數大於25時，配平攻角保持約為160.2°，此時的升阻比約為0.2887。隨著馬赫數的變化，升阻比在整個重返過程中大約在0.2229和0.4075之間變化。地球半徑為6378135m，重力常數為9.8N/kg，其他參數設置見表7-12。此處的仿真沒有考慮傾側角反轉的最大速度和最大加速度限制，認為傾側角的反轉瞬時完成。

表 7-12　仿真參數設置

初始狀態設置		末狀態設置	
狀態量	參數值	狀態量	參數值
高度，h_0/km	121.92	高度，h_f/km	7.62
經度，λ_0/(°)	112.5	經度，λ_f/(°)	112
緯度，ϕ_0/(°)	4.38	緯度，ϕ_f/(°)	42
相對速度，V_0/(km/s)	11.032	相對速度，V_f/(m/s)	150
飛行路徑角，γ_0/(°)	−6.000	飛行路徑角，γ_f/(°)	—
速度方位角，Ψ_0/(°)	0.003	速度方位角，Ψ_f/(°)	—

7.4.5.2　標稱模型仿真結果

首先對如下四種方案在標稱參數下進行仿真分析，以比較整個重返過程的過載和登陸精度。

情形 1：克卜勒段，當 $n<0.2g_0$ 時，$\sigma=0°$。

情形 2：克卜勒段，σ 幅值由預測校正演算法獲得，即與文獻［26］中演算法保持一致。

情形 3：克卜勒段，當 $n<0.2g_0$ 時，$\sigma=90°$。

情形 4：克卜勒段，當 $n<0.2g_0$ 時，$\sigma=180°$。

由圖 7-36 可知上述四種情況在進入克卜勒段之前導引指令相同，因此進入克卜勒段時各狀態變數的值均相等，進入克卜勒段後系統分別採用上述四種情形不同的導引指令。圖 7-37 可知最終重返段的航程隨著克

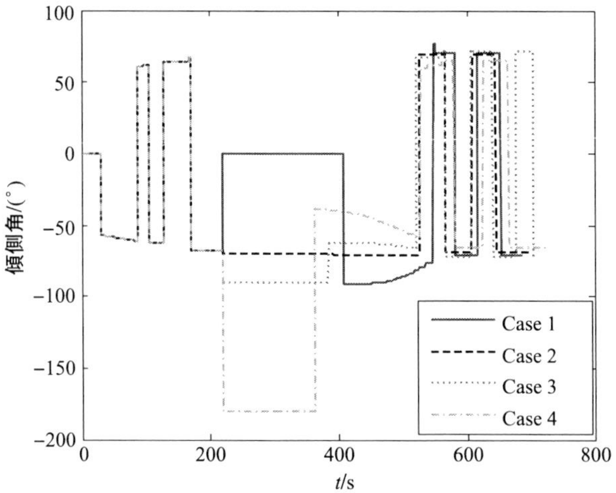

圖 7-36　傾側角指令比較

卜勒段傾側角 σ 的增大而增大，驗證了文中 7.4.3 節所述。圖 7-38 反映了在最終重返段情形 4，因為最終重返段航程最大、後續飛行最平緩，從而使過載後峰值最小，如圖 7-39、圖 7-40 所示。可見情形 4 過載抑制效果最為顯著，滿足了最嚴格的重返過載約束。由圖 7-41 可見四種方案下航程誤差均滿足 2.5km 的登陸精度要求。

仿真結果表明，增加克卜勒段傾側角幅值在不影響登陸精度的條件下可實現對過載後峰值的抑制，滿足過載約束條件。

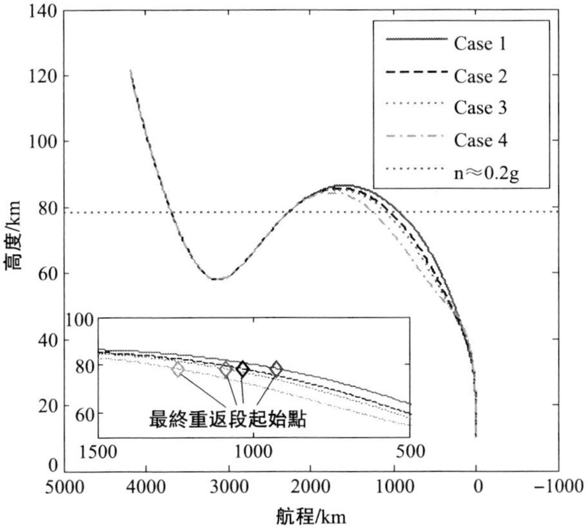

圖 7-37 剩餘航程比較

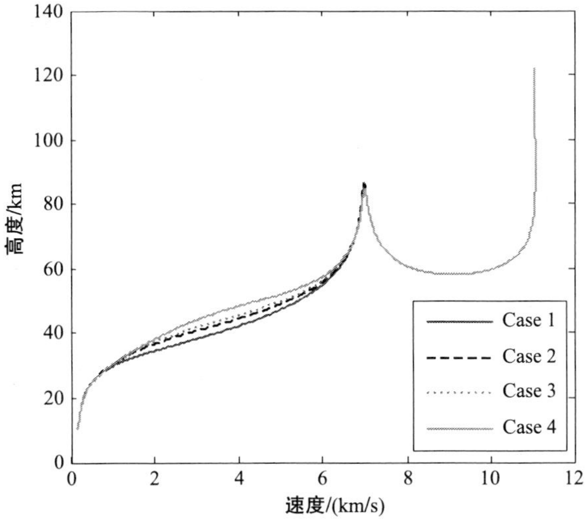

圖 7-38 高度隨速度變化比較

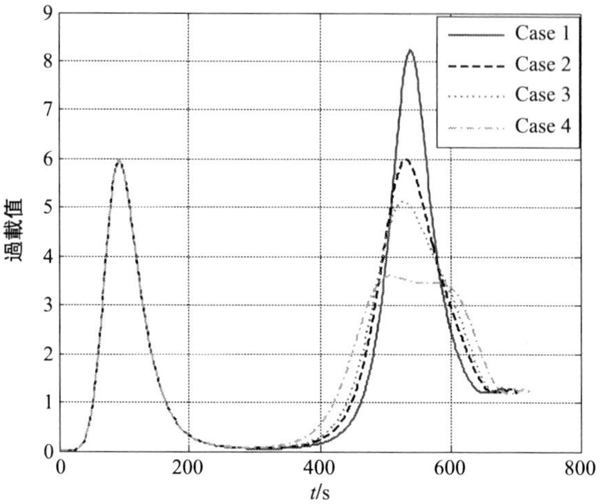

圖 7-39　過載隨時間變化比較

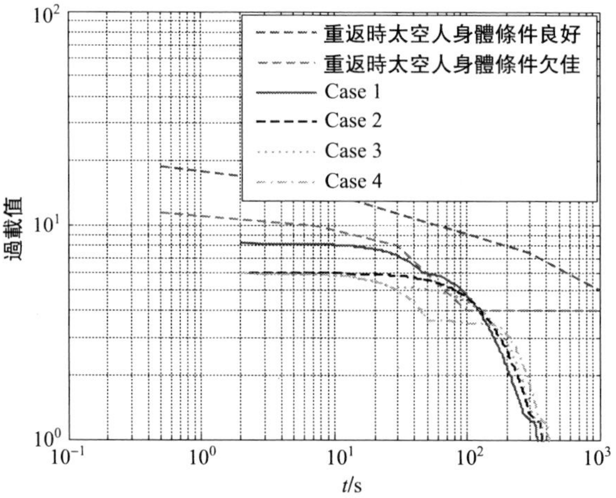

圖 7-40　太空人承受過載的情況

7.4.5.3 偏差模型分析

為了驗證該方法在各類偏差（初始條件偏差、氣動特性偏差、質量特性偏差等）擾動下的魯棒性和導引精度，引入表 7-13 描述的誤差形式。

表 7-13　蒙地卡羅仿真中的誤差源分布情況

參數	分布類型	3σ
初始位置偏差	高斯	200km
初始速度大小偏差	高斯	100m/s

續表

參數	分布類型	3σ
初始重返角偏差	高斯	0.023°
初始速度方位角偏差	高斯	0.0003°
質量偏差	均勻	5%
大氣密度偏差	均勻	15%～30%
氣動參數(C_L)偏差	均勻	0.03
氣動參數(C_D)偏差	均勻	0.06

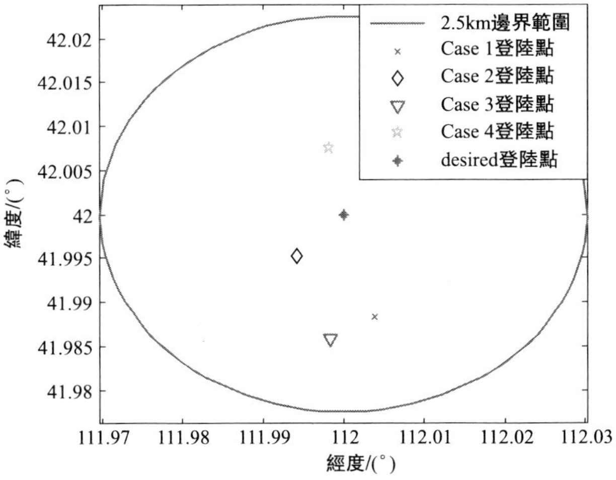

圖 7-41　登陸精度比較

(1) 初始位置偏差

設重返點高度（120km）無偏差，初始位置偏差可以直接轉換為經緯度偏差，由重返點位置偏差轉換為一個高斯分布 $\Delta(3\sigma=200\text{km})$ 和一個均勻分布 $\theta(0,\ 2\pi)$ 的組合，如圖 7-42。

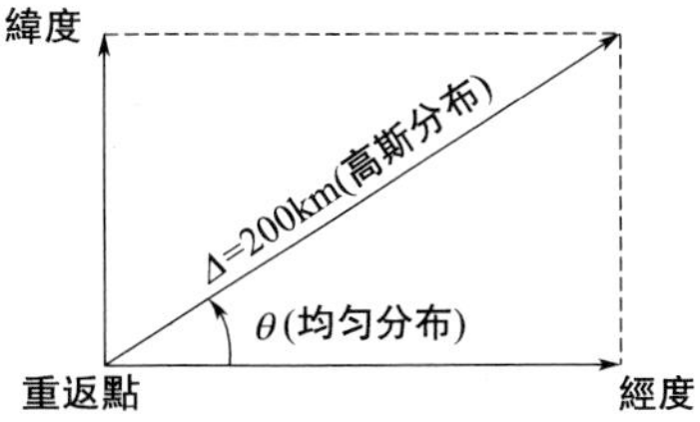

圖 7-42　重返點位置偏差示意圖

因此，當給定一個位置偏差的大小 Δ 和相應的相位 θ 時，經緯度的擾動可以表示為

$$\Delta\lambda = \Delta/(R_e + h_0) \cdot \cos(\theta) \cdot \Delta\vartheta \cdot \cos(\theta)$$

$$\Delta\phi = \Delta/(R_e + h_0) \cdot \sin(\theta) \cdot \Delta\vartheta \cdot \sin(\theta)$$

式中，h_0 表示重返點高度，當 $\Delta = 200\text{km}$ 時有 $\Delta\vartheta = 1.763°$。

(2) 大氣密度偏差

為簡化計算，大氣擾動模型採用分段大氣誤差偏差模型，數學表達式如下：

$$\rho_{\text{true}} = \rho_{\text{nom}} \begin{cases} 1 + \Delta_{\rho_{\text{high}}} & , h \geqslant 70\text{km} \\ 1 + \Delta_{\rho_{\text{low}}} + \dfrac{h - 45\text{km}}{25\text{km}}(\Delta_{\rho_{\text{high}}} - \Delta_{\rho_{\text{low}}}) & , 45\text{km} \leqslant h < 70\text{km} \\ 1 + \Delta_{\rho_{\text{low}}} & , h < 45\text{km} \end{cases}$$

式中，$\Delta_{\rho_{\text{high}}}$ 和 $\Delta_{\rho_{\text{low}}}$ 分別代表高空和低空大氣密度偏差，均服從均勻分布。$\Delta_{\rho_{\text{high}}}$ 最大上下界為 ± 0.3，$\Delta_{\rho_{\text{low}}}$ 最大界為 ± 0.15，ρ_{true} 表示實際大氣密度，ρ_{nom} 表示 US76 模型標準大氣密度。圖 7-43 為 100 組 Monte Carlo 打靶得到的大氣密度擾動圖。

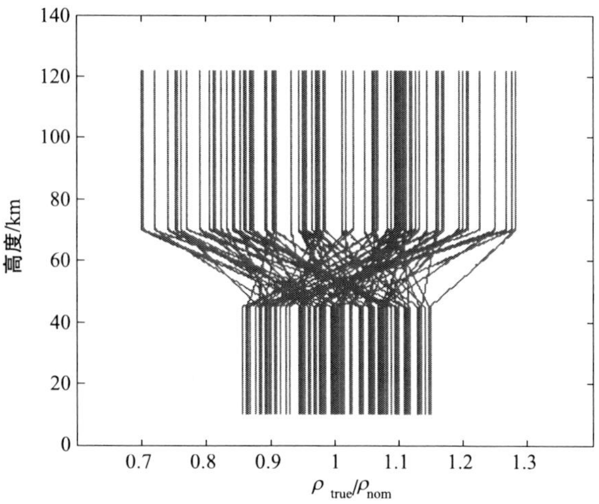

圖 7-43　大氣偏差模型 100 組（相對 US76 標準模型）

(3) 氣動參數偏差

氣動係數包括升力係數和阻力係數，升力係數和阻力係數偏差模型為

$$C_L = C_{\widetilde{L}}(1 + \Delta_{C_L}) = C_{\widetilde{L}} + \Delta C_L$$

$$C_D = C_{\widetilde{D}}(1 + \Delta_{C_D}) = C_{\widetilde{D}} + \Delta C_D$$

式中，$C^{\sim}$ 表示相應係數的標準值，升、阻力係數偏差 ΔC_L、ΔC_D 分別服從在 ± 0.03 和 ± 0.06 之間的均勻分布，相當於上式中相應的偏差

比例 Δ_{C_L} 和 Δ_{C_D} 在±5%和±10%之間取值。

7.4.5.4 蒙地卡羅仿真結果

將情形 2 和情形 4 均進行 100 次 Monte Carlo 打靶仿真，比較它們在偏差情況下的過載和登陸精度。

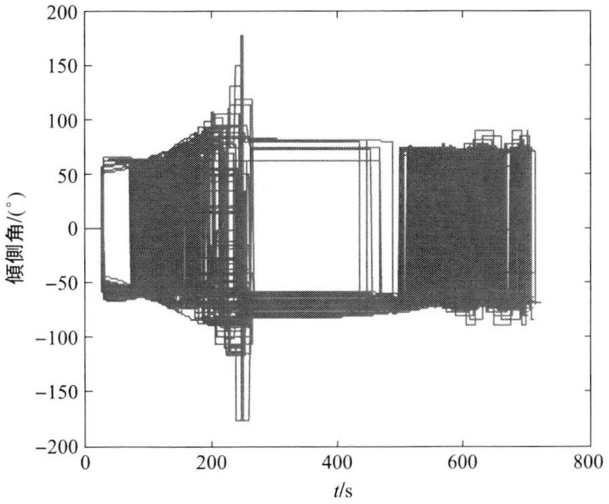

圖 7-44 情形 2 傾側角控制指令

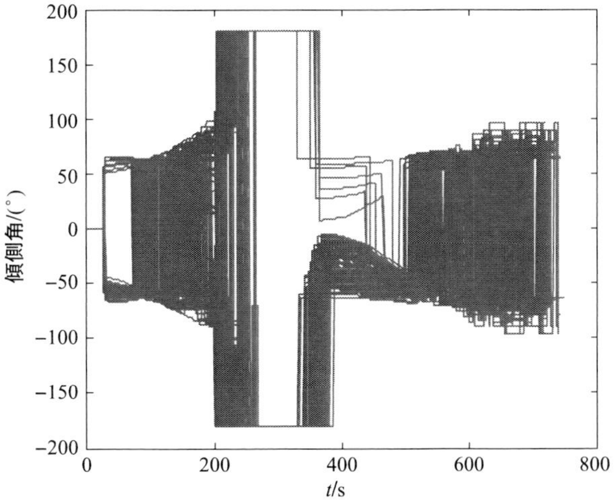

圖 7-45 情形 4 傾側角控制指令

圖 7-44、圖 7-45 為傾側角指令的比較，可見克卜勒段的導引律不同。圖

7-46、圖 7-47 可體現過載比較的情況，情形 4 採用了本章的過載抑制演算法，由圖 7-47 可見，經統計 80％的曲線滿足提出的過載約束要求，明顯優於情形 2 的情況。

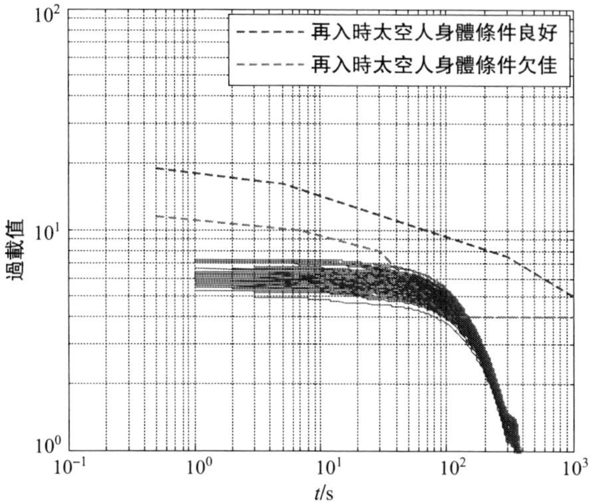

圖 7-46　情形 2 承受過載的情況

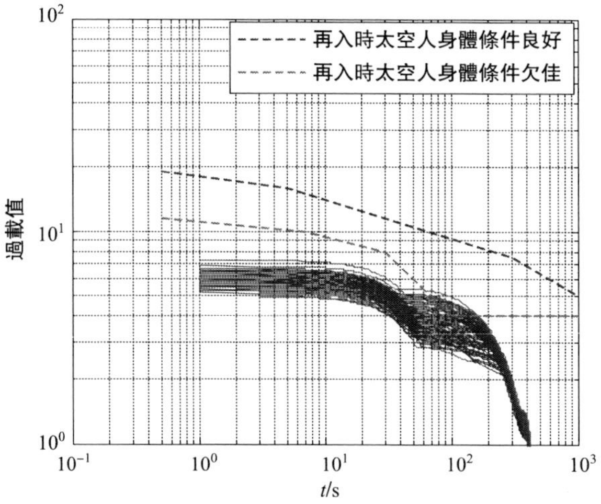

圖 7-47　情形 4 承受過載的情況

從反映登陸精度的曲線圖 7-48、圖 7-49 可知，情形 4 中加入過載抑制演算法後並沒有影響登陸精度，滿足 5km 的精度要求，且只有少數情況精度超過 2.5km。在蒙地卡羅仿真時存在氣動係數、質量、大氣密度等偏差效果的疊加，引起較大的過載峰值及航程偏差，出現超出約束範圍的情況。

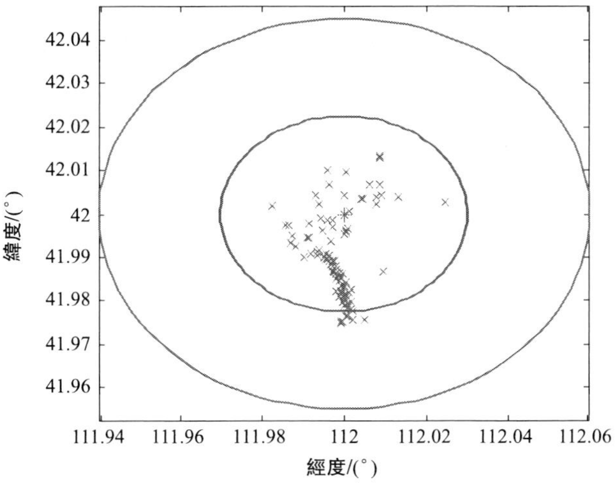

圖 7-48　情形 2 登陸精度情況

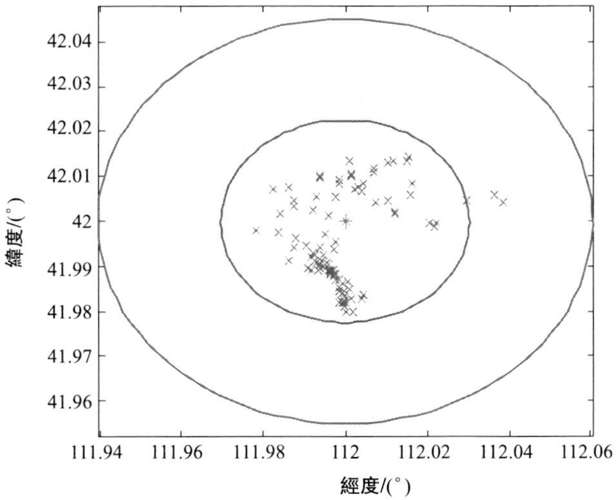

圖 7-49　情形 4 登陸精度情況

7.5 小結

本章首先建立了太空船重返矢量形式質心動力學方程和半速度座標系下的質心動力學方程，並對高速返回重返任務的特點和軌跡特性進行了分析。基於分析結論，在 7.3 和 7.4 小節針對高速返回任務，分別概述了標準軌道重返導引方法和預測校正重返導引方法的設計難點，同時針對難點問題逐個給出了可行的設計方法和應用實例。

參考文獻

[1] 趙漢元．飛行器再入動力學和制導[M]．長沙：國防科技大學出版社，1997.

[2] Souza S D, Sarigul-Klijn N. An analytical approach to skip earth entry guidance of a low L/D vehicle [C]//46th AIAA Aerospace Sciences Meeting and Exhibit, Reno. Nevada: AIAA, 2008.

[3] Harpold J C, Graves C A. Shuttle entry guidance[J]. Journal of Astronautical Sciences, 1979, 37 (3): 239-268.

[4] Graves C A, Harpold J C. Apollo experience report-mission planning for Apollo entry[R]. NASA technical note D-7949. 1975.

[5] Vinh N X. Optimal Trajectories in Atmospheric Flight[M]. New York: Elevier Scientific, 1981.

[6] 南英，陸宇平，龔平．登月返回地球再入軌跡的優化設計[J]．宇航學報，2009，30 (5)：1842-1847.

[7] Istratie V. Optimal skip entry into atmosphere with minimum heat and constraints [C]. AIAA, Atmospheric Flight Mechanics Conference. Denver, CO: AIAA, 2000.

[8] Darby C L, Rao A V. A state approximation-based mesh refinement algorithm for solving optimal control problems using pseudospectral methods[C]//AIAA Guidance, Navigation, and Control Conference and Exhibit., Chicago. Illinois: AIAA. 2009.

[9] Wingrove R C. A study of guidance to reference trajectories for lifting re-entry at supercircular velocity: NASA technical reportR-151[R]. 1963.

[10] Roenneke A J, Well K H. Nonlinear drag-tracking control applied to optimal low-lift reentry guidance [C]//AIAA Guidance Navigation and Control Conference, San Diego, AIAA, 1996.

[11] Young J W. A method for longitudinal and lateral range control for a high-drag low-lift vehicle entering the atmosphere of a rotating earth: NASA technical note D-

954[R]. 1961.

[12] Dukeman G A. Profile-following entry guidance using linear quadratic regulation theory [C]//AIAA Guidance, Navigation, and Control Conference and Exhibit. Monterey, CA: AIAA, 2002.

[13] 曾春平，胡軍，孫承啟．反饋線性化方法在再入制導中的應用[C]//廣西全國第十二屆空間及運動體控制技術學術會議．桂林：中國自動化學會，2006.

[14] 胡軍．載人飛船全係數自適應再入升力控制[J]．宇航學報，1998，19（1）：8-12.

[15] Mooij E. Robustness analysis of an adaptive re-entry guidance system[C]//AIAA Guidance, Navigation, and Control Conference and Exhibit. 2005.

[16] Lu W, Mora-Camino F, Achaibou K. Differential flatness and flight guidance: a neural adaptive approach[C]//AIAA, Guidance Navigation and Control Conference. San Francisco, CA: AIAA, 2005.

[17] Lin C M, Hsu C F. Guidance law design by adaptive fuzzy sliding-mode control[J]. Journal of Guidance, Control, and Dynamics, 2002, 25 (2): 248-256.

[18] Vinh N X, Kuo Z S. Improved matched asymptotic solutions for three-dimensional atmospheric skip trajectories[C]//AIAA/AAS Astrodynamics Conference. San Diego, CA: AIAA Paper, 1996.

[19] Harpold J C, Graves C A. Shuttle entry guidance[J]. Journal of Astronautical Sciences, 1979, 37 (3): 239-268.

[20] Garć a-Llama E. Analytic development of a reference trajectory for skip entry[J]. Journal of Guidance, Control and Dynamics, 2011, 34 (1): 311-317.

[21] Darby C L, Rao A V. A state approximation-based mesh refinement algorithm for solving optimal control problems using pseudospectral methods[C]//AIAA Guidance, Navigation, and Control Conference. Chicago, Illinois: AIAA, 2009.

[22] Leavitt J A, Mease K D. Feasible trajectory generation for atmospheric entry guidance[J]. Journal of Guidance, Control and Dynamics, 2007, 30 (2): 473-481.

[23] Lu P. Nonlinear Predictive controllers for continuous systems[J]. Journal of Guidance, Control, and Dynamics, 1994, 17 (3): 553-560.

[24] Benson D A, Huntington G T, Thorvaldsen T P, et al. Direct trajectory optimization and costate estimation via an orthogonal collocation method[J]. Journal of Guidance, Control, and Dynamics, 2006, 29 (6): 1435-1440.

[25] Mendeck G F, Craig L. Mars Science Laboratory Entry Guidance: JSC-CN-22651 [R]. 2011.

[26] Brunner C W, Lu P. Skip entry trajectory planning and guidance [J]. Journal of Guidance, Control, and Dynamics, 2008, 31 (5): 1210-1219.

[27] Isidori A. Nonlinear Control Systems[M]. New York: Springer-Verlag, 1989.

[28] Khalil H K. Nonlinear Systems[M]. New Jersey: Prentice Hall, 2002.

[29] Lu P. Constrained tracking control of nonlinear systems [J]. Systems & Control Letters, 1996, 27: 305-314.

[30] Khalil H K. Nonlinear Systems[M]. New Jersey: Prentice Hall, 2002.

[31] Marino R, Tomei P. Nonlinear output feedback tracking with almost disturbance decoupling[J]. IEEE Transactions on Automatic Control, 1999, 44 (1): 18-28.

[32] Wingrove R C. Survey of atmosphere re-Entry guidance and control methods[J]

. AIAA Journal, 1963, 1 (9): 2019-2029.

[33] Grant F C. Modulated Entry: NASA-TN-D-452[R]. 1960.

[34] Cheatham D C, Young J W, Eggleston J M. The variation and control of range traveled in the atmosphere by a High-drag Variable-lift Entry Vehicle: NASA-TN-D-230[R]. 1960.

[35] Bryson A E, Ho Y C. Applied Optimal Control[M]. Waltham: Blaisdell, 1969.

[36] Wingrove R C, Coate R E. Lift-control during atmosphere eentry from supercircular velocity [C]//Proceedings of the IAS National Meeting on Manned Space Flight. St. Louis, Missouri: Institute of the Aerospace Science (IAS), 1962.

[37] Chapman D R. An approximate analytical method for studying entry into planetary atmospheres: NACA-TN-4276[R]. 1959.

[38] Shi Y Y, Pottsepp L, Eckstein M C. A matched asymptotic solution for skipping entry into planetary atmosphere[J]. AIAA Journal, 1971, 9 (4): 736-738.

[39] Mease K D, Mccreary F A. Atmospheric guidance law for planar skip trajectories[C]//Atmospheric Flight Mechanics Conference, 12 th. Snowmass, CO: AIAA, 1985.

[40] Rea J R, Putnam Z R. A comparison of two orion skip entry guidance algorithms[C]//AIAA Guidance, Navigation and Control Conference and Exhibit. Hilton Head, South Carolina: AIAA, 2007.

[41] Bryant J P, Frank M P. Supercircular reentry guidance for a fixed L/D vehicle empolying a skip for extreme ranges [R]. 1962.

[42] Bairstow S H, Barton G H. Orion reentry guidance with extended range capability using predguid [C]//AIAA Guidance, Navigation and Control Conference and Exhibit. Hilton Head, South Carolina: AIAA, 2007.

[43] 胡軍．載人飛船一種混合再入反饋方法[C]//全國第八屆空間及運動體控制技術學術會議．黃山：中國自動化學會，1998.

[44] Fuhry D P. Adaptive atmospheric reentry guidance for the Kistler K-1 orbital vehicle[R]. AIAA Paper. 1999.

[45] Eggers Jr A J, Allen H J, Neice S E. A comparative analysis of the performance of long-range hypervelocity vehicles: NACA-RM-A54L10[R]. 1958.

[46] Slye R E. An analytical method for studying the lateral motion of atmosphere entry vehicles[M]. National Aeronautics and space Adiministration, 1960.

[47] Chapman P W, Moonan P J. Analysis and evaluation of a proposed method for inertial reentry guidance of a deep space vehicle[C]//Proceedings of the IRE National Aerospace Electronics Conference. Dayton, Ohio: Institute of Radio Engineers (IRE), 1962.

[48] 耿長福．航天器動力學[M]．北京：中國科學技術出版社，2006.

[49] Benito J, Mease K D. Nonlinear predictive controller for drag tracking in entry guidance [C]//AIAA/AAS Astrodynamics Specialist Conference and Exhibit. Honolulu, Hawaii: AIAA, 2008.

第8章

導引控制技術的地面驗證

8.1 登陸避障試驗

地外天體軟登陸導引控制技術驗證的主要難點在於動力學。相比地球，月球無大氣，引力場只為地球的1/6；而火星的大氣稀薄，引力場也只為地球的1/3。縱觀人類地外天體探測任務中對登陸技術的驗證過程，除了全數位仿真以外，真正地實現導引控制系統與推進閉環的只有兩類。

第一類是塔吊試驗。這類試驗中，用塔吊部分抵消地球重力，使得作用在探測器上的外力（不含探測器自身引擎輸出推力）與任務目標星球表面相近。在此條件下進行的GNC和推進系統的項目研發，就可以實現地面試驗和測試。在美國「阿波羅」登月項目以及中國的月球探測項目中，均使用了這類方法進行試驗。

第二類是自由飛行試驗。即通過配備更大的引擎或者其他動力系統來解決目標天體與地球引力的差異問題，讓探測器能夠依靠自身的動力實現脫離地面的自由飛行。最早開展自由飛行試驗的項目同樣來自於「阿波羅」，當時工程技術人員設計了一個月球登陸研究飛行器（Lunar-Landing Research Vehicle，LLRV）[1-3]，該飛行器中心安裝了一臺航空引擎用於提供額外推力，可以模擬月球登陸和起飛過程，如圖8-1所示。但是，這個飛行器的主要目的是訓練太空人操控技術，而不是驗證登陸導引控制技術。

圖8-1　月球登陸研究飛行器（LLRV）

另外一個重要的自由飛行試驗代表就是NASA為重返月球以及火星探測提出的「睡神」項目。它能夠依靠自身引擎實現地球表面的起飛和登陸。這個項目的主要目的是驗證推進技術和自主避障登陸技術。雖然推進、敏感器是驗證的重點，但導引和控制技術也是驗證過程中重要的一環。

接下來，本章將對懸吊試驗和自由飛試驗，各選擇一個例子進行介紹。

8.1.1 懸吊試驗——「LLRF」[4]

8.1.1.1 簡介

1960年代，美國為實施「阿波羅」登月計劃，蘭利研究中心開發了用於登陸探測器最終登陸階段演示驗證的試驗設施（Lunar-Landing Research Facility，LLRF），試驗系統的主體為試驗塔架，如圖8-2所示。

圖8-2 LLRF的概貌

LLRF的試驗塔架於1965年建成。其鋼鐵框架結構的塔架高240ft❶，長400ft，寬265ft。形成的試驗空間如圖8-3所示。

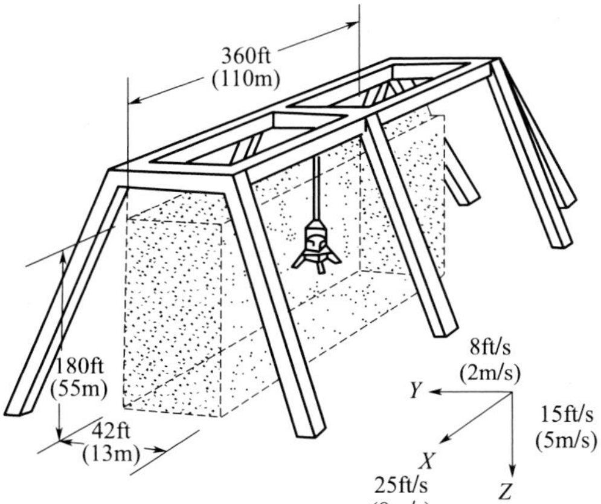

圖8-3 LLRF試驗場空間

❶ 1ft=0.3048m，下同。

試驗中，通過懸吊系統將月球旅行艙模擬器（Lunar Excursion Module Simulator，LEMS）懸掛在塔架下（見圖 8-4），塔架的懸掛系統能夠提供 LEMS 的 5/6 重力。通過這樣一種方式可以訓練太空人在登陸最後 150ft 以下的飛行控制技術，也能夠測試最終登陸過程控制系統的性能。

圖 8-4　LEMS 和模擬月球表面

LMES 本身是對登月艙的模擬，安裝有相應的推進系統，具有六自由度飛行控制能力。LMES 的綜合性能參見表 8-1 所示。

表 8-1　LMES 的綜合性能參數

參數		指標
總重		5443kg
燃油		90% H_2O_2
最大燃油質量		1406kg
最大氮氣容量		0.54m^3,20684kN/m^2
慣性矩	俯仰	4800kg·m^2
	滾轉	6467kg·m^2
	偏航	6440kg·m^2
駕駛員視線高度		4m
主反推推力		2.669～26.689kN
控制力矩	俯仰	136～2712m·N
	滾轉	174～3471m·N
	偏航	183～1830m·N
最大姿態角	俯仰	±30°
	滾轉	±30°
	偏航	±360°

懸掛系統（如圖 8-5 所示）是試驗過程低重力模擬的主要手段。它主要由懸掛吊繩、提升單元、移動吊車和相應的伺服控制系統組成：吊繩的一端通過一個萬向節系統與試驗探測器連接，連接點過探測器的質心並能為探測器提供俯仰、偏航和滾動自由度；吊繩的另一端連接在移動吊車的提升單元上，提升單元通過伺服控制系統驅動吊繩向上或向下運動，並通過測力傳感器和伺服控制單元維持吊繩的拉力平衡探測器 5/6 的重力；移動吊車能夠在水平面上進行兩維運動，其主要作用是通過吊繩上的角度傳感器追蹤探測器的位置變化，並始終位於探測器的正上方以保證吊繩的垂直。

圖 8-5　LLRF 的低重力模擬裝置

8.1.1.2 試驗過程

LLRF 可提供兩種試驗模擬，分別是「模擬模式」和「操作模式」。在「模擬模式」中，主引擎不工作，其推力指令直接施加到另外的提升纜繩上，提升纜繩提供附加的垂直向上的拉力，這個力的大小與主引擎的推力相當。該模式又可分為姿控引擎工作和不工作兩種工況：姿控引擎工作時可以提供超過 20min 的模擬時間；姿控引擎不工作時，其力學特徵由另外的多根拉繩模擬，即當探測器有一定的俯仰和橫滾姿態動作時，姿控引擎的推力指令轉換為拉繩的傳感信號，該信號驅動拉繩控制系統，從而得到探測器的模擬姿態角。在「操作模式」中，主引擎與姿控引擎都工作，該狀態只能維持 2min 作用，但已經涵蓋了「阿波羅」登月艙從距月面 45.7m 登陸機動到登陸月面的時間。「操作模式」較「模擬模式」能夠更真實地模擬探測器的真實飛行狀態，並考慮引擎工作中的噪音和有限的推進劑供應時間，對太空人造成了綜合模擬作用。

在引擎點火工作的試驗中，所有引擎均採用了環保的過氧化氫推進劑，「阿波羅」LLRF 試驗的工況情況如表 8-2 所示。

表 8-2 LLRF 試驗情況

工況	大致次數	運動方式	所用推進劑
主引擎不點火 姿控引擎不點火	100	登陸探測器由三維伺服系統帶動，姿態由吊具控制	
主引擎不點火 姿控引擎點火	40	登陸探測器由三維伺服系統帶動，姿態由姿控引擎控制	過氧化氫
主引擎點火 姿控引擎點火	10	登陸探測器完全由引擎控制	過氧化氫

為了模擬月球登陸時的光照條件，LLRF 常在夜間進行模擬試驗，參見圖 8-6；登陸地點對月球的地形地貌進行模擬，如圖 8-7 所示。

圖 8-6 LLRF 夜間試驗

圖 8-7 LLRF 對月表地形地貌的模擬示意圖

8.1.2 自由飛試驗——「睡神」[5-8]

8.1.2.1 飛行器簡介

睡神「Morpheus」項目是 NASA 開發的具備垂直起飛和登陸能力的行星登陸器原型。它被用作測試高級飛行器技術的試驗平台。該登陸器裝備有液氧/甲烷（LOX/Methane）引擎，能夠提供運送 500kg 載荷到月球的能力。睡神登陸器由約翰遜空間中心研製，經過一系列測試後轉移到甘迺迪航太中心，最終攜帶「ALHAT」敏感器單元，在太空梭登陸設施完成了模擬行星表面避障登陸的自由飛行驗證。

睡神項目研發最主要的目的是對兩項重要技術進行集成、展示和驗證。第一是液氧/甲烷推進系統，睡神的液氧/甲烷推進系統能夠在空間飛行中提供321s的比衝。液氧/甲烷是無毒、低溫、清潔燃燒和可空間儲存的推進劑。而且對於空間任務來說，液氧和/或甲烷能夠在行星表面生產，並且氧氣可以兼容於生命支持系統和能源系統。

睡神項目的第二項重要技術就是ALHAT載荷。「ALHAT」是NASA主持的面向未來行星登陸的另一個重要項目。它的全稱是「自主精確登陸和障礙規避技術」，是英文「Autonomous Precision Landing and Hazard Avoidance Technology」的縮寫。該項目於2005年由NASA總部啟動。目的是開發出滿足有人或無人飛行器安全和精確登陸到月面的敏感器技術，以滿足NASA對未來二十年安全和精確軟登陸技術發展的需要。

睡神作為飛行平台，它的研製開始於2010年6月。睡神是一個四邊形登陸器，它包括了四個貯箱和一臺主引擎。該引擎以液氧/甲烷為推進劑，能夠提供5000lbf（1lbf=4.445N）的推力。兩臺正交的機電執行機構驅動引擎支架轉動，產生推力矢量，可用於平移、俯仰和偏航控制，而使用相同推進劑的推力器用於滾動姿態控制。除此以外，睡神還安裝有另一套使用壓縮氦氣的推力器作為備份。睡神的主引擎還可以改變推力以提供上升和下降的垂直控制能力。

睡神上的電腦使用PowerPC750處理器，具有16Gb的數據儲存能力。使用RS-232、RS-422、以太網和1553總線。GNC敏感器包括一臺GPS（Global Positioning System，全球定位系統）接收機、一臺霍尼韋爾研製的國際空間站版本的衛星（GPS）/慣導（INS）組合導航系統（SIGI）、一臺慣性測量單元（IMU）、一臺雷射高度計。導航精度為位置優於1m，速度優於3cm/s，姿態優於0.05°。睡神的飛行控制軟體在戈達德空間飛行中心的核心飛行軟體上通過增加定製代碼而來。

睡神的研製經過了幾個階段。最初的睡神1.0從2011年4月到2011年8月進行了測試。2011年末至2012年初，升級為睡神1.5。主要的改進包括：更換了引擎，提升了電子和供電設計，增加了額外的用於滾動控制的液氧/甲烷推力器，以及安裝ALHAT敏感器和軟體。這臺測試平台稱為睡神1.5「Alpha」，即睡神1.5A。2012年8月，睡神1.5A在試驗中墜毀。在做了70多處升級改進後，飛行器被重新製造，並稱為睡神

1.5「Bravo」，即睡神 1.5B（見圖 8-8）。

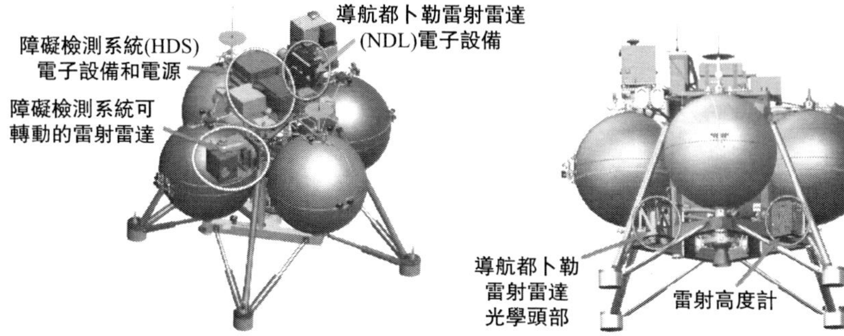

圖 8-8　ALHAT 敏感器安裝在睡神 1.5B 上

ALHAT 用於提供飛行器登陸和障礙規避能力，它與自主導引導航控制系統軟硬體集成後，可以檢測和規避天體表面障礙，實現在預定登陸點 90m 範圍內的有人或無人飛行器的安全登陸。ALHAT 敏感器組件包括一臺長距離雷射高度計（LAlt）、具有三個波束的導航都卜勒雷射雷達（NDL）、一臺基於閃光式光學探測和測距雷達（LIDAR）的障礙檢測系統（HDS），如圖 8-9 所示。長距離雷射高度計的工作範圍 50km，精度 5cm。導航都卜勒雷射雷達能夠測量三個波束方向的距離和速度，速度和高度的測量範圍分別為 70m/s 和 2.2km，測量精度分別為 0.2cm/s 和 30cm。障礙檢測系統包括一個安裝在兩軸框架上的閃光 LIDAR、一臺 IMU、一個計算單元、一個能源分配單元和一個電池組。障礙檢測系統能夠掃描一個 60m×60m 的障礙區域，獲取 10cm/像素的 DEM 數據，實現障礙檢測和安全登陸點選擇，並在障礙檢測後進行持續的地形相對導航。

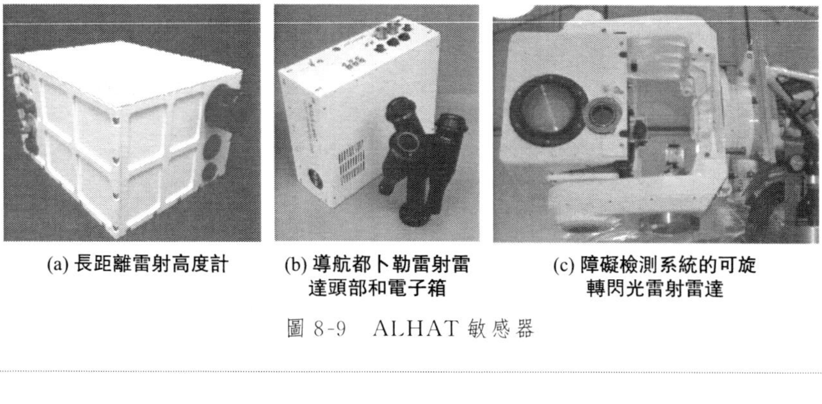

(a) 長距離雷射高度計　(b) 導航都卜勒雷射雷達頭部和電子箱　(c) 障礙檢測系統的可旋轉閃光雷射雷達

圖 8-9　ALHAT 敏感器

8.1.2.2 試驗過程

睡神的地面試驗分為三個階段：焦點火、懸吊和自由飛。

(1) 焦點火試驗

在焦點火試驗中，睡神飛行器的運動被完全限制住。試驗主要目的是測試液氧/甲烷推進系統。在這類測試中，睡神被懸吊在一定高度上，並用皮帶從下方鎖定在地面上，以阻止飛行器運動（見圖8-10）。

圖 8-10　標準焦點火測試構型

另外一種焦點火構型是用於測試點火起飛時的熱和振動環境。在這一模式下，飛行器保持地面相對靜止，並鎖定在起飛點，引擎以最大推力點火數秒（見圖8-11）。

(2) 懸吊試驗

懸吊試驗時，睡神飛行器被吊車吊離地面，用於測試推進和GNC系統的配合，避免直接自由飛行時，飛行器脫離或撞毀的風險。通常懸吊試驗時，飛行器垂直上升5～15ft，並在10ft高度懸停一段時間，之後飛行器下降並登陸（見圖8-12）。

懸吊試驗首次提供了對睡神飛行器GNC閉環測試的機會，能夠驗證GNC在垂直移動、懸停和登陸過程的六自由度控制能力。

(3) 自由飛試驗

自由飛試驗中，對飛行器飛行能力沒有任何約束。全功能的睡神登陸器能夠根據行星登陸軌跡設置不同的自由飛路徑（見圖8-13）。

圖 8-11 地面焦點火測試構型

圖 8-12 懸吊試驗

圖 8-13 自由飛試驗

在睡神的研製過程中，1.0、1.5A 以及 1.5B 三個飛行器分別進行了多次焦點火（HF）、懸吊（TT）以及自由飛（FF）試驗。三類試驗反覆進行，期間發現了不少問題，並不斷進行調整，甚至還經歷了一次飛行器墜毀。2011～2013 年的試驗過程見表 8-3～表 8-5 所示。

表 8-3 睡神 1.0 測試概要

測試和日期	目標	備註
HF1 2011.04.14	點火測試	2 次連續點火測試 發現了飛行軟體錯誤

續表

測試和日期	目標	備註
HF2 2011.04.19	點火和引擎工作測試	引擎點火時間 29s
TT2 2011.04.27	懸吊測試	點火 13s;推力調節故障和懸吊拉力導致不可控運動,飛行終止
TT3 2011.05.03	懸吊測試	點火 20s;由於纜繩遇到阻礙以及軟體問題,試驗中斷
TT4 2011.05.04	懸吊測試	點火 29s;姿態角速度出現問題,飛行提前終止
TT5 2011.06.01	懸吊測試	點火 42s;懸停良好,控制過程小幅晃動
TT6 2011.08.31	懸吊測試	點火 11s;引擎(編號 HD3)燒穿

表 8-4　睡神 1.5A 測試概要

測試和日期	目標	備註
HF5 2012.02.27	點火測試	點火 40s;新引擎(編號 HD4)裝機後的第一次測試
TT7 2012.03.05	懸吊測試	點火 30s;低室壓起飛;燒穿警報
TT8 2012.03.13	懸吊測試	點火 55s;伴隨擺動,並穩定懸停 40s
TT9 2012.03.16	懸吊測試	點火 47s;GNC 演算法問題導致觸發推力終止系統(TTS)
HF6 2012.04.02	在平台上的短時間的牽制試驗	點火 5s;起飛環境;足墊過熱
TT10 2012.04.04	懸吊測試	點火 62s;GNC 高度問題
TT11 2012.04.11	懸吊測試	點火 56s;穩定姿態控制;橫向擺動
TT12 2012.04.18	懸吊測試	點火 69s;懸停 45s;橫向擺動
TT13 2012.05.02	懸吊測試	點火 62s;穩定懸停 45s,改善了橫向穩定性

續表

測試和日期	目標	備註
TT14 2012.05.08	懸吊測試	點火 66s;穩定懸停 45s,改善了橫向穩定性
TT15 2012.05.10	懸吊測試	點火 60s;穩定懸停,按計劃軟終止
TT16 2012.06.11	攜帶 ALHAT 的懸吊測試	點火 41s;在 5ft 和 8ft 高度進行了兩層懸停,並進行了 ALHAT 障礙檢測和目標鎖定測試
TT17 2012.06.18	攜帶 ALHAT 的懸吊測試	點火 64s;兩層穩定的懸停,並進行了 ALHAT 障礙檢測和目標鎖定測試
RCS HF1 2012.07.03	RCS 推力器焦點火測試(不含主引擎)	31s;測試了液氧/甲烷 RCS 推力器點火狀態(溫度、脈衝持續時間)
TT18 2012.07.06	懸吊測試	49s;兩層穩定的懸停;甲烷 RCS 推力器測試的事後分析
TT19 2012.07.19	懸吊測試	72s;60s 懸停;甲烷 RCS 推力器測試的事後分析
TT20 2012.08.03	懸吊測試	50s 懸停;甘迺迪太空中心的第一次測試;甲烷 RCS 推力器測試的事後分析
FF1 2012.08.07	自由飛	<5s;第一次自由飛嘗試,由於錯誤的引擎燒穿跡象實施自動終止
FF2 2012.08.09	自由飛	起飛後很短的時間內就由於失效的 IMU 數據導致飛行器墜毀

表 8-5 睡神 1.5B 測試概要

測試和日期	目標	備註
HF7 2013.04.23	點火測試 甲烷 RCS 推力器測試	測試引擎的啟動和燃燒穩定性
HF8 2013.05.01	焦點火測試	50s
HF9 2013.05.16	地面焦點火;低高度(3ft)焦點火	6s 2 次 3s 點火
TT21 2013.05.24	懸吊測試	11s 由於橫向距離超差(>4m)自動終止
TT22 2013.06.06	懸吊測試	60s 穩定懸停

續表

測試和日期	目標	備註
TT23 2013.06.11	懸吊測試	25s;使用備份 IMU 的遙測飛行數據丟失,指令終止
TT24A 2013.06.14	懸吊測試	12s;由於橫向距離超差(>4m)自動終止
TT24B 2013.06.14	懸吊測試	30s 穩定懸停 測試備份 IMU 的手動模式
TT25 2013.07.11	攜帶 ALHAT 的懸吊測試	11s;由於橫向距離超差(>4m)自動終止
TT26 2013.07.23	攜帶 ALHAT 的懸吊測試	55s 穩定懸停 ALHAT 性能測試 測試備份 RCS(氦)的手動模式
TT27 2013.07.26	攜帶 ALHAT 的懸吊測試	81s ALHAT 性能測試 高推力,長點火;設定橫移距離(1m)
TT28 2013.08.07	懸吊測試	77s 上升/下降導引測試; 計劃橫移距離(3m); 火星沙土羽流衝擊測試(由 JPL 進行)

2014 年，睡神攜帶 ALHAT 進行了 6 次自由飛行試驗。其中前三次是所謂的開環試驗，即睡神由自身的導航系統（稱為 VTB 導航）提供位置、速度姿態資訊，並進行飛行控制，ALHAT 工作但不引入 GNC 閉環；後三次是閉環試驗，即睡神由 ALHAT 提供導航資訊並進行避障控制。見表 8-6。

表 8-6　睡神 1.5B 自由飛概要

測試		日期	主導航源	計劃登陸點
開環	FF10	2014.04.02	VTB	登陸臺中心
	FF11	2014.04.24	VTB	登陸臺中心
	FF12	2014.04.30	VTB	ALHAT 障礙檢測自主確定
閉環	FF13	2014.05.22	ALHAT	ALHAT 障礙檢測自主確定
	FF14	2014.05.29	ALHAT	ALHAT 障礙檢測自主確定
	FF15	2014.12.15	ALHAT	ALHAT 障礙檢測自主確定

自由飛場地建設在甘迺迪航天中心太空梭登陸設施（跑道）附近。按照月球表面地形模型建設有 ALHAT 障礙場地，其上布置有大大小小的隕石坑和石塊（見圖 8-14）。

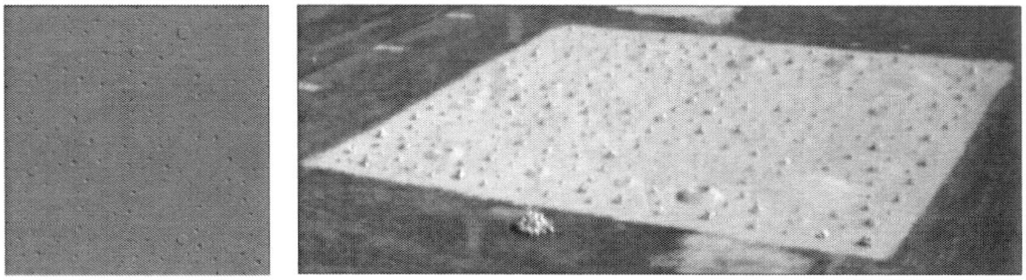
(a) (b)

圖 8-14 月面地形模型和用於製造 ALHAT 障礙場

通常的自由飛軌跡採用的是模擬月球登陸軌跡。該軌跡包括一個垂直上升段，飛行高度約 245m；之後緊接著一個俯仰調整（pitch-over）機動，使得飛行器進入朝向位於障礙場地內初始登陸點飛行的接近段。在接近段中，飛行器保持約 30°的飛行路徑角，距離目標的斜距初始為 450m。進入接近段後，ALHAT 中的 HDS 開機，首先進行障礙檢測並選擇安全登陸點，之後轉入地形相對導航模式，通過連續的地形特徵追蹤，引導飛行器飛向自動選擇的登陸點。如圖 8-15 所示。

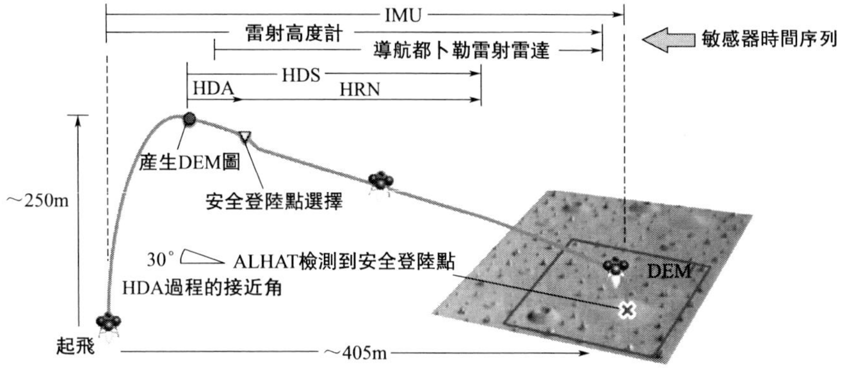

圖 8-15 睡神自由飛軌跡和 ALHAT 敏感器使用

經過不斷的改進，試驗最終取得了圓滿的成功（圖 8-16），驗證了地外天體精確軟登陸技術，為 NASA 未來的火星、月球甚至小行星探測任務掃清了重要的技術障礙。

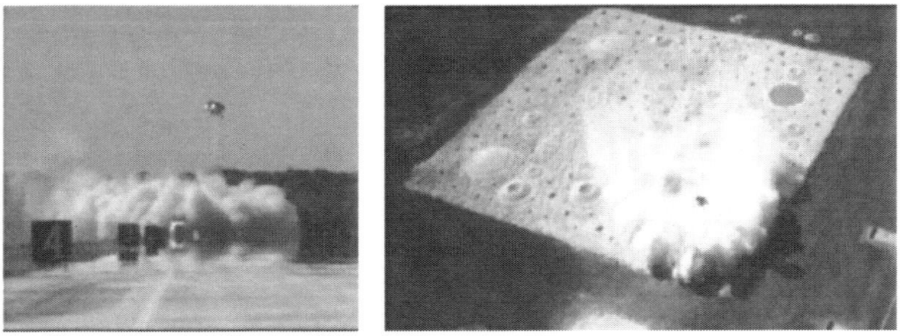

圖 8-16 睡神起飛和登陸過程掀起的巨大揚塵

8.2 重返返回試驗

8.2.1 「嫦娥-5 飛行試驗器」簡介 [9]

2014 年 10 月 24 日，中國在西昌衛星發射中心用長征-3C 改二型運載火箭成功發射了中國探月三期重返返回飛行試驗器，又稱嫦娥-5 飛行試驗器，把試驗器準確送入近地點 209km、遠地點 41300km 的地月轉移軌道。該試驗器的主要用途是突破和掌握探月太空船重返返回的關鍵技術，為嫦娥-5 任務提供技術支持。11 月 1 日，試驗器在預定區域順利登陸，它象徵著中國探月工程三期首次重返返回飛行試驗獲得圓滿成功。這是中國太空船第一次在繞月飛行後重返返回地球，使中國成為繼蘇聯和美國之後，成功回收探月太空船的第三個國家，表明中國已全面突破和掌握了太空船以接近第二宇宙速度的高速重返返回關鍵技術，為確保嫦娥-5 任務順利實施和探月工程持續推進奠定了堅實的基礎。

本次試驗發射的試驗器飛抵月球附近後自動返回，在到達地球大氣層邊緣時（距地面約 120km），以接近第二宇宙速度和半彈道跳躍式重返，最終在內蒙古中部地區以傘降形式登陸。跳躍式重返是指太空船進入大氣層後，依靠升力再次衝出大氣層，以便降低速度，然後再次進入大氣層。本次試驗任務以獲取相關數據為主要目的，首次採用了半彈道跳躍式重返返回技術，用於對未來嫦娥-5 返回的相關關鍵技術進行試驗驗證。

與「神舟」飛船返回艙以大約 7.9km/s 的第一宇宙速度返回不同，

未來嫦娥-5 的返回器將以接近 11.2km/s 的第二宇宙速度返回。考慮到中國內陸登陸場等各方因素，為實現長航程、低過載的返回，嫦娥-5 的返回器將採用半彈道跳躍式重返返回地球。通過這種特殊的返回軌道可以降能減速，因為採用半彈道式重返返回有利於控制，使落點精確；而通過跳躍式彈起然後重返，可以拉長試驗器重返距離，達到減速的目的，確保返回器返回順利。但它對控制精度提出了極高要求，如果返回器「跳」得過高，飛行器會偏離落區；如果返回器「跳」不起來，則可能會直接墜入大氣被燒燬。由於距地面 60～90km 的高層大氣變化無窮，受到晝夜、太陽風、地磁場等多種因素影響，大氣變化誤差很大，所以需要返回器的導引、導航與控制系統具備很大的包容性。

如果採用彈道式重返返回，返回器的重返角較大，導致高過載和高熱流，這不僅會對返回器的結構強度和防熱層提出更高的要求，而且超出了人類的過載承受能力，無法用於將來實現載人登月後的返回。採用跳躍式重返不但能將過載減小，防止高熱流，還可以改變重返軌跡，延長重返路徑。對於以接近第二宇宙速度進入地球大氣層的太空船來說這種方法最為合適。此外，如果主登陸場遭遇天氣突變，需要臨時調整登陸場，也能通過這種重返方式調整重返路徑，讓返回器落到備用登陸場。圖 8-17 所示為返回器採用半彈道跳躍式重返返回示意圖。

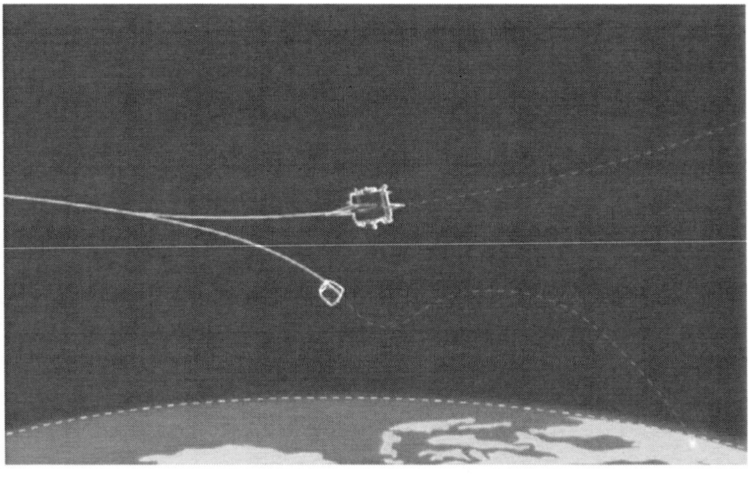

圖 8-17　返回器採用半彈道跳躍式重返返回示意圖

不過，即便採用半彈道跳躍式飛行的特殊降落軌跡，返回器的「回家之路」仍有很多未知因素。以第二宇宙速度返回地球是未來嫦娥-5 月面採樣、月面上升、月球軌道交會對接、重返返回四大關鍵技術中最難的一項。因為其他三項可通過在地面上做模擬試驗的方法來驗證可靠性，而高速重返返回的過程無法通過地面模擬得到充分驗證。比如，在地面難以模擬 11.2km/s 左右的飛行速度，模擬高層大氣的真空度和化學反應也十分不易。從距地面約 120km 高進入大氣層時，這個高度的大氣非常稀薄，不是連續的氣流，而是分子氣層，所以會產生一系列特殊的氣體效應。此外，在大氣層中超高速飛行會對返回器產生燒蝕，其程度也比以往要高得多。目前，中國從單純的地面實驗積累的對地球大氣特性的認識還不充分，對返回器高速返回條件下的氣動、熱防護、高速返回的導引導航與控制系統物理模型和數學模型掌握得也不完全，所以風險很大。

再有，中國現有的載人飛船和返回式衛星的登陸模式都無法滿足需要。由於返回器返回地球時的速度會越來越快，不但進入大氣層時的姿態需要精確調整，而且對重返角控制的精度要求也非常高。因此，針對探月三期月面自動採樣返回任務中返回重返速度高、航程長、峰值熱流密度高、總加熱時間長和總加熱量大等特點，為了確保嫦娥-5 任務的成功，這次中國先通過試驗器進行真實飛行，開展返回重返飛行試驗，驗證跳躍式返回重返這一關鍵技術，獲取月球探測高速重返返回地球的相關軌道設計、氣動、熱防護，以及導引導航與控制等關鍵技術數據，從而對此前的研究、分析、設計和製造等工作進行檢驗，為嫦娥-5 執行無人月球取樣返回積累經驗，為探月三期正式任務奠定基礎。本次任務技術新、難度大、風險高，需要攻克氣動力、氣動熱、防熱，以及半彈道式導引導航與控制系統等關鍵技術。氣動力和氣動熱是返回器的關鍵問題之一，研究表明，重返的速度提高 1 倍，重返熱量就將提高 8～9 倍，以第二宇宙速度重返大氣層時摩擦會產生巨大的熱能，所以必須做好返回器的熱防護設計。

8.2.2 器艙組合介紹

此次試驗任務由試驗器、運載火箭、發射場、測控與回收四大系統組成。其中試驗器由中國空間技術研究院研製，它包括結構、機構、熱控、數據管理、供配電、測控數傳、天線、工程參數測量、服務艙推進、回收，以及導引導航與控制 11 個分系統。試驗器由服務艙和返回器兩部分組成，總重為 2t 多，返回器安裝在服務艙上部。其服務艙以嫦娥-2 繞月探測器平台為基礎進行適應性改進設計，具備留軌開展科學研究試驗功能；返回器為新研製產品，採用鐘罩側壁加球冠大底構型，質量約 330kg，具備返回登陸功能，與探月三期正式任務中返回器的狀態基本一致。

試驗器有六方面的創新，即軌道設計和控制、新型的熱控技術、氣動、高精度的返回導引導航與控制，以及設備的輕小型化和回收技術。在質量、體積大幅減少的情況下，試驗器性能不降反升，這是由於它廣泛使用了大量高智慧化、高集成度、小型化產品。比如，其中的小型星敏感器是一款「會思考、能自主決策」的全新設計：依託嵌入在產品中小型智腦，該星敏感器能把提取的星圖與智腦中儲存的海量數據進行比對、分析，從而實現空間精準定位，對試驗器進行姿態控制。除了「智商」高之外，該星敏感器的「情商」也不低。同時它能自如地應對太陽光、星體反射光等惡劣空間環境的挑戰，快速作出一系列應急響應，在精度控制上更是達到了國際領先水準。

在 8 天的「地月之旅」中，絕大部分時間服務艙載著返回艙前進。只有最後的約 40min，返回器重返返回地球。所以，服務艙一路上不僅要「開車」，還負責給返回器供電、供暖、數據傳輸和通訊保障等。艙器分離就是剪斷連接艙器之間的一捆電線，4 個爆炸螺栓炸開，服務艙要用力把返回器推到重返返回走廊，而自己也要避讓。服務艙裝有 5 臺相機，用於對試驗器的地月之旅進行拍照。相機採用了新材料以實現輕小型化，質量最大的有 4.1kg，最小的只有 200g。它們有的是技術試驗相機，有的是魚眼鏡頭相機。這些相機也可拍影片，為便於傳輸，一段連續影片不超過 30s。其上的第二代 CMOS 相機是把輕量化做到極致的一款產品，每臺相機只有巴掌大小，質量不及一個蘋果重，卻集光、機、電、熱等多項先進技術於一身，具有壽命長、可靠性高、自動拍攝、即時圖像壓縮，能應付惡劣太空輻射、溫度環境，能承受發射時的強烈衝擊和振動等高強本領。

試驗器的返回器雖然比「神舟」飛船的返回艙小許多，但是「麻雀雖小五臟俱全」，其法蘭和焊縫的數量一點不比飛船返回艙少，因而難度要高出好幾個量級。一般情況下，每顆衛星只進行一次整星熱試驗，而此次返回器的熱試驗總數量不下 10 餘次。

返回器在返回大氣層時受到氣動作用，會產生各種各樣的力和力矩。為了使返回器自身的氣動特性具有穩定性，氣動專家進行了大量的風洞實驗，並根據這些實驗數據，選擇了鐘鼎形作為返回器的外形設計。

返回器的造型比較獨特，是一個底面直徑和高度為 1.25m 的錐形體，其加熱分區有多達 32 個。由於它分區多、接口多，而且構型不規則，所以給紅外加熱籠的設計製造帶來很大難度。加熱籠與艙體之間的安全距離需精確把握，如果離得太遠，加熱籠帶條加電後輻射溫度難以滿足高溫要求，達不到預期試驗效果；如果離得太近，艙體部分位置可能超出溫度承受上限，容易造成表面損傷。為此，採取了三維設計與熱分析仿真相結合的方式，用5片紅外加熱籠拼合包裹大底、5片紅外加熱籠拼合覆蓋側壁的方案，實現了返回器紅外加熱籠的量身定做，確保熱試驗有效進行。

返回器上首次應用了中國產宇航級環路熱管。目前，世界上擁有同類核心技術的只有美國、俄羅斯和法國。同時，在返回器外部還包覆一層特殊材料，它可以把摩擦產生的熱量與艙內隔絕。由於返回器降落時的速度非常快，不可能依靠地面遙控來指揮。為此，專門開發了半彈道跳躍式飛行的導引導航與控制系統技術，讓返回器能自主控制，這是重返飛行的關鍵。返回器在降落過程中的微小變動都可能帶來影響，例如，在第一次進入大氣層時，返回器表面會因為高溫燒蝕使其外形和質量發生改變，因此在第二次進入大氣層時，返回器就必須考慮到這些因素進行自動調整。

導引導航與控制系統的任務是把返回器準確帶回登陸場。在返回器「回家」的整個控制過程中，最大的困難就是大氣環境的不確定性。高空大氣密度變化範圍為±80%，低空大氣密度變化範圍為20%～40%。進入大氣層後，導引導航與控制系統要在短時間內，即時地對氣動參數、大氣密度進行辨識、仿真、計算。返回器的防熱設計也是這次試驗的重要科目。為了應對與大氣層超高速摩擦帶來的高溫問題，專家們已開發了多項熱防護技術。在太空時，返回器內部的電子設備工作會產生大量廢熱，需要及時排出；而重返大氣層時正好相反，返回器外壁與空氣摩擦產生的上千度高溫需要隔絕。這些難題均已通過新型防熱材料和結構克服了。

在此次任務實施中，月地返回、半彈道跳躍式高速重返返回、返回器氣動外形設計、返回器防熱設計，以及驗證半彈道跳躍式重返導引、導航與控制和輕小型化回收登陸技術六大技術難點是決定任務成敗的關鍵。這次飛行任務驗證了探月三期的六項關鍵技術。

一是驗證了返回器氣動外形設計技術。利用飛行試驗獲取的數據對返回器氣動設計的正確性進行了驗證，通過數據分析比對，修正了返回器氣動設計資料庫。

二是驗證了返回器防熱技術。通過飛行過程中防熱結構溫度變化歷程，對防熱結構設計進行了評估，提高了熱分析的準確性，測量了返回器熱蝕情況。

三是驗證了返回器半彈道跳躍式高速重返導引、導航與控制系統技術。

四是驗證了月地返回及重返返回地面測控支持能力。針對返回器高動態、散布範圍大、追蹤捕獲難等特點，綜合開展了總體設計、分析和試驗。

五是驗證了返回器可靠登陸技術。利用返回器內側、外側、遙測和氣象數據，對返回器可靠登陸技術進行了驗證。

六是驗證了返回器可靠回收技術。通過返回器搜尋回收，驗證了空地協同搜尋回收工作方法，同時具備了地面獨立搜尋能力。

8.2.3 試驗飛行過程

試驗器採用繞月自由返回軌道，在經過了發射段、地月轉移段、月球近旁轉向段、月地轉移段、返回重返段和回收登陸段 6 個階段（見圖 8-18），飛行大約 8.4×10^5 km，時間長達 8 天 4h30min 的飛行過程後登陸。在任務實施期間，中國遠望號測量船隊、國內外陸基測控站，以及北京飛行控制中心和西安衛星測控中心，共同組成了航太測控通訊網，

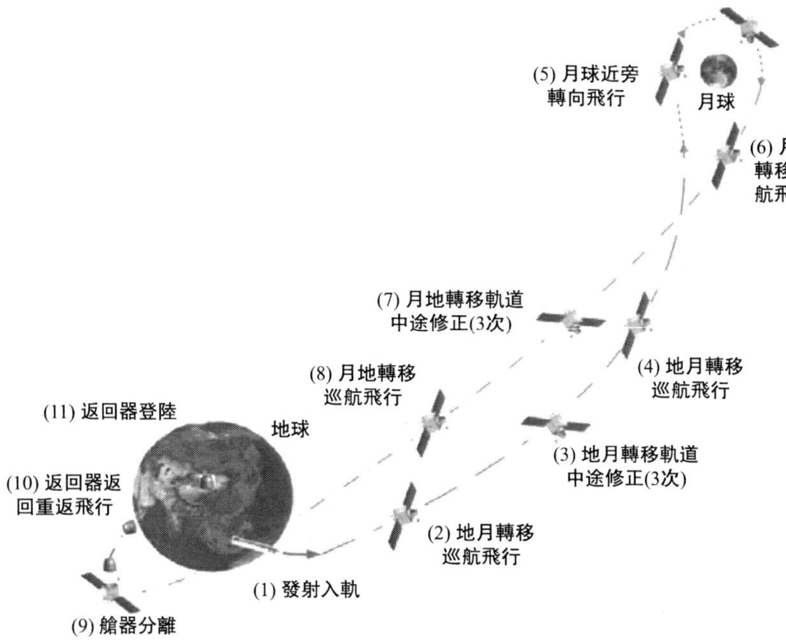

圖 8-18 試驗器飛行的 6 個階段示意圖

為任務提供了持續追蹤、測量與控制。這次任務的完成實現了四大技術突破：高速的氣動力、氣動熱技術；高熱量、大熱流的熱防護技術；高精度、高動態的導引導航與控制技術；長距離、大範圍的重返回收測控技術。

（1）發射段

發射段是指從運載火箭起飛開始到器箭分離為止的飛行階段。2014年10月24日02：00，試驗器在西昌衛星發射中心發射，通過運載火箭直接送入繞月自由返回軌道入口點，進入地月轉移軌道。

（2）地月轉移段

地月轉移段是指從器箭分離開始到試驗器到達距月球約6×10^4km的影響球邊界為止的飛行階段。

10月24日16：18～16：29，在北京航天飛行控制中心的精確控制下，對距地球約1.3×10^5km的試驗器成功實施了地月轉移軌道的首次中途修正。通過認真分析和精確計算，北京航天飛行控制中心研究確定了重返返回飛行試驗任務的首次中途修正控制策略，並成功向試驗器注入控制參數，為試驗器順利到達月球近旁奠定了基礎。在這次中途修正前，北京航天飛行控制中心控制試驗器攜帶的相機，拍攝了試驗器遠離地球的飛行場景。

10月25日16：18～16：29，對試驗器實施了第2次中途修正。經過2次中途修正後，消除了火箭入軌偏差的影響，達到了要求的軌道精度，取消了原定的第3、4次中途修正。

10月27日11：30，試驗器飛抵距月球6.0×10^4km附近，進入月球引力影響球，結束地月轉移軌道段的飛行，開始月球近旁轉向段的飛行。

（3）月球近旁轉向段

月球近旁轉向段是指從試驗器進入月球影響球開始到試驗器飛出月球影響球為止的飛行階段。試驗器在該段借助月球引力改變自身相對地球的軌道傾角，環繞月球進行轉向飛行。

10月28日03：00，試驗器到達距月面約1.2×10^4km的近月點。隨後，在北京航天飛行控制中心控制下，試驗器系統啟動多臺相機對月球、地球進行多次拍攝，獲取了清晰的地球、月球和地月合影圖像。

10月28日19：40，試驗器完成月球近旁轉向飛行，離開月球引力影響球，進入月地轉移軌道，飛向地球。

（4）月地轉移段

月地轉移段是指試驗器從飛出月球影響球開始到艙器分離（艙器分

離點距地面約 5000km）的飛行階段。試驗器在該段根據需要完成中途修正，同時完成返回器與服務艙分離的準備工作。

10 月 30 日，在原定第 5 次中途修正的位置進行了第 3 次中途軌道修正。

(5) 返回重返段

返回重返段是指返回器從距地面約 5000km 分離後到返回器彈射開傘的飛行階段。

11 月 1 日 05：00，北京航天飛行控制中心通過地面測控站向試驗器注入導航參數。05：53，服務艙與返回器在距地面高約 5000km 處正常分離。在分離過程中，服務艙照明燈開啟，服務艙的監視相機 A、B 對分離過程進行拍照監視。艙器分離後，服務艙上的 490N 引擎點火進行規避機動。返回器在該階段首先滑行飛行，06：13，以重返姿態和接近第二宇宙速度進入大氣層，實施初次氣動減速。下降至預定高度後，返回器向上躍起，「跳」出大氣層，到達跳出最高點後開始逐漸下降。接著，返回器再次進入大氣層，實施二次氣動減速。在降至距地面約 10km 高度時，返回器降落傘順利開傘，在預定區域順利登陸。擔負搜尋回收任務的搜尋分隊及時發現目標，迅速到達返回器登陸現場實施回收。其具體過程如下。

① 滑行段　艙器分離約 3min 後，為確保返回器安全，服務艙按照地面科技人員預設程式開始調姿，約 8min 後開啟引擎，進行規避飛行。這是因為艙器分離時的速度達 10.8km/s，接近第二宇宙速度，而且服務艙在返回器之前，如果不實施規避機動，可能會發生碰撞，對返回器造成巨大威脅。接著，返回器進入自由飛行狀態，它飛過南大西洋，從印度洋上空沿著預定軌道飛來。

② 初次重返段　06：11，返回艙建立返回重返姿態。06：13，在距離地面約 120km 高處，返回器進入初次重返段飛行，返回器自主完成導引導航與控制，實施初次氣動減速。

③ 自由飛行段　06：17，返回器「跳」出大氣，以慣性姿態自由飛行。

④ 二次重返段　06：23，返回器再次進入大氣，自主完成導引導航與控制，實施再次氣動減速。06：27，返回器第二次飛出黑障區，建立開傘姿態。06：31，在距地面 10km 處，升力控制結束，壓力高度控制器接通開傘信號，彈開了傘艙蓋。

圖 8-19 所示為試驗器返回重返段和回收登陸段示意圖。

與嫦娥-1、2、3 發射後就瞄準月球軌道不同，對試驗器的測控從一開始就瞄準了 11 月 1 日重返返回地球這一核心任務。為控制軌道精度，北京航天飛行控制中心對星敏感器、返回器慣性測量單元進行了若干次標定。

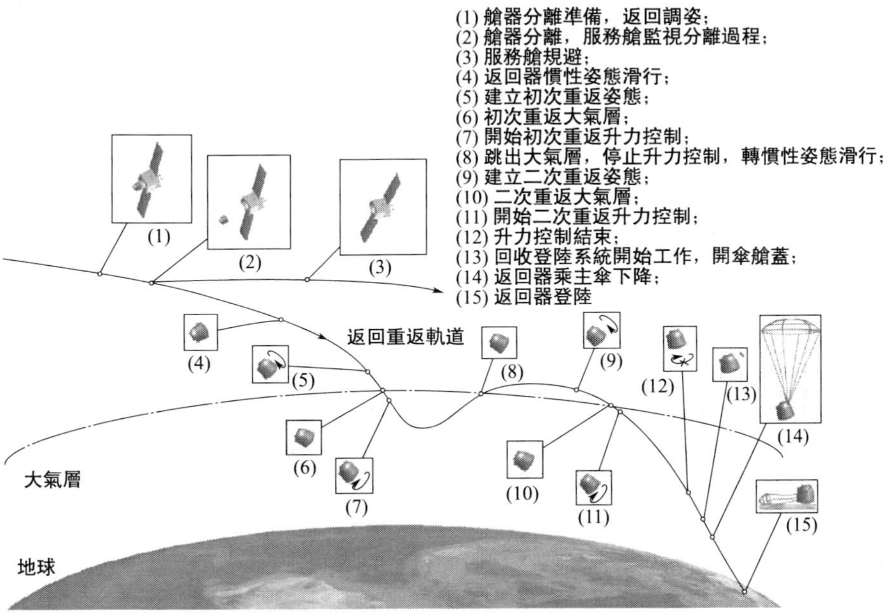
(1) 艙器分離準備，返回調姿；
(2) 艙器分離，服務艙監視分離過程；
(3) 服務艙規避；
(4) 返回器慣性姿態滑行；
(5) 建立初次重返姿態；
(6) 初次重返大氣層；
(7) 開始初次重返升力控制；
(8) 跳出大氣層，停止升力控制，轉慣性姿態滑行；
(9) 建立二次重返姿態；
(10) 二次重返大氣層；
(11) 開始二次重返升力控制；
(12) 升力控制結束；
(13) 回收登陸系統開始工作，開傘艙蓋；
(14) 返回器乘主傘下降；
(15) 返回器登陸
返回重返軌道
大氣層
地球

圖 8-19 試驗器返回重返段和回收登陸段示意圖

這是中國太空船首次採取半彈道跳躍式返回，試驗器返回登陸區時對飛行測控的要求非常高。由於受運載能力和航程所限，所以對返回器重返點參數精度要求非常高。如果把地球比作一個籃球，返回器重返角就相當於一張薄紙，返回器必須穿過薄紙這樣的縫隙，才能安全返回地球。由於返回重返走廊非常窄，重返角只能有±0.2°的誤差。如果重返角過小，試驗器就不能返回地球；如果重返角過大，不能實現第一次的彈出，會越過既定的防護設計，所以大於或小於這個角度，都不能正常返回，這就要求對軌道的控制能力必須很高才行。

採用半彈道跳躍式重返返回，彈道誤差一般比一次性返回的誤差大，返回時一方面需要高精度的控制返回器準確進入返回走廊，另一方面要即時預報返回彈道，引導地面站及時有效地捕獲返回器。

返回器兩次高速進入大氣層都會產生「黑障」現象。高速摩擦會使返回器表面氣化，產生等離子鞘，封鎖返回器與地面的連繫。此時雖然在「黑障」過程中天地通訊會中斷，但返回器不會失控，因為一些重要指令在進入「黑障」之前就已經注入返回器，返回器可以按照預設內容來執行指令。

(6) 回收登陸段

回收登陸段是指返回器從彈射開傘開始到登陸並成功回收為止的

飛行階段。06：42，返回器安全登陸。科學研究人員對回收後的返回器及此次重返返回飛行試驗獲得的數據進行深入研究，為優化完善嫦娥-5 任務設計提供技術支撐，服務艙將繼續在太空飛行，並開展一系列拓展試驗。

8.3 小結

深空探測導引技術地面驗證的最大問題是動力學環境與地球存在明顯不同，因此為了在地面上開展相關試驗，必須對環境加以改造，例如設計裝置抵消引力的區別；或者在導引律核心不變的前提下，通過修改適應地球環境的參數，並安裝適用於地球環境的推進系統來進行飛行驗證。本章針對登陸和返回重返兩個重要的深空探測飛行段，對地面開展試驗的方法、設施以及試驗情況進行介紹。由於這類試驗的成本非常高，實施困難，因此越來越多的導引技術驗證更多依靠數學仿真進行。而少數關鍵環節的導引技術，將作為飛行試驗中的一部分，與導航技術、控制技術、推進技術等一起開展綜合驗證。

參考文獻

[1] Jarvis C R. Fly-by-wire flight control system experience with a free-flight lunar-landing research vehicle: AIAA 67-273.

[2] Mastranga G J, Mallick D L, Kluever E E. An assessment of ground and flight simulators for the examination of manned lunar landing: AIAA 1967-238.

[3] Matranga G J, Walker J A. An investigation of terminal lunar landing with the lunar landing research vehicle: AIAA 1977-74066.

[4] Obryan T C, Hewes D E. Operational features of the Langley lunar landing research facility: NASA-TN-D-3828.

[5] Olansen J B, Munday S R, Mitchell J D. Project Morpheus: lessons learned in lander technology development. American Institute of Aeronautics and Astronautics: SPACE 2013 Conference and Exposition, 2013-5310.

[6] Carson III J M, Robertson E A, Trawny N, et al. Flight testing ALHAT precision landing technologies integrated onboard the Morpheus rocket vehicle: AIAA SPACE 2015

Conference and Exposition, 2015-4417.

[7] Carson III J M, Hirsh R L, Roback V E, et al. Interfacing and verifying ALHAT safe precision landing systems with the Morpheus vehicle//AIAA Guidance, Navigation, and Control Conference. Kissimmee, Florida: AIAA, 2015.

[8] Trawny N, Huertas A, Lunar M E, et al. Flight testing a real-time hazard detection system for safe lunar landing on the rocket-powered Morpheus vehicle//AIAA Guidance, Navigation, and Control Conference. Kissimmee, Florida: AIAA, 2015.

[9] 宗河．我國探月工程三期再入返回飛行試驗獲得圓滿成功．國際太空，2014(11)．

第9章

深空探測太空船導引控制技術發展展望

深空探測是航太技術發展最尖端、最有挑戰性，也是最浪漫的一個方向。1958 年，也就是在人類剛剛進入太空後僅一年，蘇聯就發射了世界上第一個月球探測器，由此揭開了人類探測深空的序幕。經過六十年的發展，人類深空探測的步伐逐漸加大和加快，足跡由近及遠，遍布太陽系的主要天體，甚至已有探測器到達太陽系邊緣。目前，人類已經實現了對太陽系所有大行星的飛越探測，對部分大行星的環繞探測，以及以月球和火星為重點目標的登陸探測。

深空探測器飛行距離遠、時間長。在遙遠的宇宙空間中實現對飛行器軌跡（軌道）的精確控制異常困難。在此背景下，深空探測器自主導引、導航與控制技術不斷發展和成長起來。這種技術能夠減輕地面測控壓力，是實現包括轉移、捕獲、撞擊、進入下降登陸、起飛上升、交會對接等關鍵任務的必不可少的技術手段。這些任務往往機會有限、過程不可逆，導引必須即時、精確完成。

導引在整個 GNC 技術中居於核心地位，它直接決定了飛行過程的軌跡控制策略。伴隨著深空探測任務的不斷複雜化和多樣化，深空探測導引控制技術也經歷了由粗糙到精細、由簡陋到複雜、由特定點到全面應用的不斷進化的發展歷程。最早的深空探測器沒有導引或只有簡單的導引，只能完成對月球等天體的撞擊或環繞探測，後續隨著登陸導引控制技術的發展，才逐漸實現了軟登陸，甚至精確登陸；火星探測也一樣，火星進入過程從無導引的彈道式進入發展出有導引的半彈道式進入，實現了進入下降過程的主動落點控制；深空轉移則由完全依靠地面指令實施軌道控制，發展出飛越、撞擊過程的全自主軌道控制技術。

當然深空探測導引控制技術還遠未成熟。隨著人類深空探測方式的不斷變化，導引控制技術領域不斷擴大，一些新的導引控制技術需要不斷湧現，例如連續小推力軌道控制、太陽帆軌道控制、小天體附著導引、地外天體起飛上升導引、深空交會對接導引等，多樣化是未來一段時間深空探測導引控制技術的一個發展趨勢。另一方面，隨著計算技術、人工智慧技術的不斷進步，導引所採用的工具方法也不斷增多，新的理論不斷出現，導引控制技術的智慧化、通用化也成為深空探測發展的一個重要需要。根據近些年深空探測導引控制技術的發展情況，結合未來深空探測任務的需要，如下幾個方面將成為深空探測太空船導引控制技術的重要發展方向。

（1）導引控制技術的多樣化

進入 21 世紀以後，全世界擁有強大航天技術的國家紛紛對深空探測活動制定了詳細、全新的策略和規劃，以求對整個太陽系乃至更遠的深空領域展開全面的探測活動[1]。如美國國家航空暨太空總署（NASA）制定的「新太空計劃」、歐空局的「曙光」探測計劃、日本的小行星探測計劃等。探測對象既包括了大行星，也包含衛星、小行星；探測方式除了傳統的飛越、環繞、登陸以外，還包括附著、採樣返回等。隨著探測任務的多樣化，為適應新的需要，新領域的導引控制技術也將應運而生。

在小行星探測方面，隨著航天技術的不斷發展，探測方式由早期的飛越、環繞探測，逐漸發展出撞擊、附著探測，以及最新也最有難度的採樣返回等。對於採樣返回來說，探測器能否安全附著於小行星表面，是整個小行星探測活動的重中之重。小天體質量小、引力弱，登陸器的登陸過程較為緩慢，且在小天體表面的弱引力環境下，登陸器通常是附著在小天體表面。該過程面臨的特殊問題主要體現在[2]：①弱而不規則的引力場、獨特的自旋狀態和空間攝動、小天體較大的引力係數差異，這些構成了小天體附近非常複雜的動力學環境；②小天體目標小、距離遠、觀測難度大，其物理特性和軌道資訊不確定性較大，先驗資訊匱乏；③由於尺寸較小，小天體表面缺乏大面積的平坦區域，弱引力下附著易發生反彈，因此小天體附著任務對位置和速度偏差的容忍度低，需實現「雙零附著」；④由於小天體距離地球遙遠，通訊延遲較大，僅依靠地面測控難以實現探測器在小天體表面精確附著，因而需要探測器具備自主附著能力。在這其中，弱引力環境懸停、下降與附著過程導引控制、自主避障檢測與規避、自主任務規劃是其中的關鍵技術。

在火星探測方面，雖然近年來任務的重點大多在於不斷提高探測器登陸的安全性和可靠性，提升火星車功能的全面性和自主性，以期在火星表面由火星車自主完成全部勘測和分析工作。但是很多研究項目只能通過將樣本帶回地球，才能展開更為深入徹底的研究。因此，火星探測最大的挑戰在於成功實現火面取樣返回。世界各國都曾提出過火星取樣返回計劃方案，但迄今為止無一實施。制約該項任務實施的困難主要體現在：一方面火星上升器（MAV）的構型需要滿足嚴苛的設計約束，除了充分考量成本、體積和重量等因素外，還需能在無人維護的條件下應對長期的火星環境侵蝕；另一方面，上升器需要設計魯棒性強的控制和導引方法，以具備自主處理火星惡劣多變大氣環境的能力。

根據中國未來深空探測任務的發展規劃，火星取樣返回探測是火星登陸探測之後的必然選擇。其任務目標是從火星表面取得樣本，並通過火星表面起飛上升、環火軌道交會對接、火地轉移以及地球大氣重返回收等幾個環節，將火星表面土壤和岩石樣本送回地球。火星表面起飛上升是取樣返回最具挑戰性的關鍵階段之一。火星較月球，重力加速度更大，上升過程重力損耗大，總速度增量任務大，且火星是有大氣行星，大氣活動劇烈，未知性強；探測器從火星表面起飛會遇到起飛場平差、支撐剛性不確定、氣動干擾強且未知、火星上升器質量特性變化快等問題，同時後續交會對接對火星上升的入軌精度又提出很高的要求。因此，火星起飛上升過程導引控制技術急待開展深入研究。

（2）導引控制技術的通用化

在過去五十多年裡，在不同飛行任務的需要牽引下，隨著電腦運算能力的大幅度提升，導引控制技術得到了廣泛快速的發展。與此形成對比，目前導引演算法的狀態是非常碎片化的。以大氣進入過程的導引演算法為例，針對具有不同升阻比的重返飛行器，以及不同的飛行軌跡特性，都擁有一套習慣性的導引律設計方法。如亞軌道返回與軌道返回之間，第二宇宙速度返回與第一宇宙速度返回之間，火星進入與地球重返之間，都沒有統一通用的方法。針對不同的設計任務，都將耗費大量的精力考慮軌道及飛行器的特點，進行不同邏輯的設計或各種額外修補工作。面對未來航太任務急遽增多的形勢，為了大幅度提升方案設計工作的效率，導引控制技術的通用化設計研究具有非常重要的意義。

目前看，深空探測的導引問題可以歸結為三個大類：基於大推力的軌道控制問題、大氣層內氣動飛行導引問題和基於弱小控制力的轉移軌道控制問題。這三類問題內部具有很大的相似性，發展出通用性的導引理論方法具有充分的可能性。

基於大推力的軌道控制問題主要是借助大推力化學能推進系統完成變軌控制、下降登陸過程導引以及上升導引控制。這類問題的共同特點是：①導引或軌道控制的目標是通過連續的推力過程到達指定的終端狀態；②軌跡控制的主要作用力來自引擎，引擎推力相對引力和其他攝動力來說比較大，且攝動力相對引擎推力和引力來說是小量；③要求飛行過程推進劑消耗最佳。目前，軌道控制技術、下降導引控制技術、上升導引控制技術五花八門。考慮到基於最佳控制理論隱式求解（數值計算）的方法更適合軌跡規劃，但不適合作為控制過程中即時的導引方法。因此，基於一定假設，計算量小，同時具備「預測-校正」能力的顯式導引控制技術是實現這類問題導引通用化的最佳方案。例如，本書中提到的動力顯式導引控制技術，它本身來自於太空梭應急返回，可用於大氣層外多種軌跡控制過程，後來又應用到美國「重返月球」項目的月球動力下降和月面起飛導引。而且研究表明，即使是火星等有大氣天體的起飛上升問題，該導引律也是一種可行的備選方案。

大氣層內氣動飛行導引的特點是利用大氣氣動阻力和升力作為控制

力，在降低探測器飛行高度和速度的同時，實現對飛行軌跡和落點的控制。這類問題的共同特點是：①氣動力是主要的控制量，通過調整氣動力在縱向與橫向剖面的分量來實現軌跡控制；②飛行過程對飛行軌跡具有相同的過程量約束和終端約束，例如過載和熱流約束、航程約束等；③重返飛行動力學描述是相似的，在軌跡優化設計時可抽象出相似的數學模型。在已有的各種導引方法中，數值預測校正導引演算法是一種具備普適潛能的重返導引演算法[3]，該演算法完全依靠線上計算，自主性強，避免了針對不同類型飛行器進行的大量離線軌跡規劃計算。隨著電腦數據處理能力的增強，未來深空探測任務自主性要求的不斷提升，數值預測校正導引控制技術有望在未來大氣飛行任務中得到廣泛的應用。

基於弱小控制力的轉移軌道控制是指改變軌道的控制力非常小，需要長時間、連續作用的一類導引問題，包括使用電推進的轉移軌道控制、利用太陽帆進行軌道控制等。這類導引問題目前來說還沒有成熟的方案，需要進一步的研究。

（3）導引控制技術與姿控的一體化

導引控制技術的發展，離不開多學科的融合。傳統的深空探測太空船導引與控制設計相互獨立，導引系統設計僅考慮質心運動，忽略了太空船本身的姿態運動，控制系統設計僅考慮姿態指令，沒有考慮導引與控制系統之間的相互關係。對於姿軌強耦合的深空探測任務飛行場景而言，產生的導引指令極易超過控制系統的機動範圍，忽略導引與控制之間的時延也會影響控制系統的性能。傳統的做法是首先設計好每個子系統，然後對二者進行整合。若系統的整體性能不能滿足技術指標，仍需分別對各子系統進行改善，直至整體系統滿足要求為止。這種設計思路雖然廣泛應用於實際工程中，但在設計上並沒有考慮各子系統整合串聯後綜合系統的穩定性能，反覆的設計過程也可能增加設計成本。

以深空探測飛行器高速重返過程為例，其重返飛行環境比較複雜，導引與控制系統模型也具有非常強的耦合性。傳統的飛行器導引與控制系統將導引與控制回路分開進行設計，忽略了它們之間的耦合性。然而複雜的大氣環境給高速重返飛行器的導引與控制系統帶來了較大的外來干擾和不確定性，其導引和控制精度的要求隨著距離地面高度的減小而提高，無動力的重返方式又使其不具備復飛能力，若導引及控制方法出現失穩現象，可能會造成無法挽回的損失甚至災難性的後果。在綜合考慮導引控制系統之間的強耦合、不確定性及重返過程中大擾動因素後，在深空高速重返返回技術研究方面，將導引與控制系統視為一個統一的整體，對導引與姿控一體化設計，是從根本上提高系統整體性能的有效手段。

與此類似，在火星探測方面，上升器從火星表面起飛上升過程中，飛行器質量較小，但等效速度增量需要大，點火過程中外干擾力和力矩的量級大、變化快且未知性強，因此造成細長體輕小型上升器容易發生彈性振動，這往往會對軌跡控制帶來難以估量的影響，可見該過程導引與姿控的耦合非常劇烈。如在導引律設計過程中完全忽略這種耦合的影響，忽略姿控系統的能力和故障工況，必然會嚴重影響系統的精度、可靠性以及安全性。

實際上，導引與控制一體化設計的思想在 20 世紀 80 年代就已被提出[4]，但目前為止也只有少數文獻考慮了導引與控制的一體化設計問題。典型的設計思路是[5]，在內環控制回路中，用動態逆方法設計控制律，設計過程中結合最佳控制分配原則處理執行機構失效問題；在外環導引回路中，利用反步設計法設計導引律，並將自適應方法用於導引律增益的設計，從而使之滿足內環控制回路的帶寬要求；在軌跡規劃方面，根據飛行器當前狀態修正離線設計軌跡。整體來說，針對導引與控制一體化設計方法的研究還很欠缺，很不完善，有待繼續發展。

(4) 導引控制技術的智慧化

在太空船智慧自適應控制方面，1971 年美國人付京孫（K. S. Fu）首次提出了「智慧自主控制」。該控制系統的特點如下：①自學習自適應自組織能力；②組織規劃分析推理和決策能力；③對大量數據進行定性和定量，模糊與精確的分析處理能力；④系統故障處理和重構能力。經過幾十年的發展，目前智慧自適應控制方法，如大系統分層決策推理、自主規劃的控制設計方法、控制系統性能分析及閉環系統的穩定性證明等均得到了長足的進步，在多個領域已經得到了成功的應用，航太領域也不例外。目前，太空船智慧自主控制技術已經在國外很多飛行任務中得到了不同程度的應用，尤其在深空探測領域。例如基於遠端智慧體（Remote Agent，RA）的自主管理技術首次於 1999 年 5 月 17～21 日在深空 1 號上得以試驗驗證；2004 年發射的勇氣號火星探測器，在自主運行 7 個月後安全登陸火星；2013 年嫦娥三號在國際上首次採用智慧自主避障軟登陸技術，成功實現避障精度優於 1.5m 的月球表面軟登陸；2014 歐空局的「羅塞塔」彗星探測器成功接近彗星 67P 並釋放「菲萊」登陸器，實現了首次彗核表面的智慧自主軟登陸。整體來說智慧技術與導引控制技術的結合，主要可包括線上軌跡規劃導引控制技術、環境參數的線上估計以及導引目標的自主調整三方面的內容。

在線上軌跡規劃導引控制技術方面，由於外界環境的變化、子系統故障帶來的動力學急遽變化、導航偏差過大以及任務目標發生的變化，會使得事先設計的參考軌跡可能會超過控制能力的範圍，這就需要根據實際情況對參考軌跡重新設計。由於深空探測器距離地球遙遠，特殊任務對時間的要求苛刻，依賴於地面的軌跡設計難以滿足任務需要。因此研究線上軌跡規劃方法，借助於非線性優化和微分幾何理論，可以有效克服軌跡規劃中維數高和非線性強帶來的即時性差、收斂性難以保證的問題。

在環境參數的線上估計方面，智慧技術可以顯著改善導引的魯棒性。以重返導引過程為例，快時變、參數不確定和強非線性是其中的主要問題。可採用智慧建模技術，對飛行器實際飛行過程中的氣動、環境等進行線上估計辨識，並將估計結果用於飛行器重返模型的線上智慧更新。同時，基於即時建立的進入導引模型，用非線性控制方法設計自適應協調製導律，可避免傳統導引演算法中耗費機時多、自適應能力不足等問題，從而保證導引過程的安全性、可靠性和精確性。

在導引目標的自主調整方面，智慧技術的引入可以根據飛行狀態線上修正導引目標，使得飛行整體性能達到最佳。以地外天體下降飛行過程為例，當探測器質量、推力偏離預先理論設計參數，使得按照原先的導引目標飛行時，終端全部或部分狀態（例如姿態）與預期相差較遠，難以做到與後續任務平穩銜接時，可以智慧疊代調節導引目標，通過改變部分終端參數，使得其他參數或者參數的某種組合能夠平穩銜接後續飛行狀態，達到整體性能最佳。

綜上所述，深空探測太空船導引控制技術雖然已經取得了很多重要的應用成果，但還處於不斷快速發展的過程之中。一方面，伴隨著人類深空探測腳步的不斷邁進，新的任務需要和新的導引控制技術方法不斷產生；另一方面，借助於計算技術、智慧技術、最佳控制技術、優化技術等相關領域的不斷進步，導引控制技術也在不斷地更新升級。未來，更通用、更智慧、更魯棒、更自主的導引控制技術將不斷推動人類深空探測事業進入更深也更廣闊的宇宙空間。

參考文獻

[1] 葉培建，鄧湘金，彭兢．國外深空探測態勢特點與啟示（上）[J]．航天器環境工程，2008，25（5）：401-415.

[2] 崔平原，袁旭，朱聖英，等．小天體自主附著技術研究進展[J]．宇航學報，2016，37（7）：759-767.

[3] Lu P. Entry guidance-A unified method[J]. Journal of Guidance, Control, and Dynamics, 2014, 37 (3): 713-727.

[4] Williams D E, Richman J, Friedland B. Design of an integrated strapdown guidance and control system for a tactical missile[C]// AIAA paper 1983-2169, 1983.

[5] Schierman J D, Ward D G, Hull J R, et al. Integrated adaptive guidance and control for re-entry vehicles with flight-test results[J]. Journal of Guidance, Control, and Dynamics, 2004, 27 (6): 975-987.

深空探測太空船的導引控制技術

作　　者：王大軼，李驥，黃翔宇，郭敏文
發 行 人：黃振庭
出 版 者：崧燁文化事業有限公司
發 行 者：崧燁文化事業有限公司
E-mail：sonbookservice@gmail.com
粉 絲 頁：https://www.facebook.com/sonbookss/
網　　址：https://sonbook.net/
地　　址：台北市中正區重慶南路一段六十一號八樓 815 室
Rm. 815, 8F., No.61, Sec. 1, Chongqing S. Rd., Zhongzheng Dist., Taipei City 100, Taiwan
電　　話：(02)2370-3310
傳　　真：(02)2388-1990
印　　刷：京峯數位服務有限公司
律師顧問：廣華律師事務所 張珮琦律師

定　　價：650 元
發行日期：2024 年 03 月第一版
◎本書以 POD 印製

國家圖書館出版品預行編目資料

深空探測太空船的導引控制技術 / 王大軼，李驥，黃翔宇，郭敏文著 . -- 第一版 . -- 臺北市：崧燁文化事業有限公司 , 2024.03
面；　公分
POD 版
ISBN 978-626-394-094-9(平裝)
1.CST: 太空船
447.962　113002662

電子書購買

臉書

爽讀 APP